教育部高等学校材料类专业教学指导委员会规划教材

西安交通大学 研究生"十四五"规划精品系列教材

无机非金属材料制备方法

（第2版）

杨建锋 王红洁 史忠旗 王继平 王 波 编著

西安交通大学出版社
XI'AN JIAOTONG UNIVERSITY PRESS

U0151883

内容简介

本书以无机非金属(陶瓷)材料的合成与制备技术为主线,对粉体材料及其合成、坯体成形与干燥、致密化烧结、材料后续加工技术进行了系统的介绍,同时对无机薄膜制备,以及其他无机材料热点制备技术也进行了介绍。

考虑到研究生科研工作的要求,书中对与制备技术相关的理论做了比较详细的介绍。本书还包含了传统陶瓷制备技术相关理论基础的内容。

本书可作为研究生与本科生专业课教材使用,也可供有关科研和生产单位的科技人员参考。

图书在版编目(CIP)数据

无机非金属材料制备方法/杨建锋等编著.—2版.—西安:
西安交通大学出版社,2023.11
西安交通大学研究生"十四五"规划精品系列教材
ISBN 978-7-5693-3336-7

Ⅰ.①无… Ⅱ.①杨… Ⅲ.①无机材料－非金属材料－制备－研究生－教材 Ⅳ.①TB321

中国国家版本馆 CIP 数据核字(2023)第 124917 号

书　　名	无机非金属材料制备方法(第2版)	
	WUJI FEIJINSHU CAILIAO ZHIBEI FANGFA	
编　　著	杨建锋　王红洁　史忠旗　王继平　王　波	
策划编辑	田　华　屈晓燕	
责任编辑	田　华	
责任校对	魏　萍　李　文	
装帧设计	伍　胜	
出版发行	西安交通大学出版社	
	(西安市兴庆南路1号　邮政编码710048)	
网　　址	http://www.xjtupress.com	
电　　话	(029)82668357　82667874(市场营销中心)	
	(029)82668315(总编办)	
传　　真	(029)82668280	
印　　刷	西安明瑞印务有限公司	
开　　本	787mm×1092mm　1/16　印张 20.75　字数 502 千字	
版次印次	2009 年 9 月第 1 版　2023 年 11 月第 2 版　2023 年 11 月第 1 次印刷	
书　　号	ISBN 978-7-5693-3336-7	
定　　价	58.00 元	

如发现印装质量问题,请与本社市场营销中心联系。
订购热线:(029)82665248　(029)82667874
投稿热线:(029)82664954
读者信箱:190293088@qq.com

版权所有　侵权必究

再版前言

　　无机非金属(陶瓷)材料是人类生活和社会发展中不可缺少的材料,我国陶瓷研究历史悠久,成就辉煌,堪称是中华文明的伟大象征之一,在我国科学技术发展的历史上占有极其重要的位置。先进无机非金属新材料具有独特的性能,是新材料产业的代表,也是高技术产业不可缺少的关键材料。随着现阶段各种高新技术日新月异的发展,先进无机非金属材料已经成为了新材料领域中的翘楚,也是很多技术创新领域需要用到的关键材料,受到了很多发达国家和工业化企业的极大关注,特种陶瓷材料在微电子技术、激光技术、光纤技术、光电子技术、传感技术、超导技术和空间技术的发展中占有十分重要的甚至是核心的地位。先进陶瓷材料的发展以及应用也在很大程度上对于工业的发展和进步产生影响。精密零部件的材料与加工技术是集成电路核心技术的载体,是半导体产业的基石。芯片集成度的不断提高,对生产工艺赖以实现的设备技术提出了新的需求,对制造设备精密零部件的性能要求越来越高,许多加工技术的精度目前已经趋于物理极限,泛半导体领域的应用是目前先进陶瓷顶尖技术领域之一。

　　无机非金属材料是一种工艺性极强的材料,无机非金属材料与产品制备是同步完成的,任何从事无机非金属材料研究的人们都无法回避对材料制备技术的应用,而材料制备技术的应用也推动着无机非金属新材料的发展。无机非金属新材料的使用状态有块体、薄膜和粉体等各种状态。目前在有关材料专业的教学中,对于材料合成、材料制备,以及产品的制备技术与工艺给予了一定的关注,但是进入研究生阶段的学生由于专业背景的差异,在从事无机非金属(陶瓷)材料的研究时还缺乏最基本的知识,而传统硅酸盐专业教材的教学内容难以满足新材料、新工艺与新技术发展对无机非金属材料的教学要求。

　　西安交通大学长期以来特别重视关于无机非金属材料制备技术的教学工作。20世纪80年代,化工学院李运康教授编写了《无机材料化学制备技术》;90年代高积强教授编写了《无机非金属材料制备技术》讲义用于教学工作。2007年杨建锋教授、王红洁教授相继承担和参与了有关课程的教学工作,并与高积强教授共同编写了《无机非金属材料制备方法》的研究生教材,本教材是在第一版的基础上修订而成的。

　　本书系统深入地介绍了无机非金属新材料从粉体制备、材料成形、烧结到后续加工等方面的工艺,综合归纳了目前国内外特种陶瓷生产和研究的现状。其中不仅有编者多年来从事特种陶瓷研究所获得的成果,也有大量国内外特种陶瓷研究方面的最新发展。

　　参与本书编写的教师除了具有丰富的教学工作经验外,还有长期的科研工作经历,书中有关内容的选取充分考虑了研究生从事无机非金属(陶瓷)材料科研工作的需要和材料制备技术的最新发展。

　　杨建锋教授承担了第1章、第4章、第5章第1节、第7章(除第6节外)的编写工作,王红洁教授承担了第3章、第5章第2节的编写工作,史忠旗教授承担了第2章的编写工作,王继平副教授承担了第6章的编写工作,王波副教授承担了第7章第6节的编写工作。全书由杨建锋教授进行了最后的统稿工作。

　　本书审阅团队由先进陶瓷方向教学科研经验丰富的教师构成，为西安交通大学的金志浩教授、北京科技大学的曹文斌教授、陕西科技大学的朱建锋教授。在此，编者对他们表示衷心的感谢。

　　本书的编写与出版得到了教育部高等学校材料类专业教学指导委员会规划教材和西安交通大学研究生"十四五"规划精品系列教材的资助与支持。

　　由于水平有限，书中难免不妥之处，诚恳地希望得到读者的批评指正。

编者

2022 年 12 月

第1版前言

对金属材料而言,材料合成、冶炼、制备、加工等过程是分开进行的,因此对金属材料性能与显微组织的研究可以限定在某一阶段,从事金属材料研究的人们完全可以不去从事合成与冶炼工作,也可以不去研究金属构件产品的制造。而无机非金属(陶瓷)材料则是一种工艺性极强的材料,无机非金属材料与产品制备是同步完成的,任何从事无机非金属材料研究的人们都无法回避对材料制备技术的应用。

目前有关材料专业的教学中,对于材料合成、材料制备,以及产品的制备技术与工艺给予了较少的关注,使得进入研究生阶段的学生在从事无机非金属(陶瓷)材料的研究时难以进入角色,甚至缺乏最基本的知识。而传统硅酸盐专业教材的教学内容难以满足新材料、新工艺与新技术发展对无机非金属材料的教学要求。

西安交通大学长期以来在研究生无机非金属材料的课程教学中特别注意了关于制备技术的教学工作。20世纪80年代中期,化工学院李运康教授编写了《无机材料化学制备技术》讲义用于教学工作;80年代末期,高积强教授承担了相关课程的教学工作,并在90年代末期编写了《无机非金属材料制备技术》讲义用于教学工作;近年来,杨建锋教授、王红洁教授相继承担和参与了有关课程的教学工作。本教材是在有关讲义的基础上编写的。

参与本书编写的教师除了具有丰富的教学工作经验外,还有长期科研工作的经历,书中有关内容的选取充分考虑了研究生从事无机非金属(陶瓷)材料科研工作的需要。

高积强教授承担了第1章、第2章、第3章第3节的部分内容与第5节、第6章、第7章第1、2节的编写工作,杨建锋教授承担了第4章、第5章、第7章第3、4节的编写工作,王红洁教授承担了第3章第1、2、3、4节的编写工作。全书由高积强教授进行了最后的统稿工作。

本书由金志浩教授主审,编者对此表示衷心的感谢。

本书的编写与出版得到了西安交通大学研究生院的资助与支持。

由于我们水平有限,书中难免不妥之处,诚恳地希望得到读者的批评指正。

编 者

2007年3月

目　录

第1章 绪论

1.1 前言

材料是人类社会发展的重要基础,任何一种新材料或新的材料制备技术的出现对社会发展都具有重要的作用。

一般意义上的材料可以根据其化学成分的不同分为金属、无机非金属和有机高分子材料。金属材料主要包括钢铁、有色金属与合金,以及金属间化合物;有机高分子材料则主要包括各种塑料、合成树脂、合成橡胶和合成纤维;无机非金属材料是除有机高分子材料和金属材料以外的所有材料的统称,主要包括金属(过渡金属或与之相近的金属)与硼、碳、硅、氮、氧等非金属元素组成的化合物,以及非金属元素组成的化合物。除此而外,这三类材料的相互复合可以制备得到具有更加优异性能的各种复合材料。

无机非金属材料的提法是20世纪40年代以后,随着现代科学技术的发展从传统的硅酸盐材料演变而来的。工程中应用的无机非金属材料,最主要是指陶瓷材料。陶瓷发展可分为三个阶段。第一阶段,传统陶瓷的发展阶段。陶瓷乃是中华文化的杰出成就之一,在中国延续了四千年的历史。作为世界文化遗产的中国兵马俑是陶瓷雕塑史上的伟大壮举,七千年前半坡人已经学会烧制彩陶,英文China的来源也与中国陶瓷有关。第二阶段,特种陶瓷发展阶段,是从20世纪初开始到世纪末发展起来的。第三阶段,可以从20世纪90年代到本世纪的今天算起,属于纳米陶瓷发展阶段。

先进陶瓷是"采用高度精选或合成的原料,具有精确控制的化学组成,按照便于控制的制造技术加工、便于进行结构设计,并且有优异特性的陶瓷"。根据陶瓷材料的用途不同又可以将材料分为结构陶瓷与功能陶瓷。前者主要利用材料的各种力学性能,及一部分物理性能和化学性能,在不同的环境条件下承担、传递各种外力载荷,这类陶瓷具有在高温下,强度高、硬度大、抗氧化、耐腐蚀、耐磨损、耐烧蚀等优点,是空间技术、军事技术、原子能以及化工设备等领域中的重要材料。后者则主要利用材料固有的各种物理性能,即通过材料的声、光、电、磁、生物等特性所具有的特殊功能,有的有耦合功能,比如压电、压磁、热电、电光、声光等,实现对各种信号感知、转换、传递和控制的作用。功能陶瓷材料在21世纪信息化时代将扮演着越来越重要的角色,随着高技术的发展,对更多材料提出了结构功能一体化的要求。总之,新型陶瓷材料几乎遍及现代科技的每一个领域,应用前景十分广阔。

各种材料在生产与使用过程中产生着大量的固体废弃物,对人类生存所依赖的资源、环境都造成了巨大的破坏,如堆积如山的废矿渣,各种冶炼炉渣,能源生产过程产生的粉煤灰、煤矸石等。人类在材料使用过程中所产生的材料残骸也是对环境越来越大的威胁,例如材料的各种腐蚀产物,以及目前引起人类高度注意的白色污染。陶瓷生产存在资源消耗大、能耗高、污染严重的问题,随着社会经济的快速发展,传统生产模式带来的资源消耗与环境污染问题受到广泛关注。

研制、开发新材料是材料科学与工程的重要研究内容,各种材料的使用也是材料科学工作者的重要任务,此外还必须关注材料使用过程中对环境与资源的影响。

材料制备技术在以上工作中所起的作用是我们对制备技术十分关注的主要原因。先进陶瓷材料性能对工艺具有很大的依赖性。陶瓷材料生产一般必须通过多孔生坯(气孔率达50%)的烧结过程,对先进陶瓷而言,烧结过程伴随有致密化、晶粒生长、晶界形成。气孔尺寸变化等多个因素使得最后烧成样品的性能不仅与烧结过程有关,而且与烧结前生坯及粉体性能有密切关系。此外,各种新型的制备工艺不断出现,也推动着新型陶瓷材料的发展。

各种新材料的发现与发展依赖于材料制备技术(方法)的发展。例如,由于外延技术的出现,可以精确地控制材料到几个原子的厚度,从而为实现原子、分子设计提供了有效的手段。快冷技术的采用促进了非晶态和超细晶粒金属的形成,使许多性能优异的材料出现。此外,通过快冷技术发现了准晶态的存在,改变了晶体学中的某些传统观念。许多性能优异、有发展前途的材料,如工程陶瓷、高温超导材料等,由于脆性和稳定性问题及成本太高而不能大量推广,这些问题都需要工艺革新来解决。因此,发展新材料必须把制备技术的研究与开发放在十分重要的位置。现代化的材料制备工艺和技术往往与某些条件密切相联,如利用空间失重条件进行晶体生长等。此外,强磁场、强冲击波、超高压、超高真空及强制冷却等都可能成为材料制备工艺的有效手段。

制备技术对材料性能有着至关重要的影响,制备工艺技术过程决定了材料所能达到的技术指标,只有依赖于现代意义上制造技术的发展,人们才敢于提出“超级钢”“超高温陶瓷”的目标。此外工艺制备技术又是新材料能否推向市场的决定性因素,工艺制备技术的发展决定了新材料的成本与市场规模,市场无法接受的价格是新材料难以得到推广的主要因素。

但迄今为止专门讨论工艺制备技术的各种文献和教科书却相对缺乏。与理论研究不同,人们衡量一个产品成功与否的重要标准是产品质量,而并不是产品制造过程的精确或完美性,即使原来对产品或工艺的构想十分完美,但只要材料性能达不到要求,这种工艺思路就会被否定、淘汰。

现代工业社会的竞争机制对各种制造技术的专利保护是各种工艺制备技术难以公开的重要原因,在追求最终目标方面不甚成功的人总是愿意介绍自己的经验,而那些已经达到目标的人们则总是使用专利保护自己的权利,或者对成功的经历保持一种沉默。

实际工艺过程中各种因素的分散性与所得到结果的离散性使得人们在对各种工艺制备技术过程进行系统性研究时,得到的结果经常受到局部因素或偶然性因素的影响,难以得到完美的结论。

在生产企业中,各种材料工艺制备技术在用于生产过程中,经常是通过某些所谓的“诀窍”(know how)来体现的。

材料科学与工程专业的专业课阶段已经涉及了大量与传统冶金材料制备技术有关的内容,本书的重点则主要放在无机非金属材料制备技术,特别是粉体及材料的合成和采用烧结方法制备陶瓷材料的技术方面。

1.2　材料制造过程概述

材料成分、显微结构及性能之间的关系是材料科学与工程学科永恒的主题,材料工艺制造过程在这种关系中的作用可以用图 1-1 加以表达。在图的一端是化合物原料,另一端是最终材料,工艺是保证材料获得最佳使用性能的重要环节。

图 1-1　工艺过程、显微结构与材料性能之间的关系

　　化学成分决定了材料的固有性能,也称作化合物特性或材料的本征特性。一种材料的化合物特性是固有的,当材料组成成分固定时,化合物特性几乎不受外来因素影响。化合物特性包括晶体结构、热膨胀系数、光学的折射率和磁性晶体的各向异性。化学成分是决定材料性能的内在因素。

　　材料显微组织结构是决定材料性能的外在因素。材料显微组织结构包括相的种类、数量与结构,对于每种相又必须考虑其数量、几何外观(尺寸、形状等)、形貌排列和界面,还有晶格缺陷的类型、结构与几何因素。一种材料的性质在很大程度上是不确定的,通过工艺路线的改变可以使材料显微组织结构发生变化,从而影响材料性能。可以由改变显微组织结构因素控制的性能包括力学性能(如强度、断裂韧性)、铁电材料的介电常数和铁磁性材料的磁导率。

　　无机非金属材料(包括某些金属材料)在受力的时候只有很少的形变或没有形变发生。这种本性限定了不能采用常用的冶金或加工工艺过程来进行材料制备。先进陶瓷的材料和部件的一体化制备也有别于金属和高分子的特点,目前已经发展出两种基本的制备工艺:第一种是粉末烧结方法,即用细颗粒原料,加上黏结剂使之成形,然后高温烧结成所需的制品;第二种基本工艺方法是将原料熔融成液体,然后在冷却和固化时成形,例如制备玻璃制品。

　　粉末烧结工艺过程一般可以分为 4 个主要阶段,即原料制备阶段、部件坯体成形阶段、致密化烧结阶段和达到精确尺寸与表面粗糙度的加工阶段。其中原料制备又根据采用原料的不同分为“粉料”或“纤维(晶须)”等的制备。

　　材料制备工艺过程的不同阶段对应不同的特征工艺参数,它们也是工艺过程不同阶段的质量控制参数。

　　在原料(粉料)制备过程中的主要参数为化学特征参数、晶体学特征参数、形态学特征参数和堆积特征参数,主要包括纯度、晶体结构、颗粒尺寸。粉体制备虽是原料的准备,但其性质对其后的工艺过程和最终的产品性能影响极大,因而就先进陶瓷材料而言,其粉体的制备要求十分高,制作过程很复杂,大部分是工业化生产的产品。一般来讲,先进陶瓷对粉体原料的特性有以下的要求:①化学组成精确、均匀性好,晶体结构单一;②纯度高;③均匀和细小的颗粒尺寸,球形颗粒;④分散性好,团聚少。粉体制备过程也包括粉体的均匀化混合,粉体混合是通过机械或流体方法使不同物理性质和化学性质的颗粒在宏观上分布均匀,不均匀性降到最低的过程。随着新材料的研发和工业化应用高速发展,粉体复合材料的均匀混合越来越重要。

　　部件坯体成形可以采用不同的成形方法,有关成形技术将在后续内容里加以详细介绍。成形方法根据物料中的液相含量可分为干法和湿法两种。干法成形的液相含量不大于 15%,使用较高压力得到质量好的坯体。湿法成形由于物料可塑性变形或有流动性,因而可得到较复杂的形状,不需施加压力或所需压力相对很小,但坯体的质量(主要指缺陷)的控制相对较难。部件坯体成形阶段的主要特征工艺参数是均匀性、密度及干燥特性。其中生坯密度根据产品不同有不同的要求;干燥特性要求在坯体干燥过程中不应产生裂纹;密度分布、黏结剂分布、孔隙尺寸分布及添加剂分布的均匀性是高质量生坯的重要标志。

坯体的致密化可以通过不同方法来实现,但几乎所有的致密化方法都基于加热烧结。烧结就是把生坯放置于高温中,在低于原料熔点温度下,通过原子迁移和粉体表面能的释放,把颗粒原料紧密地连接在一起成为坚硬固体的过程。如果烧结过程中原子的迁移与扩散只是在固态下发生,称为固相烧结;如果在烧结过程中产生少量液相来促进原子的扩散和迁移,称为液相烧结;使用未反应的原料(即烧结起始阶段并未形成最终化学产物)可以实现反应烧结,此外还可以在烧结过程中加压,称为压力烧结或热压烧结。在各种烧结致密化过程中,特征工艺参数主要包括晶粒特性、气孔特性、第二相特性、化学特性和烧结尺寸特性。晶粒特性中包括致密化速率、晶粒尺寸分布和晶粒的生长速率;气孔特性包括气孔的大小与分布;第二相特性需要考虑第二相的总量、分布、尺寸,以及界面或晶内的情况;化学特性必须考虑材料烧结过程中发生的成分偏析、液相的分布与数量、烧结气氛和炉内污染的影响;而烧结尺寸特性则考虑烧结过程收缩量的大小和收缩的均匀性。

材料烧结后经常需要进一步精加工。材料加工过程的特征工艺参数包括几何特性、机械特性和结构稳定特性。几何特性主要包括加工的尺寸精度;机械特性包括粗糙度和对应的加工缺陷;结构稳定特性则必须考虑加工过程中产生诱发相变或诱发裂纹的作用。

除了块体材料的制备,陶瓷材料还存在薄膜、纤维、粉体、单晶等各类形式的材料,在很多领域具有重要的用途,其制备方法也与块状材料有所不同。

综上所述,我们可以将材料的工艺制造过程定义为:为获得规定要求的材料(产品)所需要进行的机械、工具、方法、原材料及人员的任何组合。而材料制造过程的工艺技术控制则定义为:为了达到材料性能指标而建立和制定的各种标准。

扩展阅读

我国先进无机材料科学与工程学科的奠基人严东生

从年少时的"科学救国",到耄耋之年的科教兴国,他将自己的生命融入我国一代新型陶瓷材料的研制中,为国民经济发展和国家重大工程建设发挥了重要作用。他就是我国无机材料科学的奠基人、中国科学院和中国工程院两院院士——严东生。

以国家需要为己任,正是严东生科学人生的真实写照。在填报大学志愿时,他违背家人意愿、放弃能捧"金饭碗"的税务学校,选择了清华大学化学系,投身科学报国之路。

1949年春,严东生以全 A 的成绩获得了美国伊利诺伊大学陶瓷学博士学位,留校任博士后研究员,有很好的条件让他继续从事无机材料的理论与应用研究工作。由于工作成绩优异,同年,严东生被选为西格玛赛(sigma xi)等四个荣誉学会会员,这在当时毕业生中是绝无仅有的。而就在他获得博士学位这年,新中国成立的消息传到美国。严东生没有犹豫,断然拒绝了美方的挽留,立即着手回国。经过40多天的辗转,带着极少的行李和很多图书资料,于1950年4月回到祖国。

20世纪50年代,他主持制定了我国第一个耐火材料的生产、检验、测试标准,为我国钢铁工业发展作出了重要贡献。60年代,他在研究所开辟了我国高温结构陶瓷、功能陶瓷、人工晶体、特种玻璃、无机涂层材料等研究领域,并取得了一系列重要成果。70 年代,他紧急受命,带领 50 多人的秘密团队在极其简陋的厂房里,前后开展了 300 多个类型的试样试验,研制的耐高温烧蚀复合材料成功解决了新中国第一代洲际导弹端头防热的难题,被称为"给导弹穿上外衣的人"。80 年代,他带领团队昼夜奋战、改良工艺,将人工生长的锗酸铋晶体长度由原来的二三厘米做到了二三十厘米,在国际竞争中遥遥领先,一举中标面向全球的正负电子对撞机探测器晶体招标,为我国材料科学在国际上赢得巨大声誉。在他的悉心指导下,硅酸盐所成功研制出世界最长的锗酸铋晶体,铸就了首颗暗物质粒子探测卫星悟空的"火眼金睛"。90 年代,他敏锐觉察纳米材料研究趋势,促成了国家对纳米材料领域研究的关注与投入,他也朝着这个方向继续开拓。

在 70 多年的科研生涯中,严先生始终保持着创新精神,当他 50 岁首创了新型陶瓷基复合材料时,没有人想到他会在 90 岁时站在更高的科学高峰上。

严东生灿烂夺目的学术生涯,在于他的创新、坚韧,在于他敢为天下先的勇气和信心。

严先生是我国材料学界的一张"国际名片"。他是美国科学院院士、美国陶瓷学会杰出终身会员、亚洲各国科学院联合会主席、国际陶瓷科学院创始董事⋯⋯他只用一句话概括所有这些头衔对于他的意义:"进行充分国际交流,走到世界科学前沿,让世界科技为我所用。"

在中华民族伟大复兴的征程上,一代又一代科学家心系祖国和人民,不畏艰难,无私奉献,为科学技术进步、人民生活改善、中华民族发展作出了重大贡献。新时代更需要继承发扬以国家、民族命运为己任的爱国主义精神,更需要继续发扬以爱国主义为底色的科学家精神。

思考题

1. 简述陶瓷的分类和特点。
2. 给出粉末烧结制备材料的过程,以及各过程的主要参数特性。

第2章 无机粉体材料合成制备技术

无机粉体是制备陶瓷材料的主要原料。中国是瓷器的故乡,中国最早的瓷器是在东汉(公元 25—220 年)中晚期时由古越州地区的窑场在夏商周三代原始瓷和印纹硬陶的基础上烧制出来的。经对古代各时期越窑瓷片的研究分析,浙江本地土质含有制造瓷胎所必需的石英、高岭、绢云母等三种基本矿物成分,它们是一种花岗岩风化后的矿物质。这就是人们常说的"世界各地古代先民都发明了陶器,为什么只有中国先民在陶器的基础上发明出了瓷器"的重要原因——有利的土质。欧洲人直到十六、十七世纪才发现这个秘密,方才制作出瓷器。

2.1 无机粉体的基本参数与表述

陶瓷材料使用的原料,根据来源可分为天然矿物原料与人工合成原料。天然矿物原料的组成由矿物生成过程的天然条件决定,除了传统陶瓷以外,在具有特殊性能要求的陶瓷制备工艺中,很少将其作为主要原材料使用。人工合成原料是通过各种物理与化学方法制备的陶瓷粉料,其化学成分、纯度和其他性能都可以通过人工进行设计,以满足不同陶瓷材料的制备工艺与使用性能要求。

原料性能对于陶瓷材料制备工艺的确定和陶瓷材料优异性能的获得起着决定性的作用。

一般来说,可从化学和物理状态两个方面来评价陶瓷原材料(粉料)。可以把表征陶瓷原材料(粉料)的参数分为化学特征参数、晶体学特征参数、形态学特征参数和堆积特征参数。

化学特征参数包括粉料化学计量、纯度和杂质含量的情况;晶体学特征参数包括粉料的晶体结构存在的非反应相与第二相的情况;形态学特征参数包含颗粒尺寸和分布、颗粒形状、原料颗粒团聚程度及粉料的比表面积;而原料的堆积特性则包含了对原料堆积性、流动性及热效应的表征。

原材料的化学组成将直接影响材料的性能,单纯从材料性能角度来看,希望采用高纯度原料,但需要综合考虑原材料中杂质对陶瓷材料工艺制备过程、性能的影响。杂质的影响有利有弊。例如,某些杂质在烧成过程中可以与原料中的主要成分或其他杂质生成新的晶体相或玻璃相,这类杂质在瓷坯形成过程中起到了矿化剂或熔剂的作用,对材料的烧结过程起到一定程度的有利作用。根据材料制备工艺和性能的要求,可以对这类杂质的含量加以限制。有的杂质在烧结过程中与原料主要成分发生置换作用而生成固溶体,有利于改善材料的烧结性能并提高材料的物理性能,故需要人为添加这些杂质来达到性能提升的目的。

在选择原料纯度等级时,还要综合考虑效果与成本。在配料时不同原料用量不同,则引进杂质量也不同。用量少的原料,可以考虑用纯度略低的。例如锆钛酸铅($PbZr_xTi_{1-x}O_3$)压电陶瓷中,PbO 用量为 67%,对它的纯度要求较高,TiO_2 用量为 10%,ZrO_2 用量为 21%,只有PbO 用量的 1/6~1/3,对它们的纯度要求就可以略微降低。对于加入量少于 1% 的添加物,对纯度没有特殊的要求,只要纯度在 98% 以上即可。有些原料可以通过处理提高纯度,如 Na_2O、K_2O 杂质可以通过水洗或预烧去除。

　　陶瓷原材料中的晶相、粉料中存在的非反应相和第二相会直接影响得到的陶瓷材料的显微组织结构,并且影响材料的烧结过程。以夹杂物形式存在的杂质会引起应力集中,造成材料的开裂与强度降低。

　　粉料颗粒的团聚程度、颗粒尺寸和分布、颗粒形状、粉料的比表面积及原料堆积特性主要通过影响陶瓷材料的成形性能和烧结特性而影响材料显微组织。细小尺寸的原料颗粒具有较大的表面自由能,有利于提高陶瓷材料的烧结驱动力,进而提高陶瓷材料强度;合适的颗粒尺寸分布有利于提高成形时的颗粒填充率,达到最大生坯密度,并有利于提高烧结陶瓷材料的强度。合适的粉料形态学和堆积学特性,有利于改善材料工艺制造过程的难度,提高生产效率和降低成本。

　　陶瓷原材料粉体颗粒是指在物质结构不改变的情况下,分散或细化得到的基本固体颗粒,一般指没有堆积、团聚等结构的最小单元,即一次颗粒。实际上一次颗粒由完整单晶物质构成的情况比较少见,即使对于许多外形较规则的单晶颗粒,也常常以完整单晶体微晶镶嵌结构出现;工程实际中的一次颗粒经常指含有低气孔率的独立粒子,颗粒内部有界面,如相界、晶界等。实际陶瓷原料粉体的颗粒十分细小,特别是先进陶瓷材料所使用的超细原料粉体,表面活性较大,易发生一次颗粒间的团聚,团聚体的形成使系统能量下降。造成颗粒自发团聚的原因是范德华引力、颗粒之间的静电引力、吸附水所产生的毛细管力、颗粒之间的磁引力,或者颗粒表面不平滑所引起的机械啮合力等的作用。团聚体内有相互连接的气孔网络。根据团聚体的团聚情况,分为软团聚体和硬团聚体。经常把工艺过程中人为制造的粉料团聚粒子称为二次颗粒,例如陶瓷工艺过程中造粒形成的粒子。

　　陶瓷原料粉体的粒度是颗粒在空间范围所占线性尺度的大小,粒度越小,颗粒微细程度越大。

　　对于单一球形颗粒,其直径即为粒径。但对于大多数情况中的非球形单颗粒,可由该颗粒不同方向上的不同尺寸按照一定的计算方法加以平均,得到平均直径,或是以在同一物理现象中与之有相同效果的球形颗粒直径来表示,即等效粒径或当量径。对一个颗粒进行三维测量,设有一最小体积的长方体(其三维尺寸如图 2-1 所

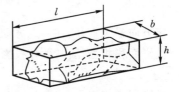

图 2-1　颗粒的外接长方体

示)恰好包围住颗粒,则根据外接长方体的尺寸,按照不同方法计算可以得到几种不同表示方法的单一粒径(表 2-1)。

表 2-1　单一粒径的计算方法

名称	计算公式	名称	计算公式
长轴径	l	三轴几何平均径	$(lbh)^{1/3}$
短轴径	b	二轴调和平均径	$2/[(1/l)+(1/b)]$
二轴算术平均径	$(l+b)/2$	三轴调和平均径	$3/[(1/l)+(1/b)+(1/h)]$
三轴算术平均径	$(l+b+h)/3$	表面积平均径	$[(2lb+2bh+2hl)/6]^{1/2}$
二轴几何平均径	$(lb)^{1/2}$	体面积平均径	$3lbh/(lb+bh+hl)$

　　可以用显微镜测量陶瓷原料颗粒的粒径,此时颗粒以最大稳定度(重心最低)置于一平面

上,如图 2-2 所示。通过观察颗粒投影,按投影大小,可以按以下几种定义得到粒径。

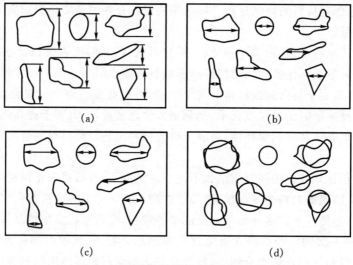

图 2-2　颗粒投影的几种粒径表达方式

二轴径:将颗粒投影外接矩形的长度 l 和宽度 b 定义为二轴径,得到算术平均径 $\frac{l+b}{2}$ 或几何平均径 $\sqrt{lb}$。

Feret(费雷特)径:与颗粒投影相切的两条平行线之间的距离称为 Feret 径,记作 D_F,如图 2-2(a)所示。

Martin(马丁)径:在一定方向上将颗粒投影面积分为两等份的粒径,记作 D_M,如图2-2(b)所示。

定方向最大直径:在一定方向上颗粒投影的最大长度,如图 2-2(c)所示,记作 D_K。

投影面积相当径:与颗粒投影面积相等的圆的直径,又称作当量径,如图 2-2(d)所示,记作 D_H。

投影周长相当径:与颗粒周长相等的圆的直径,记作 D_C。经常用于考察颗粒的形状。

实际使用的陶瓷粉体不可能由单一颗粒大小进行描述,而是由颗粒群构成,颗粒的平均大小被定义为该粉体的颗粒尺寸,一般用粒径表示。粒径是粉体性质最重要和最基本的参数。粒径又称粒度。粒径的定义和表示方法由于颗粒的形状、大小和组成的不同而不同,同时又与颗粒的形成过程、测试方法有密切联系。陶瓷粉体颗粒系统所包含的颗粒尺寸一般都存在一个分布范围,其分布范围越窄,分散的程度就越小,集中度越高。

对于由许多粒径大小不一颗粒组成的分散系统,若已知粒径为 D 的颗粒个数为 n 或比重为 W,则颗粒群的平均粒径按个数基准和质量基准的计算如表 2-2 所示。

虽然实际粉体颗粒的粒度并不严格连续分布,但是工程中可以认为多数粉体的粒度是连续分布的。在测量中,将连续的粒度分布分割成离散的粒度分级,测出每一个分级中的颗粒个数百分数或质量分数,或者测出小于(或大于)各个粒度的累积个数百分数或累积质量分数。可以采用显微镜法或计数器法获得颗粒个数分布数据,用筛分法或沉降法等获得质量分布数据。颗粒粒度的分布状态可以通过分布函数表达,通常表示为正态分布或对数正态分布等函数形式。

表 2 - 2　按个数基准和质量基准计算的颗粒群平均粒径

名称		计算公式	
		个数基准	质量基准
加权径	个数(算术)平均粒径 $d_1(d_a)$	$\dfrac{\sum(nd)}{\sum n}$	$\dfrac{\sum(W/d^2)}{\sum(W/d^3)}$
	长度平均径 d_2	$\dfrac{\sum(nd^2)}{\sum(nd)}$	$\dfrac{\sum(W/d)}{\sum(W/d^2)}$
	面积平均径 d_3	$\dfrac{\sum(nd^3)}{\sum(nd^2)}$	$\dfrac{\sum W}{\sum(W/d)}$
	体积(质量)平均径 $d_4(d_m)$	$\dfrac{\sum(nd^4)}{\sum(nd^3)}$	$\dfrac{\sum(Wd)}{\sum W}$
平均表面积径 d_S		$\left[\dfrac{\sum(nd^2)}{\sum n}\right]^{1/2}$	$\left[\dfrac{\sum(W/d)}{\sum(W/d^3)}\right]^{1/2}$
平均体积径 d_V		$\left[\dfrac{\sum(nd^3)}{\sum n}\right]^{1/3}$	$\left[\dfrac{\sum W}{\sum(W/d^3)}\right]^{1/3}$
调和平均径 d_k		$\dfrac{\sum n}{\sum(n/d)}$	$\dfrac{\sum(W/d^3)}{\sum(W/d^4)}$
比表面积径 $d_s^①$		$\dfrac{\varphi}{S_V}$	$\dfrac{\varphi}{\rho_{\!f}S_W}$
中位径 $d_{50}^②$		粒度分布累积值为 50% 时的粒径	
多数径 d_{mod}		粒度分布中含量最高的粒径	

注:①φ 为颗粒形状系数,球形颗粒取 6;$\rho_{\!f}$ 为颗粒密度;S_V、S_W 分别为单位体积、单位质量的表面积。

　②中位径 d_{50} 又称中值粒径,是指累计分布百分数达到 50% 时所对应的粒径值,常用来表示粉体的平均粒度。

　　粉体粒子的几何学性质是粉体的最重要性质。目前已经开发出了许多粒度测定技术(表 2-3),大部分技术都需要把试样分散在水中进行测量,或通过在液体中分散粉体制备试样,这时测量得到的结果可能与干燥状态的粒子有一定差别。

表 2 - 3　粒度测定分析的一般方法

方法	条件	技术或仪器	粒度范围/μm
显微镜	干或湿	光学显微镜	0.25~250
	干	透射或扫描电子显微镜	0.001~5
筛分	干或湿	编织筛或自动筛	>40
	湿	微孔筛	5~40
沉降	干/重力沉降	微粒沉降仪	
	湿/重力沉降	移液管、密度差光学沉降仪、β射线返回散射仪、沉降天平、X 射线沉降仪	2~100
	湿/离心沉降	移液管、X 射线沉降仪、光透仪、累计沉降仪	0.01~10

续表

方法	条件	技术或仪器	粒度范围/μm
感应区	湿	电阻变化技术	0.4~800
	湿或干	光散射、光衍射、遮光技术	0.001~10
X射线	干	吸收技术、低角度散射和线叠加	0.001~0.05
	湿	β射线吸收	
表面积	干	外表面积渗透	0.5~100
	干	总表面积、气体吸收或压力变化、重力变化、热导率变化	10~0.001
	湿	脂肪酸吸收、同位素、表面活化剂、溶解热	
其它	干或湿	全息照相、超声波衰减、动量传递、热金属丝蒸发与冷却	

2.1.1 筛分法测粒度

筛分法是最传统的粒度分析法。将分散性较好的粉体试样通过一系列具有不同筛孔的标准筛分离成若干粒级，分别称重，得到以质量分数表示的粒度分布。筛分法适用于 100 mm~20 μm 的粒度分布测量。如采用电成形筛（微孔筛），其筛孔尺寸可至 5 μm，或者更小。各个国家规定了不同的标准筛系列，其中大多数系列的筛孔尺寸按$\sqrt{2}$的等比几何级数变化。

美国 Tyler 系列筛以目（每英寸长度上的孔数）作为筛号。基准筛为 200 目，孔尺寸为 0.074 mm，丝直径为 0.053 mm；最细为 400 目，筛孔尺寸为 38 μm。美国国家标准局的 ASTM 系列则直接使用筛号，以 18 号为基准，筛孔尺寸为 1 mm，最细为 400 号，筛孔尺寸为 37 μm。目前开始推广使用的国际标准组织（ISO）筛系列，基本沿用了 Tyler 系列，取其相邻两个筛子中的一个组成 ISO 系列的筛号。与 Tyler 筛不同的是，ISO 系列筛孔尺寸值整齐，且直接将筛孔尺寸标于筛上，而不用目表示。因此，此系列筛孔尺寸按$\sqrt{2}$等比几何级数变化，即相邻两筛的筛孔面积比为 2，最细筛孔尺寸为 45 μm。Tyler 筛与 ISO 筛系列如表 2-4 所示。

表 2-4 Tyler 筛与 ISO 筛系列

Tyler 筛		ISO 筛	Tyler 筛		ISO 筛
目	筛孔尺寸/mm	筛孔尺寸/mm	目	筛孔尺寸/mm	筛孔尺寸/mm
5	3.692	4.00	42	0.351	0.355
6	3.327	—	48	0.295	—
7	2.794	2.80	60	0.246	0.250
8	2.362	—	65	0.208	—
9	1.981	2.00	80	0.175	0.180
10	1.651		100	0.147	
12	1.397	1.40	115	0.124	0.125
14	1.168		150	0.104	—

Tyler 筛		ISO 筛	Tyler 筛		ISO 筛
目	筛孔尺寸/mm	筛孔尺寸/mm	目	筛孔尺寸/mm	筛孔尺寸/mm
16	0.991	1.00	170	0.088	0.090
20	0.833	—	200	0.075	—
24	0.701	0.701	250	0.061	0.063
28	0.589	—	270	0.053	—
32	0.495	0.500	325	0.043	0.045
35	0.417	—	400	0.038	—

由于制造工艺的原因,出厂筛子的筛孔尺寸难以保证一致。在实际使用过程中,筛子也会因变形而失去筛孔尺寸的准确性,因此筛子必须校准。美国国家标准局建议出厂筛子采用显微镜法校准,即依次测量 5~10 根金属丝直径,每根丝测量 4 次取其平均值。由单位长度上的金属丝数计算出平均筛孔尺寸。对使用过程中的筛子,应备有一种已知粒度分布的标准样品对筛子进行定期检查,标准样品一般选用玻璃微球。美国国家标准局供应的玻璃微球粒度范围为 8~35 目、20~70 目及 140~400 目等。如果无标准样品,可采用一套已校验过的筛子,用它与工作筛对同一种粉体样品进行筛析对比,以两相邻筛号之间的质量分数之比作为修正系数。

2.1.2　电子显微镜法测粒度

直接使用扫描电子显微镜(Scanning Electron Microscope,SEM)不仅能直接观察一次粒子的结构,还可以观察到团聚粒子的结构及粒子的立体形状。但 SEM 的分辨能力较差,难以观察到小于 0.01 μm 的颗粒。透射电子显微镜(Transmission Electron Microscope,TEM)的分辨率高,可以观察到小于 0.01 μm 的颗粒,但如果粒子分散不好造成颗粒之间的重叠,即使使用 TEM 也难以准确测出一次粒子的粒径。在使用电子显微镜测量时,首先应注意取样的代表性,粒子的个数至少要 100 个;对粒度分布宽的粉体,最好取 500 个以上。使用电子显微镜测量粉体颗粒尺寸时,样品制备技术及从原料或悬浮液中的取样十分关键,进行粒度分析时,样品需分散良好,否则分析结果会有很大误差。制备电子显微镜样品时,首先将微粒用超声波分散在载液(例如乙醇)中,然后将悬浮液滴在带碳膜的电镜用铜网上,真空干燥,待载液挥发后,放入电镜样品台进行观察、照相,最后根据照片测量粒径,并采用统计方法进行计算。

2.1.3　沉降法测粒度

沉降分析法是通过监测颗粒在液体中的沉降速度,算出颗粒粒度的方法。颗粒的沉降速度通过检测已知深度的悬浮液浓度或颗粒在容器底部重量增长速率来决定,这种方法测量的颗粒粒度称为斯托克斯粒度,计算粒度时假设斯托克斯定律成立。这种粒度测试方法的特点是方法种类多,可用实验仪器多,粒度测量范围宽,并可保证测量的精度和重复性。其中主要的方法包括沉降天平法、光透过法和 X 光透过法。

用天平在一定时间间隔称量颗粒沉降累积质量,以时间和累计质量分别为横纵坐标,作出阶梯形沉降曲线。在沉降天平法中,造成误差的主要原因:①粉体颗粒形状的不规则(非球状);②颗粒未达到完全分散;③沉降管壁的影响;④温度梯度或机械振动等影响颗粒沉降过程;⑤沉降过程中颗粒之间相互作用产生气体或气泡;⑥布朗运动的影响;⑦沉降曲线图解计算中的误差。

与沉降天平法不同,光透过法属于增量分析法。该方法测量速度较快,也不存在沉降天平中沉降盘振动引起误差的缺点,配合离心沉降,其测量的最小颗粒度可以达到 $0.1~\mu m$。此方法的特点在于沉降槽体积小,悬浮液浓度稀,用量少。但由于这种方法假定光被颗粒阻隔程度仅与颗粒投影面积有关,并认为颗粒是绝对不透明的,颗粒间或颗粒与沉降容器壁之间没有反射存在,悬浮液浓度低到足以使两个颗粒不会同时出现在光柱的同一方向,所以也存在测量误差。

例如,对于 $0.1\sim1~\mu m$ 的细小颗粒,由于粒度与可见光波长相当,会发生十分复杂的散射现象(丁达尔效应),其消光系数随粒度变化很大。采用 X 光为入射光源,既避免了细颗粒组分的散射效应,又可直接测得悬浮液的颗粒浓度,而不像可见光那样,得到的仅是颗粒有效投影面积,这是 X 光透过法的主要优点。虽然把可见光换成 X 光可以克服部分缺点,但也仅适用于分散均匀的细小颗粒物质。

2.1.4 激光法测粒度

采用光学特性测量颗粒的粒度是现代粒度分析仪的主要原理。当光束照射到气体或液体里的细颗粒时,光将向各个方向散射,同时当颗粒通过光束时,在颗粒的背面将产生瞬间阴影,照射的瞬间部分照射光被颗粒吸收,产生衍射。光的散射和衍射特征与颗粒的粒度有一定关系。当激光照射到做布朗运动的粒子上时,使用光电倍增管测量散射光,在任何给定的瞬间这些颗粒的散射光会叠加形成干涉图形,光电管探测到的光强度取决于这些干涉图形。干涉图形的相对位置随微粒在溶剂中做布朗运动而发生变化,这就引起一个恒定变化的干涉图形和散射强度。

布朗运动引起的强度变化发生在微秒至毫秒级的时间间隔中,粒子越大其位置变化越慢,光散射强度的变化也越慢。通过测量一定时间间隔中散射光的涨落,计算得到粒子尺寸。为了根据光强度的变化来计算粒子在介质中的扩散系数从而获得粒径尺寸,光强度变化的信号必须转换成数学表达式,转换得到的结果称为自相关函数,它可以由测量仪器自动完成。

计算自相关函数的一个简单方法是将某给定时间 t 的光强度与延迟时间 τ 后的光强度进行比较,如果在延迟 τ 时刻的自相关函数的值高,那么在任意时刻的光强度与延迟 τ 时间后的强度之间具有强相关性,意味着两次测量间隔内粒子扩散得不是很远,因此在长的时间间隔 τ 内自相关函数保持高数值表明探测到的粒子是运动较慢的大粒子。通过对一段范围 τ 内自相关函数的计算,就能建立测定粒子尺寸的快速定量方法。

对于不同的颗粒度测定方法,虽然测定原理不同,但大都要求粉体悬浮在液体中进行测定,并假定颗粒为球形。在一般实验室中,粉体的品种经常改变,如果不能将新粉体制成分散度良好的悬浮液,粒径测量得到的结果将不是单个粒子尺寸的分布图,而是团聚体尺寸的分布图。制备粒子分散性好的悬浮液通常要添加分散剂,并通过机械或超声搅拌调制悬浮液;此外还要保持悬浮液的稳定性,可以通过调节 pH 值或引入添加剂来达到。但由于水中很难单独存在亚微米级粒子,一般都是若干粒子聚合而成的团粒,因此要想直接测量亚微米范围内的一次粒子是很困难的。

2.1.5　比表面积法测粒度

比表面积法是通过测量粉体单位重量的比表面积 S_w，计算得到微粒直径（假设颗粒为球形）的方法

$$d = 6/\rho S_w \tag{2-1}$$

式中：ρ 为密度；d 为微粒直径。

比表面积 S_w 的测量一般采用多层气体吸附法（Brunauer Emmelt Teller，BET）。BET 方程为

$$\frac{V}{V_m} = \frac{kp}{(p_0 - p)[1 + (k-1)p/p_0]} \tag{2-2}$$

式中：V 为被吸附气体的体积；V_m 为单分子层吸附气体的体积；p 为气体压力；p_0 为饱和蒸气压；k 为 y/x，对第一吸附层 $y = (a_1/b_1)p$，a_1 和 b_1 为常数（下标"1"表示第 1 吸附层），$x = (a_i/b_i)p$，a_i 和 b_i 为常数（下标"i"表示第 i 吸附层）。可将上述方程改写为

$$\frac{p}{V(p_0 - p)} = \frac{1}{V_m k} + \frac{k-1}{V_m k} \frac{p}{p_0} \tag{2-3}$$

令 $A = \frac{k-1}{V_m k}$，$B = \frac{1}{V_m k}$，则 $A + B$ 的倒数为 $V_m = \frac{1}{A+B}$，代入上式，得到

$$\frac{p}{V(p_0 - p)} = (A + B)\frac{p}{p_0} \tag{2-4}$$

把 V_m 换算成吸附质的分子数（$V_m/V_0 N_A$）乘以一个吸附质分子的截面积 A_m，即可计算出吸附剂的表面积 S

$$S = \frac{V_m}{V_0} N_A A_m \tag{2-5}$$

式中：V_0 为气体的摩尔体积；N_A 为阿伏伽德罗常数。

固体比表面积测定时常用的吸附质为氮气（N_2），一个 N_2 分子的截面积为 0.158 nm^2，为了计算方便，可以把以上三个常数合并，令

$$Z = \frac{N_A A_m}{V_0} \tag{2-6}$$

于是表面积公式简化为

$$S = ZV_m \tag{2-7}$$

N_2 在标准状态下每摩尔体积的 $Z = 4.250$，这时

$$S = 4.250 V_m \tag{2-8}$$

BET 法的关键在于确定气体的吸附量 V_m，测定方法主要有容量法和质量法。在容量法中首先将样品在 200～300 ℃、小于 0.1 Pa 的真空条件下脱气，以清除固体表面上原有的吸附物，然后将样品管放入冷阱中。使用 N_2 时，冷阱温度需保持在 78 K（即液氮沸点）以下，并给定一个 p/p_0 值，平衡后通过恒温的量气管测出吸附体积。通过一系列 p/p_0 - V 测定，作出 p/p_0 - V^{-1} 关系图，根据公式可以求出相应的 V_m 值。容量法测量的基本原理如图 2-3 所示。将吸附质气体（氮气）导入有刻度的贮气玻璃量管中，并由压力计测量压力，然后打开试样与玻璃量管之间的活塞，让氮气进入已抽成真空的试样球形管中，待试样吸附平衡后再测量压力，

进入试样球形管的气体体积与活塞开启前后的压力差成正比。被吸附的气体体积等于进入试样球形管的气体体积减去充填试样球形管内"死空间"和玻璃管连接处的气体体积,根据吸附前后的压力、体积以及温度可计算出吸附量。

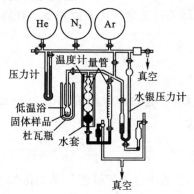

图 2-3　气体吸附测量比表面积的装置

2.1.6　X 射线衍射法测粒度

根据晶体 X 射线衍射峰的宽度也可以求得晶粒的大小。对于尺寸小于 $0.1~\mu m$ 的晶粒会产生衍射线宽化的现象。粒径越小,衍射线宽化效应越明显。因此,可以根据 Scherrer(谢乐)公式得到粉体晶粒的尺寸 D_x 为

$$D_x = \frac{k\lambda}{\beta \cos\theta} \tag{2-9}$$

式中:β 为对应衍射峰半高宽度的变化;λ 为 X 射线波长;k 为常数(大多取 1);θ 为衍射角。应该注意使用 X 射线衍射方法测定所得结果为晶粒大小,并不一定是一次颗粒的大小。同时在测量时需采用无畸变同种材料或其他材料标样来排除内应力对衍射峰展宽的影响。由于晶粒长大存在各向异性,在给出测定结果时需要说明测得晶粒尺寸所对应的晶面。

2.1.7　粉体标准

市场提供的商用粉体按照 ISO 标准可以分为粗颗粒与微粉两种,其主要的粒度标记与颗粒组成标准如表 2-5 与表 2-6 所示。

表 2-5　粗颗粒的粒度组成(筛分法测定)

粒度标记	第1层筛 网孔尺寸		筛上	第2层筛 网孔尺寸		①	第3层筛 网孔尺寸		②	第4层筛 网孔尺寸		③	第5层筛 网孔尺寸		④	底盘 筛下(最大)
	mm	μm	%	mm	μm	%	mm	μm	%	mm	μm	%	mm	μm	%	%
P12	3.35	—	0	2.36	—	1	2.00	—	14±4	1.70	—	61±9	1.40	—	92	8
P16	2.36	—	0	1.70	—	3	1.40	—	26±6	1.18	—	75±9	1.00	—	96	4
P20	1.70	—	0	1.18	—	7	1.00	—	42±8	—	850	86±6	—	710	96	4
P24	1.40	—	0	1	—	1	—	850	14±4	—	710	61±9	—	600	92	8

续表

粒度标记	第1层筛 网孔尺寸 mm	第1层筛 网孔尺寸 μm	第1层筛 筛上 %	第2层筛 网孔尺寸 mm	第2层筛 网孔尺寸 μm	第2层筛 ① %	第3层筛 网孔尺寸 mm	第3层筛 网孔尺寸 μm	第3层筛 ② %	第4层筛 网孔尺寸 mm	第4层筛 网孔尺寸 μm	第4层筛 ③ %	第5层筛 网孔尺寸 mm	第5层筛 网孔尺寸 μm	第5层筛 ④ %	底盘 筛下(最大) %
P30	1.18	—	0	—	850	1	—	710	14±4	—	600	61±9	—	500	92	8
P36	1.00	—	0	—	710	1	—	600	14±4	—	500	61±9	—	425	92	8
P40	—	710	0	—	500	7	—	425	42±8	—	355	86±6	—	300	96	4
P50	—	600	0	—	425	3	—	355	26±6	—	300	75±9	—	250	96	4
P60	—	500	0	—	355	1	—	300	14±4	—	250	61±9	—	212	92	8
P80	—	355	0	—	250	3	—	212	26±6	—	180	75±9	—	150	96	4
P100	—	300	0	—	212	1	—	180	14±4	—	150	61±9	—	125	92	8
P120	—	212	0	—	150	7	—	125	42±8	—	106	86±6	—	90	96	4
P150	—	180	0	—	125	3	—	106	26±6	—	90	75±9	—	75	96	4
P180	—	150	0	—	106		—	90	15±5	—	75	62±12	—	63	90	10
P220	—	125	0	—	90	2	—	75	15±5	—	63	62±12	—	53	90	10

注:①1、2 层筛上之和(最大);②1~3 层筛上之和;③1~4 层筛上之和;④1~5 层筛上之和(最小)。

表 2-6 微粉粒度组成(ISO8486—2 标准,沉降仪测定) 单位:μm

粒度标记	d_{S0}(最大)	d_{S3}(最大)	d_{S50}	d_{S95}(最小)
P240	110	81.7	58.5±2	44.5
P280	101	74.0	53.2±2	39.2
P320	94	66.8	46.2±1.5	34.2
P360	87	60.3	40.5±1.5	29.6
P400	81	53.9	35.0±1.5	25.2
P500	77	48.3	30.2±1.5	21.5
P600	72	43.0	25.8±1.0	18.0
P800	67	38.1	21.8±1.0	15.1
P1000	63	33.7	18.3±1.0	12.4
P1200	58	29.7	15.3±1.0	10.2
P1500	58	25.8	12.6±1.0	8.3
P2000	58	22.4	10.3±0.8	6.7
P2500	58	19.3	8.4±0.5	5.4

注:d_{S0},第一颗沉降微粉等效粒径;d_{S3},对应总沉降体积 3% 时的微粉等效粒径;d_{S50} 对应总沉降体积 50% 时微粉的中值等效粒径;d_{S95} 对应总沉降体积 95% 时的微粉等效粒径。

粉体颗粒形状是指一个颗粒的轮廓边界或表面上各点所构成的图像。实际使用的粉体通常不是理想的规则体(如球形),而是具有千差万别的形状,可以用定性的术语来描述颗粒形状。不同工艺制备的粉体颗粒的形状是不相同的。例如,简单的机械破碎会得到较多的无规则颗粒产物,而喷雾干燥制备的粉料则多为球形颗粒。颗粒形状直接影响粉体的流动性、填充性等,也直接与颗粒在混合、贮存、运输、烧结等过程中的行为有关。在无机非金属材料制备时根据不同的工艺与要求,应采用不同的颗粒形状作为原料。例如,用作砂轮的研磨料,要求颗粒形状具有棱角,表面粗糙;采用高速干压法成形的墙地砖坯粉,由于成形时要求在模具中充填迅速、排气顺畅,要求为球形颗粒。

固体颗粒集合体中的颗粒以某种空间排列组合形式构成一定的堆积状态,表现出气孔率、容积密度、填充物的存在形态、孔隙的分布状态等堆积性质。粉体的堆积性质由粉体的物理性质所决定,它与粉体的压缩性、流动性等特性密切相关,并直接影响粉体工艺过程,在陶瓷材料中直接影响粉体的成形与烧结特性。粉体的堆积性质与粒子形状、团聚状态、颗粒分布等许多因素有关。

2.2　无机粉体的机械制备方法

陶瓷制备所用粉体原料一般用机械(物理)方法和化学方法制备。机械方法制备陶瓷粉体即以机械力使原料粒度减小的方法,在陶瓷工业中得到广泛的应用。工业陶瓷原料的粉碎可以改善原料的成形性能,提高坯体密度,促进烧结过程中反应原料的均匀化,有利于降低烧成温度。

虽然可以用材料强度与断裂理论解释与研究粉体破碎过程,但是由于颗粒的破碎过程涉及大量粒度、形状不同的颗粒,要了解所有颗粒各自不同的破坏过程与破碎状态几乎是不可能的。由于颗粒集团的粉碎总量与作用于系统内的能量有关,故可以从能量角度研究粉料颗粒的破坏粉碎过程。

在物料的破碎过程中会发生机械能与化学能的相互转换,这种转换称为机械力化学。机械力化学是指固体颗粒在机械力的作用下,因形变、缺陷与解离引起物质在结构、物理-化学性质以及化学反应性等方面的变化。

在机械粉碎过程中,由于机械力化学作用导致粉体表面活性增强的机理主要表现在以下四个方面。

(1)粉体颗粒在机械力作用下粉碎生成新的表面,粒度减小,比表面积增大,粉体表面自由能增大,活性增强。粉体尖角、棱边处的表面能量高,所以常被称为活化位或活化中心。

(2)粉体颗粒在机械力作用下,表面层发生晶格畸变,贮存能量,从而使表面层能量升高,活化能降低,活性增强。在粉体颗粒破碎过程中,随颗粒的细化,颗粒的破坏从脆性破坏转变成塑性变形,机械冲击力、剪切力、压力等都会造成晶体颗粒形变。塑性变形的实质是位错增殖与移动。颗粒发生塑性变形需消耗机械能,同时在位错中贮存能量,形成机械力化学的活性点,增强并改变了粉体颗粒的化学反应活性。在粉碎过程中,粉体颗粒与研磨介质之间通过塑性变形、破碎、摩擦等诸多因素的综合作用,使粉体颗粒晶格缺陷数量增加,有利于提高物质的扩散速度,增进了自发过程和表面非均一性,促进了粉体颗粒之间的相互作用。

(3)粉体颗粒在机械力作用下,通过反复破碎,不断形成新表面,而表面层离子的极化、变形与重排使表面晶格畸变,有序度降低。随粒子的不断微细化,颗粒系统比表面积增大,表面结构的有序程度受到愈来愈强烈的扰乱,并不断向颗粒内部扩展,最终使粉体表面结构趋于无定形化。晶体在破碎至无定形化的过程中,内部贮存能量远大于单纯位错贮存的能量,因而活性更高。

（4）破碎过程中系统消耗能量的较大部分转化为热能,使粉体颗粒表面温度升高,这也在很大程度上提高了颗粒表面活性。

粉体颗粒经机械破碎后形成的微细颗粒表面性质不同于原始粗颗粒,机械力的作用使颗粒表面活性点增多,颗粒表面处于亚稳高能活性状态,易于发生化学或物理化学变化。而粉体颗粒表面能增大和活性提高,将导致:①颗粒表面结构自发重构,表面形成易溶于水的非晶态结构并降低表面张力;②颗粒相互黏附,引起团聚甚至重结晶;③外来分子,如气体、蒸气等在新生成的"自由"表面自发进行物理吸附或化学吸附,这些分子的吸附降低了表面能,可阻止颗粒的团聚和重结晶。

根据采用设备的不同,机械粉碎时,粉体受到的破碎力包括压碎、冲击、研磨、劈碎及刨削等几种。一般的粉碎机都具有一种或多种上述破碎功能。根据粉碎处理后粉体的粒度大小可以分为粗碎（直径小于或等于 50 mm）、中碎（直径小于或等于 0.5 mm）、细碎（直径小于或等于 0.06 mm）。超细磨处理后得到的粉料直径一般在 0.02 mm 以下。

陶瓷工业使用较多的粗碎设备是颚式破碎机,中碎设备是轮碾机,而细碎则采用各种球磨机。图 2-4 为常用破碎设备的工作原理图。

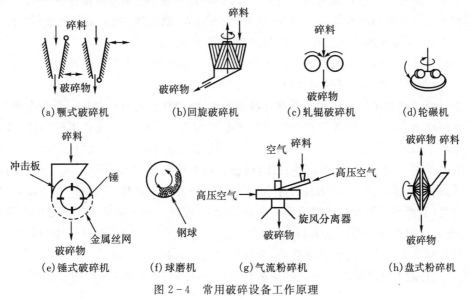

图 2-4　常用破碎设备工作原理

2.2.1　粗碎与中碎过程与设备

粗碎与中碎过程比较简单,设备也比较通用。颚式破碎机是陶瓷工业化生产经常使用的粗碎设备,主要用于块状料的前级处理,其结构简单,操作方便,产量高。但颚式破碎机的粉碎比不大于 4,进料块度又很大,因此其出料粒度一般都较粗,且细度的调节范围也不大。轧辊破碎机的优点在于粉碎效率高,粉碎比大（大于 60）,粒度较细（通常可达到 44 μm）。但当细磨硬质原料时,由于轧辊转速高,磨损大,使得粉料中易混入较多的铁杂质,影响原料纯度,故要求后续除铁。此外由于轧辊破碎机设备的特点,其粉料粒度分布也比较窄,不宜用于处理有粒度分布要求的原料。轮碾机是陶瓷工业生产中常采用的一种中碎设备,也可用于混合物料。在轮碾机中,原料在碾盘与碾轮之间的相对滑动作用与碾轮的重力作用下被研磨、压碎。碾轮越重,尺寸越大,粉碎力越强。为了防止铁污染,经常采用石质碾轮和碾盘。轮碾机的粉碎比大(约10),轮碾机处理得到的原料有一定的颗粒组成,要求的粒度越细,生产能力越低。采用湿轮碾的方法,可一定程度上解决上述问题。

2.2.2　细碎过程及设备

陶瓷工业中的细碎过程具有重要的作用,有关设备的种类也比较多。

球磨机是使用最广泛的细碎设备。使用它细磨原料时,既有良好的研磨作用,也有良好的混合作用。为了防止研磨过程中杂质的混入,球磨内衬与研磨体既可以采用陶瓷,也可以采用聚合物(如聚氨酯)作为球磨筒内衬。根据研磨对象性质与要求的不同,可以采用与球磨粉料相同或成分接近的陶瓷研磨介质。工业上常用的陶瓷研磨介质多为 Al_2O_3、ZrO_2、不锈钢或硬质合金,实验室条件下也可以选用 Si_3N_4、SiC。在对化学成分要求严格时,使用不锈钢或硬质合金研磨的原料需要通过酸洗、水洗去除球磨引入的杂质。

间歇式湿球磨是陶瓷工业或实验室最常用的球磨设备,它所得到的粉料粒度可达几个微米。由于湿球磨对原料颗粒表面裂缝有劈裂作用,能防止原料结团,故粉碎效率高于干球磨,制备得到的可塑性泥料质量优于干球磨,也有利于提高除铁效率,减少粉尘污染等。但与其他设备相比,间歇式湿球磨动力消耗大,而且粉碎效率也很低。

提高球磨效率是陶瓷工业的重要技术问题。影响球磨效率的主要因素为球磨机转速、研磨介质、水量与电解质、加料粒度与加料方式等。

球磨机内的研磨体的运动状态通常与磨机转速、磨内存料量及研磨体的质量有很大关系。因为筒体的转速决定着研磨体能产生的惯性离心力的大小。当筒体具有不同的转速时,研磨体便会出现不同的三种运动状态。球磨机转速直接影响磨球在磨机内的运动状态。由图2-5可以看出,筒体转速太慢,低于临界转速,研磨介质和物料随即因重力作用上升不到高点就产生下滑,呈倾泻运动状态,对物料的冲击作用很小,粉碎作用效果不佳(图2-5(a));当筒体转速适当时(临界转速附近),研磨介质紧贴在筒壁上,经过一段距离的运动研磨体被提升到一定高度,当其重力的分力刚超过离心力时,研磨介质就离开筒壁向下抛落下来(图2-5(b)),这时物料受到最大的冲击力和研磨作用,粉碎效率最高;筒体转速过快,超过球磨机临界转速时,研磨介质将附着在球磨机内壁并随球磨机筒体一起旋转不降落,呈圆周运动状态(图2-5

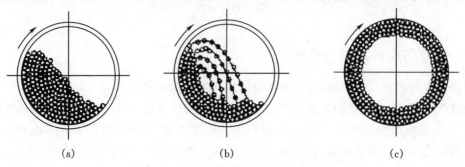

(a)　　　　　　　　　(b)　　　　　　　　　(c)

图2-5　球磨机转速与磨球的运动状态

(c)),因而失去粉碎作用。球磨机工作转速随球磨机圆筒直径的大小变化,圆筒直径越大,工作转速越小。工作转速 n 与球磨机圆筒直径 D 的关系在不同球磨机内径情况下分别为:当 $D <$ 1.25 m 时, $n = \dfrac{40}{\sqrt{D}}$; $D = 1.25 \sim 1.75$ m 时, $n = \dfrac{35}{\sqrt{D}}$; $D > 1.75$ m 时, $n = \dfrac{32}{\sqrt{D}}$ 。一般 1 t 左右的球磨机转速为 $26 \sim 38$ r/min。

球磨机中加入研磨介质愈多,单位时间内物料颗粒被研磨次数就愈多,球磨效率越高。但过多的研磨介质会占据球磨机的有效空间,反而导致效率降低。根据经验,被研磨物料与磨球体积比一般应为 1:2.5;研磨介质的大小以及级配与球磨机圆筒直径 D 有关。若研磨介质最大直径为 d(mm),粉体原料粒度为 d_0 ,则球磨机直径、研磨介质最大直径、粉体原料粒度三者之间的关系为: $\dfrac{D}{24} > d > 90 d_0$ 。

球磨机效率与研磨介质的比表面积有关,比表面积越大,介质与粉体颗粒接触面积就越多,研磨效率也越高。但研磨介质也不能太小,必须兼顾介质运动下落时本身质量产生的撞击力对粉体颗粒的磨细作用。

目前研磨介质的形状以圆棒形较好,圆棒形接触面积比球形大,对粉体颗粒的研磨与撞击作用大,球磨效率高。此外,研磨介质比重越大,球磨效率越高。实际使用中经常采用球形研磨介质(磨球),并将大小不同的磨球混合使用,大小磨球直径比在 $(\sqrt{2} \sim 2):1$ 之间,也可以采用三种不同大小的磨球相混合。例如,在一种球磨工艺中,直径为 $70 \sim 100$ mm 的大球占 10%,直径为 $50 \sim 70$ mm 的中球占 20%,直径为 $30 \sim 50$ mm 的小球占 70%。

使用球磨机湿磨时,液体介质会对研磨物料产生劈裂作用。液体分子沿物料毛细管壁或微裂纹扩散至狭窄区域,对裂纹面产生压应力作用,使物料碎裂。液体介质对物料浸润能力愈强,劈裂作用愈大。选择液体介质时要考虑被研磨物料的性质,对于水溶性物料不能选择水作为液体介质。工业生产上常采用水作为研磨液体介质,实验室则常采用酒精、丙酮等。加入液体量的多少会直接影响湿球磨效率,过多的液体会占据球磨机有效空间,同时黏附在研磨介质上的粉体颗粒少,减弱了磨球对物料的研磨效能;过少的液体料浆流动性差,料浆将黏在磨球上成团,甚至使磨球黏在一起,失去互相撞击产生的研磨作用。经验指出,当料:水 = 1:(1.2~2) 时,球磨效率最高。利用球磨机混料时,颗粒越细,加入液体量应越多,以保证一定的流动性。

为了提高研磨效率,还可在球磨罐内加入电解质,使物料颗粒表面形成一层胶黏吸附层,对颗粒表面微裂缝形成劈裂作用,减弱颗粒间的分子引力,提高粉碎效率。例如,加入 0.5% ~ 1% 的亚硫酸纸浆废液或 $AlCl_3$,可提高球磨效率约 30%。

球磨机中磨球、液体介质和被研磨物料的装载量对球磨效率有直接影响。通常装载总量为磨筒空间的 60% ~ 70%。被研磨物料的原始粒度越细,球磨效率也越高,但过细的原始粒度会增加中碎的负担,工业生产上通常采用的加料粒度为 2 mm 左右。此外当研磨多种混合物料时,应先把硬质物料(如长石、石英、瓷粉和少量黏土(为使硬质原料在细磨过程中不沉淀))研磨若干时间后再加入软质原料(黏土),以提高球磨效率。

振动磨是一种超细粉碎设备,它是利用研磨介质在磨机内的高频振动将物料破碎。研磨介质除了有激烈的循环运动外,还有激烈的自转运动,从而给予物料很强的研磨作用(图 2-6)。此外,固体物料在结构上总是有缺陷的,当处于高频振动下会沿着物料最弱的地方产生疲劳破坏,这也是振动磨能有效地对物料进行超细破碎的原因。

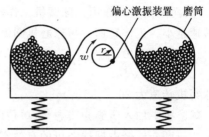

图2-6　振动磨工作原理

决定振动磨粉碎强度的主要因素是振动频率与振幅。一般说,高频率、小振幅时粉碎强度比低频率、大振幅时高,因为提高振幅只能提高研磨介质对物料的冲击作用,它仅在粉碎初期有作用。提高频率则增加了单位时间内对物料的冲击次数,从而对物料的疲劳破坏作用增强。这在粉碎后期特别重要。振动磨的振动频率一般为3000~6000次/分(50~100 Hz)。

当粉碎粗的物料或脆性物料时,冲击作用是主要的,这时希望用重而大的球。对粉碎细的物料来说,由于破碎主要决定于疲劳效应,即研磨介质对物料的冲击次数,这时要用小球。考虑到在粉碎的不同阶段对球的大小有不同的要求,经常采用大小混合磨球。振动磨的装载系数按体积计,在干粉碎时为0.8~0.9,湿粉碎时为0.7。振动磨用的研磨介质宜用硬度大、强度高的刚玉质或锆英石质磨球。研磨介质与物料的质量比大于8∶1。

振动磨可以用作连续式或间歇式的粉碎(通常为间歇式的)。振动磨的进料粒度要求小于2 mm,出料粒度在60 μm以下(干磨最细可达5 μm,湿磨可达1 μm)。振动磨的缺点是内衬磨损快,每次处理的物料量少,耗电量大。

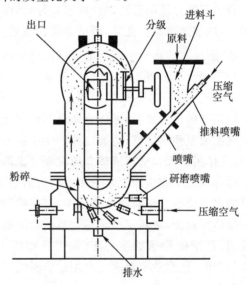

图2-7　气流粉碎机结构原理

喷射气流粉碎机(也称气流磨)是目前可得到最小粉料颗粒尺寸(0.1~0.5 μm)的粉碎机,在许多需要微粉的领域得到广泛应用。其基本工作原理是利用压缩机产生的压缩空气通过喷嘴在空间形成高速气流,使粉体在这种气流中互相碰撞达到破碎的目的。气流粉碎机破碎的粉料粒度分布均匀,粉碎效率高,且能保证粉料的纯度;粉碎可在氮气、二氧化碳及惰性气体气氛中进行。一种气流粉碎机的结构原理如图2-7所示。

搅拌球磨也称砂磨,是较先进的粉磨方法。搅拌球磨的工作原理如图2-8所示,磨筒内的搅拌器旋转时叶片端的线速度大约为3~5 m/s,高速搅拌时还要高4~5倍。在搅拌器的搅动下,球磨介质与物料作多维循环运动和自转运动,从而在磨筒内不断地上下、左右相互交换位置产生激烈运动,在球磨介质重力及螺旋回转产生的挤压力作用下对物料进行摩擦、冲击与剪切。由于综合了动量和冲量的作用,能有效进行超细粉碎磨,粉料细度可

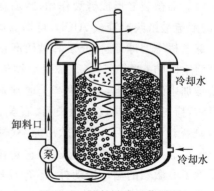

图2-8　搅拌球磨工作原理

达亚微米级;由于它的能量绝大部分用于直接搅动球磨介质,因此能耗比球磨机、振动磨低。此外,它不仅具有研磨作用,还具有搅拌和分散作用。

搅拌研磨的特点是:①研磨时间短、研磨效率高;②物料分散性好,微米级颗粒粒度分布均匀;③能耗低;④生产中易于监控,温控极好;⑤对于研磨铁氧体磁性材料,可直接用金属磨筒与钢球介质进行研磨。

近年来高能球磨已成为研究热点,其与传统低能球磨的差异在于,前者磨球的运动速度较大,使粉末产生更大的塑性形变及固态形变。由于高能球磨法制备金属粉末具有产量高、工艺简单的优点,它已成为制备纳米材料的重要方法之一,被广泛应用于合金、磁性材料、超导材料、金属间化合物、过饱和固溶体材料以及非晶、准晶、纳米晶等亚稳态材料的制备。

高能球磨法是利用球磨的高速转动或振动,通过磨球对原料进行强烈的撞击、研磨和搅拌,把粉末粉碎为纳米级微粒的方法。如果将两种或两种以上金属粉末同时放入球磨筒中进行高能球磨,粉末颗粒会经压延、压合、碾碎、再压合的反复过程(冷焊—粉碎—冷焊反复进行),最后获得组织与成分分布均匀的合金粉末。这是一个无外部热能供给的干式高能球磨过程,是一个由大晶粒变为小晶粒的过程。

高能球磨法(例如机械合金化球磨)的制备工艺通常包括以下几个步骤:①根据制备产品的元素组成,将两种或多种单质或合金粉末组成初始粉末;②选择球磨介质,根据产品的性质,可以选择钢球、刚玉球或其他材质的磨球;③将原始粉末和球磨介质按一定比例放入球磨机中球磨;④在球磨工艺过程中,球与球、球与研磨筒壁的碰撞使得原料粉末产生塑性形变,经过长时间球磨,复合粉末细化,发生扩散和固态反应,形成合金粉;⑤球磨时一般使用惰性气体(Ar、N_2)保护;⑥对于塑性好的粉末往往加入 1%～2%(质量)的有机添加剂(甲醇或硬脂酸),防止粉末过度焊接和黏球。

机械合金化通常是在搅拌式、振动式或行星式球磨机中进行。研究表明,使用不同的球磨设备、球磨强度、球磨介质、磨球直径、球料比和球磨温度会得到不同产物。相变是其中的重要因素,在不同的球磨条件下,会产生不同的相变过程。碰撞过程使粉末产生形变,形成复合粉的同时,也会导致温度升高;伴随产生空位、位错、晶界及成分的浓度梯度分布,进一步发生了溶质的快速输运和再分散,为形成新相创造了条件。

2.3　常用天然矿物原料

氧、硅、铝三种元素占地壳中元素总质量的 90%,如图 2-9 所示。自然界所蕴藏的矿物类型中最主要的是硅酸盐和铝硅酸盐,这些矿物和其他氧化物一起,组成了巨大的天然蕴藏的陶瓷原材料,成为陶瓷工业产品的主要原材料,并且在相当程度上决定了陶瓷工业的类型。低品位的黏土随处可见,因而建筑砖瓦的制造成了一种十分广泛的地方性工业;而传统陶瓷工业对天然原材料有比较严格的控制,要求对原材料进行精选,因此这些工业一般集中在有较高质量的原材料产地;先进陶瓷材料着眼于制造高性能、高附加值的特殊产品,主要用于航空、航天、新能源、原子能、信息产业等具有特殊性能要求的场合,有必要使用化学提纯甚至用化学的方法来制备原料。

对于天然矿物原料,一般采用上一小节所述的机械方法进行粉体制备。

根据成分与结构的不同,用作陶瓷工业的天然矿物原料主要分为黏土类、长石类和石英类

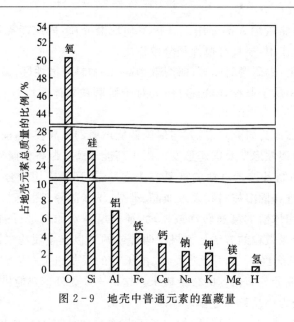

图 2-9　地壳中普通元素的蕴藏量

原料,此外还有滑石、硅灰石和碳酸盐类等原料。

2.3.1　黏土

　　黏土是用量最大的天然矿物材料。其中最广泛使用的是细颗粒黏土矿物含水铝硅酸盐,当它与水混合时,产生可塑性,这种可塑性成为制品成形工艺的基础。这些黏土的化学、矿物与物理特性变化范围很大,但共同的特点是它们具有结晶态的层状结构,电中性的铝硅酸盐层状结构使得它们具有微细的颗粒尺寸和片状形态,具有柔软性、润滑感并易于劈裂。

　　黏土是一种含水铝硅酸盐矿物质,它是由地壳中含长石类的岩石经过长期风化与地质作用而生成的,在自然界中分布广泛,种类繁多,储量丰富,是一种宝贵的天然资源。

　　黏土矿物的主要化学成分是 SiO_2、Al_2O_3 和水,有的含少量 K_2O。黏土的结构属层状硅酸盐,晶体呈片状,晶片外形是从轮廓清楚到模糊不清的六角形鳞片状,少数呈管状或球形。颗粒大小在 $2\ \mu m$ 以下,呈细分散的矿物质点。黏土具有独特的可塑性与结合性,加水后成为软泥,能塑造成形,烧结后变得致密坚硬。这种性能为传统陶瓷的生产工艺提供了物质基础,赋予了陶瓷制造过程中的成形性能与烧成性能,以及一定的使用性能。它是普通陶瓷生产的基础原料,也是整个硅酸盐工业的主要原料。

　　常用的黏土矿物主要有高岭石类、伊利石类、蒙脱石类、水铝英石类、叶蜡石类等类型。以高岭石 $Al_2Si_2O_5(OH)_4$ 为基础的矿物是高级黏土的主要成分,也是人们最关心的矿物。属于高岭石类的有高岭石、珍珠陶土、迪开石与多水高岭石。这些黏土统称高岭土,如我国著名的苏州高岭土、湖南界牌高岭土、四川叙永多水高岭土等。属于伊利石类的有水白云母、绢云母等,这类黏土极少包含在其他黏土中。以伊利石为主的黏土主要是水云母质黏土或绢云母质黏土,我国江西、安徽等省的黏土中有这类黏土。属于蒙脱石类的有蒙脱石、拜来石等,由它们构成的黏土称为膨润土,如东北黑山、福建连城所产膨润土等。水铝英石类是不常见的黏土矿物,呈无定形状态存在,往往包含在其他黏土中。叶蜡石并不属于黏土矿物,但因其某些性质接近黏土而划归黏土之列,如福建的寿山石、浙江的青田石等。

除了上述 5 种黏土矿物之外,实际黏土中常包含未风化的母岩碎屑及迁移输运过程混入的其他物质,如石英、长石、碳酸盐类、硫酸盐类、铁钛质矿物及有机物质等,主要以夹杂物的形态存在于黏土中。

黏土的化学成分可以通过化学分析或近代仪器分析法获得(包括夹杂矿物的成分),主要分析项目有 SiO_2、Al_2O_3、Fe_2O_3、TiO_2、CaO、MgO、K_2O、Na_2O 及灼减量等 9 项指标,其他微量成分对普通陶瓷生产实际意义不大,一般不进行分析。

陶瓷烧结后的色泽主要受铁、钛氧化物的影响。这些氧化物称为显色氧化物,显色氧化物(Fe_2O_3、TiO_2 等)的含量直接影响烧结后陶瓷的色泽。当铁、钛氧化物总量小于 1% 时对色泽影响不大,也可采用适当工艺措施减弱铁、钛氧化物的不良影响。

K_2O、Na_2O、MgO、CaO 等碱金属与碱土金属氧化物具有与 Al_2O_3、SiO_2 在较低温度下熔融形成玻璃态物质的能力。这类氧化物含量高,则黏土易于烧结,烧结温度低。如果 Al_2O_3 含量高,同时 K_2O 等碱性成分含量低,则这种黏土耐火度高,烧结温度也高。

对黏土工艺性能的要求主要包括可塑性、结合性、颗粒度、吸附性、干燥收缩与烧成收缩、烧结性与耐火性等。

黏土与适量的水混炼,形成泥团,泥团在外力作用下产生变形但不开裂。当外力去掉以后,仍能保持其形状不变的性质称为可塑性。可塑性是塑性成形的基础。由于黏土达到可塑状态时包含有固体和液体两种形态,因此黏土具有可塑性的必要条件是必须有液体存在,同时也和液体种类、性质、数量有关。影响黏土可塑性的因素包括:①颗粒越细,分散程度越大,比表面积越大,可塑性越好。矿物组成中,水铝英石含量高,可塑性好;②与水的用量有关,黏土与水之间需按照一定的数量比例配合,才能产生良好的可塑性。水量不够,可塑性体现不出来或者不完全,过多则变为料浆而失去可塑性。每种黏土的用水量,通过实验测定。在调节黏土可塑性时,可以通过淘洗去除非可塑性矿物,多次细致地进行炼泥,陈腐处理,加入适宜的有机物质或塑性黏土等方法提高可塑性;也可以加入减黏原料(如石英黏土等)或将部分黏土预烧作熟料加入,降低黏土可塑性。

黏土塑性泥团干燥后,变得坚实,具有一定的强度,能够维持黏土颗粒之间的相互结合而不散,说明黏土有一定的结合性能,这种性能称为黏土的结合性。如果将黏土和非可塑性物料混炼在一起,也具有上述性能,就是说黏土对其他物料有一定结合力。这一性质保证了坯体有一定干燥强度,是坯体干燥、修理、上釉等工艺能够进行的基础,也是配料调节泥料性质的重要因素。在生产和科研中,以在黏土能够形成塑性泥团的情况下,掺入标准石英砂(0.25～0.15 mm,70%;0.15～0.09 mm,30%)的最高量,表征黏土结合能力的大小。掺入量越多,说明黏土结合能力越强。

颗粒度是各种不同黏土矿物的特征性质。一般黏土矿物的颗粒度为 $1\sim5\ \mu m$,大部分在 $2\ \mu m$ 以下。颗粒度直接影响黏土的可塑性、干燥收缩、孔隙度和强度,以及烧成收缩和烧结性等。

黏土颗粒具有很大的表面积与表面能,许多黏土都是良好的吸附剂。黏土能从溶液中吸附酸与碱,也可使有色物质溶液脱色、漂白。

塑性泥料干燥后,水分蒸发,孔隙减少,颗粒之间距离缩短产生体积收缩,称为干燥收缩。烧结以后,由于黏土中产生液相填充孔隙,以及某些结晶物质的生成,又使体积进一步收缩,称为烧成收缩。两种收缩构成了从生坯到产品的总收缩量。收缩以直线尺寸或体积尺寸表示,体积收缩近似等于直线收缩的 3 倍。

烧结性是黏土的重要物性特征,决定了黏土在陶瓷生产中的适用性,也是选择烧成温度、确定烧成范围的主要参考性能指标。黏土的烧结性是当黏土被加热到一定温度时(一般超过1000 ℃),由于易熔物熔融开始出现液相,液相填充在未熔颗粒之间的孔隙中,靠表面张力作用的拉紧力,黏土气孔率下降,密度提高,体积收缩,变得致密坚实。气孔率下降到最低值、密度达到最大值时的状态称为烧结状态。烧结时对应的温度称为烧结温度,烧结温度因黏土而异,一般低于熔融温度几十摄氏度至几百摄氏度不等。黏土烧结后,温度继续上升,会出现一个稳定阶段。在此阶段中,气孔率与体积密度不发生显著变化。持续一段时间,当温度继续升高后,气孔率开始逐渐增大,密度下降,出现过烧膨胀。从开始烧结到过烧膨胀之间的温度间隔称为烧结范围,这个范围的大小可以通过气孔率、体积收缩和吸水率的变化来加以确定。

耐火度是耐火材料的重要技术指标,是表征材料抵抗高温作用而不熔化的性能。耐火度在一定程度上表明材料的最高使用温度,并作为衡量材料在高温使用时耐受高温程度的指标。

天然黏土是多组分混合物,加热时无确定的熔点,而是随温度的升高在一定温度范围内逐渐软化熔融,直至全部变为玻璃态物质。可以通过实验方法确定实验标准来表明耐火度(图2-10)。实验中将黏土按照标准作成一定规格的截头三角体,使其在规定条件下与标准测温锥同时加热,对比其软化弯倒情况。当三角锥靠自重变形作用而逐渐弯倒时,顶点与底面接触时的温度就是它的耐火度。黏土中的 Al_2O_3 有利于提高耐火度,碱性氧化物降低耐火度,Al_2O_3与 SiO_2 含量比值越大,黏土的耐火度越高。

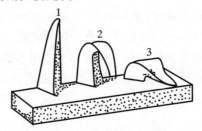

1—熔融之前;2—开始熔融,顶端触及底座,到达耐火度;3—高于耐火度,全部熔融。

图 2-10　原料耐火度测定

2.3.2　石英

石英是自然界中构成地壳的主要成分,部分以硅酸盐化合物状态存在,构成各种矿物岩石;另一部分则以独立状态存在,成为单独的矿物实体。虽然它们的化学成分相同,均为SiO_2,但由于成矿条件不同而有多种状态和同质异形体;又由于成矿之后所经历的地质作用不同而呈现出多种状态,从最纯的结晶态二氧化硅(水晶)到无定形的二氧化硅(蛋白石)。不同工业部门和科技领域,只能依据自身的要求从不同的角度去研究和利用它们。石英是硅酸盐工业中一种主要的不可缺少的基本原料。

最纯的石英晶体称为水晶,外形呈六方棱锥体,无色透明或被微量元素染成一定的色泽。水晶在自然界蕴藏量不多,产出很少,不作普通陶瓷原料使用。在石英的成矿作用过程中,除了极少数的二氧化硅结晶为水晶之外,大量的二氧化硅熔融岩浆溶液填充在岩石裂隙之间,冷凝之后成为致密结晶态石英,或者凝固为玻璃态石英并呈矿脉状产出,这种石英称为脉石英,

其 SiO_2 含量高,杂质少。石英岩(硅石)由单一的硅酸凝胶胶结的砂岩经变质作用,脱水使其中的石英颗粒再结晶长大,断面变得致密,硬度提高,这种状态的石英称为石英岩。石英岩含有一定量的杂质,是制造一般陶瓷制品的良好原料,杂质含量少的可作细瓷原料。除此之外,成矿过程中由于溶液沉积作用,使 SiO_2 填充在岩石裂隙中,形成隐晶质 SiO_2,其中呈钟乳状、葡萄状的为玉髓,呈结核状与瘤状的为隧石。由玉髓与石英或蛋白石构成的为玛瑙。上述三种隐晶质石英,因其硬度高,可作研磨材料、球磨机内衬,质量好的隧石也可作陶瓷原料。自然界中还有无定形的非晶质 SiO_2,如外观为致密块状或钟乳状的蛋白石,由硅藻的遗骸沉积所形成的硅藻土(含水 SiO_2)等,可作多孔陶瓷原料使用。此外在河滩、海滩上还有大量由于水的冲刷作用而形成的球形石英(俗称鹅卵石),因其杂质有限,硬度高,外形圆,常用作球磨机的研磨球。如用作陶瓷原料,则应考虑 SiO_2 含量高低与杂质含量多少、粉碎的难易程度等因素。

石英中的主要杂质成分为 Al_2O_3、Fe_2O_3、CaO、MgO、TiO_2 等。这些杂质是成矿过程中残留的其他夹杂矿物所带入的。这些夹杂矿物主要为碳酸盐(白云石、方解石、菱镁矿等)、长石、金红石、云母、铁的氧化物等。此外,尚有一些微量的液态和气态包裹物存在。

石英的外观视其种类不同而异,有的呈乳白色,有的呈灰色半透明状态,断面有玻璃光泽或脂肪光泽,莫氏硬度为 7,比重根据晶型不同而异,一般为 $2.23\sim2.65$。

石英是由[SiO_4]四面体以顶点互相连接而成的三维空间架状结构。连接后在三维空间扩展,由于它们以共价键连接,连接之后又很紧密,因而空隙很小,其他离子不易进入空隙中,使得晶体纯净,硬度、强度及熔融温度都比较高。

按照[SiO_4]四面体的连接方式,石英有三种存在状态:870 ℃以下为石英,870~1470 ℃为鳞石英,1470~1713 ℃为方石英,超过 1713 ℃则为熔融态石英。石英在自然界中大部分以多晶石英的形态稳定存在,少部分以鳞石英或方石英的介稳状态存在。根据不同的条件与温度,从常温开始逐渐加热直至熔融,这 3 种状态之间经过一系列的晶型转化趋向稳定,在转化过程中可以产生 8 种变体,其理论转化过程如图 2-11 所示。

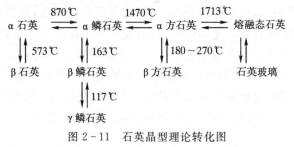

图 2-11　石英晶型理论转化图

石英状态与变体之间的转化分为两种情况。一种是高温型的迟缓转化(图 2-11 中的横向转化),这种转化由表面开始逐步向内部进行,转化后发生结构变化,形成新的稳定晶型,因而需要较高的活化能。其转化进程迟缓,转化时体积变化较大,需要高的温度与较长的时间,为了加速转化,可以添加细磨的矿化剂或助熔。另一种是高低温型的迅速转化(图 2-11 中纵向转化),这种转化进行迅速,转化发生在达到转化温度后,晶体表里瞬间同时发生,转化后结构不发生特殊变化,因而转化较容易进行,体积变化不大,转化为可逆的。石英的晶型转化会引起体积、密度、强度等物理化学变化,其中对陶瓷工艺影响较大的是体积变化。石英晶型转化过程中的体积变化值如表 2-7 所示。

表 2-7　石英晶型转化中的体积变化(理论值)

晶型转化	温度/℃	体积膨胀/%
β 石英→α 石英	573	0.82
α 石英→α 磷石英	870	16.0
α 磷石英→α 方石英	1470	4.7
α 方石英→熔融石英	1713	0.1
α 磷石英→β 磷石英	163	0.2
β 磷石英→γ 磷石英	117	0.2
α 方石英→β 方石英	180~270	2.8

由表 2-7 可以看出,迟缓的石英晶型转化体积膨胀值大,如在 870℃ 的转化中,体积膨胀 16%;而迅速的石英晶型转化体积变化则很小,如 573 ℃ 发生转化的体积膨胀只有 0.82%。如果单纯从体积膨胀数值上看,迟缓转化会出现严重体积膨胀,但实际上由于它们的转化速度非常缓慢,同时转化时间也很长,再加上液相的缓冲作用,因而体积膨胀进行得十分缓慢,抵消了固体膨胀应力所造成的破坏作用,对生产过程的危害反而不大;而低温下的转化虽然体积膨胀很小,但转化迅速,又是在无液相条件下进行的转化,因而破坏性强,危害性大。

石英在无机材料工业中应用于许多方面,可作为陶瓷、玻璃、耐火材料、搪瓷等的主要原料。针对不同的产品,要求最终制品以不同的晶型存在。如石英玻璃最终要求以无定型石英存在;用作硅砖时,则要求以体积变化较小的鳞石英存在;日用陶瓷中,依据生产条件,最终以熔融态或半安定方石英形态存在于陶瓷的相组成中。石英的实际转化与理论转化有所不同,如图 2-12 所示。可以看出,由 α 石英转化为 α 方石英或 α 鳞石英时,无论有无矿化剂存在,都要先经过半安定方石英阶段,然后才能在不同的温度与条件下继续转化下去。石英在转化为半安定方石英的过程中,石英颗粒会开裂,若此时有矿化剂存在,其产生的液相就会沿着裂缝浸入内部,促使半安定方石英转化为鳞石英;若无矿化剂存在或矿化剂量很少时,就转化为方石英,而颗粒内部仍保持部分半安定方石英。这些转化均发生在 1200 ℃ 以上,在 1400 ℃ 之后强烈进行。一般日用陶瓷烧成温度达不到使之继续充分转化的条件,因而无法保证全部转化完成,陶瓷烧成后得到的是半安定方石英晶型与少量其他晶型。在转化过程中,体积变化可高达 15% 以上,无液相存在时破坏性极强,有液相存在时,由于表面张力作用,可减轻不良影响。

石英的理论转化与实际转化在生产上具有重要意义。可以利用加热膨胀作用,预先煅烧块状石英,然后急冷,破坏其组织,有利于粉碎。一般煅烧温度为 1000 ℃ 左右,具体情况需视其温度高低、时间长短、冷却速度等因素确定,总的体积膨胀率为 2%~4%,这样的体积变化能使块状石英疏松开裂。在陶瓷制品烧成和冷却时,在晶型转化温度阶段,应适当控制升温与冷却速度,以保证制品不发生开裂变形。

在陶瓷生产中对石英原料的质量从化学成分上考虑,一般要求 Fe_2O_3 与 TiO_2 的总量小于 0.5%,SiO_2 含量大于 97%。对石英砂除要求成分外,还有颗粒度的要求,一般颗粒度为 0.25~0.5 mm,SiO_2 含量不小于 97%,铁族氧化物含量在 1% 以下,高岭土与氧化钙含量应小于 2%。

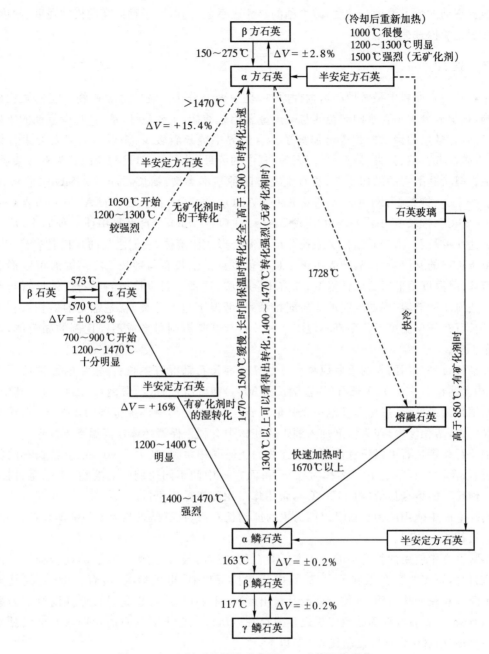

图 2-12　实际石英转化示意图（ΔV 为体积膨胀值）

石英在陶瓷生产中主要是作为瘠性原料加入到陶瓷坯料中的,它是陶瓷坯体的主要组分。在成形时石英对泥料的可塑性起调节作用,可降低坯体的干燥收缩,缩短干燥时间,防止坯体变形。在烧成时,石英的加热膨胀可部分抵消坯体收缩的影响。当玻璃质大量出现时,在高温下石英能部分溶解于液相中,增加熔体黏度,而未溶解的石英颗粒,可构成坯体骨架,防止坯体软化变形。在瓷器中,合理的石英颗粒能提高瓷器坯体强度,否则效果相反。同时,石英也能使瓷坯的透光度和白度得到改善;在釉料中石英是生成玻璃质的主要组分,增加釉料中的石英含量能提高釉的熔融温度与黏度,减少釉的热膨胀系数,同时赋予釉以高的机械强度、硬度、耐磨性和耐化学侵蚀性。

2.3.3　长石

长石是陶瓷原料中最常用的熔剂性原料,是地壳上分布广泛的造岩矿物。它呈架状硅酸盐结构,化学成分为不含水的碱金属与碱土金属铝硅酸盐,主要是钾、钠、钙和少量钡的铝硅酸盐,有时含有微量的铯、铷、锶等金属离子。自然界中纯长石较少,多以各类岩石的集合体产出,共生矿物有石英、云母、霞石、角闪石等,其中的云母(尤其黑云母)与角闪石为有害杂质。

根据架状硅酸盐的结构特点,长石主要有四种基本类型:钠长石,$Na[AlSiO_8]$或 $Na_2O \cdot Al_2O_3 \cdot 6SiO_2$;钾长石,$K[AlSi_3O_8]$或 $K_2O \cdot Al_2O_3 \cdot 6SiO_2$;钙长石,$Ca[Al_2Si_2O_8]$或 $CaO \cdot Al_2O_3 \cdot 2SiO_2$;钡长石,$Ba[Al_2Si_2O_8]$或 $BaO \cdot Al_2O_3 \cdot 2SiO_2$。自然界中前三种居多,后一种较少。这几种长石,由于其结构关系彼此可以混合形成固溶体,它们之间的互相混溶有一定规律。由于长石的互溶特性,故地壳中单一长石很少见。钠长石与钾长石在高温时可以形成连续固溶体,但温度降低时可混性降低,固溶体会分解,这种长石也称微斜长石。钠长石与钙长石能以任何比例混溶,形成连续的类质同相系列,低温下也不分离,就是常见的斜长石。钾长石与钙长石在任何温度下几乎都不混溶。钾长石与钡长石则可形成不同比例的固溶体,地壳上分布不多。

钾钠长石是日用陶瓷的重要原料。自然界的钾长石都混有钠长石,常见的钾钠长石有透长石(约含钠长石50%)、正长石(约含钠长石30%)和微斜长石(约含钠长石20%)。其中,微斜长石钠含量最低,其熔融温度范围比其他长石宽(钾长石熔融温度范围为1130~1450 ℃),熔体黏度大,熔化缓慢,作为熔剂加入到陶瓷坯体中有利于保持坯体在高温下不变形。

钠长石和钙长石可以任意比例组成连续的类质同相系列,其中含90%以上钠长石的就称为钠长石;含钠长石不足10%的称为钙长石;而在这中间不同比例的混溶物,统称为斜长石。长石中钠长石的熔点最低(约1120 ℃),常用作日用陶瓷釉用原料。

实际生产中使用的钾长石是以钾为主的钾钠长石;钠长石是以钠为主的钾钠长石;一船含钙的斜长石较少使用。

实际生产中使用的长石中的杂质主要有石英、霞石、云母、角闪石及铁的化合物等。作为陶瓷原料时,石英的存在影响不大;霞石成分与长石相似,也无影响;然而云母(尤其是黑云母)、角闪石和铁的化合物,则使陶瓷制品显出颜色,影响白度,特别是黑云母高温熔解为黏稠的液体,且不与长石互融而独自以黑斑形式存在。所以工业上对长石的含铁量要求比黏土要求更为严格,Fe_2O_3 含量应控制在0.5%以下。

长石在陶瓷坯料中作为熔剂使用,在釉料中是形成玻璃相的主要成分。为有利于坯料的烧结并防止变形,一般希望长石具有低熔化温度、宽熔融范围、较高的熔融液相黏度及良好的熔解其他物质的能力。长石的熔融特性对于陶瓷生产具有重要意义。

各种纯长石的理论熔融温度分别为:钾长石1150 ℃,钠长石1100 ℃,钙长石1550 ℃,钡长石1715 ℃。但由于实际上长石经常是几种长石的互溶物,又含有石英、云母、氧化铁等杂质,所以生产中使用的长石往往没有固定熔点,只能在一个温度范围内逐渐软化熔融,变为玻璃态物质。实际矿物的熔融温度范围为:钾长石1130~1450 ℃;钠长石1120~1250 ℃;钙长石1250~1550 ℃。其中钾长石熔融后形成黏度较大的熔体,且随温度升高熔体黏度逐渐降低,在陶瓷生产中有利于烧成控制与防止变形。所以在陶瓷生产中经常选用正长石或微斜长石。

日用陶瓷一般选用含钾长石较多的钾钠长石,要求 K_2O 与 Na_2O 总量不小于 11%,其中 K_2O 与 Na_2O 之比应大于 3,CaO 与 MgO 总量不大于 1.5%,Fe_2O_3 含量控制在 0.5% 以下。要求长石的共熔融温度低于 1230 ℃,熔融范围为 30~50 ℃。

长石在陶瓷原料中作为熔剂使用,主要通过它的熔融以及对其他物质的熔化性质促进烧结。高温下长石的熔融形成了黏稠玻璃熔体,是坯料中碱金属氧化物(K_2O、Na_2O)的主要来源,有利于降低陶瓷坯体组分熔化温度,有利于成瓷与降低烧成温度。熔融后的长石熔体能溶解部分高岭土分解产物和石英颗粒,促使液相中的 Al_2O_3 和 SiO_2 作用生成莫来石晶体,提高坯体强度与化学稳定性。长石熔体填充于结晶颗粒之间,有助于坯体致密化并减少孔隙。冷却后的长石熔体则构成了陶瓷的玻璃基质,增加透明度,有助于改善材料机械强度和电气性能。釉料中的长石是主要熔剂;长石作为瘠性原料,还有利于缩短生坯干燥时间,减少坯体干燥收缩和变形。

长石虽然是地壳中较普遍的矿物,但多数与其他矿物共生,适用于陶瓷工业的钾钠长石并不多。为了充分利用资源,降低成本,也可以使用一些代用品,常用的长石代用原料有伟晶花岗岩、霞石正长岩、酸性玻璃熔岩及一些含锂矿物等。

2.3.4　其他矿物原料

除了黏土、石英与长石外,普通陶瓷还经常使用某些含碱土金属的矿物作为原料。

方解石的主要成分为碳酸钙 $CaCO_3$。坯料中的方解石在分解前起瘠化作用,分解后起熔剂作用。方解石能和坯料中的黏土及石英在较低温度下反应,缩短烧成时间,增加产品透明度,使坯釉结合牢固。方解石是釉料的重要原料,在高温釉中能增加釉的折射率,提高光泽度,改善釉的透光性。但在釉料中若配合不当,容易出现析晶现象。石灰石是石灰岩的俗称,其作用与方解石相同,但纯度比方解石低。

白云石是碳酸钙($CaCO_3$)和碳酸镁($MgCO_3$)的固溶体。白云石的加入能降低烧结温度,增加坯体透明度,促进石英的熔融及莫来石的生成。用白云石代替 $CaCO_3$ 组分,可以扩大坯体烧结范围 20~40 ℃。白云石也是釉料的重要原料,可代替方解石。加入白云石的釉不会乳浊,但在缓慢冷却时会析出少量针状莫来石,并提高釉的热稳定性。

菱镁矿的主要成分是 $MgCO_3$。菱镁矿在 400 ℃ 开始分解,800~850 ℃ 迅速分解,但在陶瓷坯体中 CO_2 完全分解的温度会提高到 1100 ℃。由于菱镁矿的分解温度低于方解石,含有菱镁矿的陶瓷坯料在烧结开始前就停止逸出 CO_2。用菱镁矿代替部分长石,可以降低坯料烧结温度,减少液相数量。另外 MgO 可以减弱坯体中由于铁、钛化合物所产生的黄色,增加瓷坯的半透明性,并提高坯体机械强度。在釉料中加入 MgO 可拓宽熔融范围,改善釉层弹性和热稳定性。菱镁矿是制造电子工业用镁质瓷的原料,其他类型陶瓷坯体中较少采用。

滑石与蛇纹石均属于镁的含水硅酸盐矿物,它们是制造镁质瓷的主要原料,在普通陶瓷中少量加入也可以改善性能。滑石是天然的含水硅酸镁矿物,其化学通式为 $3MgO \cdot 4SiO_2 \cdot H_2O$。滑石加热时,在 600 ℃ 左右开始脱水,在 880~970 ℃ 结构水排出,分解为偏硅酸镁和 SiO_2。偏硅酸镁包括原顽火辉石、顽火辉石及斜顽火辉石 3 种晶型。滑石加热脱水后先转变为顽火辉石,在 1260 ℃ 左右转变为高温稳定的原顽火辉石;在冷却时,原顽火辉石可转变为低温稳定的斜顽火辉石或顽火辉石,这时伴随有较大的体积变化。滑石在普通日用陶瓷中作为熔剂使用,可降低烧成温度,在较低温度形成液相,加速莫来石晶体生成,扩大烧结温度范围,提高白度、透明度、机械强度和热稳定性。在陶瓷釉料中加入滑石可改善釉层弹性、热稳定性,扩大熔融范围。滑石在镁质瓷中作为主要原料使用。这种瓷的特点是机械强度高、介电损耗小,通常作高频绝缘用,用于制造电工、电子元件。

蛇纹石与滑石同属镁的含水硅酸盐矿物,常含铁、钛、镍等杂质,铁含量较高(7%~8%),一般只用作碱性耐火材料原料,也可用于制造有色焰瓷器、地砖、耐酸陶器以及堇青石质匣钵等。

硅灰石是偏硅酸钙类矿物,化学通式为 $CaO \cdot SiO_2$,常含有 Fe_2O_3、Al_2O_3、MgO、MnO 及 K_2O、Na_2O 等。陶瓷生产中主要使用 β 硅灰石晶型。硅灰石作为碱土金属硅酸盐,在普通陶瓷坯体中起助熔作用,降低烧结温度。其代替方解石和石英配釉时,釉面不会因析出气体而产生釉泡或针孔,但过量使用会影响釉面的光泽。硅灰石可大量作为陶瓷坯体主要原料使用,与黏土配成硅灰石质坯料。由于硅灰石本身不含有机物与结构水,干燥收缩和烧成收缩都很小,其膨胀系数也很小,仅为 $6.7 \times 10^{-6}/℃$(室温到 800 ℃),适宜快速烧成。另外,烧成后生成的针状硅灰石晶体在坯体中交叉排列成网状,有利于提高产品机械强度,其吸湿膨胀也小。硅灰石主要用于制造釉面砖、日用陶瓷、低损耗无线电陶瓷,也可生产卫生陶瓷、窑具、火花塞等。硅灰石陶瓷存在的主要问题是烧成范围小。适当加入 Al_2O_3、ZrO_2、SiO_2 或钡锆硅酸盐等,可提高烧结时的液相黏度,扩大硅灰石质瓷的烧成范围。

透辉石是偏硅酸钙镁,化学式为 $CaMg[Si_2O_6]$。透辉石在陶瓷中的应用与硅灰石类似,既可作为助熔剂使用,也可作为主要原料。由于透辉石与硅灰石性质相似,不含有机物和结构水,热膨胀系数为 $7.5 \times 10^{-6}/℃$(250~800 ℃),收缩小,所以透辉石可制成低温烧成的陶瓷坯体,宜于快速烧成。天然透辉石中都含一定量的铁,在生产白色陶瓷制品时,需要对原料进行控制和选择。

透闪石为含水钙镁硅酸盐,其化学式为 $Ca_2Mg_5[Si_4O_{11}]_2(OH)_2$,含少量 Na、K、Mn 等杂质。透闪石在陶瓷中的应用与硅灰石、透辉石相似,常作为釉面砖的主要原料。作为陶瓷原料的特点与硅灰石相似,适宜于快烧,但因含少量结构水,结构水的排出温度较高(约 1050 ℃),不适合低温快烧。此外,对于伴生其他碳酸盐矿的透闪石,由于其烧损量大,坯体气孔率难以控制,实现快烧有困难,在使用前应注意拣选。

骨灰与鳞灰石。骨灰是脊椎动物的骨骼经一定温度煅烧后的产物,其中绝大部分有机物被烧掉,剩下无机盐类,主要成分是羟基磷灰石($Ca_5[PO_4]_3(F,Cl,OH)$)含少量氟化钙、碳酸钙和磷酸镁等。生产中使用的骨灰是牛、羊、猪骨骼,先在 900~1100 ℃蒸汽中蒸煮脱脂,然后在 900~1300 ℃煅烧,经球磨、水洗、除铁、陈化、烘干后使用。煅烧时要保证通风,避免炭化发黑。骨灰是骨灰瓷的主要原料,用量可达一半左右。为保证骨灰瓷坯料的成形塑性,需加入一定的增塑黏土。骨灰的加工处理与坯料塑性有很大关系,此外骨灰用量对制品的色调、透明度以及烧成温度和强度也都有较大影响。

磷灰石是天然磷酸钙矿物。磷灰石与骨灰的化学成分相似,可部分代替骨灰作为原料,透明度很好,但形状稳定性较差。同时由于含少量的氟,会导致针孔、气泡等不利作用的发生。在长石釉中引入少量磷灰石能提高釉面光泽和柔和感,但用量过多也会使釉发生针孔、气泡等缺陷。

2.4　天然矿物原料的坯料计算

原料的化学组成可以用不同的方式表达,既可以用分子式表示化学纯物质,用晶体化学式(结构式)表示结构复杂的物质,也可以用元素的百分比或氧化物的百分比表示一般的物质。对于硅酸盐矿物岩石或矿物岩石作原料的制品,经常采用实验式或坯式表示其物质化学成分中各种氧化物之间的数量关系。利用"坯式"表示陶瓷坯料的化学组成,可明确地看出组分之间的关系,判断其组成特性,分析对比其高温性能,以利坯料的配制与调整,用来指导生产。目前国内外传统陶瓷生产中,都采用这种表示方法,在文献资料中也以这种方法表达。

"坯式"的一般排列形式是

$$\left.\begin{matrix} R_2O \\ RO \end{matrix}\right\} R_2O_3 \left.\begin{matrix} RO_2 \\ R_2O_3 \end{matrix}\right\} \qquad (2-10)$$

按照碱性、中性、酸性氧化物的顺序排列,在每种氧化物之前的数值为它在组成中的分子数比例。例如,一种 2 组分坯料的坯式为

$$\left.\begin{matrix} 0.037CaO \\ 0.034MgO \\ 0.070K_2O \\ 0.053Na_2O \\ 0.0003MnO \end{matrix}\right\} \left.\begin{matrix} 0.098Al_2O_3 \\ 0.011Fe_2O_3 \end{matrix}\right\} \left.\begin{matrix} 3.912SiO_2 \\ 0.0027TiO_2 \end{matrix}\right\} \qquad (2-11)$$

这种只表示物质化学成分中各种氧化物之间数量关系,而不表示结构特性的化学式称为实验式。用于表示矿物组成时称为矿物实验式,用于表示坯料组成时称为坯式,用于表示釉料组成时称为釉式。

坯式习惯上有两种表示方法,一种是以"R_2O_3"为基础,即"R_2O_3"的分子数比例为 1,这种坯式便于与黏土、长石等矿物原料比较,以评估高温性能。另一种表示方法,则是以碱性的R_2O、RO 为基础,即它们的分子数比例为 1 列出坯式。例如,一种 3 组分坯料的坯式为

$$\left.\begin{matrix} 0.098K_2O \\ 0.1549Na_2O \\ 0.3249CaO \\ 0.4222MgO \end{matrix}\right\} \left.\begin{matrix} 4.539Al_2O_3 \\ 0.0323Fe_2O_3 \end{matrix}\right\} 22.86SiO_2 \qquad (2-12)$$

这种方法便于坯与釉的比较,以判定瓷与釉的温度适应性。

以上两种方法各有优点。坯式中的数字习惯上取小数点后三位。

2.4.1　由化学成分计算坯式

由化学成分计算坯式分两步进行:首先将各种氧化物的百分数除以其分子量所得的商数作为各种氧化物的分子数;然后用中性氧化物分子数总和或碱性氧化物分子数总和分别去除各氧化物分子数。所得到的各氧化物分子数比例即为坯式分子数,然后按照坯式的形式排列起来,就得到所计算坯料的坯式。

以某种日用瓷为例说明计算过程(表 2-8):①该日用瓷的化学成分如表所示;②将各成分换算为无灼减量百分含量,即氧化物的含量除以(99.96-4.55);③计算各氧化物的分子数;

④以中性氧化物分子数总和分别去除各氧化物分子数,中性氧化物为 Al_2O_3 与 Fe_2O_3,分子数之和为 0.15,得到坯式系数。最后按坯式排列,得到的坯式为

$$
\left.\begin{array}{l}
0.184K_2O \\
0.191Na_2O \\
2.71CaO \\
0.371MgO
\end{array}\right\}
\left.\begin{array}{l}
0.99Al_2O_5 \\
\\
0.01Fe_2O_3
\end{array}\right\}
\left.\begin{array}{l}
4.05SiO_2 \\
0.006TiO_2 \\
0.925P_2O_5
\end{array}\right\}
\qquad (2-13)
$$

如果要计算以碱性氧化物总量为 1 的坯式,则在计算的第④步中用各氧化物分子数除以碱性氧化物分子数总和即可。

表 2-8　由化学成分计算某种日用瓷的化学坯式

氧化物	分子量	第①/%步计算结果	第②/%步计算结果	第③/%步计算结果	第④/%步计算结果
SiO_2	60.1	34.47	36.4	0.607	4.05
Al_2O_3	102	14.4	15.15	0.148	0.99
CaO	56.1	21.46	22.7	0.405	2.71
P_2O_5	142	18.6	19.7	0.139	0.925
K_2O	94	2.43	2.57	0.027	0.184
Na_2O	62	1.67	1.77	0.028	0.191
MgO	40.2	2.11	2.23	0.055	0.371
Fe_2O_3	159.7	0.20	0.216	0.001	0.01
TiO_2	80.1	0.07	0.074	0.0009	0.006
灼减		4.55	—	—	—
合计		99.96	100.76		

2.4.2　由坯式计算化学组成

已知某一瓷式,要求其原化学组成,可先用坯式中各氧化物的分子数乘以该氧化物的分子量,得出该氧化物的重量;再以各氧化物重量之和,分别去除各氧化物的重量,乘以 100,就得到各氧化物的原百分含量。

在估计原料性能特点和坯料的矿物组成特性时经常需要了解原料中的矿物组成(示性组成)。例如已知一种黏土的化学成分,在缺乏结构分析仪器设备的情况下可以预先估计它们的黏土类型,算出其中矿物组成的比例,或者在已知一种瓷坯化学组成,需要判定它们的配方时,都需要进行示性组成估算。

估算示性组成时,首先根据含量较少的硅铝比与灼减量,以及各种矿物的理论组成,判定矿物的类型,然后再按照理论百分含量,计算示性组成比例。由化学成分计算示性组成时可以按百分含量计算,也可以按实验式计算。计算的步骤为:首先初步估计黏土矿物类型;然后由繁到简先计算组成复杂的矿物,再计算组成简单的矿物。一般先从 K_2O、Na_2O 开始计算钾、钠长石含量;根据剩余 Al_2O_3 计算高岭土含量;根据剩余 SiO_2 计算石英量;根据 CaO、MgO 计

算碳酸盐含量；根据 Fe_2O_3 计算游离 Fe_2O_3、Fe_3O_4 或 $FeCO_3$ 含量；根据 TiO_2 计算金红石、板钛矿含量。

已知黏土的化学组成如表 2-9 所示，计算该黏土的示性矿物组成。

表 2-9　一种黏土的化学组成

氧化物	SiO_2	Al_2O_3	MgO	CaO	K_2O	灼减
含量/%	59.1	30.3	0.2	0.3	0.5	10.1

首先按 K_2O 计算钾长石量，从钾长石理论组成 $K_2O \cdot Al_2O_3 \cdot 6SiO_2$ 知道其中含 16.9% 的 K_2O，那么含 0.5% K_2O 的黏土中的钾长石量为 $\frac{0.5}{16.9} \times 100\% = 2.96\%$，2.96% 的钾长石中含 Al_2O_3 量为 $\frac{(18.4 \times 2.96)\%}{100} = 0.54\%$，含 SiO_2 量为 $\frac{(64.7 \times 2.96)\%}{100} = 1.92\%$。

然后从黏土中 Al_2O_3 的含量中减去钾长石引入的 Al_2O_3 量，剩余部分 30.3% - 0.54% = 29.76% 按高岭土计算，从高岭土理论组成 $Al_2O_3 \cdot 2SiO_2 \cdot 2H_2O$ 知道其中含 39.5% 的 Al_2O_3，相当于高岭土的量为 $\frac{29.76}{39.5} \times 100\% = 75.36\%$，其中 SiO_2 含量 46.54% × 75.36% = 35.1%。

再由 SiO_2 总量中减去钾长石和高岭土引入的 SiO_2，余量按石英计算。石英量为 59.1% - 1.92% - 35.1% = 22.08%。

按 MgO 含量计算 $MgCO_3$ 的含量为 $\frac{0.2}{47.6} \times 100\% = 0.42\%$。

按 CaO 计算 $CaCO_3$ 的含量为 $\frac{0.3}{56} \times 100\% = 0.54\%$。

最终计算得到该黏土的示性组成为：钾长石 2.96%，高岭土 75.36%，碳酸钙 0.54%，石英 22.08%。结论为该黏土是高岭土为主、含大量石英的黏土。

计算陶瓷坯体示性矿物组成时应首先确定该陶瓷属于何种瓷。如果是长石质瓷，钾、钠应由长石引入，如为绢云母质瓷，钾、钠则由绢云母引入。

例如，一种陶瓷坯体的氧化物组成为：SiO_2 69.71%，MgO 1.22%，Al_2O_3 23.21%，K_2O 3.0%，Fe_2O_3 0.62%，Na_2O 0.90%，CaO 0.81%，TiO_2 0.18%。

如果按长石质瓷计算示性矿物组成。首先将钾、钠含量（3.0 + 0.9 = 3.9）计算成正长石的含量 $\left[\frac{3.9}{n(KNaO)} + \frac{3.9 \times 1.08}{n(Al_2O_3)} + \frac{3.9 \times 3.83}{n(SiO_2)} \right] \times 100\% = 23.05\%$；然后从 Al_2O_3 总量中减去长石引入的 Al_2O_3 量 23.21% - 3.9% × 1.08% = 19%，计算得到高岭土含量为 $\left[\frac{19}{n(Al_2O_3)} + \frac{19 \times 1.18}{n(SiO_2)} + \frac{19 \times 0.35}{n(H_2O)} \right] \times 100\% = 48.07\%$；如果 MgO 含量较高，考虑配方中有一定量滑石 $\left[\frac{1.22}{n(MgO)} + \frac{1.22 \times 1.99}{n(SiO_2)} + \frac{1.22 \times 0.15}{n(H_2O)} \right] \times 100\% = 3.83\%$。剩余 SiO_2 按石英计算 69.71% - (14.9% + 22.4% + 2.43%) = 29.98%。最终计算得到坯体的矿物百分比组成为：长石 21.98%，石英 28.53%，高岭土 45.84%，滑石 3.65%。

如果按绢云母质瓷计算示性矿物组成。考虑钾、钠含量由瓷石按绢云母引入，瓷石含量为

$$\left[\frac{3.9}{n(\text{KNaO})}+\frac{3.9\times3.26}{n(\text{Al}_2\text{O}_3)}+\frac{3.9\times3.83}{n(\text{SiO}_2)}+\frac{3.9\times0.83}{n(\text{H}_2\text{O})}\right]\times100\%=33.0\%;$$ 从 Al_2O_3 总量中减去瓷

石引入的 Al_2O_3 量 $23.21\%-12.7\%=10.51\%$,则高岭土含量为 $\left[\dfrac{10.51}{n(\text{Al}_2\text{O}_3)}+\dfrac{10.51\times1.18}{n(\text{SiO}_2)}+\right.$

$\left.\dfrac{10.51\times0.35}{n(\text{H}_2\text{O})}\right]\times100\%=26.6\%;$ MgO 按滑石计算 $\left[\dfrac{1.22}{n(\text{MgO})}+\dfrac{1.22\times1.99}{n(\text{SiO}_2)}+\dfrac{1.22\times0.15}{n(\text{H}_2\text{O})}\right]\times$

$100\%=3.83\%$。剩余 SiO_2 按石英计算 $69.71\%-(14.9\%+12.4\%+2.43\%)=39.98\%$。
最终计算得到坯体的矿物百分比组成为:绢云母 31.96%,石英 38.56%,高岭土 25.78%,滑
石 3.7%。

酸度系数也是传统陶瓷坯料的一个重要性能指标,可以用来评价坯、釉的高温性能。陶瓷
坯料的酸度系数指坯式中酸性氧化物分子数与碱性氧化物和中性氧化物分子数的比值,可以
按下式计算

$$K_\alpha=\frac{n_{\text{RO}_2}}{n_{\text{R}_2\text{O}}+n_{\text{RO}}+3n_{\text{R}_2\text{O}_3}} \tag{2-14}$$

式中:K_α 表示酸度系数;n_{RO_2} 表示 SiO_2、TiO_2、B_2O_3、P_2O_5 等酸性氧化物的分子数;$n_{\text{R}_2\text{O}}$ 表示碱
性氧化物分子数;n_{RO} 表示碱土金属氧化物分子数;$n_{\text{R}_2\text{O}_3}$ 表示 Al_2O_3、Fe_2O_3 等中性氧化物分
子数。

一般酸度系数大说明坯体易软化,烧成变形倾向大,要求烧成温度低。瓷的透明度提高,
热稳定性降低。对于不同的制品,酸度系数波动范围很宽,但不能超过 2。

2.5　粉体固态反应制备技术

随着各种新材料的出现,更加着眼于制造各种高性能、高附加值的特殊产品,用于航空、航
天、新能源、原子能、信息产业等具有特殊性能要求的场合。因此,对原材料颗粒度、化学成分
的均匀性要求越来越高。原材料颗粒度的要求从微米尺度发展到亚微米、纳米尺度;化学成分
均匀性的尺度从晶粒发展到分子、原子量级。使用化学提纯甚至用化学的方法来制备原料就
显得十分必要了。

各种化学制备技术被用于无机粉状原材料的合成与制备,极大地丰富了原材料制备技术,
同时也成为提高材料性能的重要手段。固相、液相、气相反应构成了陶瓷粉料化学制备技术的
主体,化学制备技术中还包括聚合物热解工艺。

最普遍采用的各种无机材料粉体原材料化学制备方法是固态原料的反应。本节主要介绍
固态反应原料制备技术。

2.5.1　固态反应基础

为了解释复杂的固态反应,首先必须认识固态反应现象随时间变迁的复杂特性,然后把这
些现象归类,厘清它们结合的形式。在此基础上考察各种现象发生的推动力和支配反应速度
的过程,最后研究全部现象的支配反应速度过程。

为了研究方便起见,可以把固态反应现象的特征变化大致分为条件转递、物质传输和结构
形成三种,它们之间互为因果关系。

条件转递是指在相应温度、压力等条件量的变化与传播时,固态反应现象的发生,其特性

变化的主体仍然是粒子运动和粒子密度的变化。

处于某种结构粒子位置上的粒子,基本上是围绕某一位置进行无序运动。某一粒子能否移动决定于该粒子所具有的动能是否能充分越过势垒,以及相邻位置是否有空位。从统计现象的物质流动考虑,粒子的运动受到粒子自扩散分布、位置梯度、位能梯度、浓度梯度及空位浓度梯度等的支配;如果从热力学考虑,粒子的移动受自由能(化学势)梯度的支配,自由能梯度又包括熵和焓的梯度。对于离子等带电粒子的运动,还必须考虑局部和总电场所起的支配作用。

结构形成分为晶体生长和晶体相变两部分。构成粒子移动的原因是存在结构上的不连续台阶差引起结构重排,这种结构上的台阶差在热力学上表现为化学势的台阶差。而所谓相变点,就是这种台阶差为零时所对应的温度,在这个温度以上或以下,台阶差发生相反的改变。

究竟什么是支配全部反应速度的过程? 研究表明,条件转递、物质传输和结构形成中的任何一个因素都可能成为支配全部反应速度的过程,必须对体系特性随时间的变化做仔细慎重的分析。

例如,将 α 石英微粉装在坩埚中,放入 600 ℃炉子保温,则微粉从外至内依次达到相变点而发生向 β 石英的相变,反应吸热量和热传导支配相变反应速度,是典型的条件转递型固态反应。

结构粒子的自扩散是固相反应的推动力。自扩散决定于统计学上的粒子流动方向、流量及着落点,而在热力学上则决定于化学势梯度的台阶差。

推动固态反应的物质传输是以扩散的形式进行的,把发生扩散的地方称为扩散场。考虑一种无机非金属物质由阳性原子 A、B 和同价的阴性原子 X 所组成,原子之间所发生的反应可表示为下式

$$xAX_n + yBX_m \longrightarrow A_pB_qX_r \tag{2-15}$$

发生扩散时必须保持电荷平衡,如果用 A、B、X 表示相应的离子,根据交换的方式不同可能发生如下的扩散。

对扩散:$AX_n \rightarrow$,$BX_m \rightarrow$,即阴、阳离子成对保持电荷平衡向同一方向扩散;

自扩散:$A \leftrightarrow A$,$B \leftrightarrow B$,$X \leftrightarrow X$,相同离子进行交换的扩散;

互扩散:$mA \leftrightarrow nB$,不同种类的阳离子或阴离子保持电荷平衡而进行交换扩散。

根据扩散所发生的位置不同也可以将扩散分为空间扩散、表面扩散、界面扩散和体扩散。

物质传输过程的各种扩散机理在一般情况下都可以考虑为经过空位而迁移的空位扩散。可以认为体扩散是经过空位无序行走的机理,而表面扩散和界面扩散则可以看作是存在极多空位位置的机理。体扩散的特殊情况是间隙扩散,而间隙扩散也可以看作是在空位极多情况下的空位扩散机理,空间扩散则可以考虑为气相扩散模型。

能够成为扩散通道的空位包括晶体原有空位与依赖杂质而存在的空位。原有的空位浓度随温度提高而升高,依赖于杂质的空位浓度则随杂质量的增加而升高。由原有空位产生的扩散称为内因引起的空位扩散,而由杂质空位引起的扩散称为外因引起的空位扩散。

物质传输推进固相反应,扩散导致物质传输。决定扩散方向和扩散速度大小的因素是各种特性梯度,即浓度梯度、空位浓度梯度、势能梯度,在热力学上则表现为化学势梯度。

为了使固态反应顺利进行,必须保证反应所要求的温度、压力及必要的环境气氛。

固态反应物质之间的接触面积是影响固态反应速率的重要因素。相同质量的固体,其表

面积与颗粒度大小有关,随颗粒度变小,粉末的比表面积(面积:单位质量)增大。例如,MgO颗粒(密度为 $3.58\ \mathrm{g\cdot cm^{-3}}$),在颗粒边长为 $10^{-3}\ \mathrm{cm}$ 时,$3.58\ \mathrm{g}$ 粉料的总表面积为 $0.6\ \mathrm{m^2}$,如果颗粒边长为 $10^{-6}\ \mathrm{cm}$ 时,粉料的总表面积就是 $600\ \mathrm{m^2}$。

反应固体之间的接触面积正比于固体粉料的总表面积,提高固体原料的比表面积、采用更细的原料是提高固态反应速度的重要途径。由于固体粉料之间不可能总是紧密接触的,采用压实的方法也有利于提高固体颗粒之间的接触。对于两种以上固体原料反应时,影响固态反应的接触面积是不同颗粒之间的接触面积,因此固态粉料的均匀混合也具有重要作用。

改善固体颗粒的表面活性有利于提高固态反应速率,因为颗粒的高能量状态有利于固态反应过程的成核、生长,以及扩散速率的提高。采用更细的原料颗粒度是提高固体颗粒表面能的重要方法之一。增加固体颗粒表面的缺陷也是提高表面活性的方法,缺陷附近的粒子处于高能量状态,有利于物质传输。还可以采用各种物理、机械方法改善固体颗粒表面的活化状态。例如,采用机械球磨、放射线照射、电磁作用等都有利于提高固体颗粒反应时的活化状态。

2.5.2　主要固态反应

合成多组分粉料的主要固态反应机制是通过氧化物、碳化物粉末反应获得固相。根据反应类型,常用无机非金属物质的固-固反应可以分为相变反应、化合与分解反应、氧化还原反应、直接固态反应、固溶与离溶反应、透明消失反应和晶化反应等。

1. 相变反应

相变反应是指某种组分的晶体存在变态时,在各种形态之间所发生的转变反应。不同晶体相有不同的物理性质,直接影响材料工艺性能与使用性能。

制备氧化铝(刚玉)陶瓷时所使用的原料未经高温煅烧前几乎都是 $\gamma - \mathrm{Al_2O_3}$,在材料烧结时存在较大的收缩,为了保证产品性能,必须对原料进行煅烧,以得到稳定的 $\alpha - \mathrm{Al_2O_3}$ 原料,并有利于排出原料中的 $\mathrm{Na_2O}$,提高纯度。这种相转变是放热转变,不会发生逆转变。煅烧后原料粉末质量与煅烧温度有关。煅烧温度偏低,$\gamma - \mathrm{Al_2O_3}$ 不能完全转变为 $\alpha - \mathrm{Al_2O_3}$;温度过高,则粉料发生烧结,不易粉碎,活性降低。为了获得高质量粉末,在工业 $\mathrm{Al_2O_3}$ 中经常要加入适量的添加剂,如 $\mathrm{H_2BO_3}$、$\mathrm{NH_4F}$、$\mathrm{AlF_3}$ 等,加入量一般为 $0.3\% \sim 3\%$。采用 $\mathrm{H_3BO_3}$ 做添加剂时,在 $1400 \sim 1500\ ℃$ 左右煅烧并保温 $2 \sim 3\ \mathrm{h}$,其反应式为

$$\mathrm{Na_2O + 2H_3BO_3 = Na_2B_2O_4 \uparrow + 3H_2O} \qquad (2-16)$$

如果采用 $\mathrm{NH_4F}$ 为添加剂,则煅烧温度优选为 $1250\ ℃$,保温 $1\ \mathrm{h}$。此外煅烧气氛对 $\mathrm{Al_2O_3}$ 的煅烧质量也有重要影响,采用分解氨在还原气氛炉进行 $1500 \sim 1550\ ℃$ 煅烧时,$\mathrm{Na_2O}$ 可以完全排出。

2. 化合反应

化合反应一般是两种或两种以上的固态物质,经混合后在一定的温度与气氛条件下生成另外一种或多种复合固态物质的粉末,有时也可能伴随某些气体的逸出。

例如,用于生产热敏半导体钛酸钡($\mathrm{BaTiO_3}$)材料的粉末可以采用固态化合反应进行合成。将等摩尔 $\mathrm{BaCO_3}$ 和 $\mathrm{TiO_2}$ 固体粉末混合均匀,加热到适当温度,生成钛酸钡原料并放出二氧化碳,反应式为

$$\mathrm{BaCO_3 + TiO_2 = BaTiO_3 + CO_2} \qquad (2-17)$$

合成过程中,必须对固相反应的温度与时间加以严格控制,否则得不到理想的粉末状钛酸钡。在 1100~1150 ℃之间保温 2~4 h,$BaTiO_3$ 纯度最高,产物较为理想;如果加热温度高于 1150 ℃,则会出现对钛酸钡性能有害的 Ba_2TiO_4 相;继续升高温度至 1250 ℃时,$BaTiO_3$ 的含量又会继续增加,直至 1350 ℃可获得 100%的 $BaTiO_3$,但这时已经发生 $BaTiO_3$ 陶瓷的烧结。因此,尽管实际生产过程的影响因素十分复杂,但只要严格控制温度在 1100~1150 ℃,就能合成得到性能优异的钛酸钡陶瓷粉料。

使用固相法的例子还有尖晶石粉末与莫来石粉末的合成。合成镁铝尖晶石($MgAl_2O_4$)的反应为

$$Al_2O_3 + MgO \longrightarrow MgAl_2O_4 \qquad (2-18)$$

而合成莫来石($3Al_2O_3 \cdot 2SiO_2$)的反应是

$$3Al_2O_3 + 2SiO_2 \longrightarrow 3Al_2O_3 \cdot 2SiO_2 \qquad (2-19)$$

3. 金属盐热分解反应

许多高纯氧化物粉末可以采用加热相应金属的硫酸盐、硝酸盐、氢氧化物及碳酸盐的方法,通过热分解直接制得性能优异的粉末。

氧化铝粉末制备:先用硫酸溶解氢氧化铝制得硫酸铝溶液,之后往溶液中加入硫酸铵与之反应制得铵明矾,再根据纯度要求多次重结晶得到精制铵明矾,反应式为

$$Al_2(SO_4)_3 + (NH_4)_2SO_4 + 24H_2O \rightarrow 2NH_4Al(SO_4)_2 \cdot 12H_2O \qquad (2-20)$$

然后将得到的精制铵明矾(铝的硫酸铵盐 $Al_2(NH_4)_2(SO_4)_4 \cdot 24H_2O$)在空气中 1250 ℃下加热分解,可以得到性能优异的 α-Al_2O_3 粉末,热分解的反应过程如下:

$$Al_2(NH_4)_2(SO_4)_4 \cdot 24H_2O \xrightarrow{\text{室温约 200 ℃加热}} Al_2(SO_4)_3 \cdot (NH_4)_2SO_4 \cdot H_2O + 23H_2O \uparrow$$
$$(2-21)$$

$$Al_2(SO_4)_3 \cdot (NH_4)_2SO_4 \cdot H_2O \xrightarrow{500 \sim 600\ ℃} Al_2(SO_4)_3 + 2NH_3 \uparrow + SO_3 \uparrow + 2H_2O \uparrow$$
$$(2-22)$$

$$Al_2(SO_4)_3 \xrightarrow{800 \sim 900\ ℃} \gamma\text{-}Al_2O_3 + 3SO_3 \uparrow \qquad (2-23)$$

$$\gamma\text{-}Al_2O_3 \longrightarrow \alpha\text{-}Al_2O_3 \quad (1300\ ℃,1.0 \sim 1.5\ h) \qquad (2-24)$$

用这种方法得到的 α-Al_2O_3 粉末纯度高,颗粒度小,可达到约 1 μm。其不足之处是分解过程中产生大量有害气体,造成环境污染,而且硫酸铝铵加热时发生的自熔解现象,会影响物体的性能和生产效率。

另外,利用热分解碱式碳酸盐的方法也可以制备一系列金属氧化物纳米粉体,如氧化锌、氧化镁、氧化铜等。

有机醇盐水解法即异丙醇铝水解法是目前国外制备蓝宝石专用高纯氧化铝粉主要采用的工业生产技术。该方法采用有机合成法将铝和异丙醇加催化剂后通过合成、提纯、水解和焙烧等工艺制得高纯超细氧化铝粉体。这种方法生产的氧化铝粉体纯度高、粒径小,该工艺对产品纯度的可控性强,产品的纯度很高,能满足蓝宝石长晶的要求。该工艺中的提纯又分蒸馏和精馏,其中精馏采用 8~12 块塔板,纯度可以达到 99.999%。

4. 氧化物还原反应

碳化硅(SiC)和氮化硅(Si_3N_4)是十分重要的工程陶瓷材料。对于这两种陶瓷材料原料粉

末的制备,在工业上经常采用氧化物还原法。

SiC 粉末的工业生产制备是将石英砂(SiO₂)与碳粉混合,在电阻炉中用碳来还原 SiO₂,生成 SiC。图 2-13 是用于 SiC 生产的艾奇逊(Acheson)炉。在用于 SiC 生产的艾奇逊电炉中用石墨颗粒做成连接两端电极的芯棒,在芯棒两端通电使之产生高温,这时充填在芯棒周围的石英砂、焦炭起反应,形成从芯棒附近向外侧的温度梯度,反应向外侧进行。炉内所发生的基本反应是

$$SiO_2 + 3C = SiC + 2CO \tag{2-25}$$

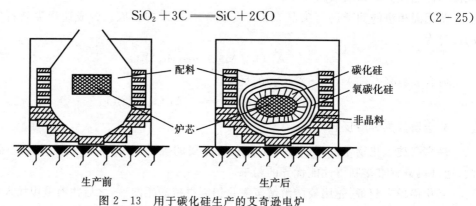

图 2-13 用于碳化硅生产的艾奇逊电炉

当达到一定温度时,首先按下式

$$SiO_2 + C = SiO + CO \tag{2-26}$$

生成 SiO,并发生 SiO 直接生成碳化硅以及 SiO 被碳还原成单质硅的反应

$$SiO + 2C = SiC + CO \tag{2-27}$$

$$SiO + C = Si + CO \tag{2-28}$$

硅蒸气按下式与碳继续反应生成 SiC

$$Si + C = SiC \tag{2-29}$$

SiC 的实际生成过程是这样的:当温度达到 1500 ℃以上时,SiO₂颗粒的自由表面开始蒸发分解,SiO₂和 SiO 的蒸气穿过配料的气孔扩散并吸附在碳颗粒上,固体碳与吸附在碳颗粒表面的 SiO₂之间发生还原反应,析出 CO 并生成 SiC,见式(2-25)。在 SiO₂固体颗粒与碳接触的地方仅在开始阶段发生反应,反应生成的 SiC 层使这种接触中断,固相反应停止。因此在合成 SiC 时,固体碳与气态 SiO 按式(2-27)发生的反应起着决定性的作用。SiC 的进一步生成主要受碳与硅原子通过 SiC 扩散的限制。SiC 的生成会导致配料的热导率升高,靠近炉芯区域被加热到 2700~2800 ℃,在这种温度下,碳化硅发生分解,同时 SiC 与 SiO₂、SiO 发生二次反应也会造成 SiC 的分解

$$SiC + 2SiO_2 = 3SiO + CO \tag{2-30}$$

$$SiC + SiO = 2Si + CO \tag{2-31}$$

式(2-31)的反应在炉子的高温区进行,生成的气态硅向较低温区扩散,这时反应向相反方向进行。除了分解升华外,高温还将促进 SiC 经过气相的"化学"迁移,促进 SiC 晶粒的发育。研究表明,SiO 对于 SiC 的生成具有决定性作用,当温度超过 1800 ℃时,反应式(2-27)、式(2-28)、式(2-31)占主导作用。

使用艾奇逊电炉法生产得到的芯棒外侧是 α-SiC 带,在 α-SiC 带外侧形成 β-SiC 层,在

β－SiC 外侧残留未反应层。将 α－SiC 结晶块挑选出来,经过粉碎、水洗、脱碳、除铁、分级等工序,制得各种粒度的碳化硅颗粒,可用于磨料和耐火材料制品的生产。

虽然艾奇逊法生产的 SiC 纯度可达到 99%,但作为烧结原料其颗粒度还较大,需采用机械方法进一步破碎,得到微米和亚微米级细粉。对 α－SiC 湿法磨碎处理后采用盐酸两次处理,最后用氢氟酸处理,可以得到比表面积为 40 m^2/g,粒度分布比较窄的粉末,对致密化非常有效。

采用和艾奇逊法相同的原料系统,按相同的反应方式可以生产 β－SiC 细粉。为了获得 β－SiC,炉内温度要比艾奇逊炉低,控制在 1500~1700 ℃。所得到的产物即为 β－SiC 细粉,无需粉碎,但需要采用有效的脱硅、脱碳方法去除残留的 SiO_2 和 C。

同样在氮气条件下,经过 SiO_2 与 C 的还原与氮化,也可以制备 Si_3N_4 粉末:

$$3SiO_2 + 6C + 2N_2 \Longrightarrow Si_3N_4 + 6CO \tag{2-32}$$

反应在 1600 ℃左右进行,由于 SiO_2 和 C 粉都是非常便宜的原料,并且纯度高,所以这种工艺制得的 Si_3N_4 粉末纯度高,颗粒细,比直接氮化的速度快。但是由于 SiO_2 的还原氮化比较困难,若控制不当,残存少量 SiO_2,则会影响最终制得的氮化硅材料的高温强度。

5. 直接固态合成反应

许多碳化物陶瓷材料的原料可以直接用固态反应法制备。使用金属硅粉与碳粉直接反应可以在 1000~1400 ℃制备 SiC,反应式为

$$Si + C \Longrightarrow SiC \tag{2-33}$$

在 1150 ℃用 X 射线衍射方法就能发现 SiC 的生成。随温度的升高,生成的 SiC 量增加,但在所研究的温度范围,只发现了 β－SiC。在硅与碳发生固相反应过程中,首先生成硅基固溶体,其晶格中分布有规则的 Si－C 四面体,可以认为,硅的类似金刚石的结构决定了只能生成立方晶系的 SiC。甚至当温度高于硅的熔点,并达到 2000 ℃时,所生成的反应物也是 β－SiC,但其晶格结构极为完善,除了原子的迁移,碳在液态硅中的显著溶解会促进反应的进行。当温度高于 2000 ℃时,除了生成 β－SiC 外,还会生成 α－SiC 的 6H 变体。工业化的 SiC 细粉合成设备如图 2－14 所示。

元素硼和碳通过直接固态合成反应,可合成出用于制备核反应堆控制芯棒的高纯度 B_4C 细粉。另外,通过这种反应方式,钼粉和硅粉也可以直接合成 $MoSi_2$ 粉。

6. 固溶与离溶反应

固溶与离溶反应经常发生在固体粉料合成或材料制备、使用过程中。将镁铝尖晶石 $MgO \cdot Al_2O_3$ 和 Al_2O_3 在高温接触,Al_2O_3 会固溶至 $MgO \cdot Al_2O_3$ 之中生成 $MgO \cdot nAl_2O_3$,称之为固溶反应;而离溶反应就是把固溶体放在低于其生成温度的条件下,是固溶物析出的过程。例如,将 $MgO \cdot nAl_2O_3$ 放至低于 1200 ℃的环境时会析出 Al_2O_3,使 n 值变小。

对于化学成分要求严格的材料,在制备工艺过程中必须注意固溶和离溶反应。

7. 晶化反应

玻璃是由骤冷生成的非晶态材料,可借助加热作用析出晶相使材料转变为晶态,此过程称为晶化反应过程。透明玻璃材料在未析出晶相前,会发生分相现象导致材料透明消失,例如常见的乳化玻璃就是含 F 玻璃通过加热析出 NaF 或 CaF_2,生成乳白色。

透明消失和晶化反应可以用于玻璃陶瓷的制造,此原理也可用于纳米材料的制备。

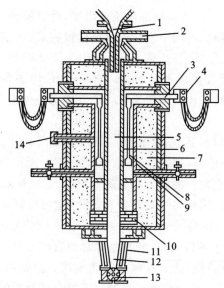

1—冷却区;2—排出气体通道;3—石墨制导体;4—铜夹具;5—内发热筒;6—反应筒;7—隔热层;
8—发热体;9—保护外套;10—耐火材料;11—水冷套;12—原料漏斗;13—产物出口;14—测温管。

图 2-14　竖式 β-SiC 细粉合成设备

2.6　固态-气态反应制备技术

固体表面反应是固态-气态反应得以进行的基础,因此有必要对常见的固体表面反应加以介绍。

金属的初期氧化是一种典型的固体表面反应。金属氧化时,金属表面首先吸附氧,形成初期氧化膜,再逐渐变厚成为常见的氧化膜。在研究金属氧化时,一般认为氧化反应速度受氧化膜中反应物的扩散所支配,符合抛物线法则。但金属初期氧化形成薄氧化膜时的机制则不同,因为这时的物质传输不同于常见氧化膜的生成情况。当氧化膜的厚度很薄时,表面吸附的氧从金属界面夺取电子而带有负电荷,由电泳引起的电子流决定了薄膜的生长速度;在更薄的氧化膜情况下,金属电子根据量子隧道效应通过氧化层与氧结合,形成电场,电子流或离子流影响氧化薄膜生长速度。

固体的高温蒸发是固体高温表面反应的重要形式。固体成分按原有成分蒸发时,固相的化学组成不会发生改变,这是一种最简单的方式,在金属和有机低分子材料中是比较常见的,但无机非金属材料的蒸发分子与原固体保持相同化学式的情况很少。固体的蒸发化学反应方程式一般可写为:

化学组成　　蒸发分子

元素　　　$M(s) \rightarrow M(g)$

化合物　　$MX(s) \rightarrow MX(g)$

$MX(s) \rightarrow M(g) + X(g)$

$MX_2(s) \rightarrow MX(g) + X(g)$

固溶体　　$M^1 M^2(s) \rightarrow M^1(g) + M^2(g)$

固相和气相(蒸气压 p,蒸发分子的质量 m,分子量 M)达到平衡时,根据气体分子运动理论,平衡蒸发速度可以表达为

$$\frac{\mathrm{d}m}{\mathrm{d}t} = p_E(M/2\pi RT)^{1/2} \tag{2-34}$$

式中:p_E 为平衡蒸气压;R 为气体常数;T 为绝对温度。将固体裸露于真空中时,其周围不能呈现平衡蒸气压,也不满足平衡条件,因此蒸发速度一般不会大于平衡蒸发速度,这时的蒸发称为"自由蒸发";平衡蒸发速度是最大蒸发速度。当周围条件(气氛和周围的其他固体)和固体表面条件(表面结构、表面反应等)不同时,蒸发速度将发生变化,存在一个蒸发系数,即相对于平衡蒸发速度具有一定的比率。

加热蒸发多成分固体时,由于易蒸发成分首先蒸发,使固体表面组成发生变化,蒸发速度也发生变化,这种现象在实际材料中比较多见。如果由于第一成分的蒸发,导致残留表面的第二成分形成致密表面层,第一成分为了继续蒸发就必须以扩散方式通过第二成分形成的表面生成层,则蒸发速度将降低,这时扩散过程支配蒸发过程;如果第二成分不形成致密的表面层,则仍然是蒸发支配反应速度。

苏打石灰玻璃和硼硅酸盐玻璃加热时首先发生 Na_2O 的蒸发,而铅玻璃中 PbO 优先蒸发。固溶有 $5\%\sim20\%$ 摩尔浓度 CaO 的 ZrO_2(稳定化的 ZrO_2)在 $1900\sim2100$ ℃加热时 CaO 优先蒸发。在 Al_2O_3-Cr_2O_3 体系中,如果 Cr_2O_3 摩尔浓度$<1\%$时(红宝石),Al_2O_3 和 Cr_2O_3 同时蒸发,蒸发后出现与原材料相同的表面,蒸发速度不受时间影响,当 Cr_2O_3 摩尔浓度$>10\%$时,则只有 Cr_2O_3 的大量蒸发。

蒸发反应在实际工业生产中既有有利的一面,又有有害的一面。

在许多工业生产中,蒸发成分与烟一起从烟道排出,造成工业污染。例如,熔制玻璃时产生大量的重金属氧化物、烧结陶瓷时黏土中 F 的蒸发、碱金属蒸气造成高炉耐火材料的损坏。碱土氧化物容易蒸发,在焙烧有毒性的氧化铍时有氢氧化铍蒸气产生;焙烧氧化镁时有氧化镁蒸气产生;焙烧钛酸锶和钛酸钡时会蒸发氧化锶、氧化钡。

真空熔融、真空退火、制备薄膜,以及用化学传输制备单晶和晶须、稀土元素的提纯都是积极利用蒸发现象的例子。

通过气相生长可以得到薄膜、单晶和各种高纯物质粉料,气相生长是重要的固体合成方法。化学传输反应是一种重要的气相生长技术。

2.6.1 化学传输反应基础

化学传输反应是指固体或液体 A 与气体 B 反应生成新的气体 C,气体 C 被移动至别处发生逆反应,再析出 A 的过程。

以 Fe_2O_3 和 HCl 气体的反应为例

$$Fe_2O_3(s)+6HCl(g)\Longrightarrow 2FeCl_3(g)+3H_2O(g) \tag{2-35}$$

如图 2-15 所示,在石英管的一端装入 Fe_2O_3 后,抽真空,然后导入 HCl 气体进行封闭。加热石英管,让石英管装 Fe_2O_3 的一端温度为 T_2,形成温度梯度 $T_1<T_2$,HCl 和 Fe_2O_3 反应生成 $FeCl_3$、H_2O,生成物向 T_1 处扩散移动;在 T_1 处化学反应向反方向进行,析出 Fe_2O_3 的固体附着在石英管上,并放出 HCl 气体,HCl 气体向 T_2 方向扩散,重复其与固体的反应。气体之所以能够扩散的原因在于温度的梯度,温度梯度造成反应平衡常数的区别,产生气体分

压差。

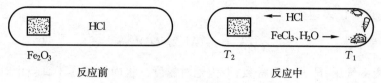

图 2-15　闭管法

　　化学传输反应可以分为三个过程,即①原始物质与气体的反应,②气体扩散,③逆反应的固体生成。以式(2-35)的反应为例,假如管中气体总压力小于1.013×10^3 Pa 时,气体扩散速度快,原始物质与气体的反应和逆反应固体的生成化学反应速度慢,这时化学反应速度成为传输反应速度的支配因素;如果管中气体总压力大于 1.013×10^3 Pa 时,气体扩散速度比化学反应速度慢,这时气体扩散速度成为传输反应速度的支配因素。

　　化学传输反应物理化学的基本问题是:化学平衡、化学反应和气体的扩散。从理论上一般认为固体和气体的反应快,经常处在化学平衡状态,化学传输反应主要依靠 T_1 和 T_2 所产生的气体分压差 Δp 进行气体扩散,但实际上,固体-气体反应速度慢,平衡不成立的情况也并不少见。

　　在反应式 $A(s)+xB(g)=yC(g)$ 中,由 T_1 区域向 T_2 区域传输的物质 A 的摩尔数 n_A 为

$$n_A = n_B/x = n_C/y \tag{2-36}$$

式中:n_B、n_C 为气体 B、C 移动的摩尔数。在 T_1 和 T_2 区域气体 C 的分压差 Δp_C 为

$$\Delta p_C = p_C(T_2) - p_C(T_1) \tag{2-37}$$

根据扩散方程,相应 C 气体的传输量就为

$$n_C = (Dqt/sRT)\Delta p_C \text{(mol)} \tag{2-38}$$

式中:D 为扩散系数;q 为扩散截面积(石英管截面);s 为扩散距离;t 为反应时间;R 为气体常数。将结果代入式(2-38),得到 A 物质的传输量为

$$n_A = (Dqt/ysRT)\Delta p_C \text{(mol)} \tag{2-39}$$

式中:扩散系数 D 可以用标准状态(273 K,1.013×10^5 Pa)下的扩散系数 D_0 计算得到

$$D = (D_0/\sum p)(T/273)^{1.8} \tag{2-40}$$

则 A 物质的传输量为

$$n_A = (\Delta p_C/y\sum p)(D_0 T^{0.8}qt/273^{1.8}sR) \text{(mol)} \tag{2-41}$$

可以看出 A 物质的传输量与 $\Delta p_C/\sum p$,q 成正比,反比于 s。

　　为了评价 $\Delta p_C/\sum p$,可以从一种固态与气态生成另一种气态的化学平衡加以考虑

$$A(s) + xB(g) = AB_x(g) \tag{2-42}$$

平衡常数 K 可以表示为相应气相的分压比

$$K = p_{AB_x}/(p_B)^x \tag{2-43}$$

　　平衡常数与自由能 ΔG^0 有以下关系

$$\Delta G^0 = -RT\ln K \tag{2-44}$$

而

$$\Delta G^0 = \Delta H^0 - T\Delta S^0 \tag{2-45}$$

式中:ΔH^0 和 ΔS^0 分别为反应焓变和熵变,可以得到

$$\ln K = \Delta S^0/R - \Delta H^0/RT \tag{2-46}$$

如果能够知道化学反应的 ΔH^0 和 ΔS^0,就可以算出 T_1 和 T_2 所对应的 K 值,并可计算得到相应的 p_{ABx}

$$p_{ABx}(T_1) - p_{ABx}(T_2) = \Delta p_{ABx} \tag{2-47}$$

并求出扩散传输速度。

从式(2-44)、式(2-45)、式(2-46)可对传输反应原理进行讨论。

当 $\Delta H^0 = 0$ 时,K 不随温度发生变化,这时 $\Delta p_{ABx} = 0$,表明不会发生化学传输反应。

当 $\Delta H^0 \neq 0$ 时,ΔH^0 的正负决定了化学传输反应进行的方向,即当 $\Delta H^0 < 0$ 时,对应放热反应,K 值在高温一侧变小,物质由低温向高温区域输送;当 $\Delta H^0 > 0$ 时,对应吸热反应,高温一侧 K 值变大,物质由高温区域向低温区域输送。不同的反应例子如表 2-10 所示。

表 2-10　化学传输反应的例子

例子	反应式
低温区域向高温区域输送	$Zr + 2I_2 \Longrightarrow ZrI_4$ $SiO_2 + 4HF \Longrightarrow SiF_4 + 2H_2O$ $NbO + 3/2I_2 \Longrightarrow NbOI_3$ $W + 2H_2O + 6I \Longrightarrow WO_2I_2 + 4HI$
高温区域向低温区域输送	$Ni + 2HCl \Longrightarrow NiCl_2 + H_2$ $CrCl_3 + 1/2Cl_2 \Longrightarrow CrCl_4$ $CdS + I_2 \Longrightarrow CdI_2 + 1/2S_2$ $NiFe_2O_4 + 8HCl \Longrightarrow NiCl_2 + 2FeCl_3 + 4H_2O$ $IrO_2 + 1/2O_2 \Longrightarrow IrO_3$

ΔH^0 的绝对值大小决定了 K 值随温度变化的"速率",当 ΔH^0 的绝对值较小时,只有较大的温差才会产生可观的输运量;而当 ΔH^0 的绝对值较大时,可以获得很高的输运量,但 ΔH^0 的绝对值过大时,为了控制成核与长大速率,则必须将温差控制到很小,给工艺带来了一定的困难。

可以从反应式 $A(s) + B_2(g) \Longrightarrow AB_2(g)$ 来讨论最佳传输反应条件。在源区希望按正方向发生输运,以便产生大量气体 $AB_x(g)$ 向沉积区输运;而在沉积区则希望尽可能沉积出固体 $A(s)$,气体 $AB_x(g)$ 要尽量少,为使可逆反应易于随温度变化而改变,反应的平衡常数 K 越接近 1 越好。

表 2-11 为总压力固定时($p_{B_2} + p_{AB_2} = 1.013 \times 10^5$ Pa)所对应的 K 值和 p_{AB_2} 值,可以看出,K 由 1 变为 10^{-1} 时,$\Delta p_{AB_2} = 0.418 \times 10^5$ Pa,而 K 由 10^5 变为 10^4 时,$\Delta p_{AB_2} = 9$ Pa,可以看出 K 在 1 附近的变化可使 Δp_{AB_2} 为最大,这时传输速度最大。

表 2-11　$\sum p = 1.013 \times 10^5$ Pa 时 K 和 p_{AB_2} 的关系

K	10^{-5}	10^{-4}	10^{-3}	10^{-2}	10^{-1}	1	10	10^2	10^3	10^4	10^5
p_{AB_2} /10^5 Pa	9.2×10^{-6}	9.2×10^{-5}	9.2×10^{-4}	9.2×10^{-3}	9.2×10^{-2}	0.51	9.2×10^{-1}	1.00	1.011	1.0129	1.01299

由 Δp_{AB_2} 与 ΔG^0 的关系也可以得出同样的结论,即在 $\Delta G^0=0$ 附近,Δp_{AB_2} 值最大,对应最高的传输速率;而当 ΔG^0 的绝对值大时,则对应 Δp_{AB_2} 值小,传输反应困难。

根据以上讨论,可以看出,最佳传输反应条件与反应温度、温度差、总压力、传输剂种类有关,特别是传输剂能使 ΔH^0 或 ΔS^0 值变大,因此选择传输剂具有十分重要的作用。

2.6.2　化学传输装置与技术

化学传输反应的装置与技术主要有闭管扩散法和开管气流法。

1. 闭管扩散法

闭管扩散法的基本原理如前所述,适用于可逆反应的化学传输。以 ZnSe 单晶的制备为例介绍闭管化学气相沉积(Chemical Vapor Deposition,CVD)法的主要装置与工艺流程(图2-16)。装置中石英管的一端为锥形,与一实心棒相连接,另一端放置高纯 ZnSe 原料。装有碘的安瓿放在液氮中冷却。首先在 200 ℃左右烘烤石英管,并同时将其抽真空至 10^{-2} Pa 后以氢氧焰熔封反应用石英管,随后除去液氮冷阱,碘升华进入反应管后,再将石英管熔断。然后利用石英棒调节,将反应管置于梯度加热炉的适当位置,使放置 ZnSe 原料的一端处于高温区(850~860 ℃),另一端(生长端)位于较低温度区($\Delta T=13.5$ ℃),生长端温度梯度约 2.5 ℃/cm,精确控制温度(±0.5 ℃),进行 ZnSe 单晶生长。

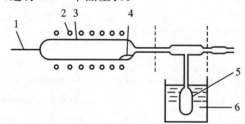

1—实心棒;2—加热器;3—石英管;4—ZnSe 原料;5—碘;6—液氮。

图 2-16　闭管化学传输 CVD 制备 ZnSe 单晶

闭管技术可以在大大低于物质熔点或升华温度下进行晶体生长,适用于高熔点物质或高温分解物质的单晶制备。

闭管扩散法的优点是:①可以降低来自空气或气氛的偶然污染;②不必连续抽气也可以保持真空,对于必须在真空下进行的反应十分方便;③可以将高蒸气压物质限制在管内充分反应而不外逸,原料转化率高。

闭管扩散法的缺点是:①材料生长速率慢,不适于大批量生产;②反应管只能使用一次,成本高;③管内压力无法测量,一旦温度失灵,内部压力过大,有爆炸的危险。

2. 开管气流法

开管气流法是将固体 A 放在反应管的一端,流入气体 B,A 和 B 反应生成的气体 C 与 B 一起移动,在不同温度的部位发生逆反应而析出固体 A 的方法。由于反应物在过程中不能循环,因而必须开管。开管法适用于固体与气体反应快,需要大规模生产的场合。

以砷化镓的气相外延生长为例(图2-17)进行说明。砷化镓的气相外延生长装置是典型的开管气流系统,它主要包括双温区电阻炉、石英反应管、载气净化及 $AsCl_3$ 载气导入系统三大部分。当携带有 $AsCl_3$ 的载气(氢气)从高温区进入时,有 $AsCl_3$ 与氢气反应生成 HCl

和 As_4，反应式如下：

$$2AsCl_3 + 3H_2 \xrightarrow{850\ ℃} 1/2As_4 + 6HCl \tag{2-48}$$

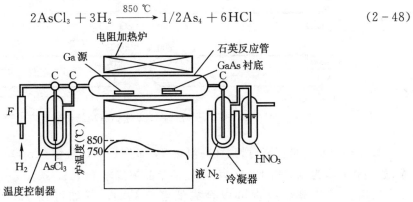

图 2-17　砷化钾的气相外延生长

As_4 被 850 ℃下的熔融镓所吸收，直至饱和并形成 GaAs 层。继续供应 $AsCl_3$，则 $AsCl_3$ 与氢反应形成的氯化氢与熔镓表面的 GaAs 层反应

$$GaAs(层) + HCl \longrightarrow GaCl + 1/4As_4 + 1/2H_2 \tag{2-49}$$

生成的 As_4 又不断熔入镓内，以保持熔镓表面总留有 GaAs 的壳层。反应生成的 GaCl 和部分 As_4 被氢气携带到下游低温区（750 ℃左右，插有 GaAs 衬底），由于逆向反应（或歧化反应）GaAs 在衬底上沉积出来

$$6GaCl + As_4 \longrightarrow 4GaAs + 2GaCl_3 \tag{2-50}$$

开管气流法的特点是：①连续供气与排气，物料输送靠外加不参与反应的中性气体来实现，由于至少有一种反应产物可以连续从反应区排出，使反应总是处于非平衡状态，有利于形成沉积物；②在绝大多数情况下，开管操作是在一个大气压或稍高于一个大气压下进行的，有利于废气排出。开管气流法的优点在于试样容易放进与取出，同一装置可使用多次，工艺容易控制，结果重现性好。

3. 化学传输反应在材料科学中的应用

化学传输反应在材料科学中的应用主要有低温相图的研究、特殊单晶的合成、物质的分离与纯化及微粉的合成。

氧化物和硫化物的多成分体系相图，一般由固-固反应所制成，但这种方法在低温反应慢，另外由于是粉末状态，相的证实也比较困难。采用化学传输反应时，即使在低温，反应也很快，容易得到平衡相，两相以上的析出物质容易分离，也容易证实，此外得到的试样多为单晶，可用于各种物性的测试。因此化学传输反应被广泛用于低温相图的制作。

化学传输反应可以很容易合成数毫米大小的单晶，因此被广泛应用于制备单晶材料。

Co_3O_4 在高温可以分解出氧变为 CoO，要抑制这种分解必须在高压氧气中进行。但通过化学传输反应则可以在较低的温度、低氧压下完成 CoO 的制备。图 2-18 为不同氧压时 HCl 对 Co_3O_4 的传输反应过程。T_1 选择为 800 ℃，T_2 为 1000 ℃，闭管，传输气体 HCl。Co_3O_4 在化学传输状态时，800 ℃的解离压为 5.67×10^2 Pa，1000 ℃时的解离压力为 2.79×10^5 Pa。当 Co_3O_4 含量很低时，可以全部在 T_2 端解离为 CoO；如果氧分压（p_{O_2}）大于 5.67×10^2 Pa，在 T_1 所平衡的氧化物为 Co_3O_4，使用传输反应可以合成单晶 Co_3O_4。

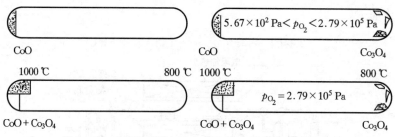

图 2-18　不同氧压时 HCl 对 Co_3O_4 的传输反应过程

　　如果 Co_3O_4 含量很高时,则在高温端 T_2 部分 Co_3O_4 分解,Co_3O_4 与 CoO 两相共存于 T_2 端;如果氧分压为 2.79×10^5 Pa,Co_3O_4 的单晶被传输至 T_1。

　　采用化学传输反应也可以合成低温单晶相。例如可在 $700\sim750$ ℃,合成稳定的 $3Ga_2S_3\cdot2In_2S_3$ 化合物单晶,以及 Mn_3O_4、Mo_4O_{11} 的低温相单晶。

　　在物质的分离与纯化中,当 A 物质的传输反应为放热时,物质由低温向高温区域输送,B 为吸热时,物质由高温区域向低温区域输送。可以把 A、B 混合物放入石英管正中,A、B 则被传输至不同的方向。例如 Cu 和 Cu_2O 的混合物,Cu 被传输到低温端,而 Cu_2O 则被传输至高温端。只有 A 物质被传输,例如 Nb 和 NbC 的混合物中,NbC 不被传输而留在原来地方。如果 A、B 物质被一起传输,但析出地点不同时,可以以单晶形式对两种物质进行分离。

　　对传输方向不同的物质和不被传输的物质等杂质可以利用化学传输反应加以去除。例如以 I_2 化学传输 Zr 后,可以去除原料中的 Ni、Cr 等杂质。

　　气相反应法合成无机微粉受到了重视,气相反应法与盐类热分解法、液相沉淀法相比,主要优点在于:①原料的金属化合物需经气化,易于得到高纯度产物;②生成的颗粒很少凝聚,分散性好,易于得到粒度小的超微颗粒;③气氛容易控制,适用于其他方法难以合成的氮化物、碳化物,以及固溶体、合金、难熔金属等的制备。

　　气相反应法将挥发性金属化合物和反应气体在高温合成所需要的物质。经常采用容易制备、蒸气压高、反应性比较大的挥发性金属化合物进行气相氧化分解,例如用氧或水蒸气等氧化物气体对金属氯化物进行气相氧化分解,可以合成 TiO_2、SiO_2、Fe_2O_3、Al_2O_3、ZrO_2 等氧化物微粉。

　　使用气相反应合成微粉的反应过程分为在气相中的均匀成核和晶核生长两步。均匀成核比在基底上的不均匀成核在能量角度来说要困难得多。因此在气相反应合成微粉时,为了得到生成均匀的晶核,所必需的过饱和度必须保证大的热力学推动力。

　　TiO_2 微粉在涂料、化妆品、日用品行业有非常大的需求。目前所采用的主要制备方法有硫酸法和氯化法,氯化法生产的 TiO_2 的白度、分散度、遮盖力都比硫酸法优越。

　　氯化法是将金红石结构的 TiO_2 在与碳共存的情况下首先进行氯化,再把生成的 $TiCl_4$ 进行氧化分解:

$$TiCl_4+O_2(g)\longrightarrow TiO_2(s)+2Cl_2(g) \tag{2-51}$$

　　氧化分解有两种方法:①将 $TiCl_4$ 和氧气分别预热送入反应器,称之为外热法;②使 $TiCl_4$ 和氧的混合气体与 CO、碳氢化合物等燃料一起燃烧,称之为内热法。影响生成 TiO_2 微粉的颗粒大小、粒度分布、晶型、生成量等的因素很多,其中反应温度、反应气体的预热、反应气体的混合及流速都是重要的影响因素。

钛、钒等过渡金属的氮化物、碳化物和硼化物被称为间隙化合物,为电和热的良导体,与母金属相比,熔点、硬度非常高,具有优良的化学稳定性。这些化合物作为特殊材料将得到应用。金属氯化物和氨的气相反应,在较低温度下就可合成氮化物微粉。例如,$TiCl_4 - NH_3$ 体系在 700~1400 ℃反应,可获得 0.3 μm 以下的氮化钛(TiN)微粉。在类似的条件下可以合成 ZrN 和 VN 微粉。如果从 $MCl_x - H_2 - N_2$ 体系合成氮化物微粉,必须有更高的温度;以金属氯化物和碳氢化合物为原料,在高温下可以进行碳化物微粉的合成反应,例如采用氢等离子体(3000 ℃)从金属氯化物和甲烷,得到了 0.01~0.1 μm 的 TaC、NbC 等。

2.7　气相法制备纳米微粒

纳米微粒是纳米材料研究的重要内容,我们将颗粒尺寸在 1~100 nm 范围的粒子称之为纳米微粒。随着纳米材料研究的深入,纳米微粒制备技术也得到了发展。气相法是制备纳米微粒的重要方法。

2.7.1　低压气体蒸发法(气体冷凝法)

在低压氩、氮气体中加热金属,使其蒸发后形成超微粒子(1~1000 nm)或纳米粒子。可以采用电阻加热、等离子喷射、高频感应、电子束或激光作为加热源,不同的加热方法制得的微粒存在一些差别。纳米微粒的典型制备方法是气体冷凝法,图 2-19 为气体冷凝法的原理图。

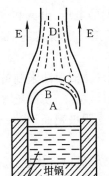

E.惰性气体(Ar、He 气等)
D.连成链状的超微粒子
C.成长的超微粒子
B.刚诞生的超微粒子
A.蒸气

熔化的金属、合金或离子化合物、氧化物

图 2-19　气体冷凝法制备纳米微粒原理图

气体冷凝法制备纳米微粒的整个过程是在超高真空室内进行。通过分子涡轮泵使整个系统达到 0.1 Pa 以上的真空度,然后充入低压(约 2 kPa)的纯净惰性气体(氦气或氩气,纯度约 99.999%),将欲蒸发的物质(金属、CaF_2、NaCl、FeF 等离子化合物,过渡族金属氮化物,易升华的氧化物等)放在坩埚内,通过钨电阻或石墨加热使得物质被加热蒸发,产生源物质蒸气。由于惰性气体对流,源物质蒸气向上移动并接近充氮的冷阱(77 K)。在蒸发过程中,源物质气体与惰性气体原子碰撞损失能量而冷却,这种有效的冷却在源物质蒸气中造成了很高的局域过饱和,导致均匀成核。在接近冷阱的过程中,源物质蒸气首先形成原子簇,然后形成单个纳米微粒,在接近冷阱表面区域,单个纳米微粒聚合并长大,最后积聚在冷阱表面,得到纳米微粉。

可通过调节惰性气体压力、蒸发物质的分压(即蒸发温度或速率)、惰性气体的温度等来控制纳米微粒粒径的大小。

2.7.2　活性氢-熔融金属反应法

含有氢气的等离子体与金属产生电弧,使金属熔融,电离的氮气、氩气等和氢气溶入熔融金属,然后释放出来,在气体中形成金属超微粒子,用离心收集器、过滤式收集器使微粒与气体分离而获得纳米微粒。

此种制备方法的优点是超微粒子的生成量随等离子气体中的氢气浓度增加而增加,例如氩气中的氢气占 50% 时,电弧电压为 $30\sim40$ V,电流为 $150\sim170$ A 情况下每秒钟可获得 20 mg 的 Fe 超微粒子。

为了制取陶瓷超微粒子,如 TiN、AlN 等,则采用掺有氢气的氮气,被加热的金属为钛和铝等。

2.7.3 溅射法

溅射法基本原理如图 2-20 所示。两块金属板作为阳极和阴极,阴极为蒸发用材料,在两极间充入氩气($40\sim250$ Pa),两电极间施加 $0.3\sim1.5$ kV 的电压。由于两电极间的辉光放电形成氩离子,在电场的作用下,氩离子冲击阴极靶材表面,靶材原子从表面蒸发出来并形成超微粒子,在附着面上沉积下来。粒子大小及尺寸分布主要取决于两电极间的电压、电流和气体压力。靶材面积越大,原子蒸发速度越高,获得的超微粒子越多。

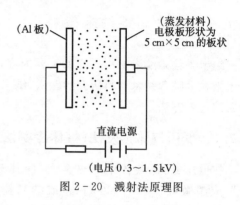

图 2-20 溅射法原理图

另外,也可以用高压气体溅射法来制备超微粒子。当靶材达到高温以致表面发生熔化(热阴极)时,在两极间施加直流电压,使高压气体(例如 13 kPa 的 $15\% H_2 + 85\% He$ 的混合气体)发生放电,电离的离子冲击阴极靶面,使原子从熔化的蒸气靶材上蒸发出来,形成超微粒子,并在附着面上沉积下来。

用溅射法制备纳米微粒有以下优点:①可制备多种纳米金属,包括高熔点和低熔点金属。常规的热蒸发法只适用于低熔点金属;②可制备多组元的化合物纳米微粒,如 $Al_{52} Ti_{48}$、$Cu_{91} Mn_9$ 及 ZrO_2 等;③通过加大被溅射的阴极表面可提高纳米微粒的获得量。

2.7.4 流动液面上的真空沉积法

如图 2-21 所示,在高真空中蒸发的金属原子在流动的油面内形成超微粒子,产品为含有大量超微粒的糊状油。

在高真空中采用电子束加热,当水冷铜坩埚中的蒸发原料被加热蒸发时,打开快门,使蒸发物质处在旋转的圆盘下表面,从圆盘中心流出的油通过圆盘旋转时的离心力在下表面形成流动的油膜,蒸发的原子在油膜中形成超微粒子。含有超微粒子的油被甩进真空室内壁上的容器中,将这种含超微粒子的油在真空下进行蒸馏成为浓缩的含超微粒子的糊状物。

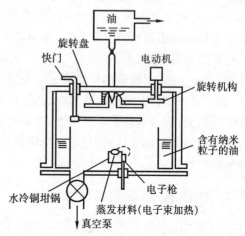

图 2-21 流动液面真空沉积法原理图

使用这种方法的优点在于可制备 Ag、Au、Pd、Cu、Fe、Ni、Co、Al、In 等超微粒子,平均粒径为 3 nm,粒径均匀、分布窄,粒径尺寸可控,即通过改变蒸发速度、油的黏度、圆盘转速等来控制粒径的大小。圆盘转速高、蒸发速度快、油的黏度高均使粒子的粒径增大,最大可达 8 nm。

2.7.5　通电加热蒸发法

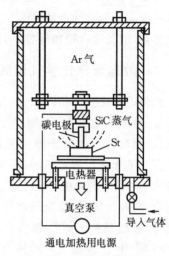

通电碳棒与金属接触并使金属熔化,熔化金属与高温碳反应蒸发形成碳化物超微粒子。以 SiC 超微粒子的通电加热蒸发法制备为例,如图 2-22 所示,在充有 1～10 kPa氩气或氦气的蒸发室内,碳棒与 Si 板相接触并通几百安培交流电,Si 板下部有电热器加热。随 Si 板温度上升,电阻下降,碳棒和 Si 板导通,当碳棒温度达到白热程度时,Si 板与碳棒接触部位熔化,当碳棒温度高于 2473 K 时,在其周围形成了 SiC 超微粒子的"烟雾",收集得到 SiC 超微粒子。SiC 超微粒子的获得量随电流增大而增加,在 400 Pa氩气、400 A 电流条件下超微粒子的收得率为 0.5 g/min。惰性气体种类影响超微粒子大小,在氦气中易形成小球形颗粒,而在氩气中则易获得大颗粒。这主要是由于作为成核位点的氦气分子比氩气分子更小造成的。

图 2-22　通电加热蒸发法

使用通电加热法还可以制备 Cr、Ti、V、Zr、Hf、Mo、Nb、Ta 和 W 的碳化物超微粒子。

2.7.6　混合等离子法

KH-1混合等离子法是采用射频等离子和直流等离子组合的方式来获得超微粒子的方法。图 2-23 为混合等离子法装置示意图。石英管外的感应线圈产生几兆赫的高频磁场使气体电离,产生射频等离子体,由载气携带的原料经等离子体加热,反应生成超微粒子附着在冷却壁上。由于气体或原料进入射频等离子体的空间会搅乱射频等离子弧焰,导致超微粒生成困难,故在等离子室轴向同时喷出直流等离子电弧束以防止射频等离子弧焰受到干扰,称之为混合等离子法。

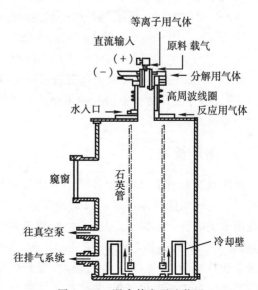

混合等离子法制取超微粒子可以采用: ①等离子蒸发法。大颗粒金属和气体流入等离子室生成超微粒子;②反应性等离子蒸

图 2-23　混合等离子法装置

发法。大颗粒金属和气体流入等离子室,同时通入反应性气体,生成化合物超微粒子;③等离

子 CVD 法。化合物随载气流入等离子室,同时通入反应性气体,生成化合物超微粒子,例如采用 Si_3N_4 为原料,以 4 g/min 的速度流入等离子室,并通入氢气进行热分解,再通入反应性气体 NH_3,经反应生成 Si_3N_4 超微粒子。

混合等离子法的特点在于:①射频等离子体不用电极,不会有电极物质熔化或蒸发混入而污染等离子体,保证了超微粒子的纯度;②等离子体空间大,气体流速比直流等离子体慢,反应物质在等离子体空间停留时间长,物质可以充分加热与反应;③可以使用非惰性气体作为反应性气体,可制备化合物超微粒子,产品多样化。

2.7.7　激光诱导化学气相沉积(LICVD)

激光诱导化学气相沉积(Laser Induced Chemical Vapor Deposition,LIVCD)是利用反应气体分子(或光敏剂分子)对特定波长激光束的吸收,引起反应气体分子激光光解(紫外光解或红外多光子光解)、激光热解、激光光敏化或激光诱导化学合成反应,在一定工艺条件下(激光功率密度、反应池压力、反应气体配比和流速、反应温度等)使超细粒子成核和生长的方法。图 2-24 为 LICVD 法合成纳米粉体装置图。例如,用连续输出的 CO_2 激光 $(10.6\ \mu m)$ 辐照硅烷 (SiH_4) 气体分子时,硅烷分子热解:

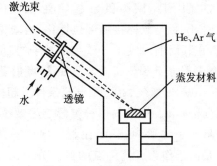

图 2-24　LICVD 法装置图

$$SiH_4 \longrightarrow Si(g) + 2H_2 \qquad (2-52)$$

热解生成的气相硅在一定温度和压力条件下成核、生长,形成 Si 纳米颗粒。使用硅烷与 CH_4 或 NH_3 反应还能合成 SiC 和 Si_3N_4 纳米微粒,粒径可控范围为几纳米至 70 纳米,粒度分布在几纳米左右。合成反应如下

$$SiH_4(g) + 4NH_3(g) \longrightarrow Si_3N_4(s) + 12H_2(g) \qquad (2-53)$$

$$SiH_4(g) + CH_4(g) \longrightarrow SiC(s) + 4H_2(g) \qquad (2-54)$$

$$2SiH_4(g) + C_2H_4(g) \longrightarrow 2SiC(s) + 6H_2(g) \qquad (2-55)$$

LICVD 法制备的超微粒子具有表面清洁,粒子大小可精确控制,不黏结,粒度分布均匀等优点,并且该方法容易制备出几纳米至几十纳米的非晶态或晶态微粒。

2.7.8　爆炸丝法

爆炸丝法的基本原理(图 2-25)是将金属丝固定在一个充满惰性气体 $(5\times10^6\ Pa)$ 的反应室中,丝两端的卡头为两个电极,与一个大电容相连接形成回路;加 15 kV 的高压,金属丝在 $500\sim800\ kA$ 的电流下加热熔断,在电流中断的瞬间,熔断处放电使熔融金属进一步加热气化,与惰性气体碰撞形成纳米金属或合金粒子沉降在容器的底部。金属丝通过一个供丝系统自动进入两卡头之间,使上述过

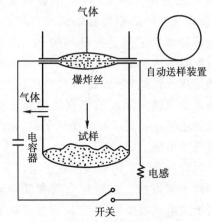

图 2-25　爆炸丝法示意图

程重复进行。

为了制备某些易氧化金属的氧化物纳米粉体,可以事先在惰性气体中充入一些氧气,或者是将已制备得到的金属纳米粉进行水热氧化。

爆炸丝法适用于工业上连续生产金属、合金和金属氧化物纳米粉体。

2.7.9　化学气相凝聚法(CVC)和燃烧火焰-化学气相凝聚法(CF-CVC)

化学气相凝聚(Chemical Vapor Condensition,CVC)法是利用高纯惰性气体作为载气,携带金属有机前驱物,例如六甲基二硅烷等,进入 1100~1400 ℃ 的钼丝炉,气氛压力保持在 100~1000 Pa 的低压状态,原料热解形成团簇,进而凝聚成纳米粒子,最后附着在内部充满液氮的转动衬底上,经刮刀刮下进入收集器。CVC 的原理图如图 2-26 所示。

燃烧火焰(Combustion Flame)-化学气相凝聚(CVC)法采用的装置与 CVC 法相似,不同之处是将钼丝炉改成平面火焰燃烧器(图 2-27),燃烧器的前面由一系列喷嘴组成。当含有金属有机前驱物蒸气的载气与可燃性气体的混合气体均匀地流过喷气嘴时,产生均匀的平面燃烧火焰,火焰是由 C_2H_2、CH_4 或 H_2 在 O_2 中燃烧所致。反应室的压力保持在 100~500 Pa 的低压。金属有机前驱物经火焰加热在燃烧器外面热解形成纳米粒子,附着在转动的冷阱上,经刮刀刮下收集。此种方法比 CVC 法的生成效率高得多。因为热解发生在燃烧器外面而不是在炉管内,因此反应充分且不会出现粒子沉积在炉管内的现象。此外由于火焰的高度均匀,保证了形成每个粒子的原料都经历了相同的时间和温度的作用,具有较窄的粒径分布。

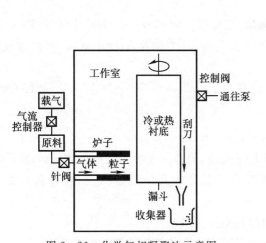

图 2-26　化学气相凝聚法示意图

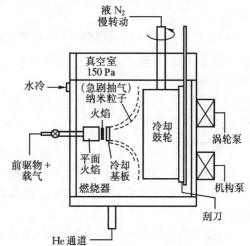

图 2-27　燃烧火焰-化学气相凝聚法装置图

2.7.10　燃烧合成法

燃烧合成法,又称自蔓延高温合成法,是利用反应物之间的高放热焓维持燃烧反应自发进行的合成方法,具有低成本、高能效、周期短等优点,是一种非常具有产业化前景的合成陶瓷材料及高温难熔材料的方法。采用燃烧合成法制备 AlN、Si_3N_4 等陶瓷粉体,是典型的基于固态-气态反应制备方法。例如,以 Al 粉或 Si 粉为原料,加入一定比例 AlN 粉或 Si_3N_4 粉为稀释剂,在1~10 MPa 的氮气气氛下点燃原料,数分钟后即可获得 AlN 或 Si_3N_4 陶瓷粉体。该燃烧反应过程中的最高燃烧温度可达 2000 ℃以上。通过调控氮气压力、原料粒度、金属粉末和稀释剂比例,可实现对粉体产物的物相组成和形貌的调控,进而获得满足应用性能需求的陶瓷粉体。

2.8　湿化学制备技术基础

20 世纪 90 年代初期,采用湿化学方法制备无机材料,特别是粉体材料的制备受到了全世界的关注。湿化学制备技术处在传统化学研究目标和现代材料科学研究内容的交界上。传统的湿化学制备技术被广泛应用于单组分氧化物粉体的制备,例如采用拜耳工艺制备 $\alpha - Al_2O_3$ 粉体时,首先将铝土矿通过水热法溶于氢氧化纳,形成铝酸钠溶液,在溶液中加入三水铝石晶种获得团聚的三水铝石粉体,采用 CO_2 气体中和,得到拜耳沉淀,将水化氢化铝在 1473 K 附近加热可转变成 $\alpha - Al_2O_3$,填加适量矿化剂氟化物会降低转化温度并使生成的 $\alpha - Al_2O_3$ 呈现片状。

2.8.1　溶液中的粒子生长

1. 均匀成核机制

在含有原子或分子的过饱和体系中,随机热涨落会导致密度的局部变化和系统自由能变化。密度变化产生原子或分子的聚集体,称为核胚。核胚与系统中的原子或分子结合而进一步长大。

当核胚尺寸 $r < r_c$ 时,核胚可以长大形成晶核;当核胚尺寸 $r > r_c$ 时,小尺寸核胚消失。将 r_c 称为临界半径,核胚要形成晶核必须克服一个能量势垒,称为临界自由能 ΔG_c。经典的成核率可以表达为

$$I \propto \exp[-\Delta G_c/kT] \qquad (2-56)$$

式中:k 为玻耳兹曼常数。

2. 粒子长大

过饱和液相中形成的晶核通过溶质传输到粒子表面,脱溶并在粒子表面排列而得以长大。Nielsen 应用菲克定律解释了晶核长大过程并提出了晶体生长的可能机制,主要包括如下几项。

(1)螺位错生长机制:表面螺位错台阶导致螺位错生长机制。

(2)扩散速率控制机制:粒子周围对流引起扩散速率增强的扩散速率控制机制。

(3)扩散长大机制:溶质扩散到晶核的速率决定了粒子长大速率,而粒子长大又反比于粒子的半径,从而导致粒子长大过程中形成较窄的粒子分布尺寸。

(4)多粒子长大机制:与粒子表面反应有关。多核长大时表面成核很快,晶核之间相互聚集而不形成单核,长大速率与已存在的粒子表面积无关。在多核长大过程中,粒子尺寸分布随尺寸长大而变窄,但不如扩散机制。

(5)单核长大机制:单核长大速率正比于粒子表面积,表面晶核的二维长大要快于表面反应(脱溶、结晶、排列等),导致粒子在附加的新原子层成核之前完成整层生长,粒子尺寸的分布随长大而变宽,不能获得单一尺寸分布的粒子。

当粒子半径和浓度很低时,以单核长大机制为主;当粒子半径和浓度很高时,以扩散控制长大机制为主;在过饱和度低的时候,较小的粒子溶解而大粒子长大,称为 Ostwald(奥斯特瓦尔德)生长,对应 Ostwald 熟化机制;过高的过饱和度,易发生爆炸成核,对反应失控,因此在合成粉体时,要控制溶质的释放,以便控制过饱和度。

2.8.2　胶体化学基本概念

胶体是指在分散介质中分散相的尺度在 1 nm~1 μm 之间的体系。胶体的尺寸是指溶胶中粒子的直径,但对泡沫似的宏观体系则指的是膜的厚度,表 2 - 12 为常见胶体体系。

表 2 - 12　常见胶体体系

体系	分散相	分散介质
分散系(溶胶)	固体	液体
乳胶	液体	液体
泡沫	气体	液体
(液相粒子的)雾、烟或气溶胶	液体	气体
(固相粒子的)雾、烟或气溶胶	固体	气体
合金、固相悬浮体	固体	固体

1. 胶体的稳定性与扩散双电层模型

稳态分散体系质点很小,强烈的布朗运动使其具有一定的动力学稳定性而不致很快沉降;另一方面,胶体与真溶液不同,作为多相体系,质点有通过聚结或其他方式长大以降低体系能量的趋势。从这个意义上讲,它是热力学不稳定体系,一旦质点聚结长大,其动力学稳定性也随之丧失,因此胶体的稳定性是十分关键的问题。

质点表面带电是胶体的重要特性。质点表面电荷来源于某些质点本身含有可离解的基团,例如硅溶胶质点(SiO_2)随溶液中 pH 值的变化可以带正电或负电荷。

$$SiO_2 + H_2O \Longleftrightarrow H_2SiO_3 \longrightarrow HSiO_3^- + H^+$$
$$\longrightarrow SiO_3^{2-} + 2H^+ \qquad (2-57)$$
$$\longrightarrow HSiO_2^+ + OH^-$$

有些物质如石墨、纤维、油珠等虽然本身不能离解,但可以从水中吸附 H^+、OH^- 或其他粒子而带电,根据所吸附离子的正负质点电荷也就有正负。通常阳离子的水化能力比阴离子大得多,因此悬于水中的固体离子容易吸附阴离子而带负电荷。即使在非极性介质中也有微量离子存在,质点也存在吸附这些离子而带电的可能性。

从能量最低原则考虑,质点表面电荷不会聚在一起,势必分布在整个质点表面。虽然胶体颗粒表面带电,但整个体系应是电中性的,所以液相中有与表面电荷数量相等而符号相反的离子存在,这些离子称为反离子。反离子一方面受静电吸引作用有向胶粒表面靠近的趋势,另一方面受热扩散作用有在整个液体中均匀分布的趋势,两种作用的结果使反离子在胶体颗粒表面区域的液相中形成一种平衡分布,越靠近界面浓度越高,越远离界面浓度越低,到某一距离时反离子与同号离子浓度相等。胶体颗粒表面的电荷与周围介质中的反离子电荷构成双电层。胶体颗粒表面与液体内部的电势差称为胶体颗粒的表面电势。关于双电层的内部结构,即电荷与电势的分布提出了多种模型。

溶液中的反离子只有一部分紧密排列在固体粒子表面附近,称为紧密吸附层。离粒子稍远的弱吸附层,称为分散层。静电引力使反离子趋向表面,热扩散运动使反离子在液相中均匀分布。当这二种力达到平衡后,一部分反离子相对稳定地吸附在带电表面上,另一部分则呈扩散状态分布在外面。这样便形成了吸附层和扩散层以及由它们所组成的扩散双电层。两种对抗力作用的结果是反离子的平衡分布、扩散运动在质点周围的介质里,呈浓度梯度分布。

图 2-28 为胶体的 Stern 扩散双电层模型。在颗粒表面因静电引力和范德华力而吸附了分散介质中的一层反离子,紧贴固体表面形成一个固定的吸附层,这种吸附称为持性吸附,吸附层称为 Stern 层。Stern 层的厚度由被吸附离子的大小决定。吸附反离子的中心构成的平面称为 Stern 面。Stern 面上的电势 ψ_δ 称为 Stern 电势。在 Stern 层电势由表面电势 ψ_0 下降到 ψ_δ;而在 Stern 层以外,反离子呈扩散态分布,称为扩散层。扩散层中的电势呈曲线下降。

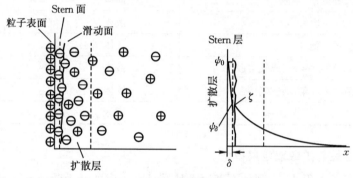

图 2-28　胶体的扩散双电层模型

在固体颗粒表面总有一定数量的溶剂分子与其紧密结合,在电泳现象中这些溶剂分子及其内部的反离子与粒子将作为一个整体运动,这样在固-液两相发生相对移动时存在一个滑动面。滑动面的确切位置并不知道,但可以合理地认为它在 Stern 层之外,并深入到扩散层之中。滑动面上的电势 ζ 称为电动电势或 Zeta 电势。

实验表明,与胶粒具有相同组成的离子优先被吸附。例如,用 $AgNO_3$ 溶液和 KI 溶液制备 AgI 溶胶时,如果 $AgNO_3$ 溶液过量,溶液中含有 NO^{3-}、K^+ 和少量 Ag^+,胶核优先吸附了与其具有相同组成的 Ag^+ 而带正电荷,生成正溶胶;如果 KI 溶液过量,则胶核优先吸附 I^- 而带负电荷,生成负溶胶。

2. 聚沉现象与 DLVO 理论

小质点溶解而质点自动长大的过程称为老化。老化的进行主要受溶质由小质点向大质点扩散过程所控制,升高温度会提高扩散速度,加快老化,然而当质点长大到一定尺寸后,老化过程会趋于停止。

利用试剂使胶体颗粒长大以至沉淀的过程叫聚沉。高分子物质、电解质等可以造成溶胶聚沉。聚沉与老化的不同点在于聚沉过程中形成的团聚体在稍加一些胶溶剂或除去聚沉剂后,可达到重新分散,而老化则不能再分散。

溶胶是热力学不稳定系统,胶粒有聚集成大颗粒而聚沉的趋势,纯化的溶胶往往可存在很长时间不聚沉。其原因如下:①布朗运动:溶胶的胶粒直径很小,布朗运动剧烈,能克服重力引起的沉降作用。②胶粒带电:同一种溶胶的胶粒带有相同电荷,当彼此接近时,由于静电作用相互排斥而分开。胶粒荷电量越多,胶粒之间静电斥力就越大,溶胶就越稳定。胶粒带电是大多数溶胶能稳定存在的主要原因。③溶剂化作用:溶胶的吸附层和扩散层的离子都是水化的(如为非水溶剂,则是溶剂化的),在水化膜保护下,胶粒较难因碰撞聚集变大而聚沉。水化膜越厚,胶粒就越稳定。综上所述:分散相粒子的带电、溶剂化作用、布朗运动是憎液溶胶三个最重要的稳定因素。凡是能使上述稳定因素遭到破坏的作用,皆可以使溶胶聚沉。

分子之间的范德华吸引作用主要涉及偶极矩的长程相互作用,表现为吸引作用。同一物质质点间的范德华作用永远是相互吸引,介质的存在使这种吸引作用减弱,介质的性质与质点越接近,质点间的相互吸引作用越弱。

带电质点和双电层中的反离子作为一个整体是电中性的,因此只要彼此的双电层没有发生交联,两个带电质点间不存在静电斥力;只有当质点接近到它们的双电层发生重叠时,改变双电层的电荷与电势分布,则产生排斥作用,图 2-29 为双电层交联区的电势分布图。

质点间的总相互作用能等于范德华引力与双电荷排斥作用之和。从相应的近似表达式出发可以定性画出总势能曲线与质点间距离的关系(图 2-30),在距离很小或很大时各有一势能极小值出现,分别称为第一与第二极小值,在中间距离则可能出现势垒,势垒大小是胶体能否稳定的关键。

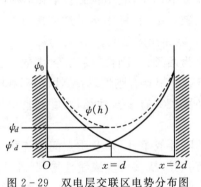

图 2-29　双电层交联区电势分布图

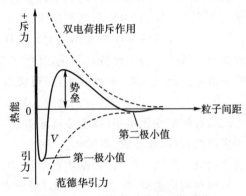

图 2-30　总势能曲线的一般形状

通常聚沉发生在势垒很小或者为零的情形下,质点凭借动能克服势垒的障碍,一旦越过势垒,质点间相互作用势能随彼此接近而降低,最后在势能随曲线的第一极小处达到平衡位置。

如果质点间的相互作用势能曲线有较高的势垒,足以阻止质点在第一极小处聚结,但其第二极小值却深得足以抵消质点间的动能,则质点可以在第二极小处聚结,此时由于质点间距离相距较远,形成的聚集体是一个松散的结构,容易破坏和复原,表现出触变性,将这时发生的聚结称为絮凝。

在质点很小时,其第二极小不会很深,此时较为稳定;但若质点很大,则主要表现为不稳定的絮凝。

胶体中电解质的浓度对胶体稳定性具有重要影响。减少电解质浓度,双电层变厚,则质点间斥力增强,胶体稳定;增加电解质浓度时,可以使更多反离子进入双电层的紧密层,导致了电势降低,双电层变薄,小质点会聚沉,而大质点会发生絮凝,如图 2-31 所示。

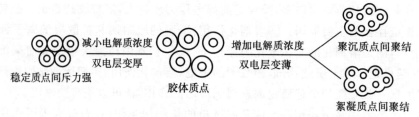

图 2-31　电解质浓度和质点大小对胶体稳定性的影响

2.8.3　凝胶

凝胶是指胶体质点或高聚物分子相互连结,形成空间网状结构,在这个网状结构的孔隙中填满了液体(或分散介质)。凝胶是胶体的一种存在形式,物质的凝胶状态非常普遍。

从凝胶的定义可以很自然得出两个结果:①凝胶与溶胶(或溶液)有很大不同,溶胶、溶液中的胶体质点与大分子是独立的运动单位,可以自由行动,因而溶胶具有良好的流动性。凝胶则不然,其分散质点互相连接,在整个体系内形成结构,液体包在其中,随着凝胶的形成,体系不仅失去流动性,而且显示出固体的力学性质,具有一定的弹性、强度和屈服值等;②凝胶和真正的固体又不完全一样,它由固液两相组成,属于胶体分散体系,其结构强度有限,易于变化,改变条件(如温度、介质成分或外加作用力)时,往往能破坏结构,发生不可逆变形,产生流动。因此凝胶又是分散体系的一种特殊形式,其性质介于固体和液体之间。

根据分散相质点的性质(刚性或柔性)可将凝胶分为两类:①刚性凝胶。大多数无机凝胶(如 SiO_2、TiO_2、V_2O_5、Fe_2O_3 等)属于此类。质点本身和骨架具有刚性,活动性很小,在吸收和释放液体时自身体积变化很小,属于非膨胀类型,此类凝胶具有多孔性结构;②弹性凝胶。柔性高分子形成的凝胶,如橡胶、明胶等。

凝胶内部成三维网状结构,根据质点形状、质点的刚性或柔性,以及质点间的连接特性可将凝胶分为四种结构类型(图 2-32):①球形质点相互连接,或多或少成线性排列,如 TiO_2 的凝胶。②板或棒状质点搭成网状架,如 V_2O_5 凝胶、白土胶体和石墨胶体等;③线性高分子构成的凝胶;④线性大分子通过化学桥键而形成网状结构,如硫化橡胶等。

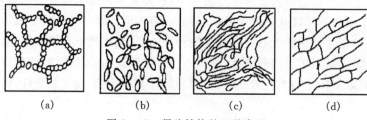

(a)　　　　　　(b)　　　　　　(c)　　　　　　(d)

图 2-32　凝胶结构的四种类型

不同凝胶质点间的连接本性不同,决定了凝胶的性质:①范德华力形成的凝胶结构属于不稳定结构,在外力作用下容易破坏,静置后又可恢复,表现出触变性,白土、石墨、$Fe(OH)_3$ 凝胶属于此类结构,某些大分子也有类似情形;②大分子间靠氢键相互连接;③分子间靠化学键形成网状结构,如硅胶、硫化橡胶等,这类结构非常稳定。

从溶胶出发,可以将胶凝过程看作聚沉过程中的一个特殊阶段,与完全聚沉的不同点在于胶凝时体系只失去聚结稳定性,但仍有动力稳定性,不生成沉淀。调整 $Fe(OH)_3$ 胶体中电解质的含量,可以看出胶凝与聚沉间的关系(图 2-33):①3.2%的 Fe(OH)$_3$ 溶胶为牛顿液体,黏度只与温度有关;②当加入 8 mmol/L 的 KCl 时,胶粒相连,形成部分结构,出现反常黏度;③当 KCl 浓度增至 22 mmol/L 时,体系发生胶凝,静置时凝胶老化,分散介质析出,脱水收缩;④当 KCl 浓度达到 40 mmol/L 时,溶胶聚沉,分散相沉淀析出。

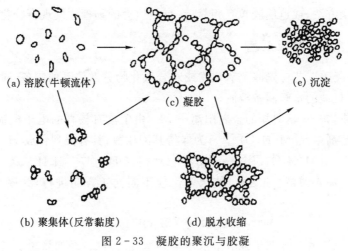

图 2-33 凝胶的聚沉与胶凝

2.9 溶胶-凝胶工艺制备技术

溶胶-凝胶(Sol-Gel)法是一种利用金属醇盐或无机盐的水解、缩聚等反应在低温或温和的条件下合成无机化合物或无机材料的重要方法。它起源于 19 世纪中期,Ebelman 首次利用 SiCl$_4$ 和醇制备了金属烷氧基化合物 Si(OC$_2$H$_5$)$_4$ 并通过缓慢水解,获得了一种透明固体——玻璃状 SiO$_2$。但他的发现只引起少数化学家的兴趣,并没有被进一步系统研究。19 世纪末 20 世纪初,李泽冈环现象的出现,使人们对凝胶产生了极大兴趣,并开始了一系列研究,取得了许多成果。而直到 1939 年,Gefcken 认识到金属烷氧基化合物可以用来制备氧化物薄膜,溶胶-凝胶技术才被科学家们重新认识。20 世纪 30 至 70 年代,矿物学家、陶瓷学家、玻璃学家分别通过溶胶-凝胶方法制备出相图研究中的均质试样;核物理学家也利用此方法制备出了核燃料。随后,陆续有使用该技术的产品出现,如窗玻璃、遮阳镜的制造等。1969 年 Schroeder 对溶胶-凝胶过程进行了较为详尽的阐述,Roy 利用该技术制得的湿凝胶烧成 SiO$_2$ 玻璃小片并申请了专利,从此溶胶-凝胶技术得到了广泛认可。进入 20 世纪 80 年代,溶胶-凝胶技术迅速发展,在制备玻璃、陶瓷、薄膜、纤维、复合材料、纳米微粒等方面获得广泛应用。

从 1980 年起有关胶体溶胶-凝胶工艺和金属有机化合物溶胶-凝胶工艺的研究工作在迅速加强,每年发表的文章数以千计。美国化学学会的文献数据库指出,自 1990 年以来,陶瓷方面的出版物中每年都有约 9%是关于溶胶-凝胶的文章。

溶胶-凝胶工艺的基本原理是将无机盐或金属醇盐溶于溶剂(水或有机溶剂),形成均匀的溶液,溶质与溶剂产生水解或醇解反应,反应生成物聚集成 1 nm 左右的粒子形成溶胶,然后使溶质聚合凝胶化,经干燥、焙烧去除有机成分得到无机材料。

制备溶胶主要有两种方法,一是先将部分或全部组分用适当的沉淀剂沉淀出来,解凝使原来团聚的沉淀颗粒分散成原始颗粒,由于这种原始颗粒的大小一般在溶胶体系的胶核范围,所以可制得溶胶;另一种方法是从盐溶液出发,通过对沉淀过程的仔细控制,使形成的颗粒不团聚沉淀,直接得到溶胶。

含大量水的溶胶通过凝胶化会失去流动性,形成开放的骨架结构。可以采用控制溶胶中电解质浓度的化学方法,或迫使胶粒互相靠近、克服斥力的物理法实现凝胶化。

2.9.1　无机盐溶胶-凝胶工艺

无机盐溶胶-凝胶工艺首先涉及氧化物或水合氧化物分散体系的制备,通常采用含水分散体系,首先通过无机盐的水解制备溶胶。

能电离的前驱物——金属盐的金属阳离子 M^{z+} 由于具有较高的电子电荷或电荷密度,而吸引水分子形成溶剂单元 $[M(H_2O)_n]^{z+}$,为保持其配位数,具有强烈释放 H^+ 的趋势

$$[M(H_2O)_n]^{z+} \longrightarrow [M(H_2O)_{n-1}(OH)]^{(z-1)+} + H^+ \tag{2-58}$$

通过向溶液中加入碱液(如氨水)使水解反应不断向正方向进行,并逐渐形成 $M(OH)_n$ 沉淀

$$M^{n+} + nH_2O \longrightarrow M(OH)_n + nH^+ \tag{2-59}$$

将沉淀物充分水洗、过滤并分散于强酸溶液中得到稳定的溶胶,经加热脱水凝胶化,干燥、焙烧后形成金属氧化物粉体。

以制备 CeO_2 纳米微粒为例进行说明。制备 CeO_2 溶胶先向 $Ce(NO_3)_3$ 中加入 NH_4OH/H_2O_2,仔细洗涤得到 $Ce(OH)_3$,除去携带的电解质,沉淀获得粒子尺寸约 8 nm 的溶胶,将所获得的溶胶经过脱水得到凝胶,再煅烧就得到氧化物粉末。

溶胶-凝胶工艺的优点在于它是获得高密度球形粉体的无尘工艺,煅烧温度较低,在胶体尺度上混合,具有很好的化学均匀性。特别适用于制备氧化物薄膜,在制备粉体时必须采用一些特殊的工艺进行脱水、干燥等。

2.9.2　金属有机化合物的溶胶-凝胶工艺

金属有机化合物可以定义为其分子是有机基团通过氧与金属原子连接的。这个定义包括了甲酸盐、乙酸盐和乙酰丙酮盐,但有关金属有机化合物的溶胶-凝胶工艺是围绕金属醇盐开展的。

金属醇盐具有通式 $M(OR)_z$,z 在这里是金属 M 的化合价,R 是一个烷基。金属醇盐的主要制备方法包括金属与醇的直接反应:

$$M + zROH \longrightarrow M(OR)_z + z/2H_2 \uparrow \tag{2-60}$$

如乙醇钠 $NaOC_2H_5$ 的制备:

$$Na + ROH \longrightarrow Na(OR) + 1/2H_2 \uparrow \tag{2-61}$$

也可采用金属卤化物与醇或碱金属醇盐反应:

$$MCl_z + zROH \longrightarrow M(OR)_z + zHCl \uparrow \tag{2-62}$$

$$MCl_z + zNaOR \longrightarrow M(OR)_z + zNaCl \downarrow \tag{2-63}$$

金属醇盐制备方法的选择主要取决于主要元素的电负性。

金属醇盐具有很多性质,但对于溶胶-凝胶工艺而言,有两个性质是十分重要的:①挥发性,表明可以通过蒸馏获得高纯度醇盐;②能够水解,构成了溶胶-凝胶工艺的基础。

金属醇盐 $M(OR)_z$(z 为金属 M 的原子价)在醇溶液中与水反应(可持续进行直至生成 $M(OH)_x$)可表示为

$$M(OR)_z + xH_2O \longrightarrow M(OH)_x OR_{z-x} + xROH \qquad (2-64)$$

金属盐在水中的性质受金属离子半径、电负性、配位数等因素影响。一般说来,金属原子的电负性越小,离子半径越大,最适配位数越大,配位不饱和度也越大,金属醇盐水解的活性就越强。一般沿元素周期表往下,金属电负性减小,离子半径增大,金属醇盐越易水解。但应该注意的是,电负性的大小并不是决定金属醇盐水解活性的唯一关键参数,而配位不饱和度的大小似乎才是决定水解活性的参数。如 Sn 的电负性大于 Si,而其水解活性却高于 Si,这是因为亲核加成反应在动力学上要快于亲核取代反应,这说明配位不饱和度是决定亲核加成反应性的关键因素。

缩聚反应通式可以表述如下。

失水缩聚:$—M—OH + HO—M \longrightarrow —M—O—M— + H_2O$ $\qquad (2-65)$

失醇缩聚:$—M—OH + RO—M \longrightarrow —M—O—M— + ROH$

$$M(OH)_x OR_{n-x} \longrightarrow MO_{n/2} + (x-n/2)H_2O + (n-x)ROH$$

事实上,水解聚合反应十分复杂,溶液聚合物的组成、结构、尺寸和形状受很多因素影响,如水含量、pH 值和温度等。在低 pH 值下,水解产生凝胶,煅烧后得到氧化物;在高 pH 值下,可在溶液中直接水解成核,得到氧化物粉体。

金属醇盐溶液溶胶-凝胶工艺被广泛用于制备各种氧化物粉体。

例如,在含 Ba 和 Ti 的乙醇盐的 0.2 mol/L 的乙醇溶液中加入含 0.5 mol/L 水得到的溶液,进行水解,经干燥热解可得到平均粒径 40 nm 的 $BaTiO_3$ 粉体。

将水合乙酸锂溶于甲氧基乙醇 $CH_3OCH_2CH_2OH$ 中,在 398 ℃脱水,得到的无水盐与乙醇钽反应形成二元醇酸,通过蒸馏除去副产物甲氧基乙基乙酸,水解产生的无定形凝胶在 723 K 结晶出 $LiTaO_3$。

从硝酸铁(III)、乙醇钠和乙二醇出发,经凝胶后在 973 K 煅烧得到钠掺杂的 $\gamma\text{-}Fe_2O_3$。

硅酸乙酯 $Si(OC_2H_5)_4$ 和 $KSb(OH)_6$ 在碱性或酸性条件下水解,1373 K 煅烧,得到制备非线性光学材料的 $KSbOSiO_4$ 粉体。

将 Ba、Ca、Th 的甲氧基乙基氧化物与 Cu 的乙基氧化物反应,得到粒径 50 nm 的高温超导粉体。

金属醇盐还被用于制备硫化物粉体。CS_2 液体与 Ca、La 甲醇盐反应,随后将无定性产物用 H_2S 在 673~1023 K 之间硫化,获得复合亚微米硫化物粉体。

在室温将 40 mL 钛酸丁脂逐滴加入去离子水中,水的加入量为 256 mL 和 480 mL 两种,边滴边搅拌并控制滴加和搅拌速度,钛酸丁脂经过水解、缩聚,形成溶胶,超声振荡 20 min,然后在 673 K 和 873 K 煅烧 1 小时,可以得到平均粒径 1.8 nm 的 TiO_2 超微粉。

常用金属硝酸盐引入金属离子,与含羧基(碳酸失去氢氧原子团而成的一价基)α 羟基(-OH,氢氧原子团)羧酸之间反应形成多元螯合物(例如柠檬酸 $HOC(CH_2CO_2H_2)_2 \cdot CO_2H$ 和乙醇酸 $HOCH_2CO_2H$ 之间的反应),螯合物在加热过程中与具有多功能团的醇(如乙二醇 $HOCH_2CH_2OH$)产生聚酯化反应,进一步加热产生黏性树脂,得到透明的刚性玻璃状凝胶,最终经处理可得到粒径 50 nm 的氧化物粉末。该方法可在分子尺度上混合控制化学计量比,且煅烧温度低,特别在制备高温超导粉体方面引起了人们的关注。

　　向柠檬酸盐溶液中加入 Y、Ba、Cu 等硝酸盐溶液,将 pH 值提高到 6.5～7.0,以溶解难溶的柠檬酸钡而不产生金属氢氧化物沉淀。将溶液浓缩成黏性树脂,再干燥成透明的凝胶,经热解得到精细的 $YBa_2Cu_3O_{7-x}$ 粉体,在化学均匀性和成分控制方面,与上述方法具有同样的优点。

　　也可采用从金属乙酸盐溶液中形成凝胶的方法制备粉体。将乙酸铜加入钇和钡的氢氧化物胶体分散体系中,干燥后形成蓝色的玻璃状无定形凝胶,经煅烧干燥后也可得到 1 μm 左右的 $YBa_2Cu_3O_{7-x}$ 粉体。

　　采用金属有机化合物溶胶–凝胶工艺还可制备一维纳米粉体。例如,以乙酸锌 $[Zn(CH_3COO)_2 \cdot 2H_2O]$ 和草酸为主要原料,采用溶胶–凝胶法,通过在反应体系中添加不同类型的添加剂,包括聚乙二醇(PEG–2000)及三乙醇胺,成功合成出一维 ZnO 纳米棒粉体。另外,采用溶胶–凝胶工艺还可制备二维涂层。例如,首先以正硅酸乙酯(TEOS)、无水乙醇等为原料,将反应混合物在一定温度下搅拌回流并陈化一定时间,获得溶胶;随后,将活化处理的镁合金片浸入到溶胶中,并采用垂直提拉法在合金片表面形成凝胶膜;最后,将其通过 210 ℃的焙烧,在镁合金表面形成耐磨的 SiO_2 涂层。

2.9.3　影响溶胶–凝胶制备过程的主要因素

1. 加水量

　　加水量的多少影响成胶的时间。当加水量过少,醇盐的水解速度慢而延长了溶胶时间;当加水量较多,溶液比较稀释,溶液黏度下降使成胶困难,溶胶时间也会延长;只有按化学计量比加入,成胶质量才好,而且成胶时间相对较短。

2. 反应液的 pH 值

　　反应液的 pH 值主要影响水解缩聚物的结构及其形态,反应液的 pH 值不同时,其催化机理不同。当 pH<7 时,缩聚反应速率远大于水解反应,水解由 H_3O^+ 的亲电机理引起,缩聚反应在完全水解前已开始,因而缩聚物的交联度低,所得的干凝胶透明,结构致密;而当 pH>7时,水解反应是由 OH^- 亲核取代引起的,水解速度大于亲核速度,水解比较完全,形成的凝胶主要由缩聚反应控制,形成大分子聚合物,有较高的交联度,所得的干凝胶结构疏松,半透明或不透明。

3. 水解温度

　　水解温度也会影响成胶所需的时间及溶胶的稳定性。水解温度升高,一方面导致水解速率增加,另一方面溶剂醇的挥发加快,相当于增加了反应物的浓度,加快了溶胶速率,二者共同作用缩短了溶胶的时间。但水解温度太高,将导致多种产物发生水解聚合反应,生成不易挥发的有机物,影响凝胶性质。因此在保证能生成溶胶的情况下,应尽可能采取较低温度。

4. 络合剂的使用

　　添加络合剂可以解决金属醇盐在醇中的溶解度小、反应活性大、水解速度过快等问题,是控制水解反应的有效手段之一。

5. 高分子化合物的使用

　　高分子化合物可以吸附在胶粒表面,从而产生位阻效应,避免胶粒的团聚,增加溶胶的稳定性。

6. 电解质的含量

电解质的含量可以影响溶胶的稳定性。当电解质离子与胶粒带同种电荷时,由于同种电荷相斥,可以阻止胶粒聚结,增加胶粒双电层的厚度,从而增加溶胶的稳定性;与之相反,当电解质离子与胶粒带相反电荷时,则会降低溶胶的稳定性。同时,电解质离子所带电荷的数量也会影响溶胶的稳定性,所带电荷越多,对溶胶的影响越大。

2.9.4　溶胶-凝胶合成法的特点

溶胶-凝胶法与其他方法相比具有许多独特的优点。

1. 化学均匀性好

由于溶胶-凝胶法中所用的原料首先被分散到溶剂中而形成低黏度的溶液,因此,可以在很短的时间内获得分子水平的均匀性,在形成凝胶时,反应物之间很可能是在分子水平上被均匀地混合。同时,经过溶液反应步骤,很容易均匀定量地掺入一些微量元素,实现分子水平上的均匀掺杂。

2. 反应易发生且所需温度较低

与固相反应相比,化学反应容易进行,而且仅需要较低的合成温度,一般认为溶胶-凝胶体系中组分的扩散在纳米范围内,而固相反应时组分扩散是在微米范围内,因此溶胶-凝胶法中的反应容易进行,温度较低。

3. 适用范围广

溶胶-凝胶法可容纳不溶性组分或不沉淀组分,不溶性颗粒均匀地分散在含不沉淀组分的溶液中,经凝胶老化,不溶性组分可自然地固定在凝胶体系中,不溶性组分颗粒越细,体系化学均匀性越好。

4. 超微尺寸

颗粒胶粒尺寸小于 $0.1\mu m$。

5. 高纯度

同其他化学法一样,用溶胶-凝胶法过程无任何机械步骤。

但是,溶胶-凝胶法也不可避免地存在一些问题,例如,原料金属醇盐成本较高;有机溶剂对人体有一定的危害性;整个溶胶-凝胶过程所需时间较长,常需要几天或几周;存在残留小孔洞;存在残留的碳;在干燥过程中会逸出气体及有机物,并产生收缩,因此需要我们不断研究、改善。

2.9.5　其他液相制备技术

1. 共沉淀制备技术

共沉淀的目标是通过形成中间沉淀物制备多组分陶瓷氧化物粉体。这些中间沉淀物通常是水合氧化物或草酸盐,因此在沉淀过程中形成均匀的多组分混合物,保证了煅烧时的化学均匀性。

共沉淀的基本工艺路线是在金属盐溶液中添加或生成沉淀剂,并使溶液挥发,再通过烘干、煅烧,得到所需的粉末原料。

采用草酸盐沉淀工艺制备 $BaTiO_3$ 粉体,在控制 pH 值、温度和反应物浓度的条件下,向 $BaCl_2$ 和 $TiOCl_2$ 混合溶液中加入草酸($H_2C_2O_4$),得到钡钛复合草酸盐沉淀:

$$BaCl_2 + TiOCl_2 + 2(COOH)_2 + 4H_2O \longrightarrow BaTiO(C_2O_4)_2 \cdot 4H_2O + 4HCl \quad (2-66)$$

在共沉淀过程中可以引入添加剂,如镧系元素,沉淀物经过滤、洗涤、干燥并煅烧,发生以下分解反应:

$$BaTiO(C_2O_4)_2 \cdot 4H_2O \xrightarrow{373\sim413\ K} BaTiO(C_2O_4)_2 + 4H_2O \quad (2-67)$$

$$BaTiO(C_2O_4)_2 \xrightarrow{573\sim623\ K} 0.5BaTi_2O_5 + 0.5BaCO_3 + 2CO + 1.5CO_2 \quad (2-68)$$

$$0.5BaTi_2O_5 + 0.5BaCO_3 \xrightarrow{873\sim923\ K} BaTiO_3 + 0.5CO_2 \quad (2-69)$$

使用共沉淀法成功地制备了用于变阻器的掺杂 ZnO 粉,其组成为 96.5 mol% ZnO、0.5 mol% Bi_2O_5、1.0 mol% Sb_2O_5、0.5 mol% MnO、1.0 mol% CoO、0.5 mol% Cr_2O_3。向硫酸锌溶液中加入 NH_4OH,先得到碱,通过 NH_3 的蒸发使溶液 pH 值增高,通过成核、长大过程形成氢氧化锌,然后在含碳酸氨(Bi、Sb、Mn、Co、Cr)的混合氯化物溶液中,通过共沉淀作用,让添加剂覆盖在氢氧化锌粒子表面,经干燥、煅烧获得分散无团聚的粉体。

共沉淀技术已得到广泛应用,具有产业化规模前景。但是,向溶液中滴加沉淀剂时,难免会导致沉淀剂局部浓度差异,导致沉淀难以在整个溶液中均匀出现,进而造成产物粒度不均问题。这一问题,可以通过高速搅拌、引入过量沉淀剂和调节 pH 值等方法在一定程度上避免。

2. 均匀沉淀制备技术

均匀沉淀是指在溶液中加入某种能缓慢生成沉淀剂的物质,使沉淀均匀产生。该方法的优点是克服了因由外部向溶液中加入沉淀剂而造成的沉淀剂局部不均匀的问题,从而避免了沉淀不能在整个溶液中均匀出现的情况。

实验中,通常采用在金属盐溶液中加入尿素($CO(NH_2)_2$),通过 $CO(NH_2)_2$ 的热分解产生沉淀剂 NH_4OH,从而促使沉淀均匀生成。例如,以硫酸氧钛($TiOSO_4$)为原料、$CO(NH_2)_2$ 为沉淀剂,采用均匀沉淀法制备纳米 TiO_2 粉体。具体的反应式为

$$CO(NH_2)_2 + 3H_2O \longrightarrow 2NH_3 \cdot H_2O + CO_2 \uparrow \quad (2-70)$$

$$TiOSO_4 + 2NH_3 \cdot H_2O \longrightarrow TiO(OH)_2 \downarrow + (NH_4)_2SO_4 \quad (2-71)$$

$$TiO(OH)_2 \longrightarrow TiO_2 + H_2O \quad (2-72)$$

当上述反应温度为 120 ℃、反应时间为 2 h、反应物 $n(TiOSO_4):n[CO(NH_2)_2]=1:2$、$TiO_2$ 的浓度为 118 mol/L 时,得到的纳米 TiO_2 粒径为 30~80 nm,产率达到 90%。

3. 水热合成制备技术

水热反应是高温(100~1000 ℃)高压(1~100 MPa)下在水(或水溶液)或水蒸气等流体中进行有关化学反应的总称。自 1982 年开始,用水热反应制备超细微粉的工作引起了国内外的广泛重视。用水热法制备的超细粉末已经可以达到纳米的水平。

高压反应釜是进行水热反应的基本设备,高压容器一般用特种不锈钢制成,釜内衬有化学惰性材料,如 Pt、Au 等贵金属和聚四氟乙烯等耐酸碱材料。高压反应釜的类型可以根据实验需要加以选择或特殊设计。常见的高压反应釜有自紧式反应釜、外紧式反应釜、内压式反应釜等。加热方式可采用釜外加热或釜内加热。如果温度、压力不太高,为方便实验过程观察,也

可部分采用或全部采用玻璃或石英设备。根据不同实验的要求,也可以设计外加压方式的外压釜或能在反应过程中提取液、固相反应过程的流动反应釜等。

水热法合成制备技术主要包括:①水热氧化法制备金属氧化物,典型的反应式为 $mM + nH_2O \longrightarrow M_mO_n + H_2$;②水热沉淀法制备化合物,例如:$KF + M_nCl_2 \longrightarrow KM_nF_3$;③水热合成法制备化合物粉体,例如:$FeTiO_3 + KOH \longrightarrow K_2O \cdot nTiO_2$;④水热还原法从金属氧化物制备金属,例如:$Me_xO_y + yH_2 \longrightarrow xMe + yH_2O$;⑤水热分解反应制备氧化物,例如:$ZrSiO_4 + NaOH \longrightarrow ZrO_2 + Na_2SiO_3$;⑥水热结晶法制备晶体,例如:$Al(OH)_3 \longrightarrow Al_2O_3 \cdot H_2O$。

在水热合成技术的基础上,衍生出了溶剂热合成技术,指密闭体系如高压釜内,以有机物或非水溶媒为溶剂,在一定的温度和溶液的自生压力下,原始混合物进行反应的一种合成方法。它与水热反应的不同之处在于所使用的溶剂为有机物而不是水。水热法往往只适用于氧化物功能材料或少数一些对水不敏感的硫属化合物的制备与处理,涉及到一些对水敏感(与水反应、水解、分解或不稳定)的化合物的制备与处理就不适用,这也就促进了溶剂热法的产生和发展。该方法用有机溶剂代替水作介质,采用类似水热合成制备技术的原理,可制备非氧化物(如 GaN 等)及对水敏感的纳米粉体。溶剂热合成技术不仅扩大了制备粉体材料的范围,而且能够实现通常条件下无法实现的反应。苯(C_6H_6)由于其稳定的共轭结构,是溶剂热合成技术的优良溶剂,可以在相对低的温度和压力下制备出通常在极端条件下才能制得的、在超高压下才能存在的亚稳相。例如,在真空中,Li_3N 和 $GaCl_3$ 在苯溶剂中进行溶剂热合成反应,在 280 ℃制备出 30 nm 的 GaN 粒子,这个温度比传统方法的温度低得多,而且 GaN 的产率可达 80%。

水热、溶剂热合成与固相合成的差别在于"反应性"不同,主要反映在反应机理不同。一般情况下固相反应机理以界面扩散控制为其特点,而水热与溶剂热反应主要以液相反应为其特点。不同的反应机理可能导致不同产物结构的生成,重要的是,通过水热与溶剂热反应可以制得固相反应难以制得的物相或物种。

水热与溶剂热合成化学有如下特点。

(1)在水热与溶剂热条件下容易生成中间态、介稳态以及特殊相,因此可以合成一系列特种介稳结构、特种凝聚态结构新产物。

(2)由于易于调节水热与溶剂热条件下的环境气氛,因而有利于形成低价态、中间价态与特殊价态的新化合物,并能均匀地进行掺杂。

(3)水热与溶剂热可以在低温条件下晶化生成低熔点、高蒸气压、高温分解相。

(4)由于在水热与溶剂热条件下反应物活性大大提高,水热与溶剂热合成法可以替代固相反应及一般条件下难以进行的合成反应,并产生一系列新的合成方法。

(5)调整水热与溶剂热的低温、等压、溶液条件,可以生长出缺陷少、取向好、完美的晶体,且合成产物结晶度高以及粒度均匀的粉末。

用碱式碳酸镍及氢氧化镍水热还原可制备最小粒径为 30 nm 的镍粉;锆粉通过 523~973 K、100 MPa 的条件下水热氧化可得到粒径为 25 nm 的单斜氧化锆微粉;Zr_5Al_3 合金粉末在 100 MPa、773~973 K 的条件下水热反应生成粒径为 10~35 nm 的单斜氧化锆、立方氧化锆和 Al_2O_3 的混合粉体。

盐类离子与水作用生成弱酸或弱碱的反应称为盐的水解反应。高温高压条件下可以发生强制水解反应,在水热合成方法中,阳离子水解无需加入碱。但在常压高温条件下也可以发生强制水解反应,例如在 Cr(III) 浓度为 $2 \times 10^{-4} \sim 2 \times 10^{-3}$ mol/L,pH<5.4,SO_4^{-2} 存在条件下,由 $CrK(SO_4)_2 \cdot 12H_2O$、硫酸铬、硝酸铬制备单分散的无定形氢氧化铬,颗粒尺寸为 $293 \sim 490$ nm。

为了控制强制水解反应,必须保持低的阳离子浓度,以避免爆炸成核。可以采用缓慢释放阴离子沉淀剂的方法,如在水溶液中分解尿素的方法。将硝酸钇(0.025 mol/L)和尿素(0.17 mol/L)混合溶液在 373 K 保持 1 小时,得到碱式碳酸盐 $YOHCO_3$ 粉体,经 973 K 煅烧得到氧化物。反应过程中,混合物处于酸性条件下,尿素先分解为 NH_4^+ 和氰酸离子 OCN^{-1},然后 NCO_3^- 离子再水解为 CO_2,重复反应。

强制水解的方法也可用于非氧化物粉体的制备。

特殊结构、特种凝聚态或聚集态的水热与溶剂热制备工作是目前研究的前沿领域,大量的基础和技术研究已经开展起来。采用水热、溶剂热的合成方法,能比较容易地控制实施化学操作和反应的化学环境。在水热与溶剂热的条件下易于生成中间态、介稳态和特殊物相,因此可以合成与开发特种介稳结构、特种凝聚态和聚集态的新合成产物,如超硬材料 GaN 和金刚石(800 ℃、150 MPa)等。目前唯一人工合成的含五配位钛化合物 $Na_4Ti_2Si_8O_{22} \cdot 4H_2O$ 就是利用水热合成方法得到的。

微孔(介孔)材料的合成一般采用非平衡态的水热方法,把胶态的硅铝酸盐或金属盐按一定配比放入高压反应釜中,在 $100 \sim 300$ ℃晶化,反应完全后,分离液相、固相,即得需要的微孔(介孔)材料。

介孔材料常呈有序的结构、纳米级的孔道($2 \sim 50$ nm)、较大的比表面积与孔体积,这些特点使得它们在吸附、分离、催化光、电、磁、传感器等领域都展现了很好的应用前景。为了满足实际生产中对介孔材料在孔径、形貌和结构上的要求,研究者们通过采用不同的合成体系及合成方法来合成具有不同形貌、不同孔径大小和孔道结构的介孔材料。Tian 研究组采用 SBA-15 和 KIT-6 作为模板剂,水热合成介孔 MnO_2。

4. 乳胶法制备技术

一种或几种液体以液珠形式分散在另一不相混溶的液体之中构成的分散体系称为乳胶,例如牛奶,乳胶分油包水和水包油两种。

在庚烷中分散含钇、钡和铜的硝酸盐微米级液滴,形成乳胶,再加入伯胺使其凝胶化,可以制备 $YBa_2Cu_3O_{7-x}$ 超导粉体。

将硝酸钇在甲苯中的油包水乳胶加入到与乳胶连续相相同成分的热液体中,得到凝胶,经过滤、收集得到凝胶颗粒,在 1123 K 煅烧得到 $1 \sim 2$ μm 的无团聚 Y_2O_3 粉体。

铝和钠的硝酸盐水溶液在庚烷中分散成 100 nm 的微液滴,向乳胶中通入 NH_3 气体使之凝胶化,喷雾干燥去除水分和庚烷,在 1273 K 煅烧,得到单分散、100 nm 的无团聚 $\beta-AL_2O_3$。

5. 非水体系液相制备技术

液相反应发生在非水溶剂中,这种非水溶剂可以是惰性的或本身就是反应物之一。此种制备技术的优点是可以达到反应物在分子尺度的混合。

可以采用 $SiCl_4$(液相)和 NH_3(气相)在无水正己烷中反应,将反应产物在 $1473 \sim 1673$ K 之间加热,转化成 $10 \sim 30$ nm 的 $\alpha-Si_3N_4$ 粉体,其中 Fe 和 Ni 的杂质含量小于 0.1‰,总杂质含量小于 0.3‰。

$SiCl_4$(液相)和 NH_3(液相)在 233 K 时发生的界面反应已被成功地用于大规模生产直径

0.2 μm 左右的商业用等轴 Si_3N_4 粉体。

在室温下氢化铝锂 $LiAlH_4$ 与 $AlCl_3$ 在二乙脂（$(C_2H_5)_2O$）中反应,产生加合物 $Al(C_2H_5)_2O$,加合物溶液在 233 K 与过量 NH_3 反应,生成 $[Al(NH_2)_{0.864}NH_{1.069}]_n$ 的白色聚合物,在 873 K 热解得到 1 μm 左右的 AlN 粉体。

盐酸二甲胺 $HN(CH_3)_2 \cdot HCl$ 与氢化铝锂反应：

$$LiAlH_4 + HN(CH_3)_2 \cdot HCl \longrightarrow H_2AlN(CH_3)_2 + LiCl + 2H_2 \qquad (2-73)$$

与过量 NH_3 在 203 K 反应生成白色沉淀,白色沉淀物在 1273 K 热解获得粒度小于 0.1 μm 的 AlN 粉体。

6. 气溶胶制备技术

气溶胶是分散在气态介质中的液体微滴或固体微粒构成的胶体体系。

可以通过在反应物中生成过饱和蒸气,均匀成核,形成纳米氧化物颗粒。例如,在 1273 K 热分解 $Ti(OC_3H_7)_4$ 得到 TiO_2 的过饱和蒸气,在氧化物蒸气中均匀成核,得到相互聚集的一次氧化物颗粒,同时蒸气分子在凝聚体上非均匀成核长大。该法制得的粉体直径在 100 nm 左右。

气溶胶制备技术中,雾化是产生液体微液滴的主要技术。经常采用超声和静电雾化的方法,得到微液滴,再将其输送到加热炉中分解,得到微粉。

2.10　聚合物热解制备技术

Yajima 在 1976 年最早采用聚合物热解方法制备 β-SiC 连续纤维,首先合成聚硅碳烷,并将其纺成纤维,交联热解后制得了连续纤维,开创了高性能纤维制备以及高性能纤维复合材料的里程碑。此后,开发出了许多可用于制备非金属材料的无机聚合物,主要包括四个体系：①聚硅氧烷：$\{R_2Si\text{-}O\}_n$；②聚硅烷：$\{R_2Si\}_n$；③聚碳硅烷：$\{R_2Si\text{-}CH_2\}_n$；④聚硅氮烷：$\{R_2Si\text{-}NH\}_n$,其中 R 是一个烷基。聚硅氧烷的热分解可以生成 Si/C/O 系陶瓷材料,即氧碳化硅；聚硅烷和聚碳硅烷可以生成碳化硅材料 SiC_{1+x},通常其碳含量比纯 SiC 高；而聚硅氮烷可以生成 Si/C/N 基材料,即碳氮化硅。

由于单体与聚合物原始材料合成纯度高,使得通过热解高分子材料所获得的陶瓷材料具有与传统工艺生产材料不同的组成、纯度和结晶性；与传统方法相比,聚合物热解方法还有一个很大的优点,即反应温度低,仅为 800～1500 ℃；同时由于聚合物衍生物的复杂本质和无定形结构,可以期望采用聚合物热解技术制备出具有全新性能的材料,理论上聚合物结构的多样性允许在分子水平上控制新材料的组成（如 B-C-N 或 Si-C-N 系中的亚稳相）；此外聚合物热解工艺开辟了陶瓷材料的新应用和新的制备技术,使用聚合物热解的方法不仅可以制备在一维方向上尺寸很小的纤维与薄膜（或涂层）,也可以制备块体材料,还可制备浸渗多孔基体复合材料以及具有严格控制气孔率的纳米孔径无机薄膜。

2.10.1　聚合物热解工艺过程

聚合物热解工艺是一个低温过程,一般分为两个过程：①由低分子量化合物合成无机低聚物或聚合物；②高分子量化合物热分解（热解）生成无机非金属固体。整个工艺过程与热解碳相似,例如聚丙烯腈纤维热解形成碳纤维。

陶瓷前驱体聚合物合成主要指聚硅氧烷、聚硅烷、聚碳硅烷和聚硅氮烷的合成。可以用于前驱体聚合物合成的低分子量化合物种类很多,合成的方法也很多。以下介绍几种典型的合成方法:①使用二甲基二氯硅烷与金属 Na 作用,进行脱氢反应,$x(CH_3)_2SiCl_2+2xNa \longrightarrow [(CH_3)_2Si]_x+2xNaCl$,得到聚硅烷,聚硅烷在压力容器中 450 ℃、10 MPa 的 Ar 气中转化为聚碳硅烷$\{R_2Si\text{-}CH_2\}_n$;②用水处理二甲基二氯硅烷可得到聚硅氧烷树脂,$x(CH_3)_2SiCl_2+xH_2O \longrightarrow [(CH_3)_2SiO]_x+2xHCl$;③甲基二氯硅烷与氨反应生成环硅氮烷,$xCH_3HSiCl_2+xNH_3 \longrightarrow [CH_3HSi(NH)]_x+NH_4Cl$,再用钾杂化处理形成脱氢反应,生成支化硅氮烷聚合物,$[CH_3HSi(NH)]_x+KH \longrightarrow [CH_3HSi(NH)]_y(CH_3Si)_z+H_2$。

聚合物热解转化为陶瓷材料的过程并未形成热力学稳定的陶瓷材料,而是形成亚稳的无定形固体。在 100~400 ℃,主要的过程是低分子量化合物的挥发、进一步交联,以及使分子量提高的凝聚、加聚聚合反应;400 ℃以上聚合物开始热分解,这一过程通常在 800~1000 ℃完成,在此区间碳氢化合物和氢气释放,含氯前驱体排出氯气或 HCl 气体,直到 1200 ℃还存在明显的失重;1000 ℃以上开始结晶化。通过对热解过程的控制可以制备无定形或结晶态的陶瓷粉末。

以聚碳硅烷的热解为例,聚碳硅烷为有机硅聚合物,可以拉制成纤维,并在 200 ℃空气中热处理形成交互的 Si—O—Si 桥联,增加聚合物网络的刚性,然后进行热解形成碳化硅纤维,其结构中除了含有过量碳外,由于在空气中热处理,还含有约 12%~13% 质量分数的 O_2,导致其抗拉强度在 1200 ℃以上迅速下降。这种方法制备出的是第一代连续 SiC 纤维。近年来,通过改进先驱体合成方法,建立非氧气氛不熔化处理方法(电子束辐照方法与活性气氛不熔化方法),先后制得了低氧含量(约 1% 质量分数)和近化学计量比的第二代和第三代连续 SiC 纤维,大大提高了其高温力学性能和稳定性。通过工艺改进可用来制备 BN、Si_3N_4 和 $Si_xC_yN_z$ 基的其他纤维。

聚合物前驱体的性质直接影响制备工艺,以及制备所得到陶瓷材料的性质。

聚合物分子量和交联程度的增加会导致聚合物溶解度降低,与空气、水的反应性降低,挥发性降低,软化温度升高。可以利用低分子量挥发性的低聚物气相热分解制备陶瓷涂层(金属有机化学气相沉积),也可以利用低挥发可溶或液态聚合物浸渍拉涂或旋转甩胶涂层工艺,在基体材料上涂一层聚合物薄膜,然后热解形成陶瓷涂层。

原始有机元素聚合物材料的分子结构和化学组成强烈影响陶瓷产物的组成。具有 Si—C—Si 交替结构的聚合物适合于制备 SiC,有 Si—N—Si 结构的聚合物适合于制备 Si_3N_4 材料,而利用具有 Si—C—Si 和 Si—N—Si 分子单元的聚合物可以制备无定形碳氮化硅,在更高温度下还可以制备非均相 SiC/Si_3N_4 材料。

聚合物的分子结构还影响热解生成陶瓷粉末的产率。具有支化网络结构和环状结构的聚合物热解陶瓷产率高,而链状结构的聚合物则热解陶瓷产率低。

用聚合物热解制备的陶瓷粉末制备陶瓷材料,其工艺温度比传统原材料要低;陶瓷粉末颗粒尺寸小(纳米范围),颗粒尺寸分布窄;聚合物热解制备的 SiC(20% 质量分数)/Si_3N_4 多晶陶瓷材料具有超塑性行为,其晶粒尺寸为 200~500 nm。

2.10.2　聚合物热解工艺制备陶瓷粉料

四氯化硅与碳氢化合物或四甲基硅烷、甲基氯硅烷在 1000~1400 ℃的气相热分解可以被用来制备 SiC 涂层。而 SiC 纤维则是采用聚合物热解工艺制备的。

　　早在 20 世纪 20 年代就有聚(二苯基)硅烷的描述,但直到 1949 年才合成出了聚(二甲基)硅烷。聚(二甲基)硅烷是无色粉末,不溶于有机溶剂,在高于 250 ℃时不熔化而分解。一直到 70 年代发现聚(二甲基)硅烷可以用于制备 SiC 纤维以后,人们才对其在材料方面的应用有了浓厚的兴趣并一直延续至今。

　　可以使用二甲基二氯硅烷、甲基苯基二氯硅烷和 Na/K 混合物在沸腾的甲苯中脱氯反应生成共聚物,称之为直链聚(二甲基硅甲基苯基)硅烷,反应式为

$$x\mathrm{me_2\,SiCl_2} + y\mathrm{me(ph)SiCl_2} + \mathrm{Na/K} \longrightarrow 1/n[(\mathrm{me_2\,Si})_x(\mathrm{me(ph)Si})_y]_n + 2(x+y)\mathrm{NaCl/KCl}$$

$$(2-74)$$

式中:me 代表甲基;ph 代表苯基。

　　实验表明,$\mathrm{me_2\,SiCl_2}$ 与 $\mathrm{me(ph)SiCl_2}$ 的比值为 5∶1 时,无需压力容器反应就能进行,而采用纯聚二甲基硅烷则需在 450 ℃、10 MPa 氩气中才能转化为聚碳硅烷;同时 5∶1 的比值使合成聚合物中的苯基含量降低,降低了热解材料中的残留碳含量。

　　反应时间长短和随后的热处理决定了聚合产物的化学物理性质。

　　例如,36 h 反应后形成了琥珀色的油状聚(甲基苯基)硅烷(PMPS A),其中不熔的聚(甲基苯基)硅烷的产率达到 30%,进一步在 450 ℃氩气中热处理形成可熔聚碳硅烷,产率提高到 88%。该油状产物在 1000 ℃氩气中热解成陶瓷的产率为 44%。

　　可是在反应 24 h 后生成一种无色不透明产物(PMPS B),直接在 1000 ℃氩气中加热则不留任何残留物。如果将 PMPS B 在 500 ℃、0.1 MPa 氩气中热处理 7 h,则形成一种琥珀色的高黏度产物(PMPS C),它在 1000 ℃氩气中热处理转化为陶瓷的产率为 51%。

　　如果在真空(0.133 Pa)、200 ℃蒸馏 PMPS C,其挥发性产物生成蜡状材料 PMPS C*,它在 1000 ℃氩气中热解成陶瓷的产率为 68%。

　　聚合产物热处理后的反应产物是可熔的(软化点 120 ℃),也可溶于有机溶剂,表明可用于在基体上涂层或用于浸渍多孔材料。

　　含硼聚硅烷可用于制备具有烧结活性的含硼 SiC 粉末。由于硼的分布达到分子水平,含硼聚硅烷在热解成 SiC 时形成纳米级弥散分布的 $\mathrm{B_4C}$,在 SiC 粉末坯体的烧结中起助剂作用,使烧结中的扩散过程进行得更快。

　　含硼聚硅烷也可用于传统 SiC 粉末表面处理,还可将含硼聚硅烷作为 SiC 成形时的结合剂。在烧结时分解成均匀的碳化硅、碳和碳化硼,成为烧结助剂。

　　纯聚(甲基苯基)硅烷 PMPS C* 在热解时出现过渡熔融,经常形成泡沫状 $\mathrm{SiC_2}$ 陶瓷产物,热解产物的表面形成蜂窝状结构并贯穿整个材料形成多孔网络通道,使热解过程产生的气体排出。这种多孔材料可用作抗化学腐蚀的过滤材料或催化剂。

　　使用 PMPS C* 在 1000 ℃热解产物,不加任何添加剂,在 2200 ℃、62 MPa 压力下热压制备可以得到 β-SiC 陶瓷材料,可达到理论密度的 82%,体积密度为 2.87 $\mathrm{g/cm^3}$,其中含质量分数 25% 的游离碳。

　　可以使用聚硅烷与 $\mathrm{Si_3N_4}$、$\mathrm{B_4C}$ 基体粉末混合热解,形成均匀弥散分布的原位纳米晶 SiC,提高 $\mathrm{Si_3N_4}$ 和 $\mathrm{B_4C}$ 材料的致密性、均匀性和烧结活性。

　　热解产物只有在 1200 ℃以上才检测出结晶性,SiC 在 2000 ℃结晶化时仍具有超细的晶粒和晶粒尺寸分布。

聚硅氮烷的高温裂解是制备氮化硅陶瓷的另一种方法。

目前已开发出多种合成聚硅氮烷的方法。在氮气和氩气气氛中热解聚硅氮烷可以获得含 Si、C 和 N 的无定形陶瓷粉末（碳氮化硅），而在氨气中热解则生成纯 Si_3N_4。

在制备 Si—C—N 陶瓷时经常采用的聚合物是聚（氢化甲基）硅氮烷 $[CH_3SiHNH]_{0.4}$ $[CH_3SiN]_{0.6}$ 和聚（氢化氯）硅氮烷。

聚（氢化甲基）硅氮烷在热解过程中，首先在 $100\sim350$ ℃时低分子量结构单元挥发，然后继续加热，在 600 ℃静态氮气或 560 ℃高真空下热分解速度最快，超过 850 ℃时变化变小，到 1000 ℃时对应氮气氛和真空中的陶瓷转化率分别达到 90% 和 81.5%。其热解过程可以简单地表示为

$$[CH_3SiHNH]_{0.4}[CH_3SiN]_{0.6} \longrightarrow Si_xC_yN_z + CH_4 + H_2 \tag{2-75}$$

元素分析表明，聚（氢化甲基）硅氮烷在 1000 ℃氮气或氩气中获得的无定形热解产物是 $Si_xC_yN_z$（碳氮化硅），假设所有的氮均以 Si_3N_4 形式与硅结合，其余的硅以 SiC 形式存在，则碳氮化硅的成分：68% 质量分数的 Si_3N_4、27% 质量分数的 SiC 和 5% 质量分数的 C。

由聚硅氮烷制备陶瓷材料的工艺过程包括：①使用商品聚合物聚（氢化甲基）硅氮烷作为初始原材料，原材料为无色粉末；②将聚硅氮烷在 350 ℃氩气中进行热处理，发生缩聚反应，放出 H_2 和 NH_3，所有液相均已固化，在有机溶剂中溶解度降低，并具有难溶性，有利于下一步保持坯体热解过程的形状；③使用球磨机将热处理过的聚合物制成粉末，并冷压或冷等静压成形为坯体。在 640 MPa 冷等静压的坯体密度可以达到 84%～89%，高密度是由于聚硅氮烷在压力作用下的变形；④聚合物坯体在高于 500 ℃的温度下热分解：在氩气氛中热解产生 CH_4、C_2H_6、C_2H_4 和 C_2H_2 等气相产物，900 ℃热分解已完成，最终产物含 57.8% 质量分数的 Si、14.6% 质量分数的 C 和 26.0% 质量分数的 N，其分子组成为 $Si_{1.7}N_{1.6}C_{1.0}$ 或 $Si_3N_4 \cdot 1.4SiC \cdot 1.1C$。在氮气中热解，则具有较高的 C 含量，并含 7.4% 质量分数 H，其结构组成为 $Si_{1.0}N_{1.1}C_{1.4}H_{4.7}$。在流动 NH_3 气氛中热解至 1000 ℃可制得完全无色、无定形的 Si_3N_4，高于 1000 ℃将发生无定形向 $\alpha-Si_3N_4$ 的结晶化转变。不同热处理条件制得材料的主要性能指标如表 2-13 所示。

表 2-13　聚硅氮烷在不同热处理条件下制备所得陶瓷材料性能指标

热处理制度	开口气孔率/%	σ_b/MPa	H_V/GPa	E/GPa
1100 ℃,Ar	6	172	9.8	108
1400 ℃,N_2	7	176	12	122
1850 ℃,N_2	24	—	6	—

2.10.3　聚合物热解工艺制备块体陶瓷材料

大多数聚合物坯体直接热解形成陶瓷材料是非常困难的。其原因在于热分解过程中所形成的气态低分子量反应产物的挥发，在多数情况下会导致起泡或产生裂纹。采用有机聚合物生产纤维时，由于纤维直径很小（$10\sim100~\mu m$），气相产物可以很容易通过固相扩散出去，避免了热解过程裂纹和气泡的形成。

Greil 等开发的活性填充物控制热解工艺（AFCOP）避免了这一问题。这个工艺包括活性

金属(Ti、Cr、Si 等)和聚硅氧烷$[RSiO_{1.5}]_n$(其中 R 为烷基和/或烯基)的混合过程。聚合物在加热过程或自由基过程中产生交联。采用含完整乙烯基的聚合物可使分子通过加聚反应交联而不释放气体,与此相反,如果不能控制,产生缩聚反应导致 H_2O、NH_3 等低分子产物释放,则形成气泡和裂纹。随后热解产生的碳氢化合物等气相产物和凝聚的碳直接与金属反应形成碳化物和硅酸盐,从而避免形成大量气体。由于硅氧烷的存在,可以形成大量类似 SiO_2 和金属氧化物那样的含氧相。但在热解过程中形成的氢气必须能够扩散释放出去。

采用聚合物热解工艺制备陶瓷材料时,为了得到无裂纹的构件,要求材料在热分解过程中不应熔融,以避免形成气泡和裂纹;聚合物的坯体应具有开放的多孔结构,以使气态反应产物释放;坯体中最大气孔尺寸应足够小,以保证在裂解后可以封闭,即在随后高于分解温度的烧结过程中致密化。

可以通过下列途径形成开放的聚合物坯体孔结构:①直接冷压或热压不熔聚合物粉末形成多孔结构,成形坯体的气孔尺寸和气孔分布决定于聚合物颗粒的尺寸、成形压力,以及聚合物粉末的成形性能。②通过凝胶工艺制备坯体的多孔结构。从溶胶形成凝胶时可形成具有微孔的三维网络结构。气孔率的情况与添加剂、聚合时间和溶剂有关,该方法与溶胶-凝胶工艺生产氧化物块体玻璃和陶瓷类似。③高温热解过程中直接形成多孔结构。最好在液态聚合物转化为固相陶瓷以前的初期阶段使生成的气体在坯体中产生多孔结构,必须对气体的释放进行严格控制,以保证其极缓慢地释放。在较宽温度范围缓慢释放气体是所有制备无裂纹陶瓷材料的基本工艺要求。

扩展阅读

我国明代科学家宋应星(1587—1666 或 1661)所著《天工开物》燔石篇中,所述的"燔灰火料,煤炭居十九,薪炭居十一。先取煤炭、泥和做成饼,每煤饼一层,叠石一层,铺薪其底,灼火燔之。最佳者曰矿灰,最恶者曰窑滓灰。火力到后,烧酥石性,置于风中,久自吹化成粉。急用者以水沃之,亦自解散。"这是对我国明末清初前或更久以前制备石灰粉体工艺的总结。古人在煅烧石灰时,掺入的煤约占十分之九,柴火或者炭约占十分之一。先把煤和泥做成煤饼,然后一层煤饼一层石灰石相间堆砌,底下铺柴引燃煅烧。这是一种典型的碳热还原制备粉体的工艺,可见我国古代的材料技术水平在世界上属于领先水平。但是,当前高品质陶瓷粉体原料,如氧化铝、氮化硅等基本被国外发达国家所垄断,存在原料受制于人的"卡脖子"问题。因此,我国也提出了多方面的措施和政策来解决这一问题。纵观五千年的中国陶瓷技术,它的产生和发展、进退和起落与中华民族的发展息息相关。相信通过相关领域广大科研和技术工作者的共同努力,一定可以尽快解决上述问题,为实现中华民族伟大复兴的目标作出贡献。

思考题

1.对比固相制备技术、有气相参与制备技术以及液相制备技术,简述在制备无机粉料时的优缺点。

2.解释胶体扩散双电子层模型(双电层的产生、ζ 电势)和胶体稳定的 DLVO 理论。

3.简述化学传输反应的基本原理和在材料科学中的应用。

4. 说明固态反应中的物质传输时的条件和扩散类型,简述固相制备技术在制备无机粉料时的优缺点。

5. 简述 $BaTiO_3$ 粉料的固态合成过程。

6. 简述溶胶-凝胶合成无机非金属材料的基本原理和在材料制备中的应用。

7. 物质传输的各种扩散机理可以考虑为经过空位而迁移的空位扩散,分析能够成为扩散通道的空位的来源和变化规律。

8. 说明无机非金属材料扩散的特点和扩散类型。

9. 艾奇逊炉工艺合成的陶瓷材料的过程是什么?

10. 喷雾干燥或造粒的原因是什么?

11. 影响球磨机粉碎效率的主要因素有哪些?

第3章 无机材料成形制备技术

3.1 概述

在陶瓷材料没有被制造成具有一定形状的产品之前,陶瓷材料所具有的优良性能与功能并不能得到实际应用。随着科学技术的发展,许多装备的使用条件越来越苛刻,尤其在高温领域,传统金属材料的性能已难以满足要求,促使陶瓷材料的应用领域得到迅速扩大,但同时也对陶瓷材料零部件的形状及尺寸精度提出了更高的要求。陶瓷材料的键合特点决定了其在烧结过后几乎无法通过后续冷加工与热加工的方法制造成特定的形状,陶瓷产品形状的获得必须在烧结以前完成,因而对陶瓷材料成形技术提出了很高的要求。成形技术是决定陶瓷可靠性的关键步骤,也是获得性能优良的陶瓷烧结制品的重要前提。成形是将陶瓷粉料加入塑化剂等制成坯料,并进一步加工成具有一定形状、尺寸、孔隙度和强度坯体的工艺过程。

成形过程作为制备陶瓷材料部件的关键技术,不仅是材料设计和材料配方得以实现的前提,而且是降低陶瓷材料制造成本、提高材料可靠性的尤为重要的环节,是实现产品结构、形状和性能设计的关键步骤。近年来,随着现代科学技术的迅猛发展,陶瓷成形方法取得了突破性进展,陶瓷产品的应用领域不断扩大,陶瓷材料产品的功能也不断增强。

最基本的陶瓷成形方法分干法成形和湿法成形两大类,不同成形方法的选择,需要根据产品的使用要求、形状、大小以及产量和经济效益等综合因素确定。

干法成形是指在陶瓷粉末中加入少量甚至不加塑化剂,将具有一定流动性的干粉进行成形,在坯料压实过程中所需要填充的孔隙较少,后续过程中排出气体也相对较少,可获得高密度成形坯体。这种成形方式主要包括模压成形与等静压成形。

干法成形是一种最简单、最直观的方法,成形坯体密度较高,但由于在成形过程中粉末与粉末、粉末与模具之间存在着摩擦,导致成形过程中力的传递和分布发生改变,从而造成坯体不同部分之间密度与强度的不均匀分布。

湿法成形是在陶瓷粉体中添加适量黏合剂、增塑剂、溶剂等,形成可以流动的泥料或浆料,利用其流动性质来形成某些特定形状的工艺过程。该方法较易控制坯体的团聚及杂质含量,可减少坯体缺陷,并可制备各种形状复杂的陶瓷零件。这类成形方法又可细分为可塑法成形和流态法成形两类。

可塑法成形(plastic molding)是利用泥料具有可塑性的特点,经过一定工艺处理制成一定形状制品的过程。在传统陶瓷生产中普遍采用可塑法成形得到具有回转中心的圆形产品。根据可塑法成形的原理,又发展了挤出成形、轧膜成形等多种成形方法。可塑成形为制备特定形状坯体提供了可能,但由于各种有机结合剂的存在,会对坯体的成形密度,以及后续的干燥、烧结过程产生影响。

流态法成形是指在陶瓷粉体中添加大量添加剂,形成具有流动性的料浆,利用其流动性质来形成特定形状的工艺过程。这类成形方法有注浆成形、流延成形、热压注成形、注射成形、压滤成形、印刷成形及胶态成形等。此类成形方法由于含有较多有机高分子,且随后的排胶、脱脂过程漫长而复杂,对材料致密度、结构及性能均有明显影响。

由于陶瓷产品最终性能的要求或者成形过程的需要,在成形之前需要对粉末原料进行一些预处理,主要包括配料、混料、塑化、造粒等。

传统陶瓷料的制备一般是按照配方比例,置于各种机械设备中粉磨成一定的细度。在对粉料的特性(颗粒度、颗粒形状、团絮状态和相组分等)要求不高时,可以采用传统的机械球磨方法制备粉料;对于粉料性能要求较高的情况,需要采用各种化学方法来制备陶瓷粉料,如溶胶-凝胶法、化学共沉淀法等。

混料一般是指两种或两种以上不同成分的粉末混合均匀的过程。有时候,为了需要也将成分相同而粒度不同的粉末进行混合。

混料有机械法和化学法两种,其中用得最广泛的是机械法,即用各种混合设备,如球磨机、V型混合器等将互相之间不发生化学反应的粉末或混合料进行机械掺和。机械法混料又可分为干混和湿混。干混是指将粉体直接放入球磨罐中进行混合,湿混是指在混料过程中添加液体介质,以提高混合后粉体的均匀性。常用的液体介质有酒精、汽油、丙酮、水等。为了保证湿混过程能够顺利进行,对湿混介质的要求是:不与物料发生化学反应,沸点低、易挥发,无毒性,来源广泛,成本低廉等。湿混介质的加入量必须适当,过多时料浆的体积增加,球与球之间的粉末相对减少,从而使研磨和混合效率降低;相反,介质过少时,料浆黏度增加,球的运动困难,球磨效率也因而降低。

采用球磨机对传统陶瓷进行混料时,球磨机既是粉碎又是混料工具,对混合均匀性来说,一般不成问题。特种陶瓷主要采用细粉或超细粉进行混料,无需再行磨细,但是必须高度重视均匀性的问题。

陶瓷坯料中经常需要加入微量添加成分,以达到改性的目的。为了使这部分用量很小的原料在整个坯料中分布均匀,在操作上要特别注意加料的次序。一般先加入一种用量多的原料,然后加用量很少的原料,再把另一种用量较多的原料加在上面。这样,用量很少的原料就夹在两种用量较多的原料中间,可以有效防止用量很少的原料粘在球磨筒筒壁上,或粘在研磨体上,造成坯料混合不均匀及产生成分偏差,影响陶瓷产品的性能。

有时在陶瓷中加入的微量添加物并不是一种简单的化合物,而是多元化合物。例如一种配方组成为 $K_{1/2}Na_{1/2}NbO_3 + 2\%$(质量)$PbMg_{1/3}Nb_{2/3}O_3 + 0.5\%$(质量)$MnO_2$,其中 $PbMg_{1/3}Nb_{2/3}O_3$ 含量很少,MnO_2 含量就更少。在这种情况下,如果配料时多元化合物不经预先合成,而是按照不同的成分分别加进去,就会产生混合不均匀的称量误差,并产生化学计量偏离。通常来说,摩尔数越小,产生的误差越大,会影响产品的性能,达不到改性的目的。因此,必须事先合成为某一种化合物,然后再加进去,这样既不会产生化学偏离,又能提高添加物的作用。

采用湿混混合配料时,一般都具有较好的分散性、均匀性,但在原料密度不同时,特别对于高密度原料,料浆又较稀时,则容易产生分层现象。对于这种情况,应该在烘干后仔细进行混合,然后过筛,以减少原料的分层现象。

球磨筒(或混料设备)最好专用,或者至少同一类型的坯料应专用,否则,由于前后不同配方的原料粘附在球磨筒及研磨体上,引进杂质而影响到配方组成,从而影响制品性能。

所谓塑化(plastification)是指用塑化剂使无塑性的坯料具有可塑性的过程。可塑性

(plasticity)是指坯料在外力作用下发生无裂纹的形变,当外力去掉后不再恢复原状的性能。

塑化剂(plasticizer)是指使坯料具有可塑性的物质。塑化剂可以分为无机塑化剂和有机塑化剂两类。特种陶瓷经常采用有机塑化剂。

无机塑化剂主要指传统陶瓷中的黏土物质,其塑化机理主要是加水后形成带电的黏土-水系统,使其具有可塑性和悬浮性。

有机塑化剂一般是水溶性的,具有亲水性,同时又具有极性,这种分子在水溶液中能形成水化膜,吸附在坯料中的粉体粒子表面,因而在瘠性粒子的表面上,既有一层水化膜,又有一层黏性很强的蜷曲线型有机高分子,把松散的瘠性粉体颗粒黏结在一起;同时又由于有水化膜的存在,使其具有流动性,从而使坯料具有可塑性。图 3-1 表示 PVA 有机塑化剂的塑化结构。

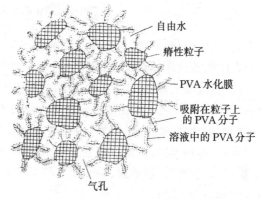

图 3-1　PVA 有机塑化剂结构示意图

根据塑化剂的作用,塑化剂分为黏合剂、增塑剂和溶剂。黏合剂(binder, binging agent)具有在低温将粉料黏结成坯体的作用,常用的黏合剂有糊精、聚乙烯醇、羧甲基纤维素、聚醋酸乙烯酯、聚苯乙烯、桐油等。某些无机物质除具备常温黏合作用外,高温下仍保留在坯体中,这些物质又被称为黏结剂,常用黏结剂为硅酸盐和磷酸盐等。增塑剂(plastifier, plasticizing agent)溶于有机黏合剂中,在粉料之间形成液态间层,提高坯料的可塑性。常用的增塑剂有甘油、蓖麻油、酞酸二丁酯、乙基草酸、己酸三甘醇等。溶剂(fluxing agent)具有溶解黏结剂、增塑剂并能与坯料组成胶状物质的作用,通常有水、无水酒精、丙酮、苯等。

传统陶瓷生产中的坯料中含有一定量的可塑性黏土成分,只要加入一定量的水分,经过一定的工艺处理,就会具有良好的成形性能,因此一般不需要添加塑化剂。在特种陶瓷生产中,除少数品种含有少量黏土外,坯料用的原料几乎都是化工原料,纯度很高,没有可塑性,因此成形之前需要进行塑化。

塑化剂的选择需要根据成形方法、坯料的性质、制品性能的要求,以及塑化剂的性质、价格和其对制品性能的影响情况来进行。

在选择塑化剂时,首先要求塑化剂能较好地湿润和吸附在坯体颗粒表面,具有强的黏合力,这有利于成形并保证坯体有足够的强度;其次要求与粉体颗粒之间不会发生化学反应;同时还需要考虑塑化剂在烧成时是否能完全排出及其挥发温度的宽窄范围。一般来讲,塑化剂的挥发温度要低于坯体的烧成温度,同时挥发温度范围要大一些,有利于控制缓慢挥发;塑化剂在一个很窄的温度范围内剧烈挥发,容易使坯体产生开裂。例如,塑化剂焙烧时氧化产生的 CO 气体会使坯体中某些成分发生还原反应,使制品性能变差,特别对于含 TiO_2、PbO、$BaTiO_3$ 的陶瓷材料,这种作用不可忽略;同时,气体的逸出会使坯体气孔率增加,导致产品机械强度、电性能恶化。但应该注意,塑化剂含量过低时,坯体达不到致密化,容易产生分层。

有机塑化剂一般会在 400~450 ℃范围内烧尽,留下少量灰分。图 3-2 为各种常用有机塑化剂的挥发速率。其中聚乙烯醇在 200~400 ℃范围内具有比较均匀的挥发速率。其他塑化剂则大多集中在 300 ℃附近挥发。

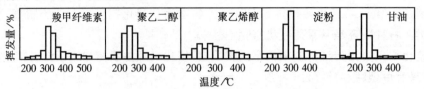

图 3-2　常用有机塑化剂挥发速率(升温速度 75 ℃/h)

在选用高分子塑化剂时,应注意其聚合度。过大的聚合度造成弹性过大,不利于成形;过小的聚合度则造成坯体强度低、脆性大,也不利于成形。聚乙烯醇(PVA)为最常用的有机黏合剂,呈白色或淡黄色,溶于水。作为黏合剂使用一般选择聚合度(n)在 1500~1700 为宜,醇解度在 80%~90%之间。低醇解度的聚乙烯醇不溶于水,黏度大。醇解度在 80%以上时,聚乙烯醇的水溶性好、黏度低、弹性低、塑性好。过高的醇解度(99%)会使得聚乙烯醇在热水中也难以溶解,而冷却后又会出现胶冻。如果坯料中含有某些氧化物(如 CaO、BaO、ZnO 和 B_2O_3 等)和某些盐类(硼酸盐、磷酸盐),则最好不使用 PVA,因为它们会和 PVA 生成有弹性的络合物,不利于成形。

羧甲基纤维素(CMC)能溶于水,但不溶于有机溶剂,烧后残留氧化钠和其他氧化物组成的灰分。因此使用时要考虑灰分对材料性能的影响。

聚醋酸乙烯酯为无色透明、黏稠、非晶态高分子化合物,不溶于水和甘油,溶于低分子量的醇、酯、酮、苯、甲苯中,聚合度一般在 400~600。在坯料呈碱性时,使用聚醋酸乙烯酯较好,但在选择苯或甲苯作溶剂时要注意防护,因为这些溶剂有毒性,且有刺激性挥发物。

对于陶瓷而言,越细的陶瓷粉末越有利于高温烧结,可达到降低烧成温度、提高性能的作用。但在成形时却不然,尤其对于干法成形来说,粉料的颗粒度越细,流动性反而不好,难以充满模具,易产生孔隙,降低致密度,因此在成形前要进行造粒。

造粒是在很细的粉料中加入塑化剂(如水)后,将小颗粒粉末制成大颗粒或团聚颗粒,使其具有一定假颗粒度级配的工艺过程,常用来改善粉末的流动性。造粒的方法有一般造粒法、加压造粒法、喷雾造粒法和冷冻干燥法。

一般造粒法是将坯料加入适当的塑化剂后,混合过筛,得到一定大小的团聚颗粒。这种方法简单易行,在实验室中常用,但颗粒质量较差,大小不一,颗粒体积密度小。

加压造粒法是将坯料加入塑化剂后,预压成块,然后破碎过筛而成团聚颗粒。这种方法形成的颗粒体积密度较大。

喷雾造粒是将原料粉末与塑化剂(一般用水)均匀混合形成料浆,再在造粒塔中进行雾化、干燥,得到流动性及质量较好的球状颗粒的过程。这种方法的优势在于产量大,可以连续化生产。

冷冻干燥法是将金属盐的水溶液喷雾到低温有机液体中,液体立即冻结,冻结物在低温减压条件下升华脱水后进行热分解,得到球状颗粒聚集体。这种粉料成分组成均匀,反应性与烧结性良好。这种方法无需喷雾干燥法那样的大设备,主要用于实验室。

成形坯体质量与造粒颗粒的质量密切相关。造粒颗粒的质量指标主要包括颗粒的体积密度、堆积密度和形状。一般来说,体积密度大,成形坯体质量好;球状团粒易流动,且堆积密度大。以上几种造粒方法以喷雾造粒的质量最好。

3.2　干法成形

干法成形是采用压力将陶瓷粉料压制成具有一定形状坯体的过程。干法成形包括模压成形和等静压成形,其特点是塑化剂含量较低或不加塑化剂,可以不经干燥直接焙烧,坯体收缩小,有利于自动化生产。

3.2.1　模压成形

模压成形是将加少量黏结剂(一般为 7%～8%)的粉料,按照前面所讲的造粒方式先造粒,然后将造粒后的粉料置于钢模中,在压力机上加压形成一定形状的坯体的工艺过程。适合压制高度与直径比小于 1.5 的形状简单的制品。

模压成形的实质是在外力作用下,使模具内的粉末颗粒相互靠近,并借助颗粒之间的内摩擦力把颗粒牢固地联系起来,并保持一定的形状。模压成形时要求成形的颗粒与粉料堆积密度较高,以减少压缩时的排气量。随成形压力的增加,造粒粉料外形改变,进而发生相互滑动,填充堆积剩余的空间,并逐步加大接触、紧密镶嵌。由于粉料之间的进一步靠近,使塑化剂分子与粉粒颗粒表面间的作用力加强,坯体具有一定的机械强度。如颗粒度配合适当,塑化剂使用正确,模压法可以得到比较理想的坯体密度。

粉末颗粒料在压模内的压制如图 3-3 所示。粉末在压模内压制时的受力情况如图 3-4 所示。

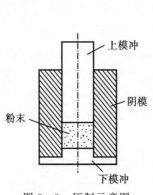

图 3-3　压制示意图

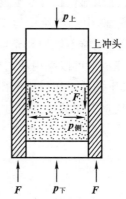

图 3-4　粉末压制受力情况

上模冲将其所受的压制压力 $p_\text{上}$ 传向粉末颗粒,压模内的粉末颗粒体受压时,压坯向周围膨胀,此时模壁给压坯以反作用力。压制过程中由压制压力所引起模壁施加于压坯侧面的压力称为侧压力 $p_\text{侧}$。压制过程中粉末颗粒之间位移的不一致性产生内摩擦力,粉体颗粒在相对模具运动时对模壁的正压力在粉体与模壁间产生外摩擦力 F。

摩擦力的存在导致压力不会均匀地全部得到传递,传到模壁的压力始终小于 $p_\text{上}$,也就是说,侧压力始终小于压制压力。同时侧压力在压坯的不同高度上也是不一致的,因为摩擦力的存在随着高度的降低而逐渐减小。

假设一个圆柱体生坯样品,经过简单的力学计算,可以得到轴向应力沿高度的下降:

$$\sigma_z(Z) = p\exp\left(-\frac{2\mu k}{R}Z\right) \tag{3-1}$$

式中：p 为成形压力；R 为圆柱直径；Z 为高度；μ 为模壁摩擦系数；k 为径向压力系数，表示径向压力 σ_r 与轴向压力 σ_z 的比值。实验表明颗粒与颗粒间的摩擦支配摩擦系数，颗粒越小，μ 越大。

使压坯由模具中脱出所需的压力称为脱模压力，它与压制压力、粉末性能、压坯密度和尺寸、压模和润滑剂等有关。如果去除压制压力后压坯不发生变形，则脱模压力完全用于克服压坯与模壁之间的摩擦力。

在粉末颗粒压制过程中，由于受力发生变形，压坯内存在着很大的内应力，当外力停止作用后，压坯便出现膨胀现象——弹性后效。弹性后效通常以压块膨胀的百分数 δ 表示：

$$\delta = \frac{\Delta l}{l_0} \times 100\% = \frac{l - l_0}{l_0} \times 100\% \qquad (3-2)$$

式中：l_0 为外力作用时的尺度；Δl 是外力停止作用后尺度的变化。产生膨胀现象的原因：压制过程中粉末颗粒受到压力作用后发生变形，从而在压坯内部聚集了很大的弹性内应力，其方向与颗粒所受外力方向相反，以抵抗颗粒变形。当压制压力消除后，弹性内应力需要松弛，则通过改变颗粒外形与颗粒间的接触状态，使粉末压坯发生膨胀。由于压制时压坯各个方向受力大小不一样，因此弹性内应力也不相同，所以压坯弹性后效具有各向异性的特点。

综上所述，作用在粉末体上的压制压力的作用分为两部分：一部分用来使粉末产生位移、变形，克服粉末的内摩擦，称为净压力；另一部分用来克服粉末颗粒与模壁之间摩擦的力，称为压力损失。压制总压力为净压力与压力损失之和。

实际压坯在高度方向会出现显著的压力降，接近上模冲端面的压力比远离它的部分要大得多；同时中心部位与边缘部位也存在着压力差，接近模冲上部的同一断面，边缘比中心部位大；而在远离模冲的底部，中心部位比边缘大。从而造成压坯不同部位的致密化程度有所不同，甚至还会产生因粉末颗粒不能顺利充填某些棱角部位而造成废品的情况。

实际生产中的模压成形可以采用单向或双向加压的方式。单向加压是最简单的粉末压制方法。顾名思义，模具下端的承压板或下模冲固定不动，只通过上模冲由上方加压。这时由于粉料之间以及粉料与模壁之间的摩擦阻力，会产生明显的压力梯度，粉粒的润滑性越差，则坯体内部可能出现的压力差也就越大，如图 3-5 所示。图中 L 为坯体高度，D 为直径。L/D 值

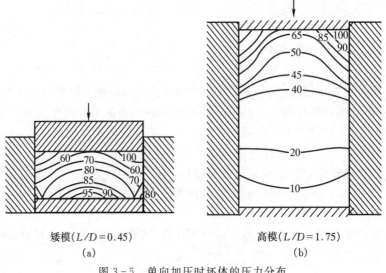

矮模($L/D=0.45$)　　　　　　　高模($L/D=1.75$)
　　　(a)　　　　　　　　　　　　　(b)

图 3-5　单向加压时坯体的压力分布

愈大,则坯体内压强差也愈大。压成坯体的上方及近模壁处密度最大,而下方近模壁处以及中心部位的密度最小。

双向加压是指从两个相反的方向对粉末施加压力使之成形的压制方式。加压过程中上下两个压头同时相对移动,从上下两个方向对模具中的粉体进行加压,实现坯体成形过程中的双向加压。此时各种摩擦阻力的情况并不改变,但其压力梯度的有效传递距离为单向加压的一半,因而摩擦力带来的能量损失减少,坯体的密度相对较均匀,如图 3-6 所示。双向加压时,坯体的中心部位密度相对较低。

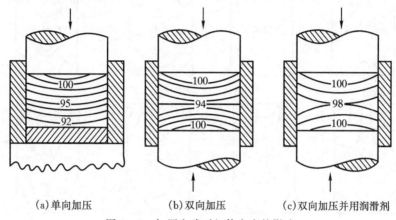

(a)单向加压   (b)双向加压   (c)双向加压并用润滑剂

图 3-6　加压方式对坯体密度的影响

不论单面加压还是双面加压,如果模具施以润滑剂,或者降低模具粗糙度和提高模具硬度,都可以降低压力损失,有利于减小压力梯度。

在粉体实际压制过程中,随压力增加,松散的粉末受压后发生位移和变形形成坯体。坯体的相对密度呈现有规律的变化。加压开始后粉体颗粒之间发生颗粒滑移与重新排列,将空气排出,孔隙大量消除,坯体密度快速增加,此阶段称为滑动阶段;在加压后期,刚性粉体颗粒之间已基本相切,但陶瓷颗粒的脆性与不可压缩性,会使其在进一步增加的压力作用下被压碎并填充在小孔隙之内,这一阶段的坯体密度增加较慢。对于塑性(如金属等)粉体颗粒,则在加压后期会出现塑性变形填充,这种情况在陶瓷中不常见。

陶瓷的实际成形压力并不高,致密化主要发生在第一阶段。但由于粉体颗粒粒度分布宽,堆积孔隙小,故在加压后期必须考虑颗粒对坯体气体排出的影响。当粉料之间自然形成的排气孔道尚未完全堵塞之前,坯体密度随压强增加、加压时间延长而增加;但当排气孔道大部分被堵塞时,坯体密度随压强增大而接近饱和。由于陶瓷固体粉粒本身几乎是不可压缩的,尚未排出的剩余气体又没有通往外面的通道,故进一步增加压强只能压缩闭气孔,但在压力卸载后闭气孔会重新扩大、回弹,导致坯体脱模时发生分层、开裂,良好的黏结组织被破坏,坯体的机械强度降低。所以过大的压强,反而会带来不良的影响。

在实际模压成形过程中,排气孔道并不一定同时被堵塞,而是随压强增加,逐步缩小,直至完全堵塞的过程。影响这个过程的主要因素有坯料的颗粒形状、粒度大小、颗粒级配、黏结剂和润滑剂的类型和用量,以及产品的几何形状(大小、厚薄)等。

对模压成形来讲,并不存在普遍适用的临界压强,也难以找到简单明确的函数表达式,通常可在 50～120 MPa 之间调整,并按具体情况优选。图 3-7 给出了不同压力作用下,坯体内压强与密度的分布。可以看出,其二者的分布情况与坯体的厚度也有很大关系。当压强在10 MPa之内时,在坯体上方靠近模壁处,压强最大,因而坯体密度也最大;在坯体高度中部和上半截的中心部的压强次之,再次是坯体下半截的中部;而压强和坯体密度最低的部位是坯体下部靠近模壁部分。可见模压成形的最大摩擦阻力,出现在粉体颗粒和固定不动的模壁之间,故坯体不宜太高。

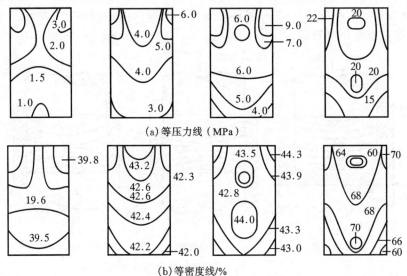

(a) 等压力线（MPa）

(b) 等密度线/%

图 3-7　陶瓷粉料模压成形的压力和压坯密度的分布图

　　影响实际模压成形的粉体性能是粉料颗粒度、颗粒度分布、粉料的堆积密度、流动性等因素。

　　堆积密度是指加压前粉料在模具中自然堆积或经适当振动所形成的填充程度。它与堆积方式、颗粒级配以及粉料的各种性质有关。堆积密度越大,则在坯体的压实过程中,需要填充的孔隙或需要排出的气体就越少,故在其他条件相同的情况下,可获得质量更高的坯体。在仅用细粉料模压时,颗粒间存在的大量空气会沿着与加压方向垂直的平面逸出,导致坯体产生层裂。

　　模压成形中,料的充填特性对压制过程有十分重要的作用。考虑球形颗粒的填充,等大球颗粒规则排列时的最大填充率为立方密堆积或六方密堆积时的74.05%,而不规则排列时的最大致密度则为63.7%。陶瓷粉体是一种不规则排列,其实际粉料自由堆积气孔率比理论值大得多。

　　实际粉料往往又是非球形的,加之颗粒表面的粗糙结构会使得颗粒之间互相咬合,形成拱桥形空间,称为拱桥现象(图3-8),导致气孔率增加。在粉料的堆积过程中,当粉料颗粒形状逐渐偏离球形,成为片状、棒状,气孔率会越来越大,结构将变得越来越疏松;即使对于球形颗粒,颗粒表面的粗糙程度也会增加填充摩擦阻力,使气孔率增加。这类影响一般随颗粒度的变小而表现得更加明显。

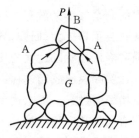

图 3-8　拱桥现象

　　在等大球填充所生成的孔隙中进一步填充小球,可以获得紧密的填充；而当孔隙中填充多个小球时，可以得到更为密实的填充。在模压成形中要考虑粉料的颗粒级配，采用三级颗粒配合可以减少气孔率，提高堆积密度（图 3-9）。图 3-10 为不同半径的两种粉粒以不同体积比混合时，体积比与填充密度的关系。可以看出，单一粒径的粉粒，不论其粒径大小，相对填充率都只达到约 60%。两种粉粒半径比差异大，可能的填充率越高。但无论采取哪一种半径比，在约 70%（体积）粗颗粒处的填充率最高。实际的陶瓷粉料不一定是球形，粒径也并非完全一致，一定程度上可以起到自行搭配的作用。但研磨时间越长，粒度越细，则粒径也越接近一致，因此过度粉碎会对颗粒级配带来不利影响。

图 3-9　三级颗粒配合后的空隙率

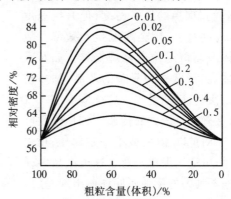

图 3-10　两种不同半径粉粒的配比与填充密度的关系（图中数字为细粗粒半径比）

　　固体小颗粒组成的粉体具有一定的流动性。当粉体堆积到一定高度后粉料会向四周流动，始终保持为圆锥体，其自然休止角保持不变。因此可以用休止角表征粉料的流动性，休止角越大，流动性越好，一般粉料的休止角为 $20°\sim40°$。流动性好的粉体其粉粒之间的内摩擦力小，在堆积过程中可以相互滑动，不易架空，从而获得较大的填充密度。粉料流动性与粒度大小、形状、分布，以及表面状态等因素有关。表面光滑的球形颗粒具有优异的流动性，可以通过长时间球磨、喷雾干燥，或造粒后再适当球磨得到接近球形的粉料。而振动磨、气流磨等工艺生产的粉料，外形通常不圆润或呈多角形，流动性较差。此外，含水分过多，不恰当地使用黏合剂也会影响流动性。

　　模压成形所加入的塑化剂对模压生坯的性能也有重要的影响。模压成形常用的塑化剂有聚乙烯醇水溶液、石蜡、清漆等。

　　聚乙烯醇的水溶液为无色液体，干压成形时通常配制成约 5%的（质量）浓度。这种黏合剂的优点是工艺简单，烧成产品的气孔率低，生坯机械强度较高，一般加入量为 6%（质量）左右。

　　石蜡是一种固体塑化剂，为白色结晶体，熔点在 50 ℃左右，具有冷流动性（室温时在压力下能流动），高温时呈热塑性，黏度降低，可以流动并能润湿粉料表面，形成一个薄的吸附层起黏合作用。清漆作为塑化剂的特点是工艺简单，坯体机械强度高，但费用昂贵。也可以使用水、油酸、煤油混合剂作为塑化剂，这种塑化剂的优点是工艺简单，烧成产品气孔率低，但生坯的机械强度很低。苯胶也可以作为塑化剂，其配方为甲苯（二甲苯）70%（体积）、聚苯乙烯30%（体积）。采用该塑化剂工艺简单，生坯有一定机械强度，但价格贵，且苯类溶液有毒。

　　陶瓷模压成形时塑化剂的加入量一般约为 1%~3%，含水量为 3%~5%，在烧结前应将塑化剂排出。过多的塑化剂会导致坯体密度和烧结体密度的降低(图3-11)。

　　模压成形时的加压速度与保压时间也是重要的工艺因素。从压力传递和气体的排出两方面考虑,升压速度过快,保压时间过短,都会使本来能够排出的气体来不及排出。同时在压力尚未传递到应有的深度时,外力就已卸除,也不能达到理想的坯体密度;但升压速度过慢,保压时间过长,则会降低生产效率。故应针对具体产品情况作出合理安排。如对大型、壁厚、体高、形状较为复杂的产品,加压初期速度可以快些,后期慢些。这样既有利于气体的排出,又有利于压力的传递。如压强足够大时,保压时间可以短些,或不一定保压;压强

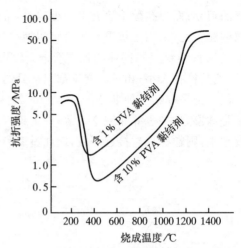

图3-11　黏结剂对陶瓷坯体抗折强度的影响

不够充分时,可适当保压。对于这类产品,减压速度亦应加以控制,不应突然全部卸载,以避免局部因快速不均匀的反弹而使坯体出现起层、开裂。至于小型、薄片等简单坯体,对加压速度无严格要求,甚至可以采取快速冲压方式,以提高工效。

3.2.2　等静压成形

　　等静压成形(isostatic pressing)又叫静水压力成形,它是利用液体介质的不可压缩性和均匀传递压力性的一种成形方法。处于高压容器中的试样所受到的压力如同处于同一深度的静水中所受到的压力,所以叫做静水压或等静压,使用这种原理进行的成形工艺叫静水压成形或等静压成形。

　　液体介质可以采用水、油或甘油,但应选用可压缩性小的介质为宜,如刹车油或无水甘油。弹性模具材料应选用弹性好、抗油性好的橡胶或类似的塑料。

　　等静压成形方法有冷等静压(Cold Isostatic Pressing,CIP)成形和热等静压(Hot Isostatic Pressing,HIP)成形两种,冷等静压成形又分为湿式等静压成形和干式等静压成形两种。

　　湿式等静压成形是最早采用,也是目前比较通用的一种等静压成形方式。等静压成形时,首先将配好的原料放入用塑料或橡胶做成的弹性模具内,真空密封后置于耐高压的钢质容器内,容器密封后使用高压泵将流体介质(气体或液体)压入,高压流体的静压力直接作用在模套内的粉末上,粉末体在同一时间内在各个方向上均衡受压而获得密度分布均匀和强度较高的产品坯体,释放压力取出模具,并从模具内取出成形好的坯体(图3-12、图3-13、图3-14)。

　　湿式等静压成形时模具直接和液体介质接触,对模具的密封性能要求高。这种方法可以在同一高压缸内成形不同形状的制品,适合于小批量、多品种、大型及复杂形状产品的生产。但其工序复杂,工艺操作繁琐,不利于生产的自动化。

　　根据粉料特性及产品的需要,容器内的压力可以调整,通常在35～300 MPa,实际生产中常用100～200 MPa。

　　与湿式等静压相比,干式等静压的弹性模具是半固定式的,不浸泡在液体介质中,如图3-15所示。成形时粉料装入橡皮模中,通过上下活塞密封。压力泵将液体介质注入到高压缸和

加压橡皮之间,通过液体和加压橡皮将压力传递到坯体上,使之受压成形。

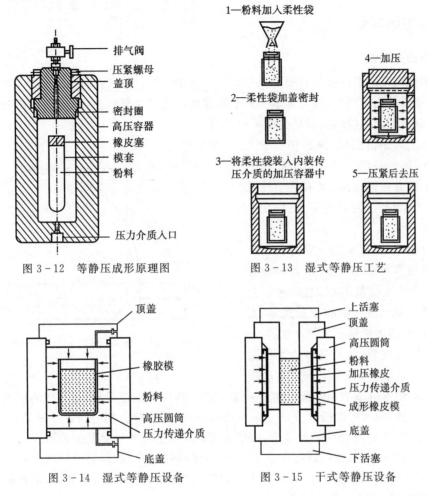

图 3 - 12　等静压成形原理图　　　　　图 3 - 13　湿式等静压工艺

图 3 - 14　湿式等静压设备　　　　　图 3 - 15　干式等静压设备

　　干式等静压在成形过程中操作人员不直接和液体介质接触,工序相对简单,便于自动化生产。但这种方法在加压时只有坯体周向受到压力,而上下活塞方向并不加压,因此,适合于较简单的薄壁、管状及长形制品的成形。为了提高坯体精度和压制坯料的均匀性,宜采用振动法加料。

　　总的来说,相比一般的模压法,等静压成形能够压制具有凹形、空心等复杂形状的压件;压制过程中粉末颗粒与弹性模具的相对移动很小,摩擦损耗、单位压制压力高;压制得到的产品坯体密度分布均匀;压坯强度较高,便于加工和运输;所采用的模具材料是橡胶和塑料,成本较低廉;能在较低温度下制得接近完全致密的坯体。

　　等静压成形也具有一些明显的缺点:压坯尺寸的精度控制和压坯表面的粗糙度比模压法高;生产率低于自动模压;所使用的橡胶或塑料模具的使用寿命比金属模具短。

3.3　湿法成形

　　可塑法成形和流态成形都属于湿法成形工艺。相比于干法成形,湿法成形可以较容易地控制粉体的团聚,减少杂质的含量,进而得到形状复杂的陶瓷制品。

3.3.1　可塑法成形

1.泥料的可塑性

对可塑性泥料成形性能的首要要求是良好的可加工性。要求泥料易于成形为各种形状而不易开裂,可以钻孔与切割,同时要求泥料干燥后有较高的生坯强度,具有尽可能各向同性的均匀结构,以免因干燥收缩引起坯体变形与开裂。

可塑性泥料是由固相、液相和少量气相组成的弹-塑性系统。其在应力作用下发生的变形既有弹性性质,又有假塑性性质。图3-16为黏土泥料的应力-应变曲线。

当应力很小时,含水量一定的泥料在应力σ的作用下发生形变ε,二者为线性关系(泥料的弹性模量不变)且可逆。这种弹性变形来源于泥料中的少量气体、有机增塑剂,以及固体颗粒表面的水化膜。

进一步增大应力,达到弹性应力极限值σ_y,也称作屈服值(或称流限、流动极

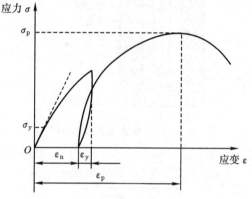

图3-16　黏土泥料的应力-应变曲线

限),σ_y随泥料中水分增加而降低。超过σ_y则过渡到假塑性变形阶段,进一步的应力增加会引起更大的应变量,同时弹性模量降低。如果这时卸载,则泥料会部分恢复原来的状态(ε_y),剩下不可逆变形部分ε_n称为假塑性变形,假塑性变形来源于泥料中颗粒的相对位移。

进一步增大应力,超过泥料的强度极限σ_p,则泥料发生开裂,开裂破坏所对应的应变值ε_p和应力σ_p与应力的施加速度,以及泥料中应力的扩散速度有关。快速加载,或者泥料中的应力易于消除时,则ε_p和σ_p值会降低。

可塑成形时一般希望泥料能长期维持塑性状态,而塑性状态的长期维持与加载方式以及相应的变形关系有关。对泥料进行一次性快速加载,容易表现为弹性变形,不可逆假塑性变形值较小。为了将泥料成形为所需要的形状,成形压力应陆续、多次加载到泥料上。

泥料受力变形后,保持变形量恒定,则应力会逐渐减小并消失。储存在变形泥料中的能量会转化为热能而逐渐消失,表现为应力松弛;泥料中应力降到一定数值的时间称为松弛时间。成形泥料受力时间小于泥料松弛时间,则泥料在应力作用时间内来不及变形又回复原状,成为弹性体;延长泥料受力时间,使其远大于泥料松弛时间,则泥料为塑性变形,卸载后可长期保持变形后的形状。

可塑泥料的流变性质中,对成形有重要意义的是泥料屈服值(即泥料开始假塑性变形时所需施加的应力)和出现裂纹前的最大变形量。足够高的屈服值可以防止偶然的外力引起坯体变形;足够高的开裂变形量使得泥料在成形过程中有足够的变形量而不会开裂。但这两个参量是互相联系的,如图3-17所示。泥料含水量的变化可以提高某一个参数,但却可能使另一个参数降低。

实际成形工作中可以近似采用屈服值与最大变形量的乘积来定性评价泥料的成形性能,

这也是评价泥料可塑性的方法。对一定的泥料,在一定水分条件下,乘积最大值时具有最佳的成形性能。但不同成形方法对两个参数的要求则需要根据具体情况具体分析。例如手工成形要求泥料屈服值大一些,以保持坯体形状稳定,但对于在模型中停留较长时间的成形则对屈服值的要求可以低一些;手工成形对最大变形量的要求可以低一些,而机械成形要求最大变形量要大一些。

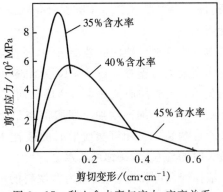

图 3-17　黏土含水率与应力-应变关系

2.影响泥料可塑性的因素

一般颗粒较细,矿物解理明显或解理完全的泥料可塑性好,尤其呈片状结构的矿物颗粒表面水膜较厚。蒙脱土具备上述条件,可塑性强;多水高岭石呈管状;迪开石颗粒较粗;叶蜡石与滑石颗粒虽呈片状,但水膜较薄,塑性不高;而石英无论多细,都不会呈片状,吸附水膜又薄,可塑性最低。黏土矿物的可塑性按下列顺序依次增大:迪开石<隧石<伊利石<绿脱石<锂蒙脱石<高岭石<蒙脱石。

高岭土与膨润土的可塑性相差很大,主要原因在于膨润土中的蒙脱石晶层之间通过范德华力连接,键力较弱,水分子易被吸附进入晶层之间形成水膜,产生大的毛细管力。

泥料中固相颗粒越粗,呈现最大塑性时所需水分越少,其最大可塑性也越低。细颗粒比表面积大,颗粒表面形成水膜所需的水分多,同时细颗粒堆积形成的毛细管半径也小,产生的毛细管力大,因而可塑性高。

不同形状颗粒的比表面积是不同的,因而对可塑性的影响也不一样。片状、短柱状颗粒的比表面积比球状、立方体颗粒的大得多。颗粒之间易形成面与面的接触,形成的毛细管半径小,毛细管力大,且它们的对称性差,颗粒移动阻力大,也有利于提高泥料的可塑性。

阳离子交换能力强的原料使得颗粒表面带有水膜,有利于提高泥料可塑性。细颗粒的比表面积增加有利于提高原料的阳离子交换能力,也是细颗粒可塑性高的一个原因。如果考虑电荷的多少,则三价阳离子对带负电荷的胶粒吸引力大,大部分离子可以被吸引进入胶体颗粒的吸附层中,降低胶体颗粒的净电荷数,减小斥力,增大引力,提高泥料的可塑性。相比而言,二价离子对可塑性的影响变小,一价阳离子对可塑性的影响最小。但 H^+ 例外,它实际上只有一个原子核,外面没有电子层,所以电荷密度最高,吸引力最大,氢黏土的可塑性很强。

对同价阳离子来说,离子半径小则表面电荷密度大,水化能力强,水化后的离子半径较大,与带负电荷的胶粒吸引力减弱,进入胶体颗粒吸附层的离子数减少,净电荷提高,因而斥力大、引力小,泥料塑性降低。表 3-1 为同价阳离子水化前后的离子半径。

表 3-1　同价阳离子水化前后的离子半径　　　　　　　　　　(nm)

离子种类	Li^+	Na^+	K^+
水化前	0.078	0.098	0.133
水化后	0.37	0.33	0.31

吸附不同阳离子时黏土的可塑性变化顺序和阳离子交换的顺序相同,按照以下顺序依次

降低：H^+＞Al^{3+}＞Ba^{2+}＞Ca^{2+}＞Mg^{2+}＞NH_4^+＞K^+＞Na^+＞Li^+。阴离子交换能力小，对可塑性影响不大。

水分是泥料可塑性的必要条件，泥料含合适水分时才能实现最大可塑性。图 3-18 为泥料可塑性与含水率的关系。泥料屈服值随含水率增加而减小，最大变形量却随含水率增加而增加。屈服值与最大变形量的乘积表示可塑性。实际可塑成形时的最佳水分就是可塑性最大时的含水率，又称可塑水分。

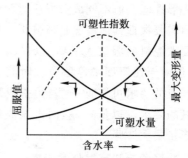

图 3-18　泥料可塑性与含水率的关系

液体介质的黏度、表面张力对泥料的可塑性有显著影响。颗粒之间液相的表面张力决定了泥料的屈服值，液相表面张力的提高增加了泥料的可塑性。高黏度的液体介质（羧甲基纤维素、聚乙烯醇和淀粉的水溶液、桐油等）有利于提高泥料可塑性。

塑性泥料中的固相颗粒不可能全部是球形或正立方体。在塑性成形时，泥料受挤压作用时（例如炼泥），通过固相颗粒的滑移与转动，孔隙减少，致密度增加。固相颗粒在外力作用下沿颗粒尺寸最大的方向（长轴）重叠排列，占据最小体积时系统处于稳定状态。泥料中颗粒定向排列的情况如图 3-19 所示。颗粒取向使得陶瓷坯体形成各向异性的组织，导致干燥、烧结后不同方向的收缩率不同，坯体或产品易变形开裂。

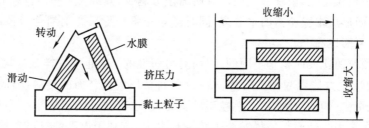

图 3-19　挤压作用下的颗粒取向

可塑法成形的重要基础是泥料的可塑性，即要求可塑坯料具有较高的屈服值与较大的延伸变形量。较高的屈服值能够保证成形时坯料具有足够的稳定性和可塑性，而延伸变形量越大则坯料越易被塑成各种形状而不开裂，成形性能越好。由于配方原料的不同、颗粒尺寸和尺寸分布不同，以及其他添加剂的不同，坯料可以表现出不同的可塑性。

但在考虑可塑性指标时，必须兼顾后续工艺与产品性能的要求。因为可塑性的提高有可能造成其他工艺性能的恶化，特别是干燥与烧成性能，所以在生产中的可塑性只要能满足相应的成形要求就可以。

可塑法成形具体又可细分为挤压成形、轧模成形和注射成形。

3. 挤压成形

用挤压机的螺旋或活塞将可塑泥料挤压向前，通过机嘴形成所要求各种形状的成形工艺称为挤压成形。图 3-20 为螺旋挤压机结构示意图。挤压成形工艺适宜于成形管状产品和截面一致的产品，其优势在于挤制产品的长度几乎不受限制，且通过更换挤压嘴可以挤出不同形状截面的制品。近年来广泛应用的蜂窝陶瓷制品就是用挤压成形工艺制造的。

陶瓷的挤压成形一般在常温下进行，用于挤压成形的陶瓷粉末必须先加水与塑化剂，混合均匀后制成坯料才能用于挤压。在挤压过程中抽真空有利于坯料中空气的排出，提高坯体的生坯密度。

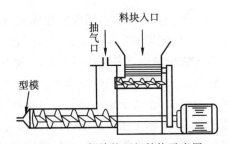

图 3-20　螺旋挤压机结构示意图

图 3-21 为挤压过程受力状态的简单分析。在泥料挤压过程中，泥料在挤压力下向前运动需要来自于坯料与挤压机内壁之间相对运动所产生的摩擦力。当坯料被挤压到挤压机变径段部分时，由于挤压断面减小，坯料流动速度加快，中心不受模壁摩擦力的部位坯料的流动速度明显快于靠近模壁的部位，使得在挤压的制品中产生剪切应力，称为附加内应力。附加内应力的存在容易使制品产生分层或开裂，为了减小附加内应力，可以降低挤压机内壁的粗糙度值，以减小坯料与模壁之间的摩擦力；通过合理设计变径段角度，使坯料进入变径段时的流动速度不至于变化过快，以降低附加内应力。

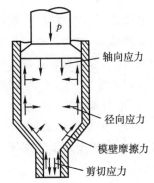

图 3-21　挤压过程受力状态

影响挤压过程的主要因素是挤压压力、挤压速度，以及原料与坯料的预处理。挤压成形时，过大的挤压压力将产生大的摩擦阻力，增加设备负担；过小的压力则要求原料的高可塑性，往往伴随高含水量，容易造成坯体的低强度、大收缩。挤压压力的调整主要决定于变径段的锥角，锥角大则阻力大，需要更大推力；锥角小则阻力小，挤出坯体不致密、强度低。

挤压成形时单位时间内挤出的坯体长度称为挤压速度。图 3-22 是挤压压力和挤压速度的关系。当挤压压力较小时，压力主要用于克服坯料本身的内摩擦力、坯料与挤压机内壁之间的摩擦力及坯料的变形阻力；在挤压压力足以克服上述阻力后，新增的挤压压力几乎全部用于推动坯料的流动，故挤压速度随着挤压力的增大而迅速增加。

如果挤压速度过快，在挤压筒中心部位坯料的流动比靠近筒壁的边缘部位超前得多，坯料中会形成较大的剪切应力，造成坯体开裂。

挤压成形工艺要求粉料粒度要细，颗粒形状最好是球形。片状颗粒在挤压力的作用下会发生定向排列，使得成形坯体呈现各向异性，对产品的性能不利。制备陶瓷挤压成形用的粉料时，以长时间小磨球球磨的粉料质量较好。

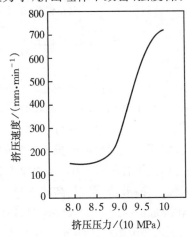

图 3-22　挤压压力和挤压速度的关系

陶瓷可塑料在挤压成形前要经过陈腐或真空炼泥工序。陈腐是将用天然矿物原料制备的坯料在一定的温度和湿度下存放一段时间，使坯料中水分更加均匀，并通过有机物的发酵或腐烂作用提高坯料的可塑性的过程。真空炼泥则是通过对坯料的混炼和挤压作用使坯料中塑化剂、有机物及水分更加均匀，并排出坯料中的空气。经真空炼泥后坯料中的空气体积可降至

0.5%～1%。真空炼泥可用专门的炼泥机进行,也可以通过用挤压机对坯料的反复挤压来实现,这对成形坯体的生坯密度、组分均匀性及产品性能都有益处。

挤压成形的优点是可连续化生产,效率高,污染小,易于实现自动化操作。目前已广泛应用于传统耐火材料如炉管、护套管及一些电子材料的成形生产。而其主要缺点为挤出后坯体断面存在裂纹,来源于塑化剂加入后混炼时混入的气体在坯体中造成的气孔或混料不均匀;坯体弯曲变形,来源于坯料过湿,组成不均匀或承接托板不光滑;成品壁厚不一致,来源于模芯与机嘴的不同心;挤压压力不稳定造成的坯料塑性不好或颗粒定向排列,导致坯体表面不光滑。

4. 轧膜成形

轧膜成形是借鉴橡胶、塑料工业中薄片或带状材料的成形原理,利用橡胶、塑料具有良好可塑性的特点,首先将瘠性粉末与一定量的塑化剂溶液混合均匀,使瘠性的陶瓷颗粒被塑化剂薄层所包裹,形成具有良好可塑性的轧膜用坯料。轧膜机由两个反向转动的轧辊构成,辊缝隙间距可以调节(图 3 - 23),轧辊转动时依靠轧辊表面与坯料间的摩擦,带动坯料从两辊缝隙中挤出,由于粉末颗粒已被塑化剂层所包裹、粘结,在轧辊之间发生延展变形的是塑化剂本身,而粉末颗粒只是借助于塑化剂的延展变形进行重新排列。坯料在两轧辊之间被挤轧,一般要反复数次,每次逐步调小缝隙间距,最后成形出的带坯厚度极薄,通常在 1 mm 以下,故称为轧膜成形。

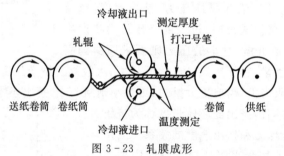

图 3 - 23　轧膜成形

对大部分工程陶瓷来说,由于原料没有塑性,需要在坯料中加入较多的有机黏合剂,并要求黏合剂有足够的黏结力、良好的延展性和韧性,弹性和脆性不宜过大,此外少灰分、无毒性也是必须要考虑的。聚乙烯醇、甲基纤维素、聚醋酸乙烯酯等均可作为轧模成形用黏合剂。

适宜用作轧膜成形的聚乙烯醇的聚合度一般在 1400～1500 或稍大些;聚醋酸乙烯酯在由醋酸乙烯酯聚合的过程中,经常加入某些无机物作为悬浮稳定剂,因此含有金属氧化物、碳酸盐、硼酸盐、磷酸盐、滑石、高岭土等的陶瓷原料,用聚醋酸乙烯酯作轧膜黏合剂是比较合适的。

轧膜成形时除了加入黏合剂,还需加入增塑剂和溶剂。轧膜常用的增塑剂是甘油、己酸三甘醇、邻苯二甲酸二丁酯等。增塑的作用主要是使黏合剂受力变形后不致出现弹性收缩和破裂,提高坯料的可塑性。轧膜用的溶剂要根据黏合剂和增塑剂的性质来选择。坯料中含有有机溶剂时要求轧膜时间短,且要加强通风,以保证人身安全。用水作溶剂时则可调节塑化剂浓度,延长轧膜时间。

各种有机轧膜添加剂加入后需要对原料进行混炼。混炼可以在轧膜机上进行。混炼也被称为粗轧,这一工艺步骤的目的是提高粉末与塑化剂混合的均匀度并轧成初步的带坯。将初始坯料放在轧膜机的轧辊间,此时轧辊缝隙宽度较大,经过轧辊轧制,坯料成为带状,由于塑化剂的延展变形和颗粒的重新排列,两者之间得到进一步混合。如此重复数次,混合的均匀程度不断提高。每进行下一次粗轧,需将轧辊缝隙间距调小一次,混炼的同时加以吹风,以使塑化剂中的溶剂逐渐挥发,带坯的韧性逐步增大。每轧一次,带坯厚度减薄一次,并且坯料中的气泡也不断被排出。但辊缝间距的减小不宜过快,否则会导致粉末与塑化剂的混合不均匀。粗轧达到一定厚度后,再逐步缩小辊缝间距进行数次精轧,直至生坯达到所需的厚度、致密度和表面粗糙度。

轧膜成形时,坯料主要是在厚度方向和沿轧膜的长度方向受到压力,而在沿轧辊的宽度方向受的变形压力很小,使得坯料中粉末颗粒的排列具有方向性,带坯在宽度方向的致密度偏低,最终导致坯体在干燥、烧结后宽度方向收缩大,严重时甚至沿纵向开裂。因此在每次精轧前,应将带坯转向 90°,以弥补在宽度方向受压不足的缺点,减小不同方向的密度差异。但最终一次精轧所留下的宽度方向轧压不足的现象是无法消除的。

轧膜成形适合于生产厚度为 1 mm 以下的薄片状产品。对于厚度在 0.08 mm 以下表面光滑的超薄片,用轧膜成形方法很难得到高质量的坯片,这时需要采用流延法成形。

轧膜成形工艺易出现的缺陷为:膜片粗轧时空气未排出、坯料水分含量过高,以及其他工艺因素所造成的气泡;轧辊调节不准确,轧辊磨损或变形造成厚度的不均匀;坯料中游离氧化物过多,黏合剂不合适所造成的无法成膜。

5. 注射成形

陶瓷注射成形(Ceramic Injection Moulding,CIM)是将塑料注射成形方法与陶瓷工艺学相结合而发展起来的一种陶瓷成形方法。其原理和工艺过程是借助可以在高温熔融、低温固化有机聚合物的特性,将有机聚合物与陶瓷粉料(称为喂料)置于混炼机内混合,此喂料在注射机内加热熔化,在一定温度和压力(20~200 MPa)下射入温度较低的金属模具内,冷却后凝固成形即可得到形状复杂、尺寸精确的陶瓷坯体,然后采用不同的方法脱除有机聚合物的成形方法。即在陶瓷粉料中加入约 15%~30%质量分数的热塑性树脂、石蜡、增塑剂和溶剂等,把加热混匀后的坯料放入注射成形机中(图 3-24),经加热熔融,通过喷嘴把其压入金属模具,经冷却脱模脱脂后的陶瓷素坯再经高温烧结即可得到致密且尺寸精确的陶瓷部件。

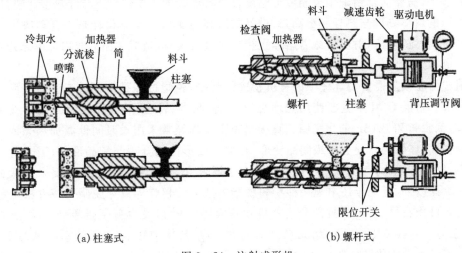

(a)柱塞式　　　　　　　　　　(b)螺杆式

图 3-24　注射成形机

　　注射成形法与金属压力铸造方法类似,所制得的产品坯体尺寸偏差小、精度高、表面粗糙度低,可制造形状复杂且能批量生产的产品,目前主要用于生产纺织机用陶瓷配件,以及光纤插头、透明灯管等。

　　注射成形的主要工艺环节是热塑性材料与陶瓷粉料混合成热熔体,热熔体注射进入相对冷的模具中并冷却固化,成形后的坯体顶出脱模,以及烧结前的脱脂工艺。

　　热塑性材料与陶瓷粉料混合物的主要工艺指标是可成形性能与固含量。可成形性能取决于混合物黏度,而混合物黏度是剪切速率与温度的函数,与固相体积分数、粉体颗粒大小,以及颗粒分布有关,而固相含量则直接与烧成过程的收缩有关。

　　一般来讲,热塑性材料与陶瓷粉料混合物熔体的黏度随固相含量增加迅速增大。在相同黏度时,颗粒尺寸分布宽比尺寸分布窄的熔体有更高的固相体积分数;当固相体积分数不变时,熔体黏度随颗粒尺寸减小而增加。

　　粉末与热塑性有机物一般在 200 ℃左右加热混炼,经多次混炼并最终除气后将黏塑体破碎成 1~4 mm 的颗粒。混炼时要求陶瓷粉末无团聚,以避免影响成形性能与成形产品质量。

　　有机黏结剂的选取与配方是十分重要的。表 3-2 为注射成形熔体中的主要组成及其作用。

表 3-2　注射成形熔体中的主要组成与作用

组成	类型	作用
陶瓷粉料＋热塑性树脂	氧化物、非氧化物、金属高聚物	硬而脆、低固相体积分数、宏观与微观的不均匀性
减黏剂	油类物质	提高填充性、增加弹性,制品仍然不均匀
润滑剂	石蜡	提高流动性与充模性,改善宏观均匀性
表面活性剂	硅烷、钛酸酯	改善微观均匀性

　　注射成形的工艺参数有熔体温度、注射温度、注射压力、注射速率以及模具的设计。在注射成形方法中,需要非常精确地控制成形温度。模具设计的重要性在于与纯热塑性塑料相比,陶瓷注射用的熔体黏度与热导率更高,对模具的磨损也更大。模具设计是否合理决定了注射中是否产生"射流"现象,射流意味着熔体直接喷射进入模具,造成制品的非均匀填充并直接影响产品的显微组织均匀性。

　　注射成形脱模后需要对坯体中的有机物进行脱排,脱脂过程是陶瓷粉末注射成形工艺中的关键环节。目前 CIM 中主要使用热塑性黏接剂,此类黏接剂的主要脱脂方法有直接热脱脂、有机溶剂脱脂和 BASF 催化脱脂。直接热脱脂过程经常采用长时间低温加热完成。在加热脱脂的初期,坯体的软化会导致制品变形、开裂。成形体的开裂与制品形状、工艺所产生的残余应力,以及有机物挥发、分解过快有关。对于厚度大、形状复杂的成形体要采用低加热脱排速率。除此以外,近几年还出现一种新的脱脂方法——超临界流体脱脂。该方法是利用非极性分子有机物石蜡(PW)与极性分子有机物聚丙烯(PP)以及少量硬脂酸(SA)组成有机黏合剂,在压力 $P=40$ MPa,温度为 58 ℃的超临界 CO_2 流体中脱脂,石蜡的萃取率大于 80%,脱脂时间可以减少为传统脱脂方法时间的 1/10。

　　为了避免脱排树脂的麻烦,也有人采用冷冻注射成形法。使用该方法时,不添加任何黏合剂,将与水混匀的坯料注射到用液氮冷却的金属模具中,冻结固化后脱模,然后干燥,得到坯体。冷冻成形法目前存在的主要问题是坯体强度不高,干燥时易变形开裂。

CIM 工艺的原料利用率高,可快速、自动地进行批量生产,可制备体积小、三维形状复杂、厚度较薄、尺寸精度高的异形部件。其机加工量少,坯体均一,表面光滑,适合大规模生产,制备成本低,坯体的密度和强度较高,因而已发展成为当今国际上发展最快、应用最广的陶瓷零部件精密制造技术。

黏接剂是陶瓷注射成形的核心,人们对此进行了较为深入的研究,主要围绕着改善喂料流变性能、减少脱脂变形和缩短脱脂时间等方面展开,目前比较先进的黏接剂是聚醛树脂和水溶性黏接剂。

德国 BASF 公司和荷兰的 ECN 公司各自独立地开发出一种由蜡和聚醛聚合物组成的新型黏接剂,它不但使生坯强度高而且脱脂时间可缩短为 2.5 h。它的重要成分聚醛聚合物能在一种气态催化剂的作用下很容易分解成气态的单体,而坯体不产生缺陷。这是一种较为先进的脱脂方法,脱脂速度快,能连续化生产。另外,水溶性黏结剂也是黏接发展的一个新趋势,其成本更低、脱脂时间更短、效率更高。

3.3.2　流态成形

1. 料浆制备基础

在流态成形工艺中,陶瓷粉体颗粒料浆的流变学特性十分重要。陶瓷料浆中的固相含量可以在很宽的范围内变化,表现出非牛顿流体的流变学行为,即悬浮体料浆黏度(剪切应力)随剪切速率和时间的变化或者增大或者减小,在流体应力-剪切速率的关系曲线上常显现出屈服应力。

图 3-25 为与时间有关或无关的典型悬浮体流动曲线。

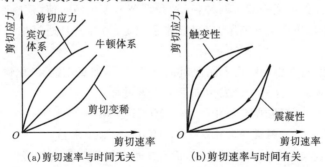

(a)剪切速率与时间无关　　　(b)剪切速率与时间有关

图 3-25　典型悬浮体的流动曲线

宾汉体系的流动行为类似于牛顿体系,即剪切应力一旦超过某一数值(屈服应力)后,剪切应力与剪切速率成正比;假塑性或剪切变稀体系的黏度则随剪切速率变大而减小,已有的结构被破坏,粒子之间的排列方式使其相互之间的运动阻力最小;在紧密堆积的悬浮体中黏度随剪切速率变大而增加,这样的行为称为剪切变稠或胀流行为。

剪切变稀或者剪切变稠体系的结构破坏与重建不仅与施加作用力有关,而且与体系达到平衡所需的时间有关。与时间有关的剪切变稀或者剪切变稠行为被分别称为触变性与震凝性。相应的应力增大或减小有滞后环的形式。

　　流态成形工艺要求料浆的流动性要好，即黏度要小，以利于料浆能充满模型的各个角落；稳定性要好，即料浆能长期保持稳定，不易沉淀与分层；触变性要小，即料浆经过一段时间后的黏度变化不大，脱模后坯体受轻微外力影响不会变软，有利于保持坯体的形状；含水量要尽可能小，即在保证流动性的情况下，含水量尽可能小，以利于减少成形与干燥时的收缩量，避免坯体的变形与开裂；渗透性要好，即料浆中的水分容易通过已形成的坯层，不断被模壁吸收，使泥层不断加厚；脱模性要好，即形成的坯体容易从模型上脱离且不与模型发生反应；料浆应尽可能不含气泡。

　　制备流动性好的悬浮液是注浆成形的必要条件。料浆流动时的阻力主要来自于水分子之间的相互吸引力、固体颗粒与水分子之间的吸引力，以及固体颗粒相对移动时的碰撞阻力。传统陶瓷用的黏土原料颗粒带负电，在水中颗粒之间存在斥力，容易具备良好的悬浮性能。而工程结构陶瓷所用的氧化物和非氧化物粉料均为瘠性粉料，在水中不具备悬浮性能，需要采取一定的方法使之具有稳定的悬浮性能。

　　具有良好悬浮性能的料浆要求粉体在分散介质中具有良好的分散性能。料浆分散稳定性的主要理论基础是经典的 DLVO 理论。考虑排斥势能的不同来源，颗粒间作用势能可以表达为引力势能和各种排斥力势能之间的关系

$$V_T = V_A + V_R^{el} + V_R^s \qquad (3-3)$$

式中：V_A 为范德华引力势能；V_R^{el} 为双电层排斥势能；V_R^s 为其他空间位阻排斥势能。

　　粒子通过范德华力相互接近时，排斥力可以由两种不同机制产生。一种是静电斥力，这是由于粒子在分散介质中形成双电层所产生的结果，它随着粒子之间距离增大而减小；另一种是在分散体系中引入的聚合物，长链聚合物吸附在粒子表面，粒子之间因空间位阻而产生斥力。当斥力高于范德华力时，悬浮液稳定，反之则聚沉。根据这两种力产生的原因及其相互作用情况，可以解释悬浮体的分散稳定机制。

　　使瘠性粉料悬浮的方法一般有两种，一种是调节料浆的 pH 值，使颗粒表面电荷增加，通过 ζ 电位增加，使颗粒间产生静电斥力，实现体系稳定；另一种是通过加入有机表面活性剂使粉料悬浮。

　　调节料浆 pH 值的方法一般用于两性氧化物的悬浮，如氧化铝、氧化铬和氧化铁等。这类氧化物在酸性介质和碱性介质中会发生如下的离解过程：

$$
\begin{aligned}
\text{酸性介质中} \qquad & MOH = M^+ + OH^- \\
\text{碱性介质中} \qquad & MOH = MO^- + H^+
\end{aligned}
\qquad (3-4)
$$

这类氧化物在酸性或碱性介质中能够悬浮，而在中性条件下反而会絮凝。

　　两性氧化物在水中的离解程度与介质的 pH 值有关。介质 pH 值的变化引起颗粒 ζ 电位的变化甚至变号，而 ζ 电位的变化又引起颗粒表面吸力和斥力平衡的改变，从而导致两性氧化物颗粒的胶溶或絮凝。

　　以氧化铝为例，在酸性介质中，发生如下反应：

$$
\begin{aligned}
& Al_2O_3 + 6HCl \longrightarrow 2AlCl_3 + 3H_2O \\
& AlCl_3 + H_2O \Longrightarrow AlCl_2OH + HCl \\
& AlCl_2OH + H_2O \Longrightarrow AlCl(OH)_2 + HCl
\end{aligned}
\qquad (3-5)
$$

水溶性的 $AlCl_3$ 在水中生成 $AlCl_2^+$、$AlCl^{2+}$ 和 OH^-，Al_2O_3 颗粒优先吸附含铝的 $AlCl_2^+$ 和 $AlCl^{2+}$，形成带正电的胶粒，再吸附 OH^- 形成一个庞大的胶团，如图 3-26(a)所示。当料浆

的 pH 值因加入 HCl 而降低时,料浆中的 Cl^- 增多,进入吸附层取代 OH^-,由于 Cl^- 的水化能力较 OH^- 强,因而进入吸附层的 Cl^- 个数较少,留在扩散层的数量增多,导致胶粒的正电荷增加、扩散层增厚。这使得胶粒的 ζ 电位增高,料浆黏度降低。但如果 pH 值过低,由于 HCl 加入量的大量增加,过量的 Cl^- 压入吸附层,导致胶粒的正电荷减少、扩散层变薄,这又使得胶粒的 ζ 电位降低,料浆黏度增高。

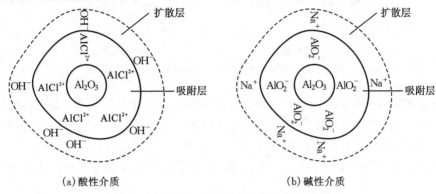

(a)酸性介质　　　　　　　　　　　　　　(b)碱性介质

图 3 - 26　Al_2O_3 颗粒的双电层结构示意图

氧化铝在碱性介质中发生如下反应:

$$Al_2O_3 + 2NaOH = 2NaAlO_2 + H_2O$$

$$NaAlO_2 = Na^+ + AlO_2^-$$

(3 - 6)

Al_2O_3 颗粒在碱性介质中优先吸附 AlO_2^-,使胶粒带负电,再吸附 Na^+ 形成一个胶团,如图 3 - 26(b)所示。当料浆 pH 值变化时,胶粒的 ζ 电位亦随之变化,导致料浆的黏度变化。

在两性氧化物的生产中,通过调节料浆的 pH 值,可以得到黏度低、悬浮性好的料浆,使之适合于注浆成形。常用氧化物注浆成形料浆的 pH 值如表 3 - 3 所示。

表 3 - 3　常用氧化物注浆成形料浆的 pH 值

原料	氧化铝	氧化铬	氧化铍	氧化铀	氧化钍	氧化锆
pH 值	3～4	2～3	4	3.5	3.5 以下	2.3

在料浆中加入适当的有机表面活性剂是改善料浆悬浮性能的另一种有效方法。对于不与酸反应的陶瓷瘠性粉料,可加入聚合物电解质或有机胶体。水溶性的聚合物电解质吸附在粉体颗粒表面,对粉体的分散性能有着重要影响。聚合度低的聚合物电解质能促进颗粒的分散,而聚合度高的聚合物电解质会使颗粒凝聚。一般说来,聚合度为 50 的聚合物电解质有稀释能力,可以降低料浆的黏度;聚合度为 5000 的聚合物电解质具有稠化作用;而聚合度为 50000 的聚合物电解质则具有絮凝作用。用作稀释剂的聚合物电解质应为线性高分子,常用的聚合物电解质有聚丙烯酸盐、羧甲基纤维素和木质素磺酸盐等。

有机胶体对粉体分散性能的影响与胶体的加入量有关。以阿拉伯树胶为例,它是一种高分子化合物,呈蜷曲链状,长度为 0.4～0.8 mm。若将其加入到氧化铝料浆中,分散在水中的 Al_2O_3 胶粒会附着在树胶的某些链节上。当阿拉伯树胶用量较少时,一个树胶长链上会附着很多 Al_2O_3 胶粒,由于重力沉降导致聚沉(图 3 - 27(a));而当阿拉伯树胶用量较多时,线性分子在水中形成网络结构,使 Al_2O_3 胶粒表面形成一层有机亲水保护膜,对 Al_2O_3 胶粒的碰撞

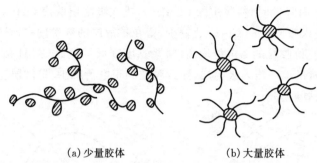

（a）少量胶体　　　　　　　　　　（b）大量胶体

图 3 - 27　阿拉伯树胶对 Al_2O_3 固体颗粒的影响

聚沉起到了阻碍作用（图 3 - 27(b)），从而提高了料浆的稳定性。图 3 - 28 是氧化铝料浆黏度与阿拉伯树胶用量的关系，氧化铝注浆成形时往往加入 1.0%～1.5% 的阿拉伯树胶，以增加料浆的流动性；而在酸洗氧化铝粉时，则常常加入 0.21%～0.23% 的阿拉伯树胶，以促进氧化铝颗粒的沉降。除了阿拉伯树胶以外，桃胶、明胶、羧甲基纤维素钠等有机胶体也可以作为稀释剂使用。

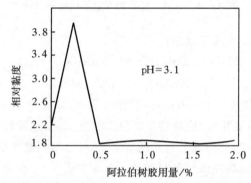

图 3 - 28　Al_2O_3 料浆黏度与阿拉伯树胶用量

料浆的悬浮是一个比较复杂的问题，目前在理论和实践上还未完全得到很好的解释。

2. 陶瓷料浆流变性质

陶瓷生产用料浆的流变性质与一般流体一样，可以表达为剪切应力 τ 与剪切速率 γ 的曲线关系，画出其流动曲线，陶瓷料浆一般属于非牛顿型流体。

图 3 - 29 为一些陶瓷料浆的流动曲线。将可塑黏土调成料浆（相对密度 1.34），在低剪切应力（如自重）作用下料浆不会流动，但在高剪切应力作用下，料浆容易流动。当剪切速率超过 100 s^{-1} 时，流动曲线接近宾汉流体，无触变滞后环出现；但如果加入碱性物质解胶后，则屈服应力减小，并出现滞后环。

陶瓷料浆是介于溶胶-悬浮体-粗分散体系之间的一种特殊系统。它既具有溶胶的稳定性，又会聚集沉降。必须从固相颗粒的特性出发，考虑各种外界条件（浓度、粒度分布、电解质的种类与数量、料浆制备方法等）的影响，全面考察料浆的流变性质。

图 3 - 30 为不同浓度可塑黏土料浆的流动曲线。料浆浓度增加时的流动曲线形态基本不变，只是相应的位置沿横轴方向移动，也就是随浓度增加同一剪切速率所需施加应力增大。低浓度料浆中固相颗粒少，料浆黏度由液体介质黏度控制；高浓度料浆中固体颗粒多，料浆黏度

主要由固相颗粒移动时的碰撞阻力控制。高固相含量必然降低料浆的流动性,降低固相含量、增加水分可以改善流动性,但会导致吸浆速度减慢、坯体收缩增加、强度降低。

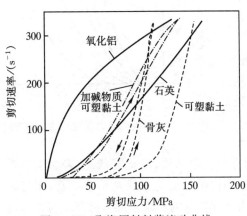

图 3-29　陶瓷原料料浆流动曲线

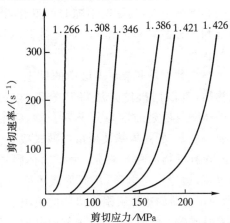

图 3-30　不同浓度可塑黏土料浆流动曲线

固体颗粒粒度的减小有利于降低颗粒在料浆中的沉降速度,对提高颗粒的悬浮性能及料浆的稳定性有利。但对于一定浓度的料浆,固相颗粒越细,颗粒间的平均距离越小,颗粒间引力增大,颗粒移动所需克服阻力增大,流动性也减小。

固相颗粒的粒度分布影响料浆流变性能。胶体颗粒($<0.1~\mu m$)是料浆悬浮体中大颗粒移动的润滑剂,也是非胶体颗粒的分散剂与支撑者;粗分散体系的料浆粒度范围为 $0.2\sim200~\mu m$,其中的胶体颗粒主要由可塑黏土引入,数量很少。这时颗粒分布的范围,以及大小颗粒之比则起重要的作用,如粗颗粒之间的孔隙被细颗粒填满,而中颗粒又少,则进入颗粒间隙的水分较少,相同浓度料浆中的自由水增多,体系黏度下降;如果颗粒分布范围宽,最小与最大颗粒尺寸比小,而中间颗粒较多,则间隙体积大,容易吸引水分进入,使料浆黏度提高。

料浆流动时,固相颗粒既有平移又有旋转运动。当颗粒形状不同时,对运动所产生的阻力必然不同。在相同固相体积情况下,球形等轴颗粒产生的阻力最小,在介质中的分散性好,料浆流动性也好;非球形片状颗粒产生的阻力大,颗粒的边和面容易因静电作用力等因素相互吸引,形成卡片结构,产生触变性,影响料浆的流动性和稳定性。颗粒形状越不规则,料浆流动性越差。

加热料浆可以使分散介质(水)的黏度下降,有利于提高料浆流动性。同时有利于在注浆过程中加速料浆脱水,增加坯体强度。

料浆中加入电解质是控制流动性与稳定性的有效方法。电解质的种类和数量对料浆的流变性能都有影响。但含电解质的料浆常会出现触变滞后现象。随料浆解凝程度的不同,屈服值和滞后环的面积会发生变化。

新制备或者解凝程度不够的料浆,其流变性能是不稳定的。在陈腐摆放过程中其黏度和屈服值会逐渐加大,往往需要几天、几周才能达到稳定。图 3-31 为未解凝可塑黏土料浆(相对密度 1.25)陈腐不同时间时的流动曲线。随陈腐时间增加,原先团聚的颗粒不可逆地逐渐分散,其颗粒极限是 $1~\mu m$。对于全部颗粒尺寸小于 $1~\mu m$ 的料浆体系,长期放置也不会影响其流动性能。考虑料浆黏度与解凝的关系,当料浆未完全解凝时,黏度随时间延长而升高;若过分解凝（解凝剂过多），则黏度起初降低（二次解凝），经一定时间后不再变动；对充分解凝的料浆，陈腐的影响则不大，其黏度不随时间变化，因为解凝剂起到了分散颗粒的作用，促使料浆达到了动力平衡状态。

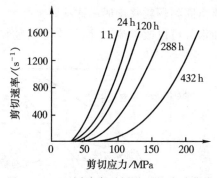

图 3-31　不同陈腐时间黏土的流动曲线

可塑性黏土及夹杂在煤层中的黏土含有天然有机物质，难以用机械方法将其分离，称为腐殖质。胶体腐殖质是酸性高分子聚合物，它的官能团主要是羧基、酚式羧基及少量烯醇式羧基。

不含有机物的黏土料浆，由于固体颗粒表面带负电荷，边缘带正电荷，从而形成了面与边结合的片架结构，呈絮凝状态；若黏土中含有机物，则带正电荷的边缘吸附有机物的负离子，整个颗粒的平面与边缘均呈现中性，面与面缔合而成较厚或较大的薄片，平行聚集而分散不开；当含有机物的料浆中加入碱离子与羟基离子使其 pH 值增至 7～8 时，被黏土颗粒吸附的有机物羧基会变成可溶性钠盐，导致颗粒表面带负电荷，互相排斥增加悬浮性。

料浆中黏土所含的可溶性盐类常为碱金属与碱土金属氯化物、硫酸盐等，这些盐类都会提高料浆的黏度。图 3-32 表示添加可溶性盐类对碱解凝料浆黏度的影响。微量 Ca^{2+}、Mg^{2+} 等多价离子取代被黏土颗粒吸附的 Na^+，使料浆 ζ 电位变小，黏度增大。为降低含可溶性盐料浆的黏度，需加入大量硅酸钠，但其黏度仍比不含可溶性盐料浆要高得多。料浆中可溶性盐增多时，即使添加解凝剂，黏度也难以下降。

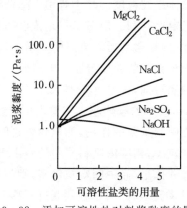

图 3-32　添加可溶性盐对料浆黏度的影响

流态成形法主要包括注浆成形、流延成形和热压铸成形。

3. 注浆成形

传统陶瓷工业中，注浆成形工艺已有几百年的历史，注浆成形是最重要的流态成形技术。20 世纪 30 年代末注浆成形工艺开始应用于碳化物、氮化物等陶瓷制品的成形。注浆成形工艺是利用石膏模具的吸水性，将陶瓷原料制备成具有一定流动性的陶瓷料浆，注入石膏模具，通过模具将料浆中的液体吸出，在模具中留下原料坯体。该工艺成本低、过程简单、易于操作和控制，常用来制备简单压制或注射成形无法得到的复杂形状制品及大型、复杂形状和薄壁的制品，也可作为小批量生产的方法。但坯体形状粗糙，注浆时间较长，坯体密度、强度不高。

在注浆过程中，料浆注入模型后，料浆中的水分在毛细管力作用下向模型孔隙中移动，而固体粒子停留在模型的表面形成吸附层，这时水分要先通过吸附层的毛细管，然后进入模型的毛细管。注浆初期阶段模型对水的吸引力大于水在模型中的流动阻力与水通过吸附层的阻力之和，其中脱水的主要阻力来自模型；经过一段时间，坯体厚度增加，脱水的主要阻力来自坯体，而此时模型的阻力相对减小，甚至可以忽略不计。

制品的成坯速度取决于水分通过坯体的阻力，坯体产生的脱水阻力大小与料浆性质、坯体的结构有关。料浆中固相颗粒浓度高、塑性原料多、固相颗粒细、胶体粒径大时脱水阻力大,形成坯体的密度大阻力也大。球形固相颗粒在注浆过程中能形成渗透性好的坯料层,有利于料浆中的水分子通过,而片状颗粒在注浆坯料层中的定向排列使得坯料的滤水性较差。升高料浆温度、提高注浆压力都能提高注浆成坯速率。

石膏模型产生的脱水阻力取决于模型中毛细管的大小和分布,与制造模型时水与熟石膏粉的比例有关。吸浆速度、脱水阻力与制造模型时含水量的关系如图 3-33 所示。当水/石膏比例为 78/100 时,脱水总阻力最小,相应吸浆速度最快。若水分少于这个比例,则模型中的气孔少,料浆水分排出主要受模型阻力所控制;随水分比例增加,模型阻力与总阻力均减小,吸浆速度增大;若水分比例超过 78% 时,模型气孔增多,水分排出受坯体脱水阻力所控制,坯体阻力和总阻力均随水分增多而加大,吸浆速度降低。

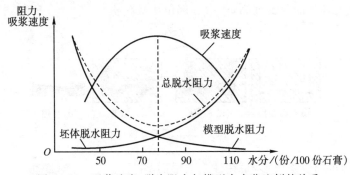

图 3-33　吸浆速度、脱水阻力与模型中水分比例的关系

注浆成形吸浆结束后,坯体中的水分不断减少。经过一段时间后,水分脱排速度变缓,坯体收缩并与模型分离。模型/坯体界面结合力的大小影响坯体与模型的分离。若料浆中含过多的硅酸钠,则会与石膏模溶解出来的 Ca^{2+} 反应生成硅酸钙提高界面结合力,坯体不易离模。若采用硅酸钠与纯碱作解凝剂,增加纯碱时,界面上会生成 $CaCO_3$ 结晶,减弱界面结合力。坯体的形状(表面曲率、凹凸程度)和坯体的自重也都会影响坯体的离模情况。

注浆坯体脱模后断面上的水分是不均匀的,内外水分差会影响脱模坯体的强度,随脱模后存放时间延长,坯体内外水分差逐渐减小。料浆中黏土与硅酸钠含量增多可提高坯体表面强度,而对平均强度影响不大,反而使内外强度差增大。

实际注浆成形工艺分为基本注浆和加速注浆方法。基本注浆方法有空心注浆和实心注浆;加速注浆方法有真空注浆、压力注浆和离心注浆等类型。

空心注浆又叫单面注浆,注浆采用的石膏模没有模芯。成形时,将制备好的料浆注入模型,放置一段时间。在这个过程中,在靠近模壁的地方由于石膏模的吸水作用会使料浆固化,待模型内壁吸附了一定厚度的固相颗粒层时将多余的料浆倒出,固化的坯体在石膏模内继续干燥,待成形坯体与石膏模分离时即可取出,如图 3-34 所示。空心注浆成形的产品外形取决于石膏模的内表面,其坯体厚度则取决于吸浆时间,一般脱模时成形件的水分在 15%～20% 左右。这种方法适用于小型、薄壁产品的生产。

实心注浆又叫双面注浆,所用的石膏模有外模和模芯两部分。成形时将料浆注入外模和模芯之间,石膏模从内外两个方向同时吸水,直至坯体固化后脱模,如图 3-35 所示。实心注浆的制品其外部形状由外模的工作面决定,而内部形状则由模芯决定。这种方法适用于内外

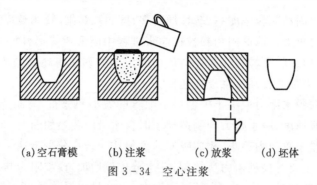

(a)空石膏模　　　(b)注浆　　　(c)放浆　　　(d)坯体

图 3-34　空心注浆

形状不同及大型、厚壁产品的生产。由于实心注浆时石膏模从两面吸水,吸水速度比空心注浆快,往往靠近模壁处坯体的致密度高,而中心部位比较疏松。

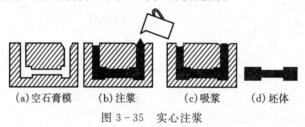

(a)空石膏模　　　(b)注浆　　　(c)吸浆　　　(d)坯体

图 3-35　实心注浆

　　压力注浆成形也叫压滤成形,是在注浆成形的基础上加压发展得到的。水不再是通过毛细管作用力脱除,而是在压力的驱动下脱除(图 3-36),脱水速度加快,提高了生产效率。影响压滤过程的四个因素为坯体中的压力降、液体介质的黏度、坯体的表面积、坯体中孔隙的分布情况以及压滤成形模具。压滤成形压力对成形坯体均匀性影响较大,一方面压力对可压缩性坯层中的颗粒产生作用,使其更加紧密地排列;另一方面压力可以减小并消除由制品几何形状和坯层固化面推进方向所造成的密度梯度,从而可以提高整体均匀性。但是过大的压力会使坯体中存在明显的残余应力,导致随后干燥和烧结过程中裂纹和开

图 3-36　压滤成形模具

裂等缺陷的产生。压滤成形模具的设计特别重要,孔隙的尺寸及分布要在合适的范围内。理想的设计应该根据产品形状和尺寸在模具的不同部位采用不同渗透系数的多孔材料,并合理安排料浆入口,这样通过成形时不同部位的不同固化速率来控制坯体固化层形成过程和固化面的推进方向,获得整体均匀的坯体。压滤成形虽然能提高产品质量,但设备昂贵,限制了压滤成形的进一步发展。

　　离心注浆成形是将制备好的陶瓷原料悬浮体在高的离心转数下聚沉的一种净尺寸成形技术(图 3-37)。此法结合了湿法化学粉末制备与无应力致密化技术的优势,可用于生产大的近净尺寸陶瓷零件。

　　离心注浆成形工艺适于制造大型的环状制品(包括功能梯度材料),对悬浮体中的固相体

积分数没有严格的要求,几乎不需要添加有机黏结剂,克服了脱脂工艺造成的不利因素。另外,工艺成本较低,易于控制。但该工艺会造成大颗粒先于小颗粒沉降,造成坯体分层。

制备注浆成形料浆时,由于在粉体原料颗粒表面往往有气体吸附,使得料浆中含有气泡。用这样的料浆进行注浆成形时,得到的成形体中会含有气孔,影响产品质量。因此,应当对料浆进行适当的除气处理(图 3 - 38)。

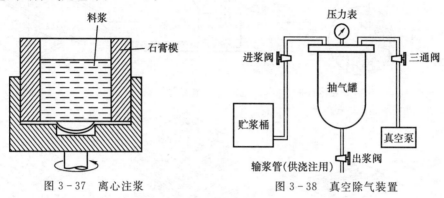

图 3 - 37　离心注浆　　　　　　　　　图 3 - 38　真空除气装置

注浆成形会由于①石膏模太干或太湿,模型内湿度不均匀,造成坯体开裂;②模型过干、过热、过旧,料浆存放时间过长,浇注速度过快,料浆比重大、黏度高等原因造成坯体中出现气孔与针眼;③模型太湿,脱模太早,料浆水分过多,原料颗粒过细等原因造成坯体变形;④模型过湿,原料过细,水分多,温度高,电解质多造成坯体塌落;⑤模型过湿,过冷,过旧,料浆水分太多还会造成粘模等工艺缺陷。

4. 流延成形

流延成形又称带式浇注法、刮刀法,是使浆料均匀地流到或将浆料均匀地涂到衬底上,经干燥后形成一定厚度的均匀素坯膜的一种浆料成形方法,是一种比较成熟的能够获得高质量、超薄型瓷片及层状陶瓷薄膜的成形方法,已广泛应用于独石电容器瓷、多层布线瓷、厚膜和薄膜电路基片、氧化锌低压压敏电阻、铁氧体磁记忆片及厚度小于 0.05 mm 的薄膜等新型陶瓷的生产。流延成形对设备的要求不太复杂,且工艺稳定,可连续操作,生产效率高,自动化水平高,膜坯性能均匀一致且易于控制。但流延成形的坯料溶剂和黏结剂含量高,因此坯体密度小,烧成收缩率有时高达 20%～21%。

流延法的工作原理是将细分散的陶瓷粉料悬浮在由溶剂、增塑剂、黏合剂和悬浮剂组成的溶液中,成为可塑且具有流动性的料浆。当料浆在刮刀下流过时,便在流延机的运输带上形成薄层的坯带,坯带缓慢向前移动,随溶剂逐渐挥发,粉料固体微粒便聚集在一起形成较为致密的似皮革柔韧的坯带(图 3 - 39),再冲压成一定形状的坯体。薄膜的厚薄与刮刀至基面的间距、基带运动速度、料浆黏度及加料漏斗内浆面的高度有关。

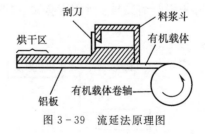

图 3 - 39　流延法原理图

流延成形工艺流程如图 3 - 40 所示。先将经过细磨、煅烧的熟粉料加上溶剂,再根据需要加入抗聚凝剂、除泡剂、烧结促进剂等,在球磨罐中进行湿式混磨以使团聚的粉粒在溶剂中充分分散、悬浮,各种添加物达到均匀分布;然后再加入黏合剂、增塑剂、润滑剂等通过混磨达到高分子物质均匀分布及有效地吸附于粉粒之上,形成稳定、流动性良好的料浆。料浆经过真空除气之后,便可泵入流延机中。

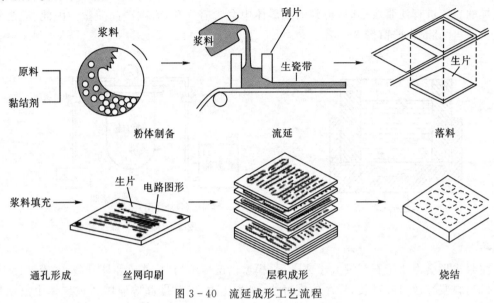

图 3-40　流延成形工艺流程

在某些陶瓷工艺中,流延法主要用以制取 0.2 mm 以下的膜坯,故首先要求瓷粉具有粒度细、粒形好等特点,才能使料浆保持足够的流动性,以及在膜坯的厚度方向有足够堆积个数。例如,在制取厚度 40 μm 的膜坯时,要求 2 μm 以下粒径的粉料应不少于 90%,这样才能保证每一厚度方向有 20 个以上的粉粒堆积,以保证膜坯均匀、致密;如果粉料粉径为 10~15 μm,则厚度方向只有 3~4 个粉粒,即使胶合成膜也无法保证成瓷后的质量。

制备料浆用的除泡剂有时候并不在湿磨时加入,而在真空除气之前喷洒于料浆表面,然后搅拌除泡。例如,正丁醇、乙二醇各半的混合液能有效地降低料浆表面张力,于 4000 Pa 压力下的真空罐内搅拌,可以将气体基本分离。料浆泵入流延机料斗前,必须通过两重滤网,网孔分别为 40 μm 和 10 μm,以滤除个别团聚或大粒料粉及未溶化的黏合剂。

对于流延来说,坯厚是由多种因素控制的,如堆积厚度大小和干燥收缩的多少。而堆积厚度和干燥收缩又与多种因素有关,如图 3-41 所示。

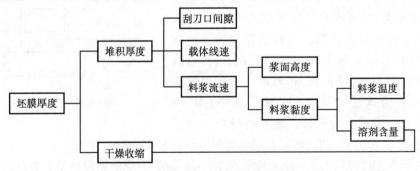

图 3-41　影响流延膜厚度的各种因素

刮刀口间隙加大、载体线速减慢、料浆液面提高、料浆黏度增加,可使膜坯堆积厚度加大;反之则堆积厚度减小。至于干燥收缩的大小,主要取决于可挥发性溶剂(通常是水或酒精)的多少。溶剂多,收缩大,膜坯变薄。从料浆的黏度方面看,溶剂多,黏度小,流动性大,则堆积厚度又可能加大,使膜坯加厚,可见两者是相互制约的。

不过,在一般生产情况下,刮刀口间隙大小是控制膜坯厚度的关键,也是最容易调整的。因此,在自动化水平比较高的流延机上,在离刮刀不远的膜坯上方,装有背散射式伽玛射线测厚仪或透射式 X 射线测厚仪,连续对坯膜厚度进行检测,并将所测厚度信息馈送到刮刀高度调节螺旋测微系统。采用自动调厚装置,可流延出厚度仅为 10 μm、误差不超过 1 μm 的高质量膜坯。

传统流延成形工艺所使用的有机溶剂(如甲苯、二甲苯等)具有一定的毒性,生产条件恶劣并污染环境,而且生产成本也较高。目前的新型工艺主要有水基流延成形、紫外引发聚合流延成形和凝胶流延成形。

水基流延成形克服了有机溶剂体系环境污染严重,成本高,生坯密度低,脱脂过程中坯体易变形开裂等缺点。但水的挥发性较差,水基浆料在干燥过程中比有机溶剂浆料更容易开裂、卷曲,尤其是在干燥速度较快的情况下更为明显。

凝胶流延成形原理是在加热条件下由引发剂引发有机单体的氧化还原反应,导致浆料的凝胶化,从而实现固化成形。该工艺极大地降低了浆料中有机物的使用量,提高了浆料的固相含量,因而生坯的密度和强度高,同时环境污染小,生产成本低。

紫外引发聚合流延成形工艺是在陶瓷浆料中加入紫外光敏单体和紫外光聚合引发剂,对流延后的浆料实施紫外光辐射,引发单体聚合,使浆料原位固化成形。该法不使用溶剂,因而可以不需干燥而直接脱模,避免干燥收缩和开裂,提高了生产效率。

流延成形法是制备大面积、超薄陶瓷基片的重要方法,被广泛应用在电子工业、能源工业等领域,用于制备 Al_2O_3、AlN 电路基板、$BaTiO_3$ 基多层陶瓷电容器(MLCC)及 ZrO_2 固体燃料电池等。流延成形技术为电子元件的微型化以及超大规模集成电路的实现提供了广阔的前景。

5. 热压铸成形

热压铸成形是基于石蜡受热熔化和遇冷凝固的原理,将无可塑性的陶瓷粉料与热石蜡液均匀混合形成可流动的浆料,在一定压力下注入模具中压铸成形,再经蜡浆凝固后脱模取出坯体的成形方法,也称为低压注射成形工艺。

混蜡过程能直接体现出热压铸过程与注浆成形的不同之处。注浆成形多用水和陶瓷的混合粉料,而热压铸成形则需要石蜡与陶瓷粉混合,在此期间不能与水接触,否则会在合成蜡浆的过程中产生水蒸气,进而导致陶瓷浆料中出现气泡,不利于压铸环节的进行。有时为了方便储存,需要把蜡浆制成蜡板,以备长时间存放。但若存在时间过久,则容易吸收空气中的水分,导致料浆失效。

压铸阶段是通过热压注浆机(图 3-42)中的高压气体(0.3~0.5 MPa),把混有陶瓷粉体的石蜡浆料注入模具中,通过自然冷却,使石蜡凝固,进而获得蜡坯。模具对热压铸坯体的质量影响非常大,模具的精度也直接影响陶瓷产品的精度,因此在设计模具时,应结合流体力学和传热学,使注入的陶瓷浆料能完全充满模具,并且浆料在注射过程中不能冷却过快,设计中不能出现死角。此外,在压铸坯体时应充分考虑模具的排气性,必须使模具内的气体充分排净,否则极易产生气泡。

最后需要对坯体进行排蜡定型。排蜡的目的是去除陶瓷坯体中的石蜡,并让陶瓷坯体有一定的硬度。针对部分陶瓷粉体,工艺上可以采用低温排蜡,即在坯体热压铸以后马上用较低的温度排蜡,排完蜡之后便可以马上去烧结,省去中间修坯加工的环节,节省了人力和时间成本。但这样的工艺对热压铸的成形精度要求严苛。通常情况下,大型工业化生产过程中普遍用到排蜡窑,并且一般采用高温排蜡,即先将窑腔加热至约 300 ℃,保持一定的时间,使石蜡充分挥发,随后升温至 1000 ℃左右,使陶瓷坯体具有一定的硬度。该工艺步骤又被称为定型。排蜡过程需要注意的细节很多,如在排蜡初期升温速率应有一定的限制,如果升温速率过快,会导致石蜡没有挥发干净,导致

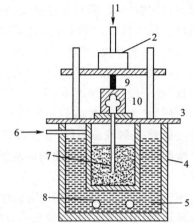

1—压缩空气;2—压紧装置;3—工作台;
4—浆桶;5—油浴槽;6—压缩空气;7—供料管;
8—加热元件;9—铸模;10—铸件。

图 3 - 42　热压注浆机示意图

坯体发软、硬度降低,进而导致坯体变形;而如果升温速度过慢,虽然坯体中的石蜡能完全除尽,坯体的强度和良品率也有所提高,但是会造成能源的浪费并增加时间成本,综合考虑并不合算。同时,在排蜡的过程中还需注意加热方法,应保证蜡窑中的热量能充分扩散,不能造成局部过热,否则将导致产品品质下降,出现大量废品,影响成形成本。

热压铸工艺适用于多种陶瓷材料,如硅酸盐、氧化物、氮化物等,所制备的陶瓷坯体具有密度高、有适当机械强度、可进行机械加工、干燥后尺寸收缩小、接近净尺寸成形等优点,适用于制备形状复杂、表面粗糙度要求高的大尺寸陶瓷烧结体。

3.4　成形技术新进展

原位凝固成形是陶瓷制造领域近年来发展起来的一种新型胶态成形技术。其原理是将陶瓷粉体和分散介质、有机聚合物或生物酶以及催化剂等混合均匀制成前驱体,在一定的温度和催化条件下发生反应,将料浆中的水分子包裹,使料浆失去流动性,达到原位凝固和成形的目的,从而得到高强度的坯体。

3.4.1　直接凝固成形

直接凝固成形(Direct Coagulation Casting,DCC)是一种把生物酶技术、胶体化学和陶瓷工艺结合的净尺寸陶瓷成形工艺。DCC 的特点是不加或少加有机添加剂(小于 1‰),坯体无需脱排结合剂,同时坯体密度均匀、相对密度高(可达 55%～70%)、强度高,可用于大型复杂部件的成形。

由胶体化学 DLVO 理论可知,在水中的 Al_2O_3 颗粒周围存在着吸附层与扩散层,颗粒与颗粒之间的双电层存在排斥力,同时颗粒之间还存在范德华力。由于范德华力受外界影响因素较小,当颗粒间双电层排斥力增大,颗粒呈分散状态;排斥力减小,颗粒互相吸引产生团聚。利用上述原理,可以通过调整颗粒表面带电特性或电解质浓度改变双电层排斥能,控制颗粒在

介质中的状态。

　　改变水介质中的电解质浓度时,陶瓷粉料颗粒表面带电特性会随 pH 值发生变化。当电解质浓度较高时,双电层厚度会减薄,颗粒表面电位降低,排斥力消失,范德华力起主导作用。在固相含量较少时会产生大的团聚体,对于高固相含量($>50\%$)的陶瓷料浆会产生凝固,呈固态特性。

　　利用这个原理,在高固相体积含量($>55\%$)的陶瓷料浆中加入改变其 pH 值或增加电解质浓度的化学物质,在工艺过程中控制化学反应的进行。需要注意的是注浆前需使反应缓慢进行,料浆保持低黏度;而注浆后反应需快速进行,料浆凝固,迅速转变成固态坯体。

　　DCC 的化学反应有改变料浆 pH 值和增加电解质浓度的两种。Si_3N_4 和 SiC 这两种材料难以通过料浆内部反应来改变双电层,可采用增加电解质浓度的方法来改变双电层。尿素酶(urease)催化尿素水解以增加料浆中 NH_4^+ 和 HCO_3^- 的浓度,反应式为

$$(NH_2—CO—NH_2)+H_2O+尿素酶 \Longrightarrow NH_4^+ +HCO_3^- \qquad (3-7)$$

反应速度由温度和尿素酶的加入量来控制。在温度低于 5 ℃时,反应速度很慢;在 10～60 ℃时,随温度升高,反应逐步加快。因此,在低温(<5 ℃)制备料浆,料浆注入模型后使温度升至室温,反应速度加快,料浆凝固。图 3-43 为 DCC 工艺流程图。采用 DCC 法,SiC 坯体成形密度可达 $65\%～69\%$,Si_3N_4 坯体的成形密度可达 63%。

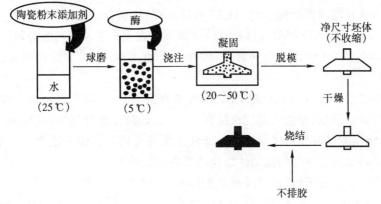

图 3-43　DCC 工艺流程图

3.4.2　凝胶注模成形

　　凝胶注模成形是通过原位聚合反应形成大分子网络将陶瓷粉料粘合在一起的成形技术。在黏稠陶瓷粉末悬浮液中使用可引发有机单体,同时实现浇注与固化的可控(图 3-44)。在

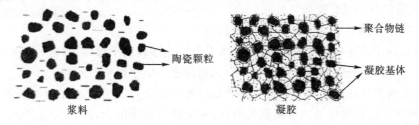

图 3-44　凝胶注模成形原理

凝胶注模机制中只需添加少量黏合剂就可获得高固相含量,并具有相当强度的可加工坯体。其具体流程如图 3-45 所示。凝胶注成形法优势在于实用性强,工艺简单,成本低,制得坯体均匀性好,便于加工,具有较高的强度,并且烧结时坯体收缩小,适用于精准尺寸陶瓷的成形。

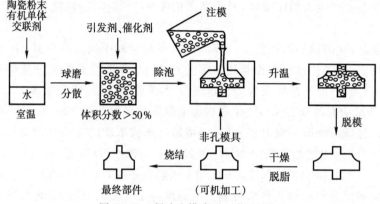

图 3-45　凝胶注模成形工艺流程图

以 Al_2O_3 陶瓷成形为例介绍凝胶注模成形。原料颗粒尺寸 $0.5\sim1.5~\mu m$,添加少量 MgO 作为烧结助剂,选择一定浓度的聚丙烯酸氨水溶液作为分散剂。凝胶注模成形中所用的活性有机单体主要为单官能团丙烯酰氨($C_2H_3CONH_2$(AM))和双官能团的 N,N′-亚甲基二丙烯酰氨($C_2H_3CONH_2CH_2$(MBAM)),将这两种单体溶解在去离子水中预混合,预混合时过硫酸氨$(NH_4)_2S_2O_8$ 的出现将引发自由基聚合,加热或者加入 N,N,N′,N′-四甲基乙二胺触媒也可以加速这种反应。

加入分散剂的水溶液与 Al_2O_3 粉末混合,机械搅拌至少 48 h,以保证均匀性;对搅拌均匀的料浆真空除气,除气时悬浮液的温度保持在 0~1 ℃以防止水分挥发;然后加入过硫酸氨水溶液等催化剂,继续除气并使料浆运动以保证催化剂混合均匀。值得注意的是要控制催化剂的加入量以保证料浆在浇注时的流动性以及随后的凝胶性能。

为了改善陶瓷料浆的流动性,提高料浆的固相含量,需向陶瓷料浆中加入少量的高分子聚合物作为分散剂。当颗粒表面吸附上有机聚合物后,料浆稳定的主要机制是聚合物空间位阻机制(图 3-46)。

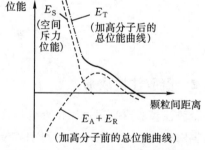

图 3-46　聚合物对颗粒间位能的影响

为防止氧气会抑制聚合过程,需在室温、氮气条件下将料浆注入模具。也可以不用催化剂,在 30~75 ℃加温以驱动聚合反应。

根据工艺条件的不同,浇注 5~60 min 后开始凝胶。凝胶后的坯体在室温下脱模,坯体放入具有一定湿度的干燥室,以避免快速干燥造成的开裂或不均匀收缩。当收缩停止后将坯体移入湿度更小的干燥室。

凝胶注模成形后坯体中黏合剂的驱除和烧结都在空气中进行。由于丙烯酰氨毒性较大,目前,已逐渐被低毒性的甲基丙烯酰氨所取代,而交联剂仍采用 N,N′-亚甲基二丙烯酰氨或聚乙烯基乙二醇甲基丙烯酰胺。

凝胶注模成形是一种实用性很强的技术,它具有以下特点。

(1)适用于许多陶瓷体系(如 Al_2O_3 陶瓷、Si_3N_4 陶瓷、ZTA 复相陶瓷和 SiC 陶瓷等),可成形各种形状复杂的大尺寸陶瓷零件。

(2)由于定形过程和注模过程的操作是完全分离的,定形是靠浆料中的有机单体原位聚合形成交联网状的凝胶体来实现的,所以所成形的坯体缺陷少,成分和密度均匀,在干燥和烧结过程中不会变形,使烧结体保持成形时的比例,因此该方法是一种净尺寸成形技术。

(3)浆料的凝固定形时间较短但可控,根据聚合温度和催化剂加入量的不同,凝固定形时间一般可控制在 5~60 min。

(4)所用模具为无孔模具,对模具材料也没有什么特殊要求,可以是金属、玻璃或塑料等。

(5)坯体中有机物含量较小(其质量分数一般为 2%~4%),排胶较容易,坯体变形小,密度均匀。

(6)坯体强度较高(一般在 10 MPa 以上),可对坯体进行机加工(如车、磨、刨、铣、钻孔、锯等),从而取消或减少了烧结后的加工。

3.5　陶瓷坯体干燥技术

排出坯体中水分的工艺过程称为"干燥"。成形后的坯体经过干燥,强度提高,便于搬运与加工。干燥工艺的好坏在陶瓷产品制造工艺过程中具有十分重要的作用,不仅决定了产品成形坯体的质量,与后续烧结也有密切关系。

成形后的坯体是多孔的。根据成形工艺的不同,坯体中含有水分及各种有机物添加剂。

坯体强度在可塑状态下取决于泥料的屈服值。通过干燥处理,坯体的可塑性失去,具有一定的弹性与强度。随温度提高,含水量降低,坯体抗折强度逐渐提高,一旦超过 40 ℃,强度急剧上升,但干燥温度超过 250 ℃,强度也会有所下降。

成形坯体中含有的水分按照结合方式可分为化学结合水、自由水和大气吸附水。

化学结合水主要是指包含在黏土矿物中的(OH)基,如高岭石($Al_2O_3 \cdot 2SiO_2 \cdot 2H_2O$)中的 H_2O 就是化学结合水,这种水在干燥时不可能从坯体中排出,一般在烧成的预热阶段(400~550 ℃)才能除尽。

渗透于坯体毛细管中的自由水,与原料颗粒结合松弛,容易排出。坯体在排出这部分自由水后,颗粒互相靠拢,产生体积收缩,收缩体积大小等于失去自由水的体积,所以自由水也称为收缩水。

对于黏土类原料,坯体中牢固地存在于黏土毛细管中($<10^{-4}$ mm)及黏土胶体粒子表面的水属于大气吸附水。大气吸附水的多少与坯体周围空气中的温度、相对湿度有关。坯体表面水分由自由水转变为大气吸附水状态时所对应的含水量称为临界含水量。在临界状态下,坯体表面的水蒸气分压等于在相同温度下液态水的蒸汽压。临界水分的值不是固定不变的,它随坯体表面水的汽化速率、坯体厚度、坯体内扩散阻力变化而变化,表面水的汽化速率大、坯体厚、内扩散阻力大时临界水分值高。

在一定温度下,坯体所含水分与该温度下饱和空气达到动平衡时(相对湿度 100%时)的含水量有密切关系。当坯体表面水蒸气分压等于周围空气中的水蒸气分压时,坯体中所含水分称为平衡水。平衡水分属于大气吸附水,此水不能再被同样的干燥介质所排出。在大气吸附水排出阶段坯体不发生收缩,不产生应力,可以采取快速干燥的措施而不会引起开裂。在一定湿度条件下坯体所含水分与饱和空气平衡时,其所含水分是大气吸附水的最大值,超过该值的水分就是自由水。

图 3-47 为自由水与大气吸附水的平衡图。在空气相对湿度不变的条件下,坯体的大气吸附水分含量随温度升高而递减。

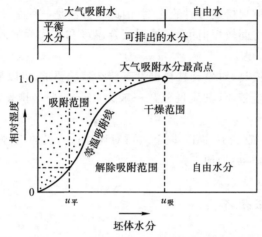

图 3-47　自由水与大气吸附水平衡图

陶瓷坯体中所含水分的特性决定了干燥过程中的水分排出大致经历 4 个过程:坯体受热使水的饱和蒸汽压提高、坯体中的水分由液态变成气态、水蒸气通过紧贴在坯体表面的一层气膜向周围大气中扩散(外扩散)、坯体表面水分降低使得内部水分向坯体表面扩散(内扩散)。

外扩散的动力是坯体表面的水蒸气压力与周围水蒸气压力之差 Δp。坯体表面蒸发的水量 g 可以表达为

$$g = \beta \Delta p \quad \text{kg/(m}^3 \cdot \text{h)} \tag{3-8}$$

式中:β 为空气运动速度经验系数,也称为蒸发系数,与空气运动速度 V 有关,可以表达为

$$\beta = 0.00168 + 0.00128V \tag{3-9}$$

式中:V 为液体的摩尔体积。内扩散的动力主要靠扩散渗透力和毛细管力的作用,并服从扩散定律。

内扩散的动力来源于坯体内的湿度梯度和温度梯度。坯体中的水分转移受湿度梯度和温度梯度共同作用。坯体中水分移动的速度正比于湿度梯度,湿度梯度使得水分子从高湿处向低湿处移动的扩散称为湿扩散;温度梯度造成水分从毛细管温度高的一端流向温度低的一端,被称为热湿扩散,这时存在于毛细管中的水分在热端的表面张力小,冷端表面张力大,因此液体被拉向冷端。

干燥过程要求湿扩散与热湿扩散造成的水分扩散方向尽量接近一致。

影响陶瓷坯体水分内扩散的主要因素:坯体原料中粗颗粒、瘠性物料有利于扩大毛细管直径、减小内扩散阻力;坯体温度的提高有利于降低水的黏度,易于移动;坯体表面与内部的湿度差有利于提高湿扩散速度。

根据坯体水分排出过程的变化特性,可以将干燥曲线分为 4 个阶段,如图 3-48 所示。

在加热阶段,干燥介质的热量主要用于提高坯体的温度,当坯体表面被加热升温,水分不

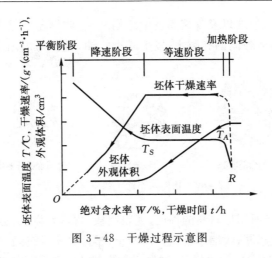

图 3-48　干燥过程示意图

断蒸发,直至表面温度增高至干燥介质的湿球温度时,干燥速度增至最大。坯体吸收的热量与蒸发水分所消耗的热量达到动态平衡,干燥进入等速阶段。

在等速阶段,干燥介质的湿度、温度与速率等条件不变,坯体的干燥速度(单位时间内坯体单位面积所蒸发的水量)也保持恒定,在数量上等于该温度下自由水的汽化速度,因此坯体的温度不再升高,大概等于干燥介质的湿球温度。这个阶段干燥介质的热量主要用来蒸发水分,这时内扩散速度等于外扩散速度,水分不断从内部向表面移动,坯体表面总是保持潮湿状态,水分的汽化只在坯体表面进行,自由水通过表面蒸发排出。等速阶段影响坯体干燥速度的决定因素是坯体表面的汽化速度(外扩散速度),也就是干燥介质的条件,即流经坯体的空气温度、湿度和流速。坯体在这个阶段会发生强烈收缩,所以也是干燥的危险阶段,必须注意控制干燥速度。

在等速阶段坯体发生收缩的同时,颗粒互相靠拢,内扩散阻力增大,内扩散速度下降,导致内扩散速率控制了干燥速率,干燥过程进入降速阶段。进入降速阶段时,坯体水分降至一定值,达到临界水分点,坯体表面由潮湿阶段变为吸湿状态,内扩散速率小于外扩散速率,润湿表面逐渐缩小。在这个阶段,蒸发速率与热能消耗减小,坯体表面温度升高,由湿球温度增加到干球温度;坯体表面与周围介质的湿度差别逐渐减小,坯体表面水蒸气分压降低;水分不能及时扩散到表面,毛细孔水的弯月面逐渐向坯体内部移动,干燥速度下降。为了使坯体不发生开裂,要适当增加内扩散速率,并控制坯体表面气化速率。由等速阶段转入降速阶段时坯体所含的水分称为临界水分。坯体达到临界水分后会发生少量体积收缩,其原因在于颗粒由靠拢到紧密接触需要一段时间,同时某些充水膨胀的矿物排出物理水也会引起微量收缩。坯体达到临界水分后继续进一步干燥时主要是增加坯体内的气孔率。在这个阶段可以采取快干措施,坯体也不致产生裂纹。

当坯体表面水分达到平衡水分点后,表面蒸发与吸附处在动态平衡,坯体与周围空气之间的热交换停止,表观干燥速度为零,坯体湿度成为定值,干燥速度等于零,这时进入坯体干燥的平衡阶段。

坯体中原料颗粒在不同干燥阶段的状态如图 3-49 所示。未经干燥的湿坯中固体颗粒被水膜分离隔开;在干燥过程中,随自由水的排出,水膜不断减薄,颗粒逐渐靠拢,坯体发生收缩,收缩量大约等于排出自由水的体积;当水膜厚度减薄到临界状态时,颗粒达到互相接触的程度,内扩散阻力增大,干燥速度以及收缩率发生急剧变化,收缩基本结束,转入降速阶段;继续干燥,开始排出相互接触颗粒间的孔隙水,发生微小收缩,直至与周围干燥介质水分达到平衡为止。

(a)干燥前状态　　　　(b)临界状态　　　　(c)干燥终止状态

图 3-49　坯体在不同干燥阶段的状态

坯体收缩率的大小与所用原材料的性能、坯料组成、含水率以及成形加工工艺有关。黏土颗粒越细,所吸附的水膜越厚,收缩率越大。高岭土、塑性黏土、胶体颗粒蒙脱石在干燥时的收缩率分别为 $3\% \sim 8\%$、$6\% \sim 10\%$、$10\% \sim 25\%$。在满足成形性能的前提下增加瘠性原料能减少干燥收缩率。

黏土所含阳离子对于坯体收缩率的影响如表 3-4 所示。采用 Na^+ 作稀释剂可以促使黏土颗粒平行排列,含 Na^+ 的黏土矿物的收缩率大于 Ca^{2+} 的黏土矿物。

表 3-4　黏土中阳离子对坯体收缩率的影响

阳离子种类	干燥收缩率/%		干燥后固体含量/%	干燥后抗折强度/MPa
	长度	直径		
Na^+	4.8	10.0	61.0	2.94
Ca^{2+}	6.5	8.5	59.1	1.60
Ba^{2+}	5.9	7.6	57.2	1.00
La^{3+}	6.8	7.4	54.7	0.82
H_3O^+	7.4	8.9	55.6	1.34

具有一定取向性的泥料颗粒使得坯体中的孔隙(或水分)也具有一定取向,导致干燥收缩各向异性,如图 3-50 所示。坯体内外层与各部位收缩率的差异产生内应力,当内应力大于塑性状态坯体的屈服值时,坯体发生变形。内应力过大,超过塑性状态坯体的破坏强度或者超过其弹性强度时,坯体发生开裂。

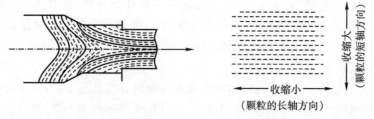

(a)挤制坯泥的颗粒收缩取向　　　　(b)黏土颗粒定向排列引起不均匀收缩

图 3-50　颗粒取向性与干燥收缩的各向异性

控制干燥过程的主要因素是水分的蒸发与扩散。在工业上,不仅要求干燥过程达到排出水分的基本目的,还要求在保证干燥坯体质量的同时具有尽可能快的干燥速度。为此应尽可能快地传热、蒸发与扩散,保证水分均匀蒸发,坯体均匀收缩而不变形、不开裂。

干燥制度是根据产品的质量要求确定干燥方法及其干燥过程中各阶段的干燥速度,以及影响干燥速度的参数:干燥介质的种类、温度、湿度、流量与流速等。

坯体本身的性质、干燥介质与干燥方法、设备都影响干燥质量。坯体本身的性质包括原料性质、坯体形状大小、厚度与密度、气孔率与含有水分的大小,以及坯体的温度;干燥介质则包括介质的温度、湿度与介质流动速度,以及干燥介质与坯体的接触情况;不同的干燥方法与设备也影响干燥质量。

干燥方式决定了干燥时湿扩散与热湿扩散的方向。对于微波干燥和远红外干燥,坯体内的热湿扩散与湿扩散方向一致,受热均匀,干燥速度快;而热空气干燥受对流传热方式的影响,热湿扩散与湿扩散的方向相反,在等速干燥阶段若干燥速度过快,会使坯体里外收缩不一,产生破坏应力,导致变形开裂。

坯体在干燥收缩时产生裂纹的倾向称之为干燥敏感性,可以用收缩比 φ 作为表示干燥敏感性的参考指标

$$\varphi = \frac{v_{缩}}{g} \qquad\qquad (3-10)$$

式中:$v_{缩}$ 为体积收缩量;g 为自由水质量。φ 与收缩大小、可塑性、矿物组成、分散度、被吸附的阳离子的性质和数量有关。φ 越大表示坯体的干燥敏感性高,干燥时越易开裂。黏土的 φ 值为 $0.5 \sim 0.9$。

对于比较薄的产品,内部水分容易扩散到表面层。干燥速度取决于水分由表面向周围介质的蒸发速度。这时可以在不破坏内外扩散平衡的条件下适当提高干燥介质的温度与流动速度以加速干燥。

对于大型壁厚或三维尺度差异较大的产品,会由于干燥过快使得坯体内外层、坯体不同部位的含水率相差过大,产生不一致的收缩,使坯体变形开裂。由于较厚坯体部位内扩散较慢,同时与湿度梯度相反的温度梯度也阻碍了内扩散的进行。

为了使坯体内外均匀受热,防止水分从表面剧烈蒸发,在干燥初期应采用相对湿度较高、温度较低的热空气预热坯体;当内外均匀加热后,降低空气相对湿度;当干燥至临界水分以下可以进一步提高空气温度、降低空气湿度,并提高空气流速,使干燥过程快速进行。

根据热源的不同干燥方式分为热空气干燥、红外线干燥与电热干燥。

3.5.1　热空气干燥

热空气干燥的热源一般是蒸汽、窑炉预热和燃料直接燃烧加热。热空气干燥以对流传热为主,通过气体介质将热量传给坯体,同时将坯体蒸发出来的水蒸气带走。

红外线干燥以辐射传热为主,红外线的穿透能力强,所以热传递效果优于对流传热。当入射红外线的频率与被加热坯体的固有频率相当时,坯体吸收红外线引起坯体分子的激烈共振转换成分子热运动,使得坯体温度升高,内部的水分被加热排出。根据红外线的特点,可以采用间歇照射的方法加快干燥速度。远红外线干燥是将能发射红外线的物质制成涂料涂在发热元件的表面,利用发热元件发出的远红外线加热坯体表面和内部,达到坯体里外同时受热干燥的效果。远红外干燥具有质量好、快速与高效等优点。

3.5.2　电热干燥

电热干燥包括高频干燥和微波干燥。其中,高频干燥是利用高频电流"涡流效应"产生的热量对坯体进行加热干燥的方法。其最大特点是被加热物体内部先开始发热,因此受热体内部温度总是比表面温度高,传热是从内向外进行,这时传热与传质(水的蒸发与扩散)方向一致。因此对加速干燥非常有利。

微波干燥所用的是频率在 $3 \times 10^2 \sim 3 \times 10^6$ MHz、波长范围为 $0.001 \sim 1$ m 的电磁波。微波加热也属于高频介质加热。干燥常用频率为 (955 ± 25) MHz,(2450 ± 50) MHz。含水陶瓷坯体本身是能大量吸收微波能量的介质发热体。微波穿透能力强,对吸收性介质的穿透深度在 10 mm 至几百毫米,因此微波加热进行的是非热传导的内部整体加热,其加热时间短,升温均匀。但随坯体含水量的降低,加热效率降低。

坯体在干燥过程中常见的缺陷来源于干燥收缩不均匀所产生的变形与开裂。坯体干燥收缩不均匀的原因可以分为两类:经干燥处理所暴露出来的坯体本身缺陷及干燥工艺不合理所造成的缺陷。

引起坯体内部干燥不均匀、应力集中或应力分布不均的坯体内部因素在于:①坯体配方中塑性黏土含量过多或不足,泥料颗粒级配不合理,混合不均匀;②坯体含水量过高,或水分分布不均匀;③炼泥或成形时所形成的坯体内颗粒定向排列引起干燥收缩不均衡;④成形时受力不均匀,坯体各部位密度不一致,导致坯体各部位干燥收缩率也不一致;⑤炼泥或成形时坯体内所产生的应力未完全消除,在干燥过程中释放出来引起变形;⑥泥料在炼泥处理中已发生层裂,在成形中未能得到合理的处理与消除,在坯体干燥中发生开裂;⑦产品外形设计不合理,结构过于复杂,坯体厚薄不均,引起干燥不均匀。

干燥工艺不合理造成缺陷的原因在于:①干燥制度控制不当,干燥速度过快,内部应力过大使得尚处在可塑状态的坯体在干燥初期造成坯体扭曲变形。应力集中使得表面已硬化的坯体因收缩过大而开裂;②坯体各部位干燥不均匀,例如干燥器内的干燥热气流只向一个方向滚动。或干燥器内温度不均匀,或石膏模各部位吸水量不同,或自然干燥时局部受阳光照射或局部受风力吹刷等都会造成干燥不均,发生变形或开裂。因此,艺术瓷、大型制品的边缘及棱角处在干燥初期可以用湿布覆盖,适当缓和干燥速度,力求里外干燥速度均匀;③坯体放置不平或放置方法不合适,在干燥过程中由于重力作用引起变形。例如坯体与托板之间摩擦阻力过大,阻碍坯体自由收缩。当摩擦阻力大于坯体本身抗拉强度时发生开裂;④干燥时气流中的水汽凝聚在冷坯表面,造成坯体各部位含水量不均匀,引起坯体开裂。

实际造成干燥缺陷的因素是十分复杂的,需根据实际情况,深入实践,找出产生缺陷的主要原因,对症下药,才能采取切合实际的有效措施消除缺陷。

3.5.3　超临界干燥

超临界干燥是在介质临界温度和临界压力的条件下进行的干燥,它可以避免坯体在传统热干燥过程中出现的收缩和碎裂,尽最大可能保持坯体原有的结构与尺寸,防止陶瓷颗粒的团聚和凝并,这对于各种陶瓷颗粒尤其是纳米陶瓷的制备具有重大的意义。

该技术于 1931 年由 Kistler 开创性地提出。其在不破坏凝胶网络坯体结构的情况下将凝胶中的分散相去掉,获得了具有极高比表面积和孔体积,以及极低密度和导热系数的块状气凝胶。但由于当时存在制备周期长等技术上的困难,在以后的几十年中一直未引起足够重视。直至 1968 年科学家利用有机盐制备醇溶胶,才使超临界流体干燥技术得以实用化。1985 年 Tewari 首次采用 CO_2 作为超临界干燥介质,使超临界温度大幅降低,提高了设备的安全可靠性。超临界干燥技术的原理简述如下。

任何一种气体都有一个特定的温度,在此温度以上,不论施加多大压力都不能使气体液化,这个温度就被称为临界温度。使该气体在临界温度下液化所需的压力称为临界压力。

超临界流体干燥技术是利用液体的超临界现象,即气液相界面消失,来避免液体的表面张力。表面张力与温度有如下的关系:

$$\gamma = K \frac{T_c - T - 6.0}{\sqrt[3]{V^2}} \tag{3-11}$$

式中:V 为液体的摩尔体积;T_c 为临界绝对温度;K 为常数。当温度接近临界温度时,即 $T \to T_c$ 时,表面张力 γ 趋于零,气液界面消失。

超临界干燥的最大优点是可以有效避免普通干燥过程中造成的坯体坍缩和碎裂。其劣势在于所使用的器具为高压釜,对密闭性的要求极高,并且超临界干燥工艺需要的周期相对较长、产量较低、成本较高,通常用来制备要求较严格的产品。

扩展阅读

中国是瓷器的发明地和主要产地,素有"瓷器之国"的美誉。瓷器是我们的骄傲,可以毫不夸张地说,我们曾经用瓷器"征服"过整个世界。在我国物质文明发展的历史长河中,我国古代劳动人民用自己的双手生产出许多的器物,在众多的器物中,中国瓷器居于独特的地位。中国古代陶瓷发展历史非常悠久,黄帝尧舜时期至夏朝,比较著名的仰韶文化、马家窑文化、齐家文化等就已经出现了精美的彩陶器。大约在商代中期,最初的原始瓷器开始出现,西周、春秋战国时期开始兴盛起来。汉代时期,釉陶普遍出现,成熟的青瓷已经悄然流行。由于汉代实行厚葬的风俗,因而一些殉葬的明器非常流行,如各种陶质的楼阁、灶台、车马、动物圈、奴仆等造型各异,千姿百态。三国、两晋时期,我国江南地区的陶瓷业发展相当迅猛,越窑、瓯窑、婺州窑等著名瓷窑相继出现。南朝时期的白瓷为日后白瓷的发展提供了有力的支持。南北朝时期正值佛教文化艺术兴起,这对陶瓷的影响也是非常深远的,大量的瓷器上均有佛教艺术的痕迹,如具有代表性的"青瓷莲花尊"。除此之外,青瓷砚台、水盂等也非常流行。唐代是一个包容的社会,精细瓷器开始大量出现,其中比较著名的是唐三彩、邢窑白瓷。初唐时期,唐三彩主要以褐赭黄色为主,施釉草率,釉层较厚,色泽暗淡;盛唐时期,唐三彩工艺有了很大地提升,三彩俑大量出现,色彩有所增加,装饰内容更加丰富;晚唐时期,唐三彩的制作工艺出现了滑坡,此时的唐三彩多为小件器物,釉面单薄,单彩釉居多,而且还有脱落剥蚀现象。邢窑白瓷是唐代白瓷成熟的体现。五代十国是一个动荡的历史时期,此时吴越国的秘色瓷和广为传颂的柴窑最具影响力。神秘的秘色瓷在法门寺地宫的开启使世人对秘色瓷有所了解。广为传颂的柴窑瓷器虽然在古代文献中有所记载,但是传世器物几乎不见。宋代的制瓷业可以用蓬勃发展来形容,其中世界闻名的莫过于宋代"五大名窑",即汝窑、官窑、哥窑、钧窑、定窑。元代比较著名的是枢府瓷、青白瓷、青花瓷、釉里红瓷等。这些著名的瓷器为景德镇窑声名远播提供了非常坚实的基础。明清时期,各种彩瓷相继出现,绝美的单色釉瓷器、斗彩瓷器、五彩瓷器、素三彩瓷器、粉彩瓷器等共同组成了明清时期炫美多姿的彩瓷时代。

　　中国的瓷器不仅是实用的日用器皿,而且是价值很高的艺术品。自汉唐以来,中国的瓷器源源不断地销往国外,其制作技术亦随之传遍世界各地,受到各国人民的喜爱。在18世纪之前,全世界只有一个地方能够制造瓷器,生产瓷器,那就是中国。"中国"之所以在英语中被称为"China",与中国瓷器文化在世界产生既广且深的影响息息相关。作为世界认识中华文化的重要载体,中国瓷器是人类贸易史上第一个全球化的商品,其流传之久远,使用之广泛,真正做到了中国智慧全球共享。自隋唐以来,随着造船和航海技术的进一步成熟,中国瓷器经由海上丝绸之路源源不断地销往世界各地。尤其是到明清三百年之间,瓷器外销到了世界各地,风靡整个西方世界。在瓷器风靡世界的时候,让世界的人,尤其是西方世界的人感到非常的惊讶和羡慕。他们非常喜爱瓷器,但是,瓷器漂洋过海运到那边去以后,实际上变成了当时的奢侈品,所以瓷器在欧洲也有一个称呼为"白色的金子"。从东西贸易的历史表现来看,瓷器不仅一直存在,还在文化传播上发挥了重要作用,向世界讲述着中国文化。

思考题

　　1.分析粉末模压成形时,沿压坯高度方向密度分布,以及为改善压坯密度均匀性通常采取的措施。

　　2.对比模压成形和冷等静压成形的优缺点。

　　3.简述注射成形与热压注成形的相同点和不同点。

　　4.以 Al_2O_3 为例,运用胶体稳定的扩散双电层模型(双电层的产生、ζ 电势、双电层模型)分析 pH 值控制法调节陶瓷浆料悬浮性的原理。

　　5.什么是冷等静压,有什么好处? 分析说明冷等静压成形的优缺点。

　　6.粉体成形技术按照成形方法主要有压制成形和塑性成形两个大类,分析说明塑性成形方法的特点和优势。

　　7.分析说明流延成形的工艺过程和特点。

　　8.简要描述如何使用注浆制作陶瓷零件。注浆最常见的模具材料是什么?

　　9.注浆可以用多种方式完成,请举例说明。

　　10.凝胶注模与其他形式的注浆成形有何不同?

　　11.什么是挤出成形,形状限制是什么?

第 4 章　无机材料致密化烧结技术

烧结是陶瓷生坯在高温下的致密化过程和现象的总称。随着温度的上升和时间的延长，固体颗粒相互键联，晶粒长大，空隙（气孔）和晶界渐趋减少，通过物质的传递，其总体积收缩，密度增加，最后成为坚硬的只有某种显微结构的多晶烧结体，这种现象称为烧结。烧结是减少成形体中气孔，增强颗粒之间结合，提高机械强度的工艺过程。

烧结是粉末冶金、陶瓷、耐火材料，以及许多超高温材料的重要制备工序。一般陶瓷材料均期望有尽可能高（接近理论）的密度，描述致密化过程及其相关现象的理论即为陶瓷的烧结理论。陶瓷的烧结常分为初期、中期和后期三个阶段，目前最成熟的理论是描述烧结初期的理论，但烧结初期对致密化的显微结构发展的贡献最小，烧结中后期是烧结过程的决定性阶段。

无机粉状物料通过烧结过程转变为致密多晶体陶瓷材料，这种致密材料的显微组织一般由晶相、玻璃相和气孔相组成。烧结过程会直接影响材料显微组织中的晶粒尺寸与分布、气孔尺寸与分布，以及晶界的体积分数。

无机材料的性能与材料的显微组织有密切关系，对于化学成分相同而晶粒尺寸不同的烧结体，由于晶粒在长度或宽度方向上某些参数的叠加，晶界出现的频率不同，会引起材料性能的差异。例如材料的断裂强度(σ)与晶粒尺寸(G)有如下关系：

$$\sigma = f(G^{1/2}) \tag{4-1}$$

细小的晶粒尺寸有利于提高材料强度，材料电学和磁学参数的优劣在一定范围内也与晶粒尺寸有关。例如为了提高材料导磁率，希望晶粒大并择优取向。

除晶粒尺寸外，显微组织中的气孔常处于断裂源头位置，成为应力集中点而影响降低材料的力学强度并可能引起灾害性破坏；陶瓷中的气孔又是光散射中心，降低材料的透光度；气孔对畴壁运动起阻碍作用而影响铁电性和磁性等。

可以通过烧结过程控制晶界移动而抑制晶粒异常生长，通过控制表面扩散、晶界扩散和晶格扩散充填气孔，从而实现通过控制材料显微组织来改善材料性能。因此，当配方、原料粒度、成形等工序完成以后，烧结是使陶瓷材料获得预期显微组织，并使材料性能充分发挥的关键工序。由此可见，了解粉末烧结过程的现象和机理，了解烧结动力学及影响烧结的因素，对控制和改进材料的性能有着十分重要的工程实际意义。

根据在烧结过程中是否出现液相还可以把烧结分为固相烧结与液相烧结。

固相烧结（solid state sintering）是指将松散的粉末或经压制具有一定形状的粉末压坯置于不超过其熔点的设定温度，并在一定的气氛保护或大气环境下，保温一段时间的操作过程。所设定的温度称为烧结温度，使用的气氛称为烧结气氛，所用的保温时间称为烧结时间。常压固相烧结可以简单地定义为粉末压坯的（可控气氛）热处理过程。但与致密材料（如钢铁）在热处理过程中只发生一些固相转变不同的是，粉末在烧结过程中必须完成颗粒间物理结合向化学结合的转变。

液相烧结（liquid phase sintering）也是二元系或多元系粉末的烧结过程，其烧结温度超过其中某一组元的熔点并形成液相。液相可能在烧结的一个较长时间内存在，称为长存液相烧结；也可能在一个相对较短的时间内存在，称为瞬时液相烧结。比如，存在共晶成分的二元粉末系统，当烧结温度稍高于共晶温度时出现共晶液相，是一种典型的瞬时液相烧结过程。

多相粉末反应烧结（reaction sintering）一般是以形成所期望的化合物为目的的烧结。化合物可以是金属间化合物，也可以是陶瓷。烧结过程中颗粒或粉末之间发生的化学反应可以是吸热的，也可以是放热的。

活化烧结（activated sintering）是指固相多元系，一般是二元系粉末的固相烧结。通过将微量第二相粉末（常称之为添加剂、活化剂、烧结助剂）加入到主相粉末中，以达到降低主相粉末烧结温度，增加烧结速率或抑制晶粒长大和提高烧结材料性能的目的。

可以看出，活化烧结和液相烧结可以大大提高原子的扩散速率，加速烧结过程，因而也可以把它们笼统地称为强化烧结。

不施加外压力的烧结简称无压烧结或常压烧结，无压是指粉体不受机械的压力，常压指烧结时的周围气相为大致常压的环境。对松散粉末或粉末压坯同时施以高温和外压，则是所谓的加压烧结。

不同的粉末系统和特性可以采用不同的烧结技术，图 4-1 为典型的陶瓷材料烧结技术。根据烧结时是否施加外压力，可以把烧结技术分为两大类：不施加外压力的烧结和施加外压力的烧结，简称常压烧结（pressureless sintering）和加压烧结（applied pressure or pressure-assisted sintering）。

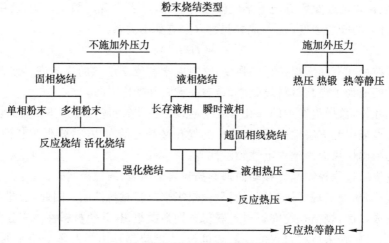

图 4-1　典型粉末烧结技术分类示意

热压（hot pressing）是指对置于限定形状石墨模具中的松散粉末或对粉末压坯加热的同时对其施加单轴压力的烧结过程。

热等静压（hot isostatic pressing）是指对装于包套之中的松散粉末加热的同时对其施加各向同性的等静压力的烧结过程。

粉末热锻（powder hot forging），又称烧结锻造，一般是先对压坯预烧结，然后在适当的高温下再实施加压。

更复杂一点的烧结是将上述典型烧结过程进行"排列组合"，形成一系列令人眼花缭乱的液相热压、反应热压和反应热等静压等复杂的烧结过程。

4.1　烧结过程的物理化学基础

4.1.1　与烧结有关的基本概念

1.烧结现象

烧结对陶瓷材料显微组织的形成具有重要作用。在烧结过程中伴随着坯体内所含溶剂、黏合剂、增塑剂等成分的去除,发生坯体中气孔减少,颗粒间结合强度增加,以及机械强度提高等现象。

粉料成形后的陶瓷坯体内颗粒之间为点接触,同时还含有大量的气体(35%~60%)。在烧结过程中表面积减少,因而与界面相关的过剩自由能也降低。因此,烧结是一种自发现象,其方向由因表面积减少而降低的自由能来决定。烧结过程中,在高温与应力作用下,初期阶段,由于粉体中的晶粒生长和重排过程,原来松散颗粒的黏结作用增加,气孔体积减小,颗粒的堆积比较紧密。第二个阶段,随时间延长,固体颗粒之间的接触面积逐渐扩大。由于物质从颗粒间的接触部分向气孔迁移,固体颗粒中心距离逐步靠近。同时伴随连通气孔变成孤立的气孔并逐渐缩小,通过颗粒中心的靠近和颗粒间接触面积的增加而将气孔完全排出,同时伴随坯体体积的收缩。伴随烧结过程发生的现象如图 4-2 所示。从图中可知,上述两种宏观现象中无论哪一个都不足以获得无孔多晶固体,只有通过它们两个的共同作用才能得到。

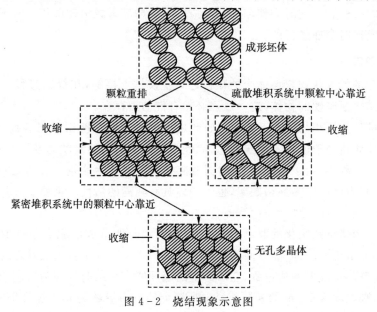

图 4-2　烧结现象示意图

以上现象发生的驱动力来源于颗粒以及包围颗粒的环境系统为了达到更稳定的状态,使系统自由能降低的过程。颗粒越细小,表面自由能越大,使用微小颗粒的原料粉末会获得大的烧结驱动力。在微观上,这是构成固体颗粒的原子和离子在颗粒结合部位及其附近的扩散,引起颗粒系统塑性变形的现象。我们把这种经过成形的粉末坯体加热到一定温度后开始收缩,在低于物质熔点温度之下变成致密、坚硬烧结体的过程称为烧结。

烧结体在宏观上出现体积收缩、致密度提高与强度增加现象,因此可以用坯体收缩率、气孔率、吸水率或相对密度(烧结体密度/理论密度)等指标来衡量陶瓷的烧结程度。

严格意义上的烧结仅指粉料经加热致密化的简单物理过程。更应该用烧成的概念来表述脱水、坯体内的气体分解、多相反应、溶解、烧结等一系列过程。烧成的含义和范围比烧结更宽,可以表述多相系统的变化,而烧结则仅仅是一部分。

与熔融过程相比,烧结和熔融都是原子热振动引起的,但熔融时的全部组元都是液相,而烧结却在远低于固态物质的熔融温度进行,且至少有一个组元处于固态。泰曼发现烧结温度 T_S 和熔融温度 T_M(绝对温标)之间的关系满足规律:金属粉末 $T_S \approx (0.3 \sim 0.4) T_M$,盐类 $T_S \approx 0.57 T_M$,硅酸盐 $T_S \approx (0.8 \sim 0.9) T_M$。

烧结与固相反应这两个过程均在低于材料熔点或熔融温度下进行,且在过程的自始至终都至少有一相是固态。但两个过程的不同之处是固相反应必须至少有两个固相组元参加,如 A 和 B,并且一定发生化学反应,最后生成的化合物 AB 的结构与性能也不同于 A 与 B;而烧结过程则既可以只有单组元参加,又可以有多组元参加,但两组元之间并不一定发生化学反应,而仅在表面能驱动下,粉体变成致密体。从结晶化学观点看,烧结体除可见的收缩外,其微观晶相组成与坯体相比并未发生实质变化,只是晶相颗粒排列更致密、结晶程度更完善。当然随着粉末坯体变为致密体,材料物理性能也随之有相应的变化。实际生产中往往不可能是纯物质的烧结。例如纯氧化铝烧结时,除了为了促进烧结人为加入一些添加剂外,"纯"氧化铝原料中也或多或少含有杂质。少量添加剂与杂质的存在,就出现了烧结的第二组元,甚至第三组元,因此固态物质烧结时,同时会伴随固相反应发生或局部熔融出现液相。实际生产中,烧结、固相反应往往是同时穿插进行的。

2. 烧结驱动力

压制成形后的粉末状物料坯体中的颗粒之间仅仅是点接触,在烧结过程中可以不通过化学反应而紧密结合成坚硬的物体,这一过程必然有推动力存在。

一般粉料的比表面积为 $1 \sim 10$ m^2/g,如此之大的比表面积使得粉料表面自由焓很高,粉料坯体与烧结体相比处于能量不稳定状态,高能量状态有向低能量状态发展的趋势;同时坯体中的粉料在制备过程中,由于粉碎、球磨等过程将机械能或其他能量以表面能的形式贮存在粉体中,并造成粉料表面的许多晶格缺陷,也使粉体具有较高的活性。据测定,MgO 粉体通过振动磨研磨 12 min 后,内能增加 10 kJ/mol。

烧结理论认为烧结致密化的驱动力是固-气界面消除所造成的表面积减少与表面自由能降低,以及新的能量更低的固-固界面的形成所导致的烧结过程中自由能发生的变化。细小的原料颗粒,不仅有利于成形制造过程,它所产生的表面能在烧结时也成为有利于致密化的推动力。计算表明,颗粒度为 1 μm 的粉料烧结时所降低的自由焓约为几十焦耳每摩尔,这个能量变化与相变时几百、几千焦耳每摩尔,化学反应时几十千、几百千焦耳每摩尔的能量变化相比还是非常小的,因此烧结不能在室温自发进行,必须以高温促使粉末坯体转变成固相烧结体。

近代烧结理论认为粉状物料的表面能高于多晶烧结体的晶界能。粉体经烧结后,晶界能取代了表面能,这是多晶材料能够稳定存在的原因。

可以用晶界能 γ_{GB} 和表面能 γ_S 的比值来衡量烧结的难易程度。比值越小越容易烧结,越大则越难烧结。例如 Al_2O_3 粉料的表面能约为 1 J/mol,晶界能为 0.4 J/mol,二者比值为 0.4,

相对而言比较容易烧结。而一些共价键材料,如 Si_3N_4、SiC、AlN 等,由于它们的晶界能 γ_{GB} 与表面能 γ_S 的比值高,烧结推动力小而难以烧结。清洁的 Si_3N_4 粉末 γ_S 为 $1.8\ J/m^2$,但它极易在空气中被氧污染而使 γ_S 降低,同时共价键材料原子之间强烈的方向性也使 γ_{GB} 增高。

　　表面和界面上所产生的许多重要变化起因于表面能所引起的弯曲表面内外压差。理想情况下,粉末压块的烧结应导致从松散堆积的球形粉末颗粒状态致密化为最紧密排列六边形颗粒阵列。需要强调的是烧结过程与孔径和形状的动态变化相关,例如在烧结的中间阶段形成圆柱形互连孔通道,一旦这些孔隙发生显著收缩(导致相对密度增加约 30%),烧结的最后阶段开始,孤立的孔只能通过晶格扩散去除。多孔坯体向致密固体的转化以及烧结过程中孔隙尺寸和形状的变化可以从第一原理计算中进行分析,第一原理计算的基础是,曲面施加到固体上的压力增加了成分的化学势和与之平衡的气相压力。

　　化学势的增加可以对 1 mol 材料从平坦表面通过蒸汽或液体转移到球形表面而得到。从热力学的基本概念来看,使半径为 r 的球体在外部约束下膨胀所做的功等于表面能的增加,可以写成:$-\Delta p \cdot dV = \gamma dA$。如图 4-3 所示,把一根毛细管插入液槽中并经过此管吹气泡,如果忽略重力作用,阻止气泡扩张的阻力仅是新增加的表面积和表面能。这种情况是针对粉末压块中的单个粉末颗粒实现的。

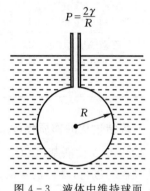

图 4-3　液体中维持球面所需的平衡压力

　　对于球形粒子 $dA = 8\pi r dr$ 和 $dV = 4\pi r^2 dr$,因此

$$\Delta p = 2\gamma/r \qquad (4-2)$$

式中:γ 是表面能,对于凸表面 $r>0$,对于平面 $r=\infty$,对于凹面 $r<0$。

　　对非球形界面,可以得到

$$\Delta p = \gamma\left(\frac{1}{r_1} + \frac{1}{r_2}\right) \qquad (4-3)$$

式中:r_1 和 r_2 为曲率主半径。

　　对于处于平衡状态的曲面,通过从平面到曲面得到 1 mol 材料的功来实现化学势的差异。在恒定温度和压力下,这可以表示为

$$\Delta u = RT\ln C - RT\ln C_0 = RT\ln(C/C_0) = RT\ln(p/p_0) \qquad (4-4)$$
$$= 在增加表面积方面所做的功$$

式中:C 和 p 分别是弯曲界面处的浓度和蒸气压;C_0 和 p_0 分别是平坦界面处的浓度和蒸气压。

　　曲面内外压差也会使表面曲率大的地方蒸气压或可溶性增加。压差 Δp 引起的摩尔蒸气压增量为

$$\bar{V}\Delta p = RT\ln\frac{p}{p_0} = \bar{V}\gamma\left(\frac{1}{r_1} + \frac{1}{r_2}\right) \qquad (4-5)$$

式中:$\bar{V}$ 是摩尔体积;p 是曲面上的蒸气压;p_0 是平面上的蒸气压。得到

$$\ln\frac{p}{p_0} = \frac{\bar{V}\gamma}{RT}\left(\frac{1}{r_1} + \frac{1}{r_2}\right) = \frac{M\gamma}{dRT}\left(\frac{1}{r_1} + \frac{1}{r_2}\right) \qquad (4-6)$$

式中:R 是气体常数;T 是温度;M 是分子量;d 是密度。这个结果表明,曲面内外压力变化及其引起的蒸气压或可溶性的增加,对于细颗粒材料是非常重要的。表 4-1 为颗粒曲率半径对压差与蒸气压的影响。

表 4-1　颗粒曲率半径对压差与蒸气压的影响

材料	曲率半径/μm	压差/MPa	相对蒸气压 p/p_0
氧化硅玻璃	0.1	11.9	1.02
(1700 ℃)	1.0	1.19	1.002
$\gamma=0.3$ J/m²	10.0	0.119	1.0002
液态钴	0.1	66.3	1.02
(1450 ℃)	1.0	6.63	1.002
$\gamma=1.7$ J/m²	10.0	0.663	1.0002
水	0.1	2.844	1.02
(25 ℃)	1.0	0.284	1.002
$\gamma=0.072$ J/m²	10.0	0.0284	1.0002
固态 Al_2O_3	0.1	35.7	1.02
(1850 ℃)	1.0	3.57	1.002
$\gamma=0.905$ J/m²	10.0	0.357	1.0002

3. 烧结过程的物质传输

1949 年库钦斯基(G. C. Kuczynski)以等径球体为基础提出了粉末压块的烧结模型。随烧结过程的进行,球体的接触点开始形成颈部,并逐渐扩大,最后烧结成一个整体。由于颈部所处环境和几何条件基本相同,因此只需确定两个颗粒形成颈部的生长速率就基本代表了整个烧结初期的动力学关系。

对颗粒接触点颈部通常采用两个等径球或者球平面(相当于半径较大的球)两种简化模型处理,即所谓的(等径)双球模型和平面-球模型。双球模型中,有两种情况,一种是颈部增长不引起两球间中心距离的缩短;另一种则是两球间中心距离随着颈部增长而缩短,如图 4-4 所示。

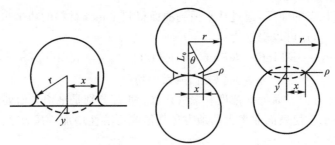

ρ—颈部曲率半径;r—颗粒的初始半径;x—颈部半径

图 4-4　烧结模型

假设烧结初期,粒径 r 变化很小,仍为球形,颈部半径 x 很小,则颈部体积 V、表面积 A 和表面曲率 ρ 与 r、x 的关系如表 4-2 所示。

可以认为在所有系统中,表面能都作为驱动力,只是由于烧结时传质机理的不同,颈部的增长方式不同,造成了不同的结果。可能的传质机理包括蒸发-凝聚、黏滞流动、表面扩散、晶界或晶格扩散及塑性变形。在高温过程中,由于颗粒表面曲率的不同,在系统的不同部位有不同的蒸气压,在蒸气压差的作用下可以形成蒸发-凝聚的一种传质趋势。这种传质方式虽然仅发生在高温蒸气压大的系统中,如 PbO、BeO 和氧化铁,但是这种定量处理的最简单的传质过程,可为了解复杂烧结过程提供一定的基础。

表 4 - 2　颈部体积 V、表面积 A 和表面曲率 ρ 与 r、x 的关系

模型	表面曲率 ρ	表面积 A	颈部体积 V
平面-球	$x^2/2r$	$\pi x^3/r$	$\pi x^4/2r$
双球(中心距不变)	$x^2/2r$	$\pi x^3/r$	$\pi x^4/2r$
双球(中心距缩短)	$x^2/4r$	$\pi x^3/2r$	$\pi x^4/4r$

在温度、压力和总组成保持不变的情况下,所做的功等于化学势的变化。因此,从前面的一组方程中可以看出:

$$RT\ln(C/C_0) = \gamma dA = \gamma(2V_m/r) \tag{4-7}$$

$$C = C_0\exp[(\gamma V_m/RT)(2/r)] \tag{4-8}$$

$$p = p_0\exp[(\gamma V_m/RT)(2/r)] \tag{4-9}$$

由于 $e^x \approx 1+x$(x 较小)

$$C = C_0[1+(\gamma V_m/RT)(2/r)] \tag{4-10}$$

$$p = p_0[1+(\gamma V_m/RT)(2/r)] \tag{4-11}$$

正曲率表面上的平衡蒸气压超过平面和负曲率表面上的蒸气压。弯曲表面上压力差的结果是与平面表面相比溶解度或蒸气压的变化。根据式(4-10)和式(4-11)溶解度或蒸气压的变化与颗粒尺寸近似成反比。因此,在陶瓷制备中,常合成亚微米尺寸的粉末,这会产生相当大的毛细力(2~5 MPa)。

考虑半径为 r 的两个相邻颗粒的情况,如图 4-5 所示。颗粒表面为正曲率半径,蒸气压比平面状态要大一些;两个颗粒之间联接处存在一负曲率半径的颈部,颈部蒸气压比颗粒要低一个数量级。正是颈部和颗粒表面之间的蒸气压差造成了物质由颗粒表面向颈部表面的迁移,从而使颈部得到填充。把式(4-6)写成

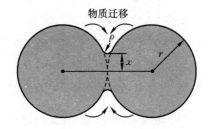

图 4 - 5　蒸发-凝聚烧结的起始阶段

$$\ln\frac{p_1}{p_0} = \frac{M\gamma}{dRT}\left(\frac{1}{\rho}+\frac{1}{x}\right) \tag{4-12}$$

式中:p_1 为小曲率半径处的蒸气压;M 为蒸气分子量;d 为密度。对所研究的情况,$x \gg \rho$,且压差 p_0-p_1 很小,这时 $\ln(p_1/p_0) \approx (\Delta p/p_0)$,$\Delta p$ 为负曲率半径 ρ 处与近似于平面的颗粒表面处平衡饱和蒸气压压差,即

$$\Delta p = \frac{M\gamma p_0}{dRT\rho} \tag{4-13}$$

可以用朗缪尔(Langmuir)方程表示正比于平衡蒸气压和大气压之差的凝聚速度 v,即

$$v = \alpha\Delta p\left(\frac{M}{2\pi RT}\right)^{1/2}\ (g/(cm^2 \cdot s)) \tag{4-14}$$

式中:α 为接近 1 的系数。于是凝聚速率应该等于体积的增加(A 为球体间透镜体表面积):

$$\frac{mA}{d} = \frac{dV}{dt}(\mathrm{cm^3/s}) \tag{4-15}$$

在 $x/r < 0.3$ 的时候,接触点的曲率半径 $\rho \approx x^2/2r$,$A \approx \pi^2 x^3/r$,球体间透镜状面积内包含的体积 $V \approx \pi x^4/2r$。将有关数据和表达式代入式(4-15),积分得到

$$\frac{x}{r} = \left(\frac{3\sqrt{\pi}\gamma M^{3/2} p_0}{\sqrt{2}R^{3/2} T^{3/2} d^2} \right)^{1/3} r^{-2/3} t^{1/3} \tag{4-16}$$

表达式给出了颗粒间接触面积直径 x 和影响其生长速率变量之间的关系。

与单个颗粒尺寸有关的结合面积是非常重要的,它给出了结合颗粒的投影面积分数,也是决定强度、传导性等有关材料性质的主要因素。从式(4-16)可以看出,接触颈部的生长速率 (x/r) 随 $t^{\frac{1}{3}}$ 而变化。金格瑞等对氯化钠球进行了烧结试验,氯化钠在烧结温度有较高的蒸气压,实验结果用对数坐标表达为直线的形式,如图4-6所示。

实验观察到,烧结初期的烧结速率随 $t^{\frac{1}{3}}$ 而变化,随烧结的进行,颈部生长很快就停止了。

在蒸发-凝聚过程中,随烧结颈部区域的扩大,球的形状逐步变为椭圆,气孔形状也发生变化,但两个球形颗粒中心之间的距离并未受颗粒表面向颗粒颈部传质的影响(图4-7)。这意味着整个坯体的收缩不受气相传质过程的影响,气相传质仅改变了气孔的形状,这种改变可能对材料性质有很大的影响,但不会影响材料的密度。这种传质过程用延长烧结时间是不能达到进一步促进烧结的效果的。

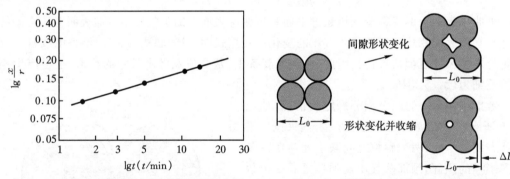

图4-6   725 ℃时氯化钠球形颗粒间颈部生长   图4-7   颈部长大、气孔与中心距的改变

除了时间因素,在蒸发-凝聚过程中,起始颗粒尺寸与蒸气压也是影响接触颈部生长速率的重要因素。起始颗粒尺寸越小,烧结速率越大。温度提高有利于提高蒸气压,因而对烧结是有利的。

对微米级颗粒尺寸,气相传质要求蒸气压的数量级为 $10 \sim 1$ Pa,远高于氧化物或类似材料在烧结时的蒸气压,如 Al_2O_3 在 1200 ℃时的蒸气压只有 10^{-41} Pa,因而这种传质方式在一般陶瓷材料的烧结中并不多见。

对大多数高温蒸气压低的固体材料,烧结时的物质传递可能更容易通过固态过程产生。颈部区域和颗粒表面之间的自由能或化学势差,提供了固态传质传输可以利用的驱动力。可能的固态传质过程如图4-8和表4-3所示。除了气相传质③之外,物质还可以通过表面扩散、晶格扩散和晶界扩散从颗粒表面、颗粒内部或晶界向颈部传输。在特定的系统中,真正对烧结致密化起显著作用的到底是哪一种过程或哪几种过程的联合作用,取决于它们的相对速率,因为每一种传质过程都是降低自由能的方式。在这些传质路径中,通过颗粒表面扩散或晶

格扩散从表面传递到颈部的传质像蒸气传质一样,不会引起颗粒中心间距的任何减小,只有从颗粒体积内或从颗粒晶界上的传质才会引起坯体收缩和气孔的消除。

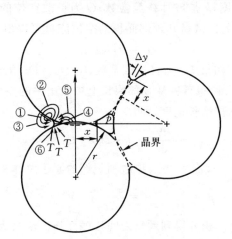

图 4 - 8　烧结初期物质可能的传输路径

表 4 - 3　烧结初期物质可能的传输过程

编号	传输路径	物质来源	物质到达位置
①	表面扩散	表面	颈部
②	晶格扩散	表面	颈部
③	气相传质	表面	颈部
④	晶界扩散	晶界	颈部
⑤	晶格扩散	晶界	颈部
⑥	晶格扩散	位错	颈部

在烧结过程中,无论是否存在外部压力,颈部弯曲导致的压力将影响晶界平面和颈部区域之间的质量输运和空位输运。使用以下表达式,将空位浓度的变化与应力(σ)相关联,可以表示这一点:

$$C_V(\sigma = \sigma) = C_V(\sigma = 0)\exp[\sigma\Omega/KT] \tag{4-17}$$

式中:Ω 为空位体积。考虑到($\sigma\Omega/KT$)项较小,可以写为:

$$C_V(\sigma = \sigma) = C_V(\sigma = 0)[1 + \sigma\Omega/KT] \tag{4-18}$$

由于压力差,C_V 在颈部区域较高,空位扩散沿空位浓度梯度向下发生。根据数学模型应该很清楚,空位从颈部区域流向晶界平面,这相当于从晶界平面到颈部区域的材料传输。此外根据表面能估计颈部压力为负,且晶界平面上的压应力将导致球形颗粒的互穿,从而导致粉末压块的整体收缩。如果施加外力,ΔP 增加,因此,空位浓度增加,导致更多的传质。这是热压或其他压力辅助烧结工艺中更好致密化的基础。

可以推导从颗粒中的晶界处到颈部通过晶格扩散⑤所引起的烧结。假设由于表面张力的作用,在颈部有空位浓度梯度 $\Delta n/\rho$,空位浓度差与式(4-13)有相似的形式,把分子量换成体积,则有浓度差

$$\Delta n = n_0 \frac{\gamma Q}{\rho k T} \tag{4-19}$$

式中：n_0 是平面上的空位浓度；k 是玻耳兹曼常数；Q 为扩散空位的原子体积。在这一浓度梯度下，每秒钟从每单位周长上扩散离开颈部面积的空位流量可以由下式给出：

$$J = 4D_V \Delta n \tag{4-20}$$

式中：D_V 为空位扩散系数。如果 D^* 为自扩散系数，则 $D_V = D^*/Q n_0$。

颈部接触处的周长为 $2\pi x$，每秒钟从颈部周长上扩散出去的空位总体积为 $J \cdot 2\pi x \cdot Q$，由于空位扩散速度等于颈部体积增长速度，即

$$\frac{\mathrm{d}V}{\mathrm{d}t} = J \cdot 2\pi x \cdot Q \tag{4-21}$$

考虑颈部有关几何参数：曲率 ρ、面积 A 与扩散到颈部的原子总体积 V 分别为

$$\rho = \frac{x^2}{4r}; \quad A = \frac{\pi^2 x^3}{2r}; \quad V = \frac{\pi x^4}{4r} \tag{4-22}$$

把有关表达式代入式（4-21），积分得到颗粒之间接触面积的增大为

$$\frac{x}{r} = \left(\frac{160\gamma Q D^*}{kT}\right)^{1/5} r^{-3/5} t^{1/5} \tag{4-23}$$

除此之外，随着扩散，颗粒中心也互相靠近。在扩散传质时除颗粒向接触面积增加外，颗粒中心距靠近的速率为

$$\frac{\mathrm{d}(2\rho)}{\mathrm{d}t} = \frac{\mathrm{d}(x^2/2r)}{\mathrm{d}t} \tag{4-24}$$

计算后得到

$$\frac{\Delta V}{V_0} = \frac{3\Delta L}{L_0} = 3\left(\frac{5\gamma Q D^*}{kT}\right)^{2/5} r^{-6/5} t^{2/5} \tag{4-25}$$

在以扩散传质为主的烧结中，由式（4-25）可见，从工艺角度考虑，在烧结时需要控制的主要变量如下。

（1）烧结时间。可以看出，颗粒间结合面积（颈部增大速率）的生长随时间的 1/5 次方而增大（这与许多金属和陶瓷烧结所观察到的结果一致），而坯体所产生的致密化收缩（颗粒中心距逼近）正比于时间的 2/5 次方。烧结速率随烧结时间增加而稳定地下降，如果实验温度相等，则随时间增加的致密化速率会降低到一个最终值。因此单纯采用延长烧结时间来改善材料的烧结是不现实的，时间不是致密化过程最主要和最关键性的变量。图 4-9 为 NaF 和 Al_2O_3

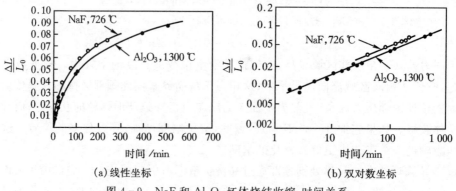

（a）线性坐标   （b）双对数坐标

图 4-9　NaF 和 Al_2O_3 坯体烧结收缩-时间关系

坯体烧结收缩-时间关系的直线和双对数坐标实验结果。

　　(2)原料的起始粒度。由式(4－23)可知，颈部增长与粒度的 3/5 次方成反比。图 4－10 为 Al_2O_3 在 1600 ℃烧结 100 h 后所得到的界面直径(x/r)与颗粒尺寸$(r^{-3/5})$的关系。可以看出，烧结速率和颗粒尺寸大致成反比关系。由图可见，大颗粒原料在很长时间内也不能充分烧结$(x/r$ 始终小于 0.1)。而小颗粒原料在同样时间内致密化速率很高$(x/r\rightarrow 0.4)$，因此在扩散传质的烧结过程中，起始粒度的控制是相当重要的。对大颗粒来说，延长烧结时间无助于彻底致密化，而减小颗粒尺寸则有利于提高烧结速率。

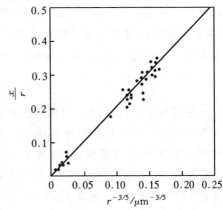

图 4－10　1600 ℃ 100 h 烧结 Al_2O_3 颗粒大小与颈部相对扩大速率的关系

　　(3)温度对烧结过程有决定性作用。由式(4－23)和式(4－25)可见，温度 T 出现在分母上，似乎随温度升高，x/r、$\Delta L/L_0$ 会减小，但实际上随温度升高，扩散系数成指数上升。因此，升高温度必然会加快烧结的进行。

　　控制烧结速率的另一个重要参数是扩散系数。扩散系数与材料的成分与温度有关，而表面、界面或体积作为扩散路径的相对有效性又受微观组织结构的影响。

4. 影响固相烧结的因素

　　在陶瓷的烧结中，晶界结构、成分及荷电对温度和杂质比较敏感，一般来说，有利于提高晶界扩散和体扩散系数的杂质总能提高固态烧结的速率；同时，晶界扩散和体扩散系数又都与温度有密切的关系，温度的高低对烧结速率的影响是特别重要的。

　　溶质成分的加入对纯陶瓷的烧结速率有重要影响。例如 TiO_2 的加入提高了 Al_2O_3 由体积和晶界扩散过程所控制的烧结速率，Ti 通过 Ti^{3+} 和 Ti^{4+} 以置换的方式进入 Al_2O_3 中，随 TiO_2 浓度增加，晶体缺陷浓度增加，而扩散系数又正比于空位浓度，从而使烧结速率增加，如图 4－11 所示。

　　综上所述，陶瓷由固态反应所产生的烧结过程，与材料初始颗粒度、颗粒分布、烧结温度、成分，以及烧结气氛有密切关系。

　　除了以上讨论，还可以推导出与式(4－23)、式(4－25)相似的许多表达式，证明在烧结的早期阶段，最重要的扩散机制是表面扩散，这种扩散影响颗粒间的颈部直径，但并不影响气孔率和坯体的收缩；随后，晶界扩散和体积扩散成为主要的扩散机制，特别在离子型陶瓷中，必须考虑阳离子和

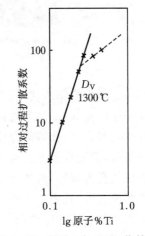

图 4－11　TiO_2 对 Al_2O_3 烧结中扩散系数的影响

阴离子的扩散系数，例如在 Al_2O_3 材料中，氧沿着晶界迅速扩散，而在晶界上或体积内移动较慢的铝离子则控制着整个烧结速率。

以上讨论都是以固体颗粒接触状态为基础的,一般来讲,这种过程只在烧结的初始阶段存在。随着烧结的进行,会逐步形成一种气孔和固体都是连续的过渡状态,接着气孔被互相隔开,成为孤立状态的显微结构。而在烧结的后续过程中,作为扩散源的晶界扩散和晶格扩散则是最重要的。在球形气孔时,可以得到物质向气孔的流量为

$$J = 4\pi D_V \Delta n \left(\frac{rR}{R - r} \right) \qquad (4-26)$$

式中:Δn 是过剩空位浓度;D_V 为体积扩散系数;r 为气孔半径;R 为有效物质源半径。将这个公式应用于特定的系统,当晶界上具有许多大小相同的气孔时,气孔越多,物质传输的平均扩散距离越短,气孔消除越快,如图4-12所示。因此晶界与气孔的几何关系在确定实际烧结速率时是十分关键的。

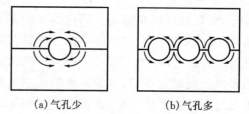

(a)气孔少　　　　　　(b)气孔多

图4-12　气孔数量与平均扩散距离

对细晶粒材料,在烧结的早期经常可以观察到晶粒尺寸和气孔尺寸的增大。主要原因之一在于烧结时出现的细颗粒迅速聚集成块,而将块之间的气孔遗留下来;同时由于晶粒快速长大,气孔随晶界一起移动而发生聚集(图4-13)。原始材料中细颗粒的严重聚集、结块、架桥都会造成较大的气孔。

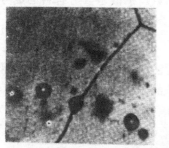
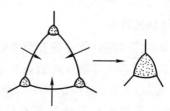

(a)气孔形状被移动的界面扭曲偏离球状　　(b)晶粒长大期间的气孔聚集

图4-13　颗粒长大使气孔扩大

在陶瓷材料烧结后期,气孔密度差异的来源:①原始材料中颗粒尺寸的差异;②坯体成形时生坯密度的差异;③加热时温度梯度造成表面附近气孔消失较快等原因,如图4-14所示。当气孔收缩时,含气孔的部分受到无气孔部分的牵制,这时,有效扩散距离不再是气孔与相邻晶界的距离,而变成了气孔与气孔或气孔与表面的距离。

假设气孔为球形,这与纯氧化物比较接近。取 r 作为外接晶粒球体半径,一个由多个晶粒包围的多面气孔,其表面曲率半径 ρ 与外接晶粒球体半径的比既取决于气固二面角,又取决于周围的晶粒数。图4-15中的曲线为 $r/\rho = 0$ 时气固二面角与周围晶粒数的关系,曲线下方对应气孔长大区域,曲线上方对应 $r/\rho > 0$ 的气孔收缩区域。曲线对应图4-16中 $r/\rho = 0$ 时的数据点,当 r/ρ 减小到零时,表明气固界面成平面并且再无收缩的趋势;当 r/ρ 为负值时,则气孔趋向长大。

气孔的存在在陶瓷烧结的初期有抑制晶粒长大的作用。可是当气孔率降到一定值时,就可能发生二次晶粒长大,在烧结温度比较高的情况下,可能晶粒有大幅度长大,这时许多气孔离开晶界成为孤立状态,气孔与晶界间的扩散距离变大,烧结速率降低。通过扩散达到的致密

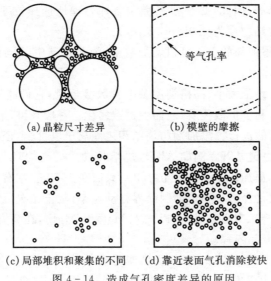

(a) 晶粒尺寸差异　　　　(b) 模壁的摩擦

(c) 局部堆积和聚集的不同　(d) 靠近表面气孔消除较快

图 4-14　造成气孔密度差异的原因

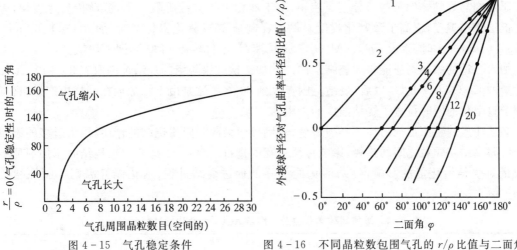

图 4-15　气孔稳定条件　　　图 4-16　不同晶粒数包围气孔的 r/ρ 比值与二面角

化可使气孔率约为 10%;之后由于二次再结晶引起晶粒快速长大,致密化速率急剧下降。为了达到进一步致密的目的,必须抑制二次再结晶;抑制二次再结晶最好的方法是加入添加剂。已发现 Al_2O_3 中加入 MgO,Y_2O_3 中加入 ThO_2,ThO_2 中加入 CaO 都能减缓晶界迁移,并且能通过固态烧结使材料中的气孔完全消除。多晶陶瓷的完全无气孔结构具有透光性,适宜作激光材料。

影响烧结过程的主要工艺因素是原料颗粒度、添加剂,以及相应的工艺条件。

细颗粒有利于增加烧结推动力,缩短原子扩散距离,提高颗粒在液相中的溶解度,导致烧结过程的加速。理论计算表明,当起始粒度从 2 μm 缩小到 0.5 μm 时,烧结速率增加 64 倍,起始粒度缩小到 0.05 μm 时,烧结速率增加 640000 倍。随起始粒度的减小,烧结温度一般可以相应降低 150~300 ℃。但过细的颗粒易吸附大量气体或离子,如 CO_3^{2-}、NO_3^-、Cl^-、OH^-等。这些吸附物要在很高的温度下才能除去,它们妨碍颗粒间的接触,阻碍了烧结,同时过细的颗粒容易产生二次再结晶,因此,必须根据烧结条件合理地选择粒度。Al_2O_3、MgO、UO_2、BeO 等材料合适的起始烧结粒度为 $0.05\sim0.5$ μm。

在固相烧结中,少量添加剂的引入可以增加缺陷;液相烧结中,添加剂的引入可以改变液相的性质,起促进烧结的作用。

当添加剂与烧结相的离子大小、晶格类型及电价数接近时,它们能形成固溶体,造成主晶相晶格畸变,缺陷增加,有利于扩散传质,从而促进致密化。一般来讲,形成有限固溶体比形成连续固溶体更能促进烧结的进行。添加剂与烧结相之间离子电价、半径相差越大,晶格畸变程度越大,促进烧结的作用也越显著。例如 Al_2O_3 烧结时,加入 3% 的 Cr_2O_3 形成连续固溶体可以在 1860 ℃烧结致密化,而加入 1%~2% 的 TiO_2 只需在 1600 ℃左右就能致密化。

添加剂与烧结相形成化合物有利于抑制晶界移动速率,制止二次再结晶,促进致密化。例如在烧结 Al_2O_3 时,为抑制二次再结晶,可以加入 MgO 和 MgF_2,在高温下形成镁铝尖晶石包裹在 Al_2O_3 晶粒表面,抑制晶界移动。

ZrO_2 由于存在晶型转变,较大的体积变化使得烧结难以进行。当加入 5% 的 CaO 后,Ca^{2+} 进入晶格置换 Zr^{4+},由于电价不等而生成负离子缺位固溶体,抑制了晶型转变,使烧结容易进行。

添加剂与烧结体的某些组分生成液相,由于液相中扩散传质阻力小,流动传质速度快,因而降低了烧结温度,提高了致密化程度。例如在制造 95% 氧化铝材料时,加入 CaO 和 SiO_2,在 $w_{CaO} : w_{SiO_2} = 1$ 时,生成 $CaO - Al_2O_3 - SiO_2$ 液相,该材料在 1450 ℃即可烧结。

加入合适的添加剂还能扩大烧结范围。例如锆钛酸铅陶瓷的烧结范围只有 20~40 ℃,加入适量的 La_2O_3 和 Nb_2O_3 以后,烧结范围扩大到 80 ℃。这是由于添加剂在晶格内产生空位,有利于致密化的同时拉宽了烧结温度的上限。

必须注意的是添加剂的加入必须适量,否则反而会起到阻碍烧结的作用,因为过多的添加剂会妨碍烧结相颗粒之间的接触,影响传质过程的进行。表 4-4 是 Al_2O_3 烧结时添加剂种类和数量对烧结活化能的影响,烧结活化能的降低促进烧结过程,活化能升高则抑制烧结致密化。

表 4-4　添加剂种类和数量与烧结 Al_2O_3 的活化能(kJ/mol)

无外加剂	MgO		Co_2O_3		TiO_2		MnO_2	
	2%	5%	2%	5%	2%	5%	2%	5%
120	95	130	95	135	90	120	65	60

提高烧结温度无论对固相扩散或溶解-沉淀析出等传质都是有利的,但是单纯提高温度不仅浪费能源,而且使材料性能恶化。过高的温度会促使二次再结晶,降低材料强度;在有液相的烧结中,过高的温度使液相增加,黏度下降,制品变形,因此材料烧结温度必须合适。

在烧结的低温阶段以表面扩散为主,高温阶段以体积扩散为主。如果材料在低温烧结时间过长,不仅对致密化不利,反而会因表面扩散使材料性能变坏。因此从理论上讲,应该尽可能快地从低温升到高温,为体积扩散创造条件。高温短时烧结是提高材料致密度的好方法,但还必须考虑材料的传热系数、再结晶温度、扩散系数等各种因素的共同作用,以合理制定烧结工艺。

在由扩散控制的氧化物烧结中,气氛的影响与扩散控制因素、气孔内气体的扩散和溶解能力有关。例如 Al_2O_3 材料的烧结是由负离子扩散速率所控制的,当它在还原气氛中烧结时,晶体中的氧从表面脱离,从而在晶格表面产生很多氧离子空位,使 O^{2-} 扩散系数增大,导致烧结过程加速。表 4-5 是在不同气氛下 $\alpha-Al_2O_3$ 中 O^{2-} 扩散系数和温度的关系。若氧化物的烧结是由正离子扩散速率所控制,则在氧化气氛中烧结,表面会积聚大量的氧,使金属离子空位增加,加速正离子扩散,促进烧结。

表 4-5　气氛、温度与 $\alpha-Al_2O_3$ 中 O^{2-} 的扩散系数(cm^2/s)

	1400 ℃	1450 ℃	1500 ℃	1550 ℃	1600 ℃
氢气	8.09×10^{-12}	2.36×10^{-11}	7.1×10^{-11}	2.51×10^{-10}	7.5×10^{-10}
空气	—	2.97×10^{-12}	2.7×10^{-11}	1.97×10^{-10}	4.9×10^{-10}

封闭气孔中气体分子尺寸越小越容易扩散,气孔也越容易消除。如 Al_2O_3 材料在氢气中烧结有利于氧离子空位的增加,同时由于 H 的扩散能力大,故在氢气中烧结致密化速率比空气中高。

当材料中含有铝、锂、铋、铅等挥发性物质时,必须注意控制烧结气氛。例如锆钛酸铅陶瓷烧结时必须要控制有一定分压的铅气氛,以抑制材料中铅的大量挥发,保持材料的化学组成,得到合适的材料性能。

烧结气氛的确定必须根据具体情况认真选择。

一般说来,成形压力越大,坯体中颗粒的接触越紧密,烧结时扩散阻力越小。但过高的成形压力可能使粉料发生脆性断裂,给烧结带来其他不利的影响。

5. 两步烧结制备纳米陶瓷材料

纳米陶瓷是指晶界宽度、晶粒尺寸、缺陷尺寸和第二相分布都在纳米数量级的陶瓷上。其尺寸的纳米化大大提高了晶界数量,使材料的超塑性和力学性能大大提高,极为有效地克服了传统陶瓷的弊端。纳米陶瓷的制备工艺主要包括纳米粉体的制备、成形和烧结。烧结是指陶瓷材料晶粒长大、晶界形成的同时逐渐致密化的过程,其作为纳米陶瓷制备的关键步骤,极大地影响着材料的结构和性能。

对于纳米陶瓷来说,它与常规陶瓷烧结的不同之处在于,普通陶瓷的烧结一般不必过多考虑晶粒的生长,而在纳米陶瓷的烧结过程中必须采取一切措施控制晶粒长大。由于纳米陶瓷粉体具有巨大的比表面积,使作为粉体烧结驱动力的表面能剧增,扩散增大,扩散路径变短,所以纳米粉体烧结与常规粉体的烧结具有以下特点:烧结活化能低、烧结速率快和烧结开始温度降低。

一般的无压烧结是采用等速烧结进行的,即控制一定的升温速度,达到预定温度后保温一定时间获得烧结体。在无压烧结中,由于温度是唯一可以控制的因素,因此如何选择最佳的烧结温度,从而在控制晶粒长大的前提下实现坯体的致密化,是纳米陶瓷制备中最需要研究的问题。

两步法烧结氧化铝陶瓷是 Chen I-Wei 首次试验发现的,该成果发表在 *Nature* 上,主要是用纳米粉烧结氧化镁陶瓷,通过两步法抑制晶粒长大。第一步在高温短时烧结氧化镁陶瓷,这时候要达到足够的致密度(大于 90%),第二步低温长时间烧结(窗口温度),这时候晶粒几乎没有长大驱动力,但是气孔可以通过晶界扩散消除,晶界扩散需要很长的时间,最后得到晶粒细小的氧化镁陶瓷,使用的是 10 nm 的粉体,最终烧结的氧化镁陶瓷晶粒为 80 nm 左右。常规的工艺晶粒至少是微米级别的。

从烧结理论上看,两步烧结法是通过巧妙控制温度的变化,在抑制晶界迁移的同时,保持晶界扩散处于活跃状态,来实现在晶粒不长大的前提下完成烧结的目的。

4.1.2 液相烧结基本理论

1. 液相烧结过程

在实际陶瓷材料烧结过程中,高温时在固体颗粒间会生成液相或熔融相,把这种烧结称为液相烧结。从多孔粉末压实制备各种致密陶瓷,液相烧结是一个重要的致密过程。其烧结过程与一般的固相烧结不同,烧结速度也较快。由于实际陶瓷粉料中经常含有少量杂质,因而许多材料在烧结中或多或少都要出现一些液相,即使在没有杂质的纯固相体系中,高温下也可能出现"接触"熔融现象。因此,纯粹的固相烧结在实际上是不容易实现的,大多数的陶器和瓷器也是通过复杂的液相烧结制造的。在工业生产上为了促进烧结,通过添加液相烧结助剂,在液相条件下进行烧结的例子很多,例如烧结碳化物、氮化物、氮化物陶瓷、$BaTiO_3$ 电容器、压电元件、少量液相存在的 MgO、加少量 TiO_2 的 UO_2 等。液相烧结的优点是提高烧结动力,采用比固相烧结低的温度,可以容易地烧结难以采用固相烧结的固体粉末。但对液相烧结的研究比固相烧结要少得多。

在液相烧结中,物质在液相中的扩散速率比固体中的扩散速率快,固体颗粒在液相中的滑移也较为容易进行,同时由于液相将固体颗粒润湿并在固体颗粒之间形成具有曲面的液面,形成的毛细管力作用使得颗粒互相靠近,烧结速度显著提高。

由于流动传质速率比扩散传质快,因而液相烧结致密化速率高,可使坯体在比固态烧结温度低得多的情况下获得致密的烧结体。液相烧结过程的速率与液相数量、液相性质(黏度和表面张力等)、液相与固相润湿情况、固相在液相中的溶解度等有密切的关系。因此,影响液相烧结的因素比固相烧结更为复杂,为定量研究带来困难。

为了使液相存在以便发生与固相烧结不同的快速烧结,必须具备以下几个条件:①应当存在相当量的液相;②固体颗粒在液相中应具有一定程度的溶解度;③固体颗粒应被液相完全润湿;④液相具有低黏度,固相成分的扩散系数大。如果固体颗粒不能完全被液相润湿,则液相不能浸入固体颗粒之间,颗粒与颗粒还会像原来那样的固体直接接触,烧结将通过固体颗粒间的接触点,依靠固相中的物质传递而发生,与前面所说的固相烧结没有什么区别。

液相烧结速率受温度的影响也很大。对于大多数粉末材料,温度稍微升高,就会导致粉末中所含液相量大大增加。在某些情况下,这种现象可提高致密化速率,是有益的;而在另一些情况下,由于产生过量的晶粒生长(这会使强度降低),会使坯体坍落和变形,这又是不利的。在选定的温度下所含的液相可以用相平衡图预测出来。因此,对组成必须小心地选择和控制,以使在选定的烧结温度下含有适宜的液相量。

考虑有液相存在的烧结过程时,烧结驱动力必须考虑表面张力的作用。系统中生成液相时,当固-气界面能 γ_{SV} 比液气界面能 γ_{LV} 大时,为使系统的总自由能降低,固体颗粒表面的气相被排出,使之形成自由能更低的液-气界面而固体表面被液相覆盖,这种情况下,重新形成的固-液界面的界面能 γ_{SL} 也对烧结过程产生影响,当($\gamma_{SV}-\gamma_{SL}$)$>\gamma_{LV}$ 时,固体表面完全被液相所覆盖。

在固体颗粒完全被覆盖的状态下,固体颗粒与固体颗粒的界面能 γ_{SS} 与固-液界面能 γ_{SL} 之间(图 4-17)处于平衡状态,因而,具有如下关系:

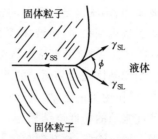

图 4-17　液相与固相颗粒间的两面角

$$\gamma_{SS} = 2\gamma_{SL}\cos(\phi/2) \qquad (4-27)$$

在这些界面能之间,如果存在 $2\gamma_{SL} > \gamma_{SS}$ 的关系,则 $\phi > 0$,液体完全不会进入固体颗粒之间;相反,当 $2\gamma_{SL} < \gamma_{SS}$ 时,满足式(4-27)的 ϕ 值不存在,液体完全进入而使固体颗粒分离。

另一个问题是进入液相中的气泡。设球状气泡的半径为 r_p,则如前所述,在该气泡上作用的压力用下式表示:

$$\Delta P = -2\gamma_{LV}/r_P \qquad (4-28)$$

此外,在颗粒表面具有很小曲率半径的毛细管状的凹坑上,也作用着同样的压力。这种压力的大小,如果按金格瑞对于熔融铜所作的计算,$\gamma_{Cu} = 1.28$ N/m,对于半径 $0.1~\mu m$ 的气泡,压力约为 2.55 MPa。存在于颗粒间的毛细管的直径约为 $1 \sim 0.1~\mu m$,有的更细,所以在该处作用着相当大的压力,可以认为这种压力也是烧结驱动力。除了表面能的降低仍然是液相烧结致密化的推动力外,来自细小固体颗粒之间液相的毛细管力也具有驱动力的作用。由于流动传质比扩散传质速度要快得多,因而烧结速率高,可在较低的温度下获得致密烧结体。

毛细管力所起的作用首先是使液相表面积减小,促进固体颗粒相对移动,使系统的总表面能减小,颗粒重新排列,形成最紧密堆积;其次是在紧密堆积的固体颗粒相互之间的接触点处,产生压力。在液相完全润湿整个系统时,从 $\gamma_{SS} > 2\gamma_{SL}$ 界面能的关系来看,也是理所当然的,这些颗粒之间的接触部位存在着液相薄层。这些颗粒中的两个颗粒由于液相毛细管力的作用,相互吸引,另一方面又由于颗粒之间的排斥力和颗粒表面上的液态薄膜使得颗粒与颗粒最终不能接触,颗粒接触部位离开的距离约为 $5 \sim 40$ nm。如图 4-18 所示,两个球通过薄膜状液相,借助毛细管力 $\Delta p = 2\gamma_{LV}/r$ 相互贴近。同时,在其接触部位,压缩力也发生着作用。这种压力由于下式所示的关系,起着增加接触点上固相化学势或活化的作用

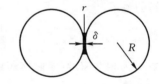

图 4-18　固态颗粒间毛细管力

$$\mu - \mu_0 = RT\ln a/a_0 = \Delta P \bar{V} \qquad (4-29)$$

式中:$\bar{V}$ 是摩尔体积。将式(4-28)代入,则成为下式:

$$\ln \frac{a}{a_0} = -\frac{K2\gamma_{LV}V_0}{rRT} \qquad (4-30)$$

式中:K 是与静水压有关的最大接触面压力的常数,在这种接触点上,活化能增大,成为固体颗粒相互靠近和通道物质传递而增加密度的直接驱动力。

2. 液相烧结机理

液相烧结的动力与固相烧结相同,仍为表面能(或表面张力)。其烧结机理分为流动传质和溶解-沉淀,过程大致可分为三个阶段。

(1)流动传质。

①玻璃化黏性流动过程。该过程适用于液相体积含量较大时的高温烧结,玻璃态黏性液体的流动是烧结致密化的主要传质过程。可用黏性流动机制描述的系统有剪切应力作用下的

高温玻璃相、热压烧结过程中的粉末。

从扩散机制来看,由液体或固体的黏性流动引起的烧结是由空穴或空位的扩散引起的。Frenkel(弗仑克尔)用非晶态物质的黏性流动来解释这种空位的运动。他还强调,晶体的黏性流动机制和晶体在滑移面上的塑性变形机制不同。黏性流动是一慢过程、一种空位在应力(如毛细管力)作用下的运动,且这种运动和扩散有关。

黏性流动的初期烧结模型(Frankel 双球模型),模拟了两个晶体粉末颗粒烧结的早期黏结过程。第一阶段,相邻颗粒之间接触面积增大,颗粒黏结,直至孔隙封闭;第二阶段,封闭气孔缩小。

与固相烧结中扩散过程相类似的方法,假设两个颗粒起初是互相接触的,与颗粒表面比较,曲率半径为 r 的颈部存在一个负压,在负压的作用下,物质的黏性流动逐渐填充颈部。Frenkel 导出了颈部面积直径和影响其生长速率变量之间的关系:

$$\frac{x}{r} = \left(\frac{3\gamma}{2\eta}\right)^{1/2} r^{-1/2} t^{1/2} \tag{4-31}$$

颗粒中心距离靠近产生的体积收缩为

$$\frac{\Delta V}{V} = \frac{3\Delta L}{L} = \frac{9\gamma}{4\eta r}t \tag{4-32}$$

式中:r 为颗粒半径;x 为颈部半径;γ 为表面张力;η 为液体黏度;t 为烧结时间。

可以看出收缩正比于时间与表面张力,反比于黏度与颗粒尺寸。

随烧结时间的延长,坯体中的小气孔逐渐缩小成半径为 r_0 的封闭气孔。每个闭口气孔内有一数值为 $2\gamma/r_0$ 的负压,相当于在外部作用一个使其致密的同样数值的正压。

从致密材料的气孔率和黏度来推论多孔材料的性质,利用近似法得出了相对密度与烧结时间的关系:

$$\frac{\mathrm{d}\theta}{\mathrm{d}t} = \frac{2}{3}\left(\frac{4\pi}{3}\right)^{1/3} n^{1/3} \frac{\gamma}{\eta}(1-\theta)^{2/3}\theta^{1/3} \tag{4-33}$$

式中:θ 为相对密度(实际体积密度/理论密度);n 为单位体积内气孔数,有以下关系:

$$n\frac{4\pi}{3}r_0^3 = \frac{\text{气孔体积}}{\text{固体体积}} = \frac{1-\theta}{\theta} \tag{4-34}$$

$$n^{1/3} = \left(\frac{1-\theta}{\theta}\right)^{1/3}\left(\frac{3}{4\pi}\right)^{1/3}\frac{1}{r_0} \tag{4-35}$$

取颗粒尺寸 r 与气孔尺寸 r_0 的关系为 $0.41r=r_0$,得到:

$$\frac{\mathrm{d}\theta}{\mathrm{d}t} = \frac{3\gamma}{2r\eta}(1-\theta) \tag{4-36}$$

影响黏性流动过程的因素:A. 颗粒尺寸。当颗粒尺寸从 $10~\mu\mathrm{m}$ 减小到 $1~\mu\mathrm{m}$ 时,烧结速率可以增加 10 倍。B. 温度。温度可以改变黏度。对于典型的钠-钙-硅酸盐玻璃,在 $100~℃$ 的温度范围黏度可以变化 1000 倍,而致密化速率也以同样的倍数变化。C. 成分。通过成分的改变也可以减小玻璃态的黏度,提高致密化速率。注意:颗粒尺寸与黏度控制的关系。过低黏度的玻璃相使得在致密化过程中坯体在重力作用下变形,通过颗粒尺寸范围的控制,可以使表面张力所产生的应力显著大于重力所产生的应力。最好的办法是采用非常细、颗粒分布非常均匀的材料,同时对液态过程致密化的材料必须加以支撑,防止发生变形。

②玻璃化塑性流动过程。玻璃化流动过程传质的重要前提是系统在高温能形成黏性玻

璃,在细小气孔造成的压力作用下黏性流动完成了主要的致密化过程。烧结时坯体中液相含量很少,或者因为成分使液相黏度很高,这时整个流动过程相当于具有屈服点的塑性流动而不是真正的黏性流动。

影响因素有颗粒尺寸、温度和时间。在较高的温度下液相含量增加,黏度降低;而在相同温度下,通过较长时间的烧结也有利于致密化过程。

相对密度与烧结时间的关系:

$$\frac{\mathrm{d}\theta}{\mathrm{d}t} = \frac{3}{2}\frac{\gamma}{r\eta}(1-\theta)\left[1 - \frac{fr}{\sqrt{2}\gamma}\ln\left(\frac{1}{1-\theta}\right)\right] \tag{4-37}$$

式中:f 为液相的屈服值,f 越高,$\mathrm{d}\theta/\mathrm{d}t$ 越低;当 $f=0$ 时,属黏性流动,是牛顿型;当 [ ] 中的值趋于 0,$\mathrm{d}\theta/\mathrm{d}t$ 趋于零 0,此时即为终点密度;为达到致密烧结,应选择最小的 r、η 和较大的 γ。

(2)具有活性液体的溶解-沉淀过程。

高温烧成时,固体的成分能够和液体形成具有一定可溶性的体系,该烧结过程为固体的溶解和再沉淀(析晶),从而使晶粒长大,并获得致密陶瓷体。

第一阶段:颗粒重新排列。此阶段影响烧结的主要因素为润湿角与表面张力。如烧结过程中开始产生的液相不多,但润湿情况良好,则液相一出现就包裹于颗粒表面,形成液膜,并在互相接触的颗粒之间形成颈部,液体表面呈凹面,如图 4-19 所示。对于曲率半径为 ρ 的凹面产生一个负压,即 γ/ρ,γ 为液相表面张力。曲率半径愈小,产生的负压愈大,这个力是指向凹面中心的,使液面向曲率中心移动。在物体的密度还未显著增大以前,由于这一负压的作用,使颗粒接触部分受毛细管压力(p)作用而互相靠拢。如液相量继续增多(约占体积的 30% 时),在润湿性良好颗粒间摩擦系数大大减小,颗粒很容易发生相对移动,排出或压缩孔隙。而颗粒本身则紧密堆积,其收缩率为

图 4-19　颗粒在液相作用下的重排

$$\frac{\Delta L}{L_0} = \frac{1}{3}\frac{\Delta V}{V_0} \approx t^{1+y} \tag{4-38}$$

式中:$\Delta L/L_0$ 为线收缩率,$\Delta V/V_0$ 为体积收缩率,t 是时间,$1+y$ 为指数。烧结中由于气孔尺寸减小增加了驱动力,但随着再排列阻力的增加,$1+y$ 表示比 1 稍大。颗粒重排过程是否能达到高度致密化程度,与液相量有关,图 4-20 表示了颗粒重排中液相量的影响。液相体积分数较小时,由重排导致的收缩比较小,还需依靠下一阶段,而液相量的增加使得重排导致的收缩增加,30%~35% 的液相存在时,只需颗粒重排就可以达到高度致密化。

第二阶段:颗粒溶解沉淀析出。在陶瓷与耐火材料生产

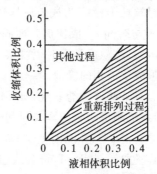

图 4-20　液相量与体积收缩

中,固相与液相的化学性质往往很接近,在这种情况下,液相不仅润湿性好,而且对固相有一定的溶解能力,这点可以由相图看出(虽然烧结达不到平衡状态,但指出了固相溶解的可能性)。

烧结初期,即使有大量液相存在,收缩仍按式(4-38)进行,只是当烧结进行到一定程度才开始有溶解沉淀析出现象发生。

一种观点(LSW 模型)认为:小颗粒溶解度比大颗粒大,因而相对大颗粒的饱和溶液,对于

小颗粒来说就是不饱和的。结果小颗粒不断溶解，然后沉积在大颗粒上，使大颗粒不断增大，由此导致晶粒的长大和致密化。但这种解释是不完全的，因为从最紧密堆积原理出发，相同的大颗粒不一定堆积紧密，除非有大量液相存在，将所有孔隙填满。事实上，在烧结后期，甚至当颗粒已经长得相当大之后，坯体的致密化仍然在继续进行。由此说明，上述过程不一定是坯体致密化的主要途径。

另一种（Kingery 模型）观点认为：在重排过程之后，紧密堆积的颗粒就被一层薄薄的液膜所分开，由于颗粒经过重排，接触紧密，所以颗粒间的液膜的厚度是很薄的。液膜愈薄，颗粒受压力 p（图 4 - 19）愈大。由于压力作用，颗粒接触处的溶解度提高，这点已为实验所证明。接触处的物质不断溶解，然后迁移到其他表面上沉淀析出，这一过程又称溶解沉淀析出过程。由于颗粒接触处物质的不断溶解，使两颗粒中心距离缩小，继续产生收缩。

这阶段的收缩有如下关系：

$$\left(\frac{\Delta L}{L_0}\right)^3 = K \frac{\gamma h D^* CV}{RT} r^{-4} t \tag{4-39}$$

式中：K 是一个与颗粒半径和堆积情况有关的几何常数，约为 6；γ 是液相表面张力；h 是颗粒间液膜厚；D^* 是被溶解物质在液相中的扩散系数；C 是固体在液相中的溶解度；V 是被溶解物质的摩尔体积；R 是气体常数。上式表明，在溶解沉淀析出阶段，线收缩率与时间的 1/3 次方成正比。

第三阶段：颗粒长大。虽然烧结速度下降，但继续在高温下烧结。由于封闭气孔的影响，烧结体的显微组织结构还会继续变化，即颗粒长大、颗粒之间的胶结、液相在气孔中的充填、不同曲面间的溶解沉淀析出等现象仍会继续进行，不过比较缓慢。此阶段颗粒成长可按下式计算：

$$r^3 - r_0^3 = 6 \frac{\sigma_{SL} D^* CM}{D^2 RT} t \tag{4-40}$$

式中：σ_{SL} 为固相与液相之间的界面能；M 为固体物质的分子量；D 为固体物质的密度；r_0 为开始时颗粒半径；r 为成长后的颗粒半径。式（4-40）说明，液相参加下的烧结，其颗粒成长（半径 r）与时间 $t^{1/3}$ 成比例。而固相烧结时，颗粒成长（半径 r）一般与时间 $t^{1/2}$ 成比例；但在固相烧结后期，晶粒成长有时也观察到 r 与 $t^{1/3}$ 的比例关系，其原因之一可能就是由于少量杂质的存在形成了液相的缘故。

对某些硅酸盐系统，如 MgO -高岭土（2％质量）系统测得的收缩率与时间的对数关系中，可以明显看出 3 个阶段的差别，如图 4 - 21 所示。开始阶段曲线斜率≈1，符合式（4-38）的关系，为颗粒重排阶段；颗粒较粗的 MgO 在烧结的第二阶段 $\Delta L/L_0$ 与 $t^{1/3}$ 成比例，直线斜率为 1/3，符合式（4-39），为溶解沉淀析出阶段；烧结进一步进行，曲线斜率下降，烧结进入末期。从该图还可以看出，颗粒越细，开始阶段进行速度越快，但速度降低也越快。原因可能有多方面，但最主要还是由于形成的封闭气孔中的气体排出，气压增高抵消

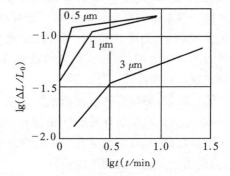

图 4 - 21　不同颗粒度 MgO -高岭土（2％质量）1750 ℃烧结情况

了表面张力的作用,使烧结过程减慢,甚至停顿。

由烧结速度式(4-38)和式(4-39)可知,液相烧结程度与时间 t 成正比。时间越长,烧结越完全。由溶解-沉淀析出过程的式(4-39)可知,液相烧结与颗粒半径 r 成反比,原料颗粒细时,烧结情况良好。但这种液相烧结过程的主要驱动力在于液-气界面的减小而带来的系统的总自由能减小,所以对烧结中固体颗粒长大的作用,其影响不像固相烧结那样大。扩散系数虽受温度影响,但在液相那样的低黏度状态下,温度对它无任何影响,所以,该过程与温度的依赖关系比固相扩散烧结小得多,与固相烧结相比,液相烧结时的温度调节更加容易。但若坯体中生成的液相量过多,在烧成过程中则会使烧成物发生软化变形。所以,需要把液相量控制在一定范围内,必须注意避免发生因组成不均匀而生成的局部性液相量过多的情况。

4.2　常压烧结

常压烧结(pressureless sintering)是将成形坯体装入炉内,在 1.013×10^5 Pa 气压下烧成的纯烧结工艺,也是陶瓷烧结工艺中最普通的一种烧结方法。

常压烧结的驱动力主要来自自由能的变化,即粉末表面积减小,表面能下降。常压烧结过程中的物质传递可通过固相或液相扩散来进行,也可通过蒸发-凝聚机制进行。气相传质需要把物质加热到足够高的温度以便有可观的蒸气压,对一般陶瓷材料作用甚小。在通常空气气氛下的常压烧结很难获得完全无气孔的制品,该工艺主要在制备传统陶瓷材料时采用,在制备氧化物工程陶瓷中也经常使用。与其他方法相比,常压烧结的成本要低得多,并且有利于大规模生产。

常压烧结并不是完全不考虑烧结气氛的影响,特别是在采用黏土等天然原料时,要注意坯体中发生的氧化、分解等反应对烧结的影响,一般通过对烧结制度的调整,来改善烧结环境气氛。由于常压烧结不仅可以制备大而复杂的陶瓷构件,还具有量大和低成本的特点,因此被认为是工业上最有效的生产方法,广泛应用于瓷器、耐火材料、电子陶瓷及结构陶瓷的烧结。

常压烧成方式分间歇式和连续式两种。对于氧化物陶瓷一般使用空气烧结气氛,必要时也使用氢气、氮气及特殊气氛。对于非氧化物陶瓷,为了防止氧化,一般使用真空、氩气、氮气等。对于某些单靠固相烧结无法致密的材料,需要通过采用添加少量烧结助剂的方法,使助剂在高温下生成液相,通过液相传质来达到烧结的目的。由于原料粉末的特性和成形体充填状态的不同,最终达到的密度和残存气孔的大小和分布的差别也有很大不同。即使使用同一种粉末,由于后续工艺过程的不同也会造成致密化行为和烧结体特性的不同。常压烧结是在没有外加驱动力的情况下进行的,所得材料性能相对于热压工艺的要稍差一些。

不加机械压力的真空烧结简称真空烧结。这种方法主要用于烧结高温非氧化物陶瓷以及含 TiC 的硬质合金、含钴的金属陶瓷等。目前,真空技术的发展使真空烧结成为粉末冶金的重要手段。真空烧结可避免 O_2、N_2 及填料成分对材料的污染,提高材料的性能;能更好地排出烧结体空隙中残留的气体和 Si、Al、Mg、Ca 等微量氧化物杂质。

真空烧结炉的加热方式随烧结体的形状及烧结温度不同而异,使用最多的是辐射加热方式(间接加热),加热器材料和形状的选择主要考虑:①烧结温度;②发热体材料对烧结体污染的容许度;③根据烧结周期确定发热体的寿命等。

为防止非氧化物系陶瓷(Si_3N_4、SiC、B_4C 等)在烧结时的氧化,需要在氮气、氩气等惰性气体或真空条件下进行烧结。对于在高温常压下易于气化的材料,可适当提高气体压力,烧结气氛压力可达到 1 MPa。气氛常压烧结法基本不会降低烧结温度。在真空或氢气氛中烧结时,陶瓷烧结体中气孔被置换后可以很快通过扩散,达到消除气孔的目的。使用这种烧结方法可以制备透明氧化物陶瓷,如 Al_2O_3、MgO、Y_2O_3、BeO、ZrO_2 等。对含有易挥发成分的陶瓷材料,为了抑制低熔点物质的挥发,常将坯体用具有相同成分的片状或粒状物质包围,以获得较高易挥发成分的分压,保证材料组成的稳定。氧化铝是最具代表性的烧结性非常好的氧化物,在大气中就可以烧结。使用高纯度氧化铝微粉烧结成形体时,在开始阶段致密化进行得很快,随后由于快速晶界移动造成晶粒生长,大量气孔残留在晶粒内部。排出气孔的方法之一就是在高纯度氧化铝微粉中添加微量氧化镁,通过抑制晶粒生长使气孔在晶界处被消除。氧化铝添加微量氧化镁的烧结效果如图 4-22 所示。这个成分组成还可以进一步在氢气中烧结,使气孔内部的气体通过晶界扩散来消除。对于像微电子基板等需要低温烧结的产品,可以添加在烧结过程中生成液相、仍可保持氧化铝电气特性的添加物,利用液相烧结在低温下达到致密化,具有节省能源的效果。

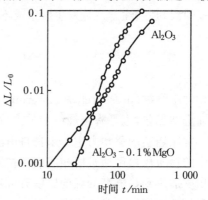

图 4-22　Al_2O_3-MgO 在 1535 ℃时的收缩

　　碳化硅的常压烧结分固相烧结与液相烧结。碳化硅固相烧结是由美国科学家 Prochazka 在 1974 年首先发明的。在亚微米级 β-SiC 中添加少量 B 与 C,实现了 SiC 的常压烧结,获得了接近 95% 理论密度的致密烧结体。随后 W. Bocker 和 H. Hansner 采用 α-SiC 为原料,添加 B、C 同样获得了致密 SiC 材料。研究表明 B 与 Al 的化合物均可以与 SiC 形成固溶体促进烧结。加入的碳与 SiC 表面的 SiO_2 反应,增加了表面能,对烧结有利。固相烧结的 SiC,基本无液相存在,晶粒在高温下很易长大,因此表现为穿晶断裂方式,强度与断裂韧性分别为 300～450 MPa 和 3.5～4.5 MPa·$m^{1/2}$。但由于晶界较为"干净",高温强度不随温度的升高而变化,一般能在 1600 ℃长期使用。目前固相烧结 SiC-AlN 系统很值得注意,由于它具有良好的电阻与导热件,有可能是一种廉价的大规模集成电路的基板材料。

　　氮化硅和氮化铝这两种氮化物在大气中比较容易氧化,而且需要较高的烧结温度,一般使用碳素材料作为其烧结设备的炉衬和发热体。由于坯体材料与碳素容易反应(特别是氮化硅),因此必须设法避免两者之间的接触,可以在碳素材料表面涂覆氮化硼粉末,使用氮化硼坩埚,或者使用与烧结材料同材质的坩埚,使用与烧结样品同样材质的埋粉等。这两种氮化物都是难烧结物质,因此一般情况下需要使用烧结助剂。氮化硅可以添加氧化钇和氧化铝系的助剂,氮化铝则添加氧化钇或氧化钙烧结助剂,然后通过液相烧结提高材料的烧结特性,获得致密的烧结体。图 4-23 为氮化铝常压烧结的实例。可

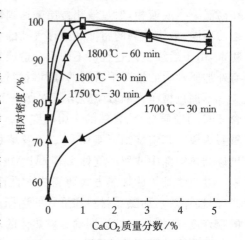

图 4-23　碳酸钙与氮化铝的致密化

以看出添加物对致密化的效果非常显著。由于氮化硅的蒸气压很高,分解温度和烧结温度非常接近,因此,经常在高于 1.013×10^5 Pa 的条件下烧结,但从成本方面看,常压烧结占有优势,可以在常压烧结后再进行热等静压(HIP)处理,以达到高度致密化的目的。

碳化硅的液相烧结是美国科学家 M. A. Mulla 在 20 世纪 90 年代初提出的。它的主要烧结添加剂 $Y_2O_3 - Al_2O_3$ 系存在 3 个低共熔化合物:YAG($Y_3Al_5O_{15}$,熔点 1760 ℃),YAP(YAlO$_3$,熔点为 1850 ℃),YAM($Y_4Al_2O_9$,熔点 1940 ℃)。为了降低烧结温度一般采用 YAG 作为 SiC 的烧结添加剂。当 YAG 的组成达到质量分数 6% 时,碳化硅材料已基本达到致密化。Al_2O_3 组分在烧结过程中会发生质量损失,因此要适当增加 Al_2O_3 加入量,将 YAG 的组分变成 YAG - Al_2O_3,此时材料的相对密度从 98% 提高到 99%,几乎完全致密。材料的强度从 600 MPa 提高到 707 MPa,断裂韧性从 8.1 MPa · m$^{1/2}$ 提高到 10.7 MPa · m$^{1/2}$,此结果非常引人注目。它的出现开拓了常压烧结 SiC 材料的新应用,尤其是在性能要求较高的工况下使用。

4.3　加压烧结

4.3.1　热压烧结

热压烧结是制备高性能陶瓷材料的一种有效烧结方法。热压烧结是一种加压烧结方法,热压烧结时,把粉末装在模腔内,高温烧结时在粉末成形体上额外施加轴向作用力以促进烧结。热压装置示意图如图 4 - 24 所示,发热体加热模具与模具中的粉末,同时在上下模冲两个方向施加单轴压力,也可以把整个热压装置放入真空和保护气氛装置中。外部施加压力补充了烧结驱动力,因此烧结效率高,烧结温度低,在短时间内能把粉末烧结成致密均匀、晶粒细小的制品,而且烧结添加剂或助剂用量少。

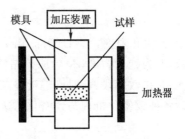

图 4 - 24　热压装置示意图

与普通烧结不同的是,热压烧结并不完全依靠毛细管作用所施加的压力,而是在高温所施加的外加压力。热压时一般不需要非常细的粉末颗粒原料,也排出了不均匀混合可能造成的大气孔;同时可以在不发生大幅度晶粒长大或不发生二次再结晶的温度下进行致密化,细晶粒和高密度可以使许多陶瓷材料的性能达到最优。

加压致密化的过程可以由固态烧结、液相烧结等机理产生。但由于比普通烧结增加了外压力的因素,所以致密化机理更为复杂,很难用一个统一的动力学方程描述所有材料的热压过程。

实际致密驱动力 P_T 可以由下式表达:

$$P_T = P_e + 2\gamma/r_P - P_i \qquad (4-41)$$

式中:P_e 为额外作用力;γ 为表面能;r_P 为气孔半径;P_i 为内部气孔应力。

可以用扩散蠕变理论说明热压时存在极限密度。随温度升高,材料黏度和屈服值降低,有利于孔隙缩小,但温度升高在热压后期又会造成晶粒明显长大,不利于扩散控制的致密化过程,由于两种相反的致密化因素作用,热压材料密度不会无限增大。

根据对氧化物和碳化物等硬质粉末的热压实验研究,致密化过程大致有以下三个连续过渡的阶段。

(1)微流动阶段:在热压初期,颗粒之间发生相对滑移、破碎和塑性变形,类似常压烧结的颗粒重排,此阶段致密化速率最大。致密化速率取决于粉末粒度、形状和材料的屈服强度。这个阶段的线收缩可由 $\Delta L/L \propto t^n$(n 为 0.17~0.58)表示,其中 t 为时间,n 为常数。

(2)塑性流动阶段:类似常压烧结后期的闭孔收缩阶段,以塑性流动性质为主,致密化速率减慢。由于热压致密化速率远大于普通烧结速率,因此近似地表示热压致密化的方程为

$$(\mathrm{d}\theta/\mathrm{d}t)_{\mathrm{HP}} \approx \frac{3P}{4\eta}(1-\theta) \tag{4-42}$$

式中:θ 为密度。此式表明烧结速率随外加压力 P 与材料黏度 η 之比增加而增加。将公式积分,得到热压动力学方程的表达式为

$$\ln\left(\frac{1}{1-\theta}\right) = \frac{3P}{4\eta}t + C \tag{4-43}$$

许多实验表明,对硬质材料(Al_2O_3、SiC 等)有关塑性流动理论得到的方程在热压初期还比较一致,但在热压温度较高、时间较长时存在一定的误差,这是由于塑性流动理论没有考虑晶粒尺寸的变化。1961 年柯瓦尔钦科(Ковачико)等提出气孔分散在非压缩黏性介质中的模型,从流变学理论推导了热压方程式,并根据纳巴罗-赫仑的蠕变理论,考虑了晶粒尺寸与晶界的影响,导出了公式

$$\mathrm{d}p/\mathrm{d}t = -\frac{P}{4\eta_0(1+bt)} \cdot \frac{\rho(3-p)}{1-2p} \tag{4-44}$$

式中:p 为孔隙度,$p=1-\theta$;η_0 由 $\eta(t)=\eta_0(1+bt)$ 而得,$\eta_0=kTd_0^2/10D_V\Omega$,其中 k 为玻耳兹曼常数,T 为绝对温度,d_0 为原始晶粒尺寸,D_V 为扩散系数,Ω 为原子体积。

(3)扩散阶段:此时已趋近终点密度,以扩散控制的蠕变为主要机理。图 4-25 是 MgO 热压时各种致密化机理与致密化总速率的关系。

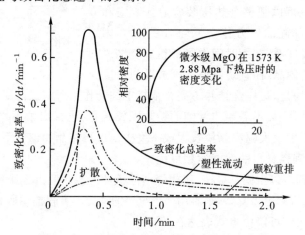

图 4-25　两种致密化机理的致密化速率曲线

科布尔认为硬质粉末热压后期为受扩散控制的蠕变过程,考虑晶粒长大使致密化速率降低的影响后,将 η 直接代入式(4-43),整理简化后得

$$p = p_0(1+bt) - kP \tag{4-45}$$

式中:p_0 为原始孔隙度,$k=15/2 \cdot D_V\Omega/kTd_0^2b$;$P$ 为压力;b 为常数。

与常压烧结相比,热压烧结提供了额外的压力,增加了驱动力。热压烧结致密化的主要机

制:①晶格扩散;②晶界扩散;③位错运动产生塑性变形;④黏性流动;⑤晶界滑移;⑥颗粒重排。热压时施加压力的大小以及在压制粉末中存在晶体结构缺陷的情况、塑性变形、扩散蠕变过程等都会影响制品的密度,热压作用的简单示意图如图 4-26 所示。

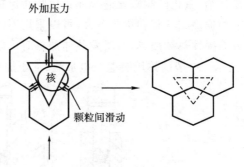

图 4-26　热压致密化作用机制

相对于常压烧结,对同一材料而言,热压烧结温度降低,烧结时间缩短,烧结后的气孔率也低得多。所得到的烧结制品晶粒细小,致密化程度高,机械、电学性能优异。这种方法容易实现对晶粒大小的控制,并有利于保持材料成分中高蒸气压组分稳定。

考虑工艺操作要求和模具材料的强度,热压所施加的压力一般为 10～30 MPa。对热压模具所用材料的选择需要考虑的因素:①材料具有充足的强度,能承受高温和应力;②与被烧结材料之间具有低的反应性;③模具加工的容易性;④特定气氛下的化学稳定性。根据热压产品的特性,热压可以在真空、保护气氛,以及一定气体压力保护气氛条件下进行。在氧化性气氛下的模具主要使用氧化铝,根据温度条件的不同,也可以使用碳化硅;在惰性气氛下的模具主要使用石墨。

热压模具材料的选择限定了热压温度和热压压力的上限。石墨是在 1200 ℃ 以上,常常达到约 2000 ℃ 进行热压时最合适的模具材料,根据石墨质量的不同,其最高压力可限定在十几至几十 MPa,根据不同情况,模具的使用寿命可以从几次到几十次。为了提高模具的寿命,有利于脱模,在石墨模具表面涂覆六方氮化硼粉末可以防止与样品的反应,但石墨模具不能在氧化气氛下使用。氧化铝模具可在氧化气氛下使用,热压压力可达到几百兆帕。表 4-6 为常用的热压模具材料。

表 4-6　常用热压模具材料

模具材料	最高使用温度/℃	最高使用压力/MPa	特点
石墨	2500	70	非氧化气氛
氧化铝	1200	210	加工困难、抗热冲击性差、易蠕变
氧化锆	1180	—	加工困难、抗热冲击性差、易蠕变
氧化铍	1000	105	加工困难、抗热冲击性差、易蠕变
碳化硅	1500	280	加工困难、易与制品反应、价格高
碳化钽	1200	56	加工困难、易与制品反应、价格高
碳化钨、碳化钛	1400	70	加工困难、易与制品反应、价格高
二硼化钛	1200	105	加工困难,易氧化、蠕变,价格高
钨	1500	245	加工困难,易氧化、蠕变,价格高
钼	1100	21	加工困难,易氧化、蠕变,价格高
高温镍基合金	1100	—	易蠕变
合金不锈钢	1100	—	易蠕变

不同模具材料适用于不同的烧结环境气氛,氧化铝和氧化锆等一般在大气或真空下进行热压烧结,氮化硅和碳化硅等非氧化物在保护气氛下进行热压烧结。

根据烧结气氛和烧结条件,可以采用不同的热压加热方式。普遍使用的方法是硅碳棒加热或石墨发热体加热;石墨发热体加热时可以用电阻直接加热和感应加热两种方式,如图4-27所示。一般的热压装置以电加热、油压加压方式最为多见。

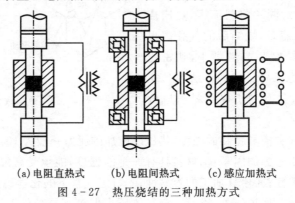

(a)电阻直热式   (b)电阻间热式   (c)感应加热式

图4-27   热压烧结的三种加热方式

根据烧结材料的不同,加压操作工艺可以采用整个加热过程保持恒压、高温阶段加压,或在不同温度阶段加不同压力的分段加压法等。

与一般的烧结方法相比,热压烧结具有以下优点。

(1)烧结性:压力提高了粉末的烧结性。因此,对于添加颗粒或晶须复合材料的烧结特别有效。例如氧化铝粉末添加体积分数30%的碳化硅晶须,使用普通常压烧结方法不能制备出高密度的烧结体,利用热压方法则可以获得高密度烧结体。

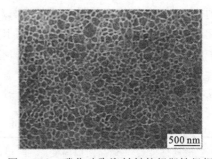

图4-28   碳化硅陶瓷材料的超塑性组织

(2)低温烧结:外加压力使得在较低的温度可以获得高密度的烧结体,有利于抑制晶粒长大。例如在氮化硅或碳化硅微粉中加入在低温下可以形成液相的烧结助剂,热压烧结后可以得到由细小晶粒组成的烧结体,并可表现出超塑性变形。图4-28是碳化硅在1750 ℃下表现出超塑性的显微组织。使用等离子将碳化硅颗粒腐蚀,晶界上可以观察到的玻璃相为白色。平均晶粒颗粒直径100 nm,比通常的烧结体要小1个数量级。

(3)颗粒排列的方向性:在压力作用下材料中的颗粒可以在特定方向排列,获得各向异性的显微组织,导致机械性能、热、电、磁等特性的各向异性。对比热压烧结获得的定向排列的氮化硅和粉碎后无排列样品的X射线衍射图谱(图4-29),可以看出,$\beta-Si_3N_4$的c轴在与施压面垂直的面上定向排列。在氮化硅和烧结助剂的混合物中添加柱状晶核,流延成形法获得的薄膜,重叠热压后可以获得与加压方向垂直的柱状颗粒的定向排列

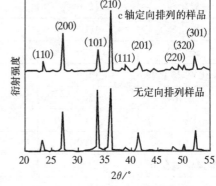

图4-29   氮化硅的X射线衍射

组织。定向排列方向上的热传导率可达 120 W/(m·K)。

(4)高纯度:烧结性能的提高可减少烧结助剂加入量或不添加烧结助剂,从而获得高纯度烧结体。

(5)组分的控制:由于烧结在模具中进行,造成了一个准封闭的条件,可以防止普通烧结时出现的成分挥发或分解,从而控制材料组成的变化。

(6)形状的精密性:在一定的模具内装入定量的粉末进行烧结,可以精确控制得到零件的尺寸。

但是热压烧结也具有以下缺点:①形状的限制。热压模具限制了产品的形状,烧结体仅限于板状、柱状等简单形状。为了克服这个缺点,可以将复杂形状的预烧结体埋入惰性粉末中,在特殊设计的模具中加压烧结。②大型化问题。制作大尺寸的产品时,使用通常的烧结法比较容易实现。使用热压时,除了要确保模具的强度,还牵涉必须使油压机大型化的问题。③批量性。由于工艺的特殊性,热压烧结难以实现连续生产,价格也不容易降低,但最近也有通过机械和模具的改善实现连续生产的例子。④模具。对热压工艺的模具材料要求较高且材料容易损耗,模具材料的选择需要考虑使用温度、热压时的气氛和价格,模具材料的热膨胀系数要低于热压材料的热膨胀系数(冷却后制品容易脱模)。⑤热压工艺的效率低、能耗较大。⑥完全避免模具和样品的反应比较困难,因此在样品的表面附近经常出现变质相。⑦热压制品表面粗糙,精度低,产品使用时一般需要进行精加工。

热压烧结陶瓷产品的应用实例如下。

(1)结构材料:柴油发动机点火装置中的氮化硅火花塞(glow plug),内部钨线圈作为发热体,氮化硅作为保护材料,可以高温使用,具有长寿命的优点。用热压法还制造了添加碳化硅晶须的氧化铝复合材料,作为切削工具。

(2)高导热材料:碳化硅具有和金刚石类似的结晶构造,本质上具有高的热传导率,但是在常压烧结时使用的硼和铝的化合物在烧结过程中固溶于晶粒内,造成热传导率的下降。铍化合物的加入在常压烧结时难以致密化,使用热压烧结则可以实现高密度化。热压烧结的添加少量铍化合物的碳化硅可以获得 270 W/(m·K)的高热传导率。

(3)磁性材料:利用热压烧结可以得到结晶方向各向异性的铁磁性材料,获得的多晶材料特性接近于单晶材料。

(4)光学材料:利用热压可以控制透光材料及 PZT 和 PLZT 之类材料的粒径和组成。特别是含铅的材料在烧结过程中有发散的问题存在,使用热压可以在低温下烧结或者利用准密闭系统,使组成的变化减小。

(5)电子材料:薄膜合成用的高纯度溅射靶(sputtering targets)必须是高纯度、高密度,形状主要是圆盘状,使用热压法最为适合。

(6)热压烧结氮化硅(Hot Pressed Silicon Nitride,HPSN)。反应烧结氮化硅的密度一般只能达 $2.2 \sim 2.7$ g/cm³,制品强度很低。在要求高密度和高强度的情况下,采用热压烧结制备工艺,烧结体密度可以接近理论密度,其强度、硬度都很好。据报导,日本所研究的热压氮化硅室温弯曲强度达到了 1300 MPa。

(7)多孔材料:采用较短上下压头的部分热压法,通过控制模具中添加粉末的重量,也可以制备多孔陶瓷材料,在同样粉末成分和烧结工艺下获得不同气孔率(0%~40%)的多孔陶瓷材料。

4.3.2 振荡压力烧结

现有的压力烧结技术采用的都是静态的恒定压力,烧结过程中静态压力的引入,虽有助于气孔排出和陶瓷致密度提升,但难以完全将离子键和共价键的特种陶瓷材料内部气孔排出,对于所希望制备的超高强度、高韧性、高硬度和高可靠性的材料仍然具有一定的局限性。HP 静态压力烧结局限性的主要原因体现在以下 3 个方面:①在烧结开始前和烧结前期,恒定的压力无法使模具内的粉体充分实现颗粒重排,获得高的堆积密度;②在烧结中后期,塑性流动和团聚体消除仍然受到一定限制,难以实现材料的完全均匀致密化;③在烧结后期,恒定压力难以实现残余孔隙的完全排出。

清华大学谢志鹏课题组提出在粉末烧结过程中引入动态振荡压力替代现有的恒定静态压力这一全新的设计思想,并在国际上率先研发出一种振荡压力烧结(Oscillatory Pressure Sintering,OPS)技术和设备。其基本原理是在一个比较大的恒定压力作用下,叠加一个频率和振幅均可调的振荡压力,将传统烧结中施加的"死力"变为"活力"。振荡压力耦合装置和原理示意图如图 4-30 所示。

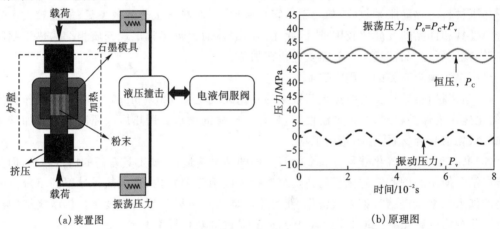

(a)装置图   (b)原理图

图 4-30　振荡压力耦合装置及其原理示意图

OPS 技术强化陶瓷致密化的机理研究表明:首先,烧结过程中施加的连续振荡压力通过颗粒重排和消除颗粒团聚,缩短了扩散距离;其次,在烧结中后期,振荡压力为粉体烧结提供了更大的烧结驱动力,有利于加速黏性流动和扩散蠕变,激发烧结体内的晶粒旋转、晶界滑移和塑性形变,进而加快坯体的致密化;另外,通过调节振荡压力的频率和大小增强塑性形变,可促进烧结后期晶界处气孔的合并和排出,进而完全消除材料内部的残余气孔,使材料的密度接近理论密度;最后,OPS 技术能够有效抑制晶粒生长,强化晶界。简而言之,OPS 过程中材料的致密化主要源于以下两方面的机制:一是表面能作用下的晶界扩散、晶格扩散和蒸发-凝聚等传统机制;二是振荡压力赋予的新机制,包括颗粒重排、晶界滑移、塑性形变以及形变引起的晶粒移动、气孔排出等。因此,采用 OPS 技术可充分加速粉体致密化、降低烧结温度、缩短保温时间、抑制晶粒生长等,从而制备出具有超高强度和高可靠性的硬质合金材料和陶瓷材料,以满足极端应用环境对材料性能的更高需求。

与常压烧结和热压烧结技术相比,OPS 技术使烧结温度分别降低了 150～250 ℃ 和 50～100 ℃,并且细化了晶粒,强化了晶界,排出了残余气孔,提高了强度和可靠性。

4.3.3 热等静压烧结

与热压的双向施加外力不同,热等静压(HIP)是通过高压气体在高温下对所要制备产品施加静水压力的烧结方法。一般情况下,热等静压烧结时成形和烧结是同时进行的。它结合了冷等静压(CIP)成形工艺与高温压力烧结的优点,解决了普通热压烧结中缺乏横向压力和产品密度不够均匀的问题,并可使坯体的致密度接近 100%。

热等静压技术的炉体为一高压容器,容器内有加热系统。将密封在不透气韧性金属或玻璃套中的粉末或压坯置于加热系统中,在加热的同时引入适当压力的中性气体,如 H_2、N_2 或 Ar 气,通过加热的气体对包套内的粉末或坯体施加有效的静水压力,实现粉末材料的高温加压烧结。美国在 1955 年首先研制成功这一技术,20 世纪 70 年代开始用于陶瓷烧结。热等静压无需刚性模具传递压力,从而不受模具强度的限制,可选择更高的外加压力。随着设备发热元件、热绝缘层和测温技术的进步,当前热等静压设备的工作温度已达到 2000 ℃或更高,气体压力为 300~1000 MPa。

高温热等静压设备工艺装置如图 4-31 所示。热等静压设备一般包括五个主要组成部分,即高压缸、热等静压炉、气体加压系统、电气和辅助系统。目前热等静压设备向大型化发展,同时大型化也有利于降低成本。目前已经有工作室使用直径达 1.5 m、高 3.2 m 的热等静压设备,其装载容积达 5.56 m³。实验室多选用压力 200 MPa,温度为 2200 ℃的小型设备。

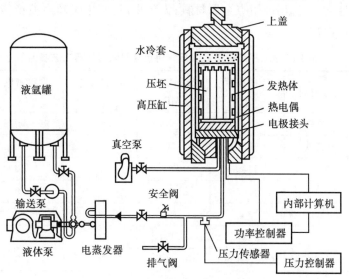

图 4-31 热等静压设备工艺装置

由于热等静压是高压气体直接作用于坯体,具有连通气孔的陶瓷素坯不能直接进行热等静压烧结。必须先对素坯进行包套处理,称为包套 HIP,又称直接 HIP 法。另外,也可以对已烧结到相对密度 94%以上的陶瓷部件进行热等静压的后处理,称为 pos-HIP,即无包套 HIP。在向热等静压包套中填充粉末时,高而均匀的充填密度有利于改善粉体导热性,缩短升温时间。在充填时不应出现粒度和成分的偏析。粉末填充可以采用手工或机械的方法,填充完毕,即可对包套抽真空脱气、封焊。目前国内外采用的热等静压工艺一般有先升压后升温、先升温后升压、同时升温升压和热装料等四种方式,如图 4-32 所示。

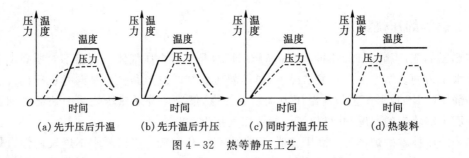

图 4-32　热等静压工艺

　　包套作为气密性容器,在装料后需经过真空抽气以排出气体和水分,并在热等静压过程中保证压力介质不进入坯体孔隙,以确保产品质量。包套的设计与选用是热等静压技术的重要关键。在选择包套材料时,必须考虑包套材料有绝对可靠的气密性,不与被压制材料反应,在高温、高压作用下有良好的强度和塑性,易加工成形,热等静压后便于利用常规机械方法或化学腐蚀方法使包套与产品分离,并尽可能地便宜。热等静压常用钢、镍、钛、不锈钢、钼、铜、锆等金属材料或钾钠铅硅玻璃、硼硅酸盐玻璃、铝硅酸盐玻璃、高硅氧玻璃、石英玻璃等非金属材料作为包套材料。

　　表 4-7 为工程陶瓷热等静压常用包套材料与热压工艺参数。陶瓷热等静压时,可根据不同的材料选用不同的包套材料。氧化物陶瓷需要包套内保留氧化性气氛,可选用无碳铁;氮化硅的热等静压温度高,应选用高熔点金属材料;为防止污染,用于超声波换能器的铌酸钾钠陶瓷应选用铂作包套内衬。

表 4-7　工程陶瓷热等静压常用包套材料与热压工艺参数

粉末材料	包套材料	压制温度 /℃	压制压力 /MPa	压制时间 /h	理论密度 /%	备注
氧化铝	无碳铁	1150～1370	70～140	0.5～3	96～99.8	
氧化铝	无碳铁	1350	150	3	99.99	
氧化镁	—	1150	70	3	97.8	
氧化镁	—	1300	100	3	98.0	
硼化锆	钛	1350	100	3	99.95	
氧化铍	—	1290	70	3	97.6	
氧化铀	金属	1150～1260	70～100	3	99.9	
碳化铀	金属	1350	70	—		
氮化铀	金属	1540	70	4		
碳化钽	钛	1595～1760	70			
碳化钨	钛	1595～1760	70～100		全致密	
氮化硼	钛	1500	100	0.2	—	氧化镁传压
氟化锂	—	400～500	100	3		氧化镁传压
氟化锂	—	800～1100	100	1		氧化镁传压
石　墨	钽	1650	46	—	74	

粉末材料	包套材料	压制温度 /℃	压制压力 /MPa	压制时间 /h	理论密度 /%	备注
石　墨	钽	2700	168	—	99	
铁氧体	镍＋氧化铝	1250	200	0.2	99.99	玻璃传压
钛酸钡	金属氧化物	1100	70～140	—	致密	
氮化硅	钼	1760	260～400	1～2	95	
铌酸钾钠	钼＋不锈钢	1160	70	0.5	致密	

　　除了金属包套，还可以采用非金属材料作为包套，主要包括玻璃、陶瓷和熔融玻璃介质。这类包套容易制作，对压坯形状适应性大、成本低，使用中不会像金属包套那样起皱而影响压坯尺寸形状的精度，同时容易剥离；缺点是脆、易碎，同时要求热等静压工艺采用低压加热或无压加热，在包套软化后才可升压。玻璃包套的制作方法和普通玻璃容器一样。当被压物料为冷压坯时，玻璃包套的形状并不要求完全与压坯形状密合，采用简单的玻璃包套也可以成形复杂形状的部件，如图4-33所示。熔融包套的工作原理是把压坯埋入玻璃或低熔点金属中，经加热熔融即可进行热等静压，如图4-34所示。陶瓷包套是通过蜡模造型制得的，但使用时需要特别小心，防止热等静压前破裂。

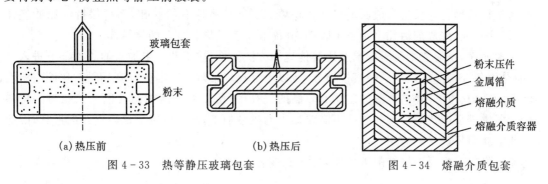

图4-33　热等静压玻璃包套　　　　　　图4-34　熔融介质包套

　　综合金属与非金属材料特点而设计的带化学隔离层的包套是在金属包套内填充陶瓷粉末，如泡沫氧化铝，并将冷压坯埋入，陶瓷粉末起传压作用。

　　除包套工艺外，为了获得精确的最终制品，也可采用无包套热等静压工艺。这时，材料在烧结过程中必须首先形成封闭孔隙结构，然后使用热等静压工艺去除材料内部的残留气孔。例如氮化硅的热等静压，首先将氮化硅粉料冷压成形，得到尺寸精确的制品，然后用热喷涂的方法在其表面涂一层含有氧化硅、氧化硅-氧化硼或含有锂的玻璃粉有机溶液（饱和硬脂酸酒精溶液），经300 ℃干燥，在1200 ℃、真空度为10^{-4} Pa的条件下真空烧结0.2～2 h除去有机挥发物，然后通入氮气使制品表面形成一个性能良好的氮化物包覆层，最后在1700 ℃、100～300 MPa热等静压可以获得致密的氮化硅制品。

　　陶瓷材料在热等静压装置中进行高温浸渍是一种提高材料密度的方法。在一个既能承受高温高压，又能排出挥发物分解气体的热等静压装置中，将液态物质或熔融金属浸入陶瓷孔隙中，然后进行固化处理，使材料孔隙度降低。例如，加热液态树脂在压力作用下浸入石墨孔隙中，在400 ℃左右分解树脂，释放出的氢气通过包套材料向外扩散排出，最终在700 ℃、

103.5 MPa 得到致密的石墨件。

热等静压烧结具有如下优点：①能克服石墨模中热压的缺点，制品形状不受限制。除特长特大的坯件外，原则上用热等静压法可以生产任意一种陶瓷制品；②由于制品在加热状况下，各个方向同时受压，所以能制得密度极高（几乎达到理论密度）、几乎无气孔的制品（孔隙度是普通烧结制品孔隙度的 1/20～1/100）；③大幅度提高抗弯强度，由于热等静压加工的特殊性，能制得晶粒微细的制品，大幅度提高了制品的抗弯强度和其他物理性能。就其抗弯强度提高的幅度而言，比冷压烧结制品抗弯强度高 1～2.5 倍，比普通热压制品抗弯强度高 10%～25%。由于热等静压法具有诸多优点，因而在陶瓷的生产中越来越广泛地被采用。

热等静压的缺点是：①设备投资大，不易操作；②制品成本高；③难以形成规模化和自动化生产。

4.4　反应烧结与原位合成技术

4.4.1　反应烧结技术

反应烧结（reaction bonding）是伴随原料粉末发生反应合成的烧结技术。起始原料坯体形成骨架，其在高温与其他物质通过固相、液相和气相发生的化学反应，形成所需要的新组分，并同时进行致密化。反应合成所增加的体积填充了坯体中原有的气孔，制品保持与原始坯体形状、尺寸相同，烧成前后几乎不发生收缩，并能制得各种形状复杂的烧结体。

一般而言，反应烧结所需的温度比其他烧结方法要低，按工艺要求加入的添加剂不进入晶界，而是由各个结晶体以原子级直接结合，所以不存在烧结陶瓷随温度升高晶界软化而高温性能降低的现象。反应烧结得到的制品有较高的气孔率，所以力学性能比其他工艺获得的材料要低。但由于反应烧结得到的制品不需要昂贵的机械加工，并可以制成比较复杂的形状，因此在工业上获得了广泛的应用。

粉末可以发生反应烧结的类型如表 4-8 所示。

表 4-8　粉末发生反应烧结的类型

反应类型	反应产物	特征
A_1	A_2	晶型转变
A+B	α	形成固溶体
A+B	α+β	形成固溶体
A+B	α+液相	液相烧结
A_1+液相	A_2+液相	有相变的液相烧结
A(固)+B(液)	AB(固)	瞬时液相
A+B	$A_x B_y$	形成化合物

对于 $mA+nB=A_mB_n$ 的反应烧结制品，其体积密度可以表示为

$$D_r = D_i\left(1 + \frac{n}{m} \times \frac{\overline{W}_B}{\overline{W}_A}\right) \qquad (4-46)$$

式中：$\overline{W}_A$ 和 $\overline{W}_B$ 分别为 A 和 B 元素的原子量；D_r 为反应烧结体的密度；D_i 为素坯密度。

反应烧结技术在制备碳化硅和氮化硅材料中得到了广泛的应用。

在碳化硅中添加碳粉成形坯体中高温浸渍气态或液态金属硅，硅与碳发生反应，生成碳化硅，所生成的二次碳化硅将坯体中的原料碳化硅结合在一起，并填充了部分坯体孔隙。烧结中硅或碳的扩散过程是支配整个反应过程的因素。一般在制品中残留 $10\%\sim15\%$ 的游离硅。

碳化硅的反应烧结过程中主要依赖硅与碳的反应，不需要添加烧结助剂，可以在低温（$1500\sim1700$ ℃）下制得致密的碳化硅陶瓷以及碳化硅陶瓷基复合材料，具有烧结无收缩、尺寸容易控制等优势，相组成中只有碳化硅和硅，因此在半导体加工上具有重要的作用。但由于液态硅需要渗入通道，在烧结体中一般必须含有一定数量的残留硅（约 $10\%\sim15\%$），因此材料通常只能在 1370 ℃ 以下的温度使用，这成为影响材料高温及抗腐蚀性能的重要因素。将残余硅转化为高熔点的化合物，可以改善碳化硅陶瓷的性能。比如使用 Si-Mo 合金或者 NiSi 合金进行反应烧结，在形成碳化硅的同时，随着硅中 Mo 浓度的不断提高最后形成 $MoSi_2$ 第二相。但是还无法从根本上形成单相的碳化硅材料，难以改善弹性模量和高温性能。

利用多级碳源原料的多步反应烧结方法，可以实现低温制备低残硅、高密度、耐腐蚀、高导热和高韧性的碳化硅陶瓷材料。将传统的单一微细碳粉为碳源的反应烧结原料改为活性碳源与惰性碳源，利用惰性碳源在渗硅反应中进行有限反应，保留部分碳源至二次反应。通过材料组分和坯体密度的优化调整，参与二次反应的碳和残留硅可以实现摩尔比 $1:1$，通过二次反应中碳和残留硅的同时降低得到低残硅的反应烧结碳化硅，获得密度为 $3.17g \cdot cm^{-3}$，残留硅和碳低于 1% 的全碳化硅陶瓷材料，其导热系数可以超过 $200W \cdot m^{-1} \cdot K^{-1}$。

反应烧结氮化硅的生产是将细硅粉成形坯体置于氮气气氛中加热，在硅的熔点以下缓慢升温，从硅颗粒表面开始，与氮气发生反应生成氮化硅，形成氮化硅制品。也有人把反应烧结氮化硅进行重烧结或者气压烧结，以获得高性能的氮化硅陶瓷材料。在反应中也经常使用氨气或在氮气中添加氢气，或者使用铁等作触媒。

与其他烧结法相比，反应烧结法需要考虑反应物的供给、化学反应过程，以及相应的烧结机理。

反应物由外部提供，通过成形体中的气孔进入坯体，反应物局限于气相或液相。由液相提供反应物时，液相对固相的浸润非常重要，并希望液相可以填充气孔。熔融 Si 与 C 的接触角大约为 0°，与 SiC 的接触角大约为 35°。反应烧结 SiC 基本不存在残留气孔，其孔隙由未反应的 Si 填充，因此在高于 Si 熔点以上材料强度下降。气相提供反应物的情况下，开气孔的消失导致反应物的供给停止，反应也就不能进行下去，因此获得的产品中总有气孔残留。反应烧结 Si_3N_4 的密度一般是理论密度的 $70\%\sim85\%$，与添加烧结助剂的 Si_3N_4 烧结体不同，反应烧结得到的 Si_3N_4 烧结体晶界不存在低熔点的第二相，因此不会有高温性能下降的问题。

反应烧结方法的特征之一是伴随有化学反应。外部提供反应物为气相的情况下，反应主要由扩散控制和表面控制。对于扩散控制的反应，在固体表面生成反应产物膜。由于反应速度比较缓慢，为了使反应完全进行，要求成形体中的固体反应物必须是微粉。为了进一步提高生成膜中的扩散，可以添加烧结助剂或者提高反应温度。对于氮化硅陶瓷，N 的扩散速度控制了反应速度，Fe 的添加可以加速扩散以增加反应速度。添加的 Fe 处在 Si_3N_4 中 Si 的位置形成置换固溶，产生 N 的空位，空位扩散有利于增加扩散速度。外部提供反应物为液相的情况下，由于液相中的扩散较快，大多数为表面反应所控制，进一步通过液相烧结机制生成反应物。

为了使反应完全进行,重要的因素是成形坯使用细粉并要求良好的液相浸润。表面控制的反应比扩散控制的反应进行得快。反应生成物主要是通过表面扩散或者蒸发-凝聚来进行物质移动的,因此从反应和烧结两方面都希望使用微粉。

反应烧结机理由于反应物供给状态不同而不同。供给状态为液相的反应烧结机理和液相烧结相同,按照溶解-沉淀析出机制进行物质的移动。因此反应生成物在液相中的溶解非常重要。为增大反应生成物和液相之间的接触面积,反应生成物和液相之间的浸润性很重要。微粉的溶解度较大,温度越高溶解度越大。平均曲率为 k 的粉末的溶解度 S,与平板溶解度 S_0 相比增加很大,可以表示为

$$S = S_0 \exp(\gamma k V / RT) \tag{4-47}$$

式中:γ 为液相的表面张力;V 为原子体积;R 为气体常数;T 为绝对温度。

溶解于液相的反应生成物为分子或原子状态,通过在液相中的移动,在平均曲率为负的凹陷部位或者较大的颗粒上析出,在粗大颗粒表面外延生长,使颈部变得强固;在液相中溶解的反应生成物,在烧结后期的冷却中,通过再结晶形成微小的晶体,将坯体中的颗粒结合在一起。溶解量、冷却速度影响晶核数量,进而影响到结晶生长,在一定程度上可以控制烧结体的显微组织结构。由于溶解-沉淀析出可以使颈部生长,而坯体中颗粒之间距离则不发生变化,因此烧结中没有收缩,可以得到尺寸精度较好的烧结体。

对于供给状态为气相的反应烧结,其烧结机理是通过蒸发-凝聚或表面扩散从微小反应产物向颈部的凹陷部分或者较大颗粒表面的物质移动,烧结中也不会引起收缩,可得到尺寸精度好的烧结体。粉体的曲率越小,蒸气压越大,浓度也越高,有利于促进烧结。

4.4.2　氧化烧结技术

1. 熔融金属直接氧化技术

熔融金属直接氧化技术是美国兰克赛德(Lanxide)公司于 20 世纪 80 年代中期发明的一种制备陶瓷基复合材料的方法,又称 Lanxide 工艺,用这种方法制得的材料称之为 Lanxide 材料。金属熔体在高温下与气、液或固态氧化剂在特定条件下发生氧化反应,生成以反应固体产物(氧化物、氮化物或硼化物)为骨架,并含有 5%～30% 质量分数的三维连通金属的复合材料。熔融金属直接氧化工艺可用于制备陶瓷增强金属基复合材料(CMC),最先制备的材料为 Al_2O_3/Al 复合材料。T. D. Claar 等人用熔融金属 Zr 与碳化硼颗粒无压直接反应方法,烧结得到了 $ZrB_2/ZrC/Zr$ 致密陶瓷复合材料。金属 Zr 的体积分数为 1%～30%。复合材料室温断裂强度为 800～1030 MPa,断裂韧性为 11～23 MPa·$m^{1/2}$,热导率为 50～70W/(m·K)。这种复合材料可用于火箭发动机部件、耐磨部件以及生物材料。

2. 氧化物的反应烧结

氧化物反应烧结的代表是氧化铝的反应烧结(Reaction Bonding of Aluminum Oxide, RBAO),它与熔融金属直接氧化法同时由德国的 N. Claussen 等人发明。

RBAO 的工艺过程:起始粉末为金属 Al 粉(体积分数 30%～60%)和 Al_2O_3 粉末组成的混合物,Al 粉粒径 1 μm 左右,为改善显微结构和力学性能可以加入体积分数为 5%～20% 的 ZrO_2 微粉,并用 3Y-TZP 磨球混合。由于金属 Al 的塑性,所以其素坯强度比陶瓷材料素坯高 1 个数量级。

在反应烧结阶段,金属 Al 转变为纳米尺寸的 α - Al_2O_3 颗粒并伴随有 28% 的体积膨胀。在 1200 ℃ 以上烧结阶段,坯体收缩抵消膨胀。原始坯体混合物中的"老"Al_2O_3 颗粒被"新"生成的 Al_2O_3 颗粒结合并长大,在最终反应烧结制品中,"新"和"老"颗粒不再能区分。

RBAO 工艺的本质是通过固/气与液/气反应进行的。反应速率由氧扩散控制,服从抛物线规律并与金属 Al 颗粒尺寸有很明显的关系。氧化物反应烧结工艺、产物以及反应机理与熔融金属直接氧化技术完全不同,ZrO_2 添加对 Al/Al_2O_3 混合物的反应烧结体显微组织结构与力学性能的改善有很大影响。添加 ZrO_2 抑制了晶粒生长并使显微结构更趋均质,获得了更高的强度。含 20% 体积分数 ZrO_2(3Y - TZP)的 RBAO 在 1550 ℃ 反应烧结后达到 97% 理论密度,四点弯曲强度 >700 MPa;进一步在 1500 ℃ 氩气中高温等静压(压力 200 MPa,保温 20 min)后,密度 $>99\%$ 理论密度,四点弯曲强度达到 1100 MPa。RBAO 制备的多孔 Al_2O_3 可应用在许多工业领域,例如催化剂过滤器、电解膜以及气体分离。RBAO 技术与 HIP 结合,提供了一条制备高强度多孔陶瓷的新途径。与 RBAO 相似,氧化物反应烧结另一个成功的例子是反应烧结莫来石复合材料。

4.4.3　原位合成技术

原位合成技术已成为材料制备的重要方法。原位合成技术包括原位热压技术、放热弥散复合(exo - thermic dispersion,XD)技术、CVD 技术、直接金属氧化技术、熔体浸渍技术、反应结合技术及自蔓延高温合成(SHS)等 7 项技术。

原位合成技术的主要优点是工艺简单、原料成本低,可得到特殊的显微组织结构的材料,提高材料的热力学稳定性,并且可以用简单工艺实现材料的多层次复合。

原位热压技术是根据设计的原位反应,将反应物混合或与某种基体原料混合后通过热压工艺制备,组成物相在热压过程中原位生成。通过调整工艺参数,也可采取常压烧结的工艺,已用于复相陶瓷制备和 Si_3N_4、SiC 陶瓷中 β - Si_3N_4 与 α - SiC 长柱状晶体的原位生长。

XD 技术由美国巴尔的摩 Martin Marietta 实验室于 1983 年开发。利用放热反应在金属或金属间化合物基体中原位分散金属间化合物或陶瓷颗粒、晶须。TiB_2 增强 Ti、Ti_3Al 和 TiAl 混合物复合材料的原理为

$$x\text{Ti}+y\text{Al}+z\text{B}\longrightarrow(x-y-2b-z)\text{Ti}+b\text{Ti}_3\text{Al}+(y-b)\text{TiAl}+(z/2)\text{TiB}_2+\text{放热}$$

$$(4-48)$$

使用原位合成技术可制备板晶复合材料。TiB_2 - TiC_xN_{1-x} - SiC 三元系统中包括 3 个二元系统,即 TiB_2 - TiC_xN_{1-x}、TiB_2 - SiC 和 TiC_xN_{1-x} - SiC,原始化学反应通式为

$$(2a+3x+3)\text{Ti}+a\text{Si}+2(1-x)\text{BN}+(a+2x)\text{B}_4\text{C}\longrightarrow(2a+3x+1)\text{TiB}_2+2\text{TiC}_x\text{N}_{1-x}+a\text{SiC}$$

$$(4-49)$$

式中:$x=0\sim1$,a 为任意正整数。式(4-49)包含的反应有:

$$3\text{Ti}+2\text{BN}\longrightarrow\text{TiB}_2+2\text{TiN} \tag{4-50}$$

$$3\text{Ti}+\text{B}_4\text{C}\longrightarrow2\text{TiB}_2+\text{TiC} \tag{4-51}$$

$$2\text{Ti}+\text{Si}+\text{B}_4\text{C}\longrightarrow2\text{TiB}_2+\text{SiC} \tag{4-52}$$

采用原位合成技术制备 Si_3N_4/SiC 复合陶瓷。首先将 Si_3N_4 纳米粉料分散于可生成 SiC 相的有机前驱体溶液中,经筛分干燥、冷等静压,最后在 1000 ℃ 下热处理或烧结,生成纳米复合材料,这种纳米复合陶瓷密度可达 96.7% 理论密度。该方法生成的纳米颗粒不存在分散和

团聚问题,这是因为生成的 SiC 纳米颗粒是靠有机前驱体高温热解而生成的。此工艺过程不复杂,且可得到致密而性能优良的材料,关键是选择适当的前驱体。有机前驱体的制取可以按下式进行:

$$Me_2SiCl + MephSiCl_2 \xrightarrow[-NaCl/KCl]{Na/K:(THF)} \frac{1}{n}[(Me_2Si)_5(MephSi)]_n \qquad (4-53)$$

式中:Me 代表 CH_3;ph 代表苯基 C_6H_5;THF 代表四氢呋喃。

4.5　其他烧结与致密化技术

4.5.1　气氛压力烧结

对于许多在空气中难以烧结的产品(如透光体或非氧化物),开发了防止其氧化的气氛烧结(gas sintering)方法。气氛烧结包括气氛压力烧结、低压气压烧结、变气氛烧结等烧结方法。

气氛压力烧结(Gas Pressure Sintering,GPS)也称为气压烧结,这种技术中的气体不是施压介质,它的作用只是在高温范围内抑制化合物分解或成分元素的挥发。GPS 主要用于制备高性能氮化硅陶瓷,因为氮化硅是一种共价键化合物,原子在氮化硅中自扩散过程十分缓慢,只有在很高的温度下,原子迁移率才增大到足以产生烧结效应的程度,而此时氮化硅会发生分解:

$$Si_3N_4(s) === 3Si(l) + 2N_2(g)$$

高的氮气压力可以抑制氮化硅的分解,使其在较高温度下烧结达到致密化并获得高性能,所以又称高氮压烧结。GPS 技术为解决氮化硅陶瓷烧结过程中的热分解和致密化这一矛盾提供了可能性。

GPS 工艺是 1976 年提出的,在 $2 \sim 8$ MPa 氮气压力和 $1800 \sim 2000$ ℃的高温下,采用两阶段气氛压力烧结法成功地烧结了氮化硅陶瓷涡轮增压器转子,韦布尔模数达到 16。

氮化硅热分解的速率和数量取决于温度和氮气压力。在氮气压力为 0.1 MPa 时,氮化硅在 1800 ℃以上开始分解,严重阻碍了坯体的致密化。常压烧结氮化硅陶瓷的质量损失将导致密度降低,仅能获得约 90%理论密度的制品。为此氮化硅陶瓷的烧结温度被限制在 1800 ℃以下,为了在该温度获得致密氮化硅,只有采用较多的添加剂,在高温下生成大量液相使氮化硅得到烧结,或者采用热压烧结。

要得到既具有良好高温性能,又具有复杂形状的致密氮化硅陶瓷,气氛压力烧结是一种合适的选择。烧结时的高压氮气氛可以抑制氮化硅分解,使烧结材料密度接近理论密度,且质量损失很小。目前已经有商品高氮压烧结炉出售,炉体可承受气压一般为 $1 \sim 10$ MPa。

气氛烧结技术制备氮化硅陶瓷的优点:①烧结温度高。可以减少添加剂的加入量,保证材料的高温性能。②扩大了添加剂的选择范围。由于烧结温度的提高,可选用高熔点化合物作为添加剂,有利于改善材料性能。③有利于氮化硅显微组织结构的改善。增加氮气压力有利于氮化硅晶粒细化和柱状晶粒的生长,从而提高材料的力学性能。④提高液相黏度。高氮气压下,液相含氮量增加,从而提高了液相在高温下的黏度,改善了材料的高温力学性能。⑤加速硅的氮化。研究发现,高氮压下硅粉的氮化时间可缩短数倍,可先通过"一步烧结法"将硅粉压块在高氮压炉中先反应烧结,再在炉中直接重烧结成致密材料,烧成时间短,成本降低。

⑥容易制备形状复杂和较大尺寸的产品,不受模具和封套等的限制。另外,高氮压炉设备相对热等静压简单,维护操作方便,运行费用低。

当原料粉末的分解蒸气压较低,或气氛的作用主要不是保护原料粉末时,可以采用低压气压烧结技术。例如透明氧化铝陶瓷,可以采用气氛烧结和热压法制备透明陶瓷烧结体,但采用热压法只能得到形状比较简单的制品,目前高压钠灯用透明氧化铝陶瓷主要是在氢气氛下进行烧结的。

为使透明陶瓷具有优异的透光性,必须使陶瓷中的气孔率尽量降低(直至零),但是在空气中烧结时,很难消除烧结后期晶粒之间存在的孤立气孔或晶粒内气孔,而在真空或氢气中烧结时,气孔内的气体被置换而很快地进行扩散,气孔就容易被消除。首先用这种方法制备的是 Al_2O_3 透光体。通用电气公司 1958 年以商品名称"Lucalox"发表了透明氧化铝陶瓷的研究成果,从此破除了陶瓷是不透明的旧概念,成为一种具有划时代意义的新产品。制备透明氧化铝陶瓷,除了使用高纯度原料、加入抑制晶粒异常生长的添加剂外,还必须在真空或氢气中进行特殊气氛烧结。随后又用同样的方法制备了 MgO、Y_2O_3、BeO、ZrO_2 等透光体。

4.5.2　自蔓延高温合成技术

自蔓延高温合成技术(Self-propagating High-temperature Synthesis,SHS)是由苏联科学家 1967 年首先提出的。自蔓延高温合成方法一般是将待反应的原料混合物压成块状,在块体的一端引燃,通过外部提供必要的能量,诱发高放热化学反应体系,使局部发生化学反应(点燃),形成化学反应前沿(燃烧波);放热反应一旦发生就不再需要外部热源而能自行维持下去,此后化学反应在自身放出热量的支持下继续进行,表现为燃烧波蔓延整个体系,最后合成所需材料(粉料或产品)或者使产物致密化。

由于自蔓延反应是固体火焰的燃烧过程,高的反应燃烧温度会使某些杂质气化挥发,一方面净化了反应产物,另一方面也产生了孔隙。自蔓延高温合成法的优点:①工艺简单,反应时间短,一般在几秒至几十秒内即可完成反应;②反应过程消耗外部能量少,可最大限度地利用材料的化学能,节约能源;③反应可在真空或控制气氛下进行而得到高纯度的产品;④材料合成和烧结可同时完成等。

自蔓延燃烧反应主要是靠前端反应放出的热量来引起后续反应持续进行,而反应温度的高低是决定反应是否能进行下去的关键。A、B 两种固态物质通过自蔓延反应合成 AB 物质的反应如下:

$$A(s)+B(s)=AB(s) \tag{4-54}$$

绝热温度(T_{ad})是指这一放热反应所能达到的最高温度,它是在假设体系没有质量损失和能量损失时,化学反应放出的热量使体系所能达到的最高温度。这是一个理论极限温度,大体上反映了反应过程放出的热量多少。T_{ad} 可以通过比热容、反应焓等热力学函数直接计算。根据能量平衡:

$$\Delta H_{298} = \int_{298}^{T_{ad}} C_P dT \tag{4-55}$$

式中:ΔH_{298} 为反应在 298 K 时的过程焓变;C_P 是与产物比热容、相变等相关的函数。解此方程即可确定 SHS 燃烧反应的绝热温度。在实际燃烧过程中由于热损失,反应温度一般都小于绝热温度 T_{ad}。影响 T_{ad} 的因素主要有化学配比和环境温度。通过预热反应物可提高 T_{ad},使原来不能以 SHS 方式进行的反应能以 SHS 方式进行。通过加入反应产物或过剩反应物吸收反应热可以降低 T_{ad}，使 T_{ad} 不至于过高。

　　根据燃烧波传播的不同，燃烧的形式可以分为稳定态和非稳定态两种情况。燃烧处于稳定态时，燃烧波以均匀的速度通过反应物；非稳定态时燃烧波以非均匀的速度通过反应物。非稳定态又包括两种情况，即摆动波和螺旋波，所谓摆动波即燃烧波忽快忽慢地向前传播；螺旋波是指反应以螺旋运动从试样一端传播到另一端。

　　最典型的点燃方法是利用普通电阻丝和钨丝线圈在反应物压块的上方直接点火。对一些较难引燃的反应，还需要将点火线圈埋入试样中。激光、电弧和乙炔气火焰也可以作为火源。

　　自蔓延速度(v)可近似地通过下式计算：

$$v = \frac{0.8kQ}{W_{A0}Dc^2(0.35E - T_0)} \tag{4-56}$$

式中：c 为比热容；D 为密度；E 为自扩散激化能；T_0 为系统未反应前的初始温度；Q 为反应热；k 为热导率；W_{A0} 为扩散偶的总厚度。

　　SHS 点燃和热自蔓延的过程如图 4-35 所示。

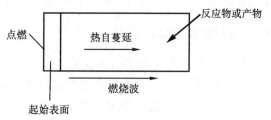

图 4-35　SHS 点燃和热自蔓延过程

　　许多材料在燃烧合成过程中的燃烧温度低于熔点，在燃烧合成过程中不出现液相。但是，如果在燃烧合成过程中引入另一高放热反应(例如铝热剂反应)，绝热温度就可大大升高而超过合成化合物的熔点，从而形成密实体。将 SHS 过程与高压加压过程结合起来，形成高压自蔓延和等静压自蔓延技术，费用可以低于高温等静压烧结。轴向加压自蔓延合成法适于制备小尺寸、圆柱形试件，等静压自蔓延合成法可以用来制备大尺寸、形状复杂的样品。目前，已利用 SHS 方法制备了梯度功能材料。

　　SHS 方法的特点：①能最大限度地保持最初设计的梯度组成；②梯度层之间因反应物比例不同而形成自然温差烧结，利于缓和热应力型功能材料预置有利的应力；③可以用超固溶手段将某些金属直接固溶进陶瓷，提高以共价键为主的陶瓷材料的金属性并获得高韧性。

4.5.3　粉末爆炸烧结

　　爆炸烧结(Explosive Sintering)也称为激波固结或激波压实，是 20 世纪 50 年代发展起来的，20 世纪 80 年代开始用于陶瓷的制备并很快成为研究的热点。将需要烧结的粉末放在包套中，用炸药爆炸产生的高温高压冲击作用，使粉体在冲击波载荷下，受绝热压缩及颗粒间摩擦、碰撞和挤压作用，在晶界区域产生附加热能而引起烧结。爆炸烧结持续时间极短(10^{-6} s)，可以抑制晶粒生长，冲击波产生的极高动压(几十吉帕)可使粉体迅速形成致密块体。

　　爆炸烧结按加载方式的不同可分为平面加载、柱面加载和高速锤锻压等三种方法。

　　(1)平面加载方法。平面加载通常指利用"炸药平面波发生器"或"氢气(或压缩空气)炮"推动平面飞片高速打击试件，在试件中形成平面激波，试件在激波的高温、高压作用下发生烧结。其装置示意如图 4-36 所示。

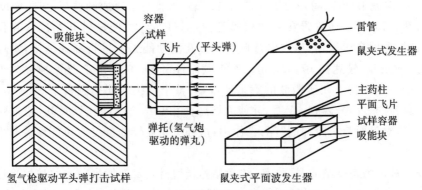

图 4-36　爆炸烧结的平面加载装置

由于这种装置在试件中传播的是一维平面波,因而有关参数的测量与控制比较方便,力学过程比较简单,有利于科学研究时的分析与观察。

(2)柱面加载方法。图 4-37(a)为滑移爆轰作用下的柱面加载装置,这种装置结构紧凑,材料耗损比小。缺点是载荷沿径向分布不均匀。由于入射激波的汇聚效应,在中心轴线附近极易出现非规则反射(马赫反射),因其波后压力、温度和速度都有大幅度升高,最终可导致试件中心区熔融和喷射,形成喇叭形孔洞。因此避免出现孔洞、保持载荷沿径向分布均匀是这种装置发展的方向。

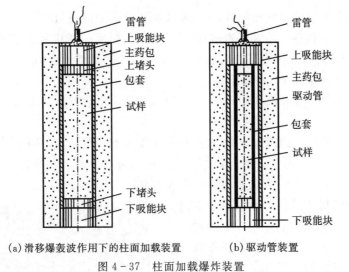

(a)滑移爆轰波作用下的柱面加载装置　　　(b)驱动管装置

图 4-37　柱面加载爆炸装置

图 4-37(b)为驱动管(或环状飞片)装置。它利用滑移爆轰驱动外管,使之产生高速向心的塌缩运动,然后拍打在试件包套上。其入射激波压力比图 4-37(a)中的入射微波压力高若干倍,并有一个恒值激波前沿,一定程度上可减缓反射拉伸波的破坏效应。但同样也在中心区出现马赫反射问题。柱面收缩装置结构简单,但在理论分析上难度较大,常采用二维大型程序进行数值模拟的方法来预报烧结的压力、密度等参数。

(3)高速锤锻压方法。高速锤具有动能大、结构紧凑的优点,近年来结合试件预热(或自蔓延放热反应),通过模锻还可以成形精度高、形状复杂的三维零件。以 TiC(或 TiB)的烧结为例,先将 Ti 和 C(或 B)粉在陶瓷容器中混合并球磨,再将粉末压成圆柱形毛坯,密度为 50％～70％理论密度,然后将毛坯放置在隔热锻模腔内,通过"点火"使试件开始反应并释放大量热量,最终使试件温度高于软化点,在保持韧性和塑性流动能力下进行高速捶击,实现高精度成形。气锤用氮气驱动,锤速在 10～20 m/s 之间,烧结件密度＞96％理论密度,强度大于 1.7 GPa。

爆炸烧结的主要特点在于激波的瞬态加载,其整个持续时间为微秒量级,在 0.1 μs 时间内可使粉末颗粒的表面升温到 10^3 ℃,并使之熔融而相互结合。而在该瞬间,粉末颗粒内部仍保持相对低温,对界面起了冷却的"淬火"作用,这种机制使爆炸烧结有可能保持非平衡态凝固的优异特性。

爆炸烧结被认为是烧结非晶、微晶、纳米晶等新型材料最有发展前景的技术途径。迄今为止,采用急冷凝固技术制备的非晶材料只能获得箔材或粉末形态,还需要经过烧结形成块材,但长时间的烧结可能部分以至全部丧失急冷所带来的优点。爆炸烧结的瞬态加热特性可以防止材料的晶化或脆化,阻止纳米级陶瓷粉末在烧结时的晶粒粗化,并相应地保持了超细陶瓷粉的优异性能。目前钴基(或铁基)非晶粉末爆炸烧结的密度可大于 99％理论密度,矫顽力 $Hc < 4.78$ A/m,是磁信号接受元件的理想材料。而常规烧结无法获得上述特性。

"加热-爆炸烧结"技术可使脆性材料获得比常规制备方法高得多的性能,如强度、硬度和密度。陶瓷的爆炸烧结除了无需大型设备等优点外,重要的是在于它能使 Si_3N_4、SiC 等非热熔性陶瓷在无需添加结合剂的情况下发生直接烧结,从而有可能大大提高有关烧结体的工作温度。

爆炸烧结与化学放热反应相结合,可大幅度减少或消除陶瓷材料、超硬材料和高强度材料在室温下爆炸烧结所难避免的宏观和微观裂纹,从而大幅度提高其密度、强度和硬度。这种方法制备的 AlN 陶瓷的弹性极限可以高达 9.2 GPa。SiC 的显微硬度高达 29 GPa,金刚石与立方氮化硼的显微硬度达到 70～94 GPa。

利用自蔓延加热原理和高速捶击相结合,可以模锻出形状复杂的高密度、高质量的陶瓷与金属成形零件。

利用激波压实粉末时的瞬态高温、高压使材料发生有利的相变,其中尤以 ABCA 型的石墨直接转变为金刚石,六方氮化硼变为立方氮化硼最为著名。两者相变压力均在 40～60 GPa 之间,温度为 1900～3600 K,在微秒过程中完成相变。

利用爆炸烧结制备得到了纳米氧化铝陶瓷。先用湿化学法制得粒径为 40 nm 左右的 α-Al_2O_3 纳米粉。用 TNT 2 号岩石炸药和少量 RDZ(旋风炸药,烈度是 TNT 的 1.5 倍)配制成混合炸药。在金属容器外围预装配制好的混合炸药,再将 α-Al_2O_3 纳米粉装填在柱状金属容器内并压实,然后将纳米粉体预热到一定温度后将炸药引爆。在柱面激波的作用下纳米粉体瞬间被烧结成相对密度为 96％～100％的纳米 Al_2O_3 陶瓷。图 4-38 为所得纳米 Al_2O_3 陶瓷的显微组织结构照片。

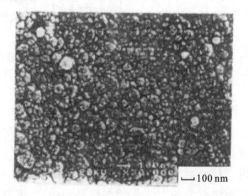

——100 nm

图 4-38　爆炸烧结纳米 α-Al_2O_3 显微结构

图4-39是所得纳米 Al_2O_3 陶瓷的形貌图。

4.5.4　等离子辅助烧结

等离子体放电烧结(Spark Plasma Sintering, SPS 或者 Plasma Activated Sintering, PAS)技术的历史可追溯到 20 世纪 30 年代,当时的"脉冲电流烧结技术"产生于美国。后来日本研究了类似的但更为先进的技术——电火花烧结,并于 60 年代末获得专利。

图4-39　爆炸烧结纳米 α - Al_2O_3 陶瓷形貌

最近几年研究开发的 SPS 技术形成了一种新型陶瓷烧结技术,如图 4-40 所示。典型的 SPS 装置系统包括一个垂直的轴向压力装置系统,特殊设计的水冷却的通电加热装置,水冷真空室,真空/空气/氩气气氛控制系统,特殊设计的真空脉冲发生器;水冷控制单元和位置测量系统,温度测量单元、应力位移单元以及各种内部安全控制单元。SPS 与热压烧结有相似之处,但 SPS 的特点是给粉末坯体加以瞬间脉冲电流,属于一种直接电加热的烧结方式。一般认为,在 SPS 的瞬间脉冲电流的作用下,粉末颗粒之间产生放电,使粉末表面得到纯化和活化,从而降低烧结温度或缩短烧结时间。

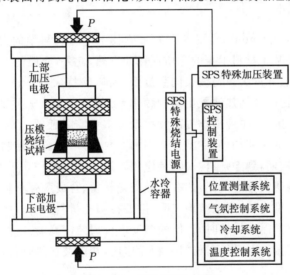

图 4-40　SPS 装置示意图

等离子体辅助烧结的优点:①可以快速获得 2000 ℃以上的高温,因此可以对难烧结物质进行烧结;②烧结时间短,整个烧结可以在几分钟内完成,利于抑制晶粒生长;③可以获得纯度高、细晶结构、高性能的陶瓷材料;④可以实现连续烧结和复杂形状部件的制备;⑤高效节能;⑥通过控制烧结组分与工艺,能烧结类似于梯度材料及大型工件等形状复杂材料的制品。

SPS 法已成功地用来烧结 Si_3N_4、SiC、Al_2O_3、ZrO_2 陶瓷和 Ti-Al 系金属间化合物等材料。关于 SPS 烧结机理目前还没有形成统一的见解,有待进一步研究。

传统的热压烧结主要是借电流产生焦耳热与加压引起颗粒的塑性变形促进烧结。而 SPS 过程除了上述两项功能外,由直流脉冲电压作用于素坯上,使可以导电的粉体颗粒之间或孔隙中发生放电现象并导致自发热,电场的作用也因离子高速迁移而高速扩散,会瞬间产生几千摄氏度甚至上万摄氏度的高温,使晶粒表面容易活化,引起晶粒部分蒸发和熔化,并在晶粒接触点形成"颈部"。由于热量立即从发热中心传递到晶粒表面和向四周扩散,因此所形成的颈部快速冷却。因颈部的蒸气压低于其他部位,气相物质凝聚在颈部而达到物质的蒸发-凝固传递。与通常的烧结方法相比,SPS 过程中的蒸发-凝固传质速度要快得多。晶粒在受到脉冲电流加热的同时也受到垂直压力的作用,体积扩散、晶界扩散都得以加快,加速了烧结致密化过程。而对非导电的物料,则需用能导电的外模(例如石墨)引起放电,将热量传输到模内的物料。至于由于放电而促使物料被激活的作用,有过一些研究,但还需要更细致地进行研究方能确认。

SPS 技术已成功地用于梯度功能陶瓷材料的制备。由于梯度功能材料的组分是呈梯度变化的,各层的烧结温度不同,利用传统烧结方法难以一次烧成。利用 CVD、PVD 等方法制备梯度材料费用昂贵,也很难实现工业应用,SPS 技术为制备梯度功能材料提供了新的途径。例如在 SPS 装置中设计直径上小下大的石墨模,运用上下端电流密度不同,产生温度梯度,使上端温度高于下端温度,具有不同成分配比的梯度坯料可在温度梯度场中一次烧结成梯度材料,烧结时间一般仅几分钟。但是等离子体烧结的缺点在于:由于加热速度快,材料容易发生开裂;坯料中的高温物质挥发剧烈。

4.5.5　微波烧结技术

微波烧结(microwave sintering)技术作为微波技术与材料科学的交叉,涉及微波与材料两个方面。微波烧结是基于材料本身的介质损耗而发热,此外,介质的渗透度也是一个重要参数,微波吸收介质的渗透深度大致与波长同数量级,所以除特大物体外,一般用微波都能做到表里一致,均匀加热。比微波加热波段更高的频率,虽然可以加大介质的吸收功率,但由于波长很短,渗透深度很小,因此,单纯追求提高频率没有多大实际意义。

微波具有使物质内部快速加热,克服物料中的"冷中心",易自动控制和节能等特点。微波加热干燥始于 20 世纪初期,到 60 年代被大量应用。进入 20 世纪 90 年代以后,国内外在陶瓷材料制备中应用微波的研究日趋广泛,如在干燥陶瓷材料、合成陶瓷材料、烧结陶瓷材料、焊接陶瓷材料等方面研究均见成效,研究结果表明,微波在陶瓷材料制备方面具有巨大潜力和工业应用价值。微波加热技术能在短的时间、低的温度下合成纯度高、粒度细的陶瓷粉末。

微波加热的本质是微波电磁场与材料的相互作用,在微波加热时,材料单位体积所吸收的微波能 P 可以表示为

$$P = (2\pi f\varepsilon)(E^2/2)\tan\delta \tag{4-57}$$

式中:f 为微波频率;E 为材料内部的电场强度;ε 为相对介电常数;$\tan\delta$ 为介电损耗角正切。

当材料吸收微波能后,它的温度上升速率可以表示为

$$\frac{\Delta T}{t} = 8 \times 10^{12} \frac{\varepsilon\tan\delta f E^2}{D c_p} \tag{4-58}$$

式中:ΔT 为温度增加量;t 为升温时间;c_p 为材料比热容;D 为材料密度。

微波加热主要通过电场强度和材料的介电性能来实现烧结。在烧结过程中,电场参量并不直接受温度影响,但材料介电性能却随温度有很大的变化,从而影响整个烧结过程。多数材料的介电常数 ε 随温度的变化不大,然而陶瓷材料的介电损耗则不同,在低温时 $\tan\delta$ 随温度的变化不大,但当温度达到某一临界点后,晶体软化和趋于非晶态,引起局部导电性的增加,

tanδ 随温度上升而呈指数增加,这对烧结是有利的。但是,如果介电损耗随着温度上升增加过大,将会导致热失控现象,这是在微波烧结中应该注意避免的。

由于微波加热利用了微波与材料的相互作用,导致介电损耗而使陶瓷介质表面和内部同时受热,即材料自身发热(也称体积性加热),因此具有传统的外源加热所无法具备的优点。传统加热和微波加热模式的对比如图 4-41 所示。微波烧结系统的简单示意图如图 4-42 所示。微波烧结模式与常规烧结相比,具有以下特点:①利用材料介电损耗发热,只有产品处于高温而炉体为冷态,不需绝热材料,结构简单,制造维修方便;②快速加热烧结,如 Al_2O_3、ErO_2 在 15 min 内可烧结致密;③体积性加热,温场均匀,不存在热应力,有利于复杂形状大部件烧结;④高效节能,微波烧结热效率可达 80% 以上;⑤无热源污染,有利于制备高纯陶瓷;⑥可改进材料的微观结构和宏观性能,获得细晶高韧的陶瓷材料。

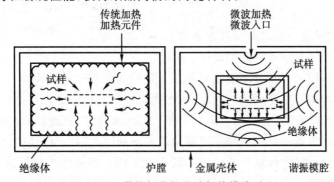

图 4-41　传统加热与微波加热模式对比

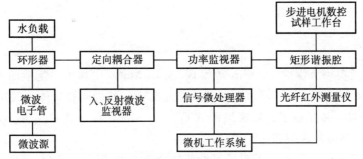

图 4-42　微波烧结系统示意图

微波烧结陶瓷在节能方面有巨大潜力。美国 Los Alamos National Lab 采用功率为 6 kW,频率为 2.45 GHz,容积为 $5.7 \sim 10^{-2}$ m^3 的多模腔微波设备,对每炉旋转直径为 2 cm 的 20 个圆柱形 Al_2O_3 基陶瓷进行烧结,烧结材料密度约 99% 理论密度,能耗 1.2 kW·h,即每公斤材料耗能仅为 4.8 kW·h,按美国电价计算只需 0.4 美元。加拿大 ALCAN 国际铝业有限公司采用 2.45 GHz、最大输出功率为 5 kW 微波源和圆柱形多模腔,烧结机械工业用的 Si_3N_4 刀头(ϕ15 mm×10 mm 和 15 mm×15 mm ×10 mm),每次可烧 0.54 kg,耗时 45 min,耗能 3.1 kW·h/kg,而常规烧结需 12 h,耗能为 19.7 kW·h/kg,两者比较,微波烧结节能达 80%。

微波烧结不仅可用于结构陶瓷(如 Al_2O_3、ZrO_2、ZTA(氧化锆增韧氧化铝)、Si_3N_4、AlN、B_4C 等)、电子陶瓷($BaTiO_3$、Pb-Zr-Ti-O)和超导材料的制备,也可用于金刚石薄膜沉积和光导纤维棒的气相沉积。导电金属中加入一定量的陶瓷介质颗粒后,可用微波加热烧结,也可以用微波将不同性能的陶瓷烧结在一起。

4.5.6　激光烧结技术

　　激光烧结(laser sintering)技术是以激光为热源对粉末压坯进行烧结的工艺,它是伴随快速成形技术衍生出来的一种方法。这种技术是将激光加工技术、CAD技术、计算机数字化控制技术和陶瓷工艺技术结合,用于烧结陶瓷粉体、零件和模具。激光为快速加热热源,具有单色性好、功率密度高的特点。激光烧结是由计算机完成零件的CAD设计,并对零件进行分层切片而获得各截面图形,控制激光束对每个截面进行扫描烧结。同时计算机还对激光器开关动作、粉体

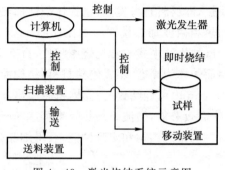

图4-43　激光烧结系统示意图

的添加装置运行进行控制。激光烧结系统简单示意图如图4-43所示。

　　对在常规烧结炉中不易完成烧结的材料,激光烧结具有独特的优点:由于体系的反应区域限定在一个很小的加热空间内,因而体系具有很陡的温度梯度,从而能够精确控制成核速率与生长速度。但考虑到激光光束集中和穿透能力低的不利因素,对于压坯的设计,应尽量是小面积的薄片制品,对厚薄不均、形状复杂的制品则不宜采用。利用激光扫描或工件移动,很容易将不同于基体成分的粉末或薄压坯烧结在一起。大功率的激光可以穿透1 mm的粉末层,使一些工件达到完全烧结的目的。利用激光烧结高熔点金属和陶瓷也是本工艺的特色。目前常用的激光源仍然是CO_2激光器。

4.5.7　冷烧结

　　2014年,芬兰奥卢大学的H. Khri等发现,在Li_2MoO_4中加入一定量的去离子水湿润粉体,经压片以及室温或120 ℃干燥可以获得致密度高达93%的陶瓷块体。2015年,H. Khri等采用相似的方法进一步制备了高致密度的TiO_2 - Li_2MoO_4和$BaTiO_3$ - Li_2MoO_4复合陶瓷。但是,这种方法在当时并未引起广泛关注。

　　2016年,美国J. Guo等研究发现了一种新的烧结方法,即引入液相,可以在远低于传统烧结温度的情况下(<300 ℃),成功制备密度达到90%以上的陶瓷,该技术被命名为冷烧结技术(Cold Sintering Process,CSP),该技术不仅可以大幅度降低烧结温度,还可以改善材料的结构以及性能。国内的研究也有很大进展,利用冷烧结技术成功制备出化学性能优异的$BaTiO_3$陶瓷及钼酸盐微波介电复合材料。

　　根据冷烧结的反应步骤,首先在粉末颗粒间引入适量液相(水或者挥发性溶液)后均匀湿润颗粒。然后在外界压力的作用下颗粒被压实,因为颗粒间液相的存在使压实过程容易进行。与此同时,粉体的表层被液相部分溶解。在外加压力和热源的共同作用下,在颗粒间的空隙处或者气孔中开始进行沉淀反应。最后粉末在液相完全排出后烧结成一体。

　　根据冷烧结的微观反应过程,在颗粒间引入一个液相使陶瓷粉末可以被适量的水溶液均匀湿润。固体颗粒尖锐边缘的溶解减少了界面区域,有利于下一阶段的原子重排。在适当的压力和温度条件下,液相重新分布并且扩散到颗粒间的空隙中。接下来发生溶解-沉淀过程,

该过程是由固液混合相中平衡状态被破坏开始,因为粉体被液相逐渐溶解,加热后溶液处于过饱和状态,所以会进一步产生沉淀。在毛细管压力下,颗粒间接触区域的化学势更大,所以在这个阶段,粒子通过液相扩散并且在远离受力接触区域的颗粒位置上沉淀。这一过程中的质量传输最大程度地减少了固体的表面自由能,而且除去了气孔使材料成为致密化固体。在最后阶段的烧结过程中,会在晶界区域形成非晶相,这将导致晶界扩散和迁移受阻,从而限制晶粒长大。

冷烧结过程存在三种可能的机制(图 4-44)来实现颗粒压实和质量传输的增强,包括液相增强蠕变(liquid enhanced creep)、液相间的马兰戈尼流动(Marangoni flow at the liquid-liquid interphase)和固液界面的扩散渗透(Diffusiophoresis at the solid-liquid interface)。可以断定冷烧结是多种机械-化学耦合效应产生的结果,这种作用改善了传质过程并且进一步有助于颗粒间的致密化过程。

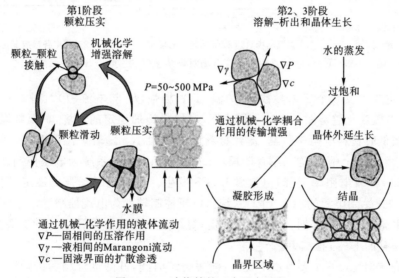

图 4-44　冷烧结的三个反应过程

冷烧结可被用来促进材料的致密化,固体材料极高的致密度对重金属离子的浸出具有抑制作用,因此可以考虑将冷烧结技术应用于飞灰中重金属固化。与其他处理飞灰的方法相比,冷烧结法对固化飞灰中铅有很好的效果,且工艺、设备简单,具有减容减重、能耗低的优点,因此冷烧结法是一种极具前景的新型飞灰处理技术。

4.5.8　闪烧技术

闪烧(Flash Sintering,FS)技术于 2010 年由科罗拉多大学的 Cologna 等首次报道,其来源于对电场辅助烧结技术(Field-Assisted Sintering Technology,FAST)的研究。图 4-45(a)是一种典型的 FS 装置示意图,待烧结陶瓷素坯被制成"骨头状",两端通过铂丝悬挂在经过改造的炉体内,向材料施加一定的直流或交流电场。炉体内有热电偶用于测温,底部有 CCD 相机可实时记录样品尺寸。以 3YSZ 为例,研究人员发现与传统烧结相比,若在炉体内以恒定速率升温时,对其施加 20 V/cm 的直流电场场强,可以在一定程度上提高烧结速率,降低烧结所需的炉温,如图 4-45(b)所示。随着电场强度的增强,烧结所需炉温持续降低。当场强为

60 V/cm 时,样品会在炉温升高至约 1025 ℃时瞬间致密化;当场强提高至 120 V/cm 时,烧结炉温甚至可以降低至 850 ℃。这一全新的烧结技术被称为"闪烧",即在一定温度和电场作用下实现材料低温极速烧结的新型烧结技术。通常有如下 3 个现象会伴随 FS 发生:材料内部的热失控、材料本身电阻率的突降、强烈的闪光现象。

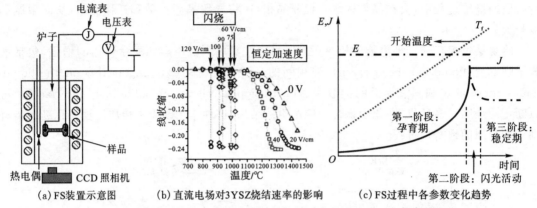

(a) FS装置示意图　　　(b) 直流电场对3YSZ烧结速率的影响　　　(c) FS过程中各参数变化趋势

图 4-45　FS 装置示意图及直流电场对烧结速率的影响、FS 中各参数变化

　　FS 技术主要涉及 3 个工艺参数,即炉温(T_f)、场强(E)与电流(J)。图 4-45(c) 为传统 FS 过程中各参数变化趋势图。在这一模式下,对材料施加稳定的电场,炉温则以恒定速率升高。当炉温较低时材料电阻率较高,流经材料的电流很小。随着炉温的升高,样品电阻率降低,电流逐渐增大,这一阶段称为孕育阶段(incubation stage),系统为电压控制。当炉温升高至临界温度时,材料电阻率突降,电流骤升,FS 发生。由于此时场强仍稳定,因此系统功率($W=EJ$)将快速达到电源的功率上限,系统由电压控制转变为电流控制,这一阶段称为 FS 阶段。当材料电阻率不再升高时,场强再次稳定,烧结进入稳定阶段,即 FS 的保温阶段,保温阶段之后一次完整的 FS 过程结束。

　　与传统烧结相比,FS 主要有以下优势:缩短烧结时间,并降低烧结所需炉温,抑制晶粒生长,能够实现非平衡烧结,设备简单,成本较低。

4.6　烧结与材料显微组织

　　对于工程陶瓷材料而言,在烧结中、后期,经常与传质同时进行的晶粒长大和二次再结晶是最重要的过程。

　　晶粒长大是无应变或接近无应变的材料在加热过程中平均晶粒尺寸连续增大的过程;二次再结晶有时称为非正常的或不连续的晶粒长大,在这个过程中,少数大晶粒通过消耗基本无应变的细晶粒而成核长大。

　　金属材料中较为重要的初次再结晶是指在发生塑性形变的基体中,通过成核和长大过程,生成新的无应变晶粒。无机材料在加工过程中很少发生塑性变形,所以初次再结晶并不多见。比较软的材料,像氯化钠、氟化钙等存在形变和初次再结晶,在氧化镁中也观察到这种现象,氧化铝蓝宝石高温弯曲后再退火所观察到的多边形化过程与初次再结晶过程有许多相似之处。

4.6.1　晶粒长大

不论初次再结晶是否发生,在烧结的中、后期,细晶粒聚集体的平均晶粒尺寸总是要增大,平均晶粒尺寸增大意味着某些晶粒必然收缩和消失。这种晶粒长大并不是小晶粒的相互粘结,而是晶界移动的结果。界面移动的驱动力是晶界两边的自由能之差,小晶粒长为大晶粒使界面面积减少,界面能降低。图 4-46 表示了两个晶粒之间的晶界结构,弯曲晶界两边各为一个晶粒,小圆表示原子,A 和 B 晶粒之间由于曲率正负的不同会产生压力差 ΔP,其表达式与式(4-5)一样。当温度不改变时,跨过一个弯曲界面时自由能的变化为

$$\Delta G = \overline{V}\Delta P = \gamma \overline{V}\left(\frac{1}{R_1} + \frac{1}{R_2}\right) \tag{4-59}$$

式中:$\overline{V}$ 是摩尔体积;γ 为界面自由能;R_1、R_2 分别为曲率主半径。A 点自由能高于 B 点,则 A 处原子向 B 点跃迁,并释放出 ΔG 的能量后稳定在 B 晶粒内;跃迁不断发生,则晶界向 A 晶粒曲率中心不断推移,导致 B 晶粒长大而 A 晶粒缩小,直至晶界平直。显然,晶界移动,即晶粒长大的速率与晶界的曲率有关。

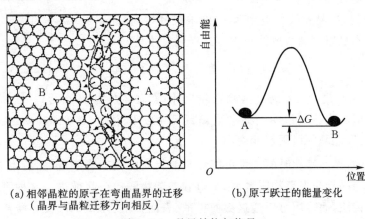

(a) 相邻晶粒的原子在弯曲晶界的迁移　　　　(b) 原子跃迁的能量变化
　　(晶界与晶粒迁移方向相反)

图 4-46　晶界结构与能量

考虑界面结构,晶界移动的速率还与原子跃过晶界的速率有关。考虑原子跃迁频率与获得能量 ΔG^* 的概率,使用量子论的概念,在晶界前进方向原子的跃迁频率 f_{AB} 由下式给出:

$$f_{AB} = \frac{RT}{N_A h}\exp\left(-\frac{\Delta G^*}{RT}\right) \tag{4-60}$$

相反方向原子的跃迁频率 f_{BA} 为

$$f_{BA} = \frac{RT}{N_A h}\exp\left(-\frac{\Delta G^* + \Delta G}{RT}\right) \tag{4-61}$$

则晶界移动速率 U 等于在晶界前进方向原子的净跃迁频率与跃迁距离的乘积:

$$U = \lambda f = \lambda(f_{AB} - f_{BA})$$
$$= \frac{RT}{N_A h}\lambda\left[\frac{\gamma \overline{V}}{RT}\left(\frac{1}{R_1} + \frac{1}{R_2}\right)\right]\exp\frac{\Delta S^*}{R}\exp\left(-\frac{\Delta H^*}{RT}\right) \tag{4-62}$$

式中:λ 是每次跃迁的距离;h 是普朗克常数;R 是气体常数;T 是绝对温度;N_A 是阿伏伽德罗常数;ΔS^* 和 ΔH^* 是跃迁前后熵与焓的变化,最后结果中考虑了以下关系:

$$1 - \exp\frac{\Delta G}{RT} \approx \frac{\Delta G}{RT} \quad 和 \quad \Delta G^* = \Delta H^* - T\Delta S^* \tag{4-63}$$

从式(4-62)可以看出,晶界移动速率即晶粒长大速率与晶界曲率和温度有关,温度升高、曲率半径变小,晶界移动速率加快。

　　考虑一个二维多晶体界面的移动,如图4-47所示。可以看出,大多数晶界都是弯曲的,从晶粒中心往外看,大于六条边时,边界向内凹,由于凹面界面能小于凸面,凹面的界面向凸面曲率中心移动,大于六条边的晶粒长大,而小于六条边的晶粒缩小,甚至消失。总的结果是平均晶粒度变大。

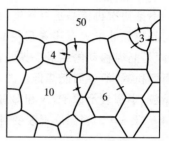

图4-47　理想晶界结构示意图
（晶界向曲率中心移动）

　　从理论上讲,经过长时间烧结,多晶材料应成为一个单晶。但实际上第二相夹杂物、气孔、杂质等对晶粒长大起了阻碍的作用。考虑图4-48所示的界面,碰到夹杂物时界面能降低,降低的能量正比于夹杂物的横截面积。为了把界面从夹杂物上拉开,必须重新增加界面能,结果,界面继续前进能力减弱,晶粒生长逐渐停止。已经发现当一个晶界出现许多夹杂物时,晶粒尺寸达到某一极限尺寸之后,正常的界面曲率就不足以使晶粒继续长大。此极限尺寸是

$$D_L \approx \frac{D_i}{f} \qquad (4-64)$$

式中:D_L 为极限晶粒尺寸;D_i 为夹杂物颗粒尺寸;f 为夹杂物体积分数。近似的表达式说明当夹杂物颗粒尺寸减小、体积分数增大时,长大晶粒的极限尺寸变小。

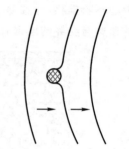

图4-48　夹杂物与界面移动

　　在图4-48中,界面移动时的一种可能性是晶界先向夹杂物接近,然后附着,又脱离。另一种可能性则是当晶界与夹杂物附着后,牵引着夹杂物颗粒一起前进。这种可能性的实现需要夹杂物颗粒的传质,而传质可以通过界面扩散、表面扩散、体积扩散或黏滞流动、溶解-沉淀析出、蒸发-凝聚等过程进行。在烧结初期,界面夹杂物很多时,当夹杂物被界面牵引时,晶界移动速度取决于夹杂物的数量、迁移率和晶界移动驱动力;在烧结的中、后期,夹杂物随界面移动,对界面阻碍很小,并逐渐集中在界面交接处,随晶粒长大而成为较大的夹杂。图4-13(b)示意了界面移动使气孔聚集的特殊情况,聚集的气孔可以利用晶界作为空位传递的快速通道而迅速汇集或消失。

　　抑制晶粒长大的另一个因素是液相的存在。界面少量液相的存在使界面移动驱动力降低,扩散距离增加,从而起到抑制晶粒长大的作用。如果液相润湿晶界,就形成了两个新的固-液界面,界面推动力与 $\left(\frac{1}{R_1}+\frac{1}{R_2}\right)_A - \left(\frac{1}{R_1}+\frac{1}{R_2}\right)_B$ 有关,比纯固相时 $\left(\frac{1}{R_1}+\frac{1}{R_2}\right)$ 要小;同时,在液相中发生的溶解、通过液膜的扩散,以及沉淀析出的过程,一般比跃迁通过界面慢得多,因此也将起到抑制晶粒长大的作用。但如果坯体中存在大量液相,则活性液相能促进晶粒的长大。实际氧化铝陶瓷中引入适量硅酸盐液相,可以抑制纯氧化铝材料中经常发生的晶粒过分长大。

4.6.2　二次再结晶

　　二次再结晶又称为反常晶粒长大或不连续晶粒长大。当正常晶粒生长由于夹杂物或毛细

孔的阻碍作用而停止以后,如果在均匀基相中有若干大晶粒,如图 4 - 47 中上方有 50 个边的晶粒,这个晶粒比邻近晶粒的边界多得多,晶界曲率也大,以至于它的长大速度比周围其他晶粒快得多,大晶粒成为二次再结晶的核心,不断吞并周围的小晶粒而迅速长大,直至与邻近大晶粒接触为止。

对氧化物、钛酸盐和铁氧体陶瓷来说,二次再结晶是最常见的。在这些陶瓷的烧结过程中,正常晶粒长大常被少量第二相或气孔所抑制。

二次再结晶晶粒长大速度由成核与长大速率二者决定。在细晶粒基相中,少数晶粒比平均晶粒尺寸大,这些大晶粒就成为二次再结晶的晶核;大晶粒的长大速率最初取决于晶粒的边数,当长大到某一程度时,反常长大晶粒的直径远大于基质晶粒平均尺寸,则界面曲率由基质晶粒尺寸决定(约等于基质晶粒平均尺寸的倒数)。如果这时基质晶粒平均尺寸保持不变,则长大速率是常数。

在由细粉料制成的材料中,容易出现少数比平均晶粒大的颗粒,成为二次再结晶的晶核;当起始颗粒尺寸较粗时,出现比平均颗粒更大晶粒的机会则大为降低,因此二次再结晶的成核就困难得多,相对晶粒长大也就小得多。图 4 - 49 为 2000 ℃加热 2.5 h 后 BeO 晶粒长大与起始颗粒度的关系。

造成二次再结晶的其他原因:①原料颗粒尺寸分布不均匀,二次再结晶成核概率大;②过高的烧结温度提高了晶界迁移速率;③坯体成形密度不均匀和局部存在的不均匀液相。

过分晶粒长大常常对机械性能不利。但对某些有特殊电性能和磁性能要求的情况,较大或较小的晶粒尺寸则是有利的。例如在铁氧体 $BaF_{12}O_{19}$ 的烧成时,通过成形时高强磁场的作用,使颗粒达到取向,烧结时利用取向颗粒的二次再结晶,可得到高度取向的高导磁率的材料。

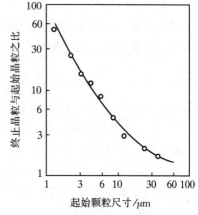

图 4 - 49　BeO 晶粒长大与起始颗粒度关系
(2000 ℃加热 2.5 h)

4.6.3　晶界与气孔

晶界是多晶体中不同晶粒之间的交界面,据估计晶界宽度约为 5～50 nm,当晶粒尺寸为微米级时,晶界几乎占总体积的 1/3。无论在烧结传质还是在晶粒生长过程中,晶界都起着十分重要的作用。

在用烧结方法制备的陶瓷中总是存在的第二相是气孔,它是坯体中原始粉料间隙烧结后遗留下来的。

晶界是气孔空位源通向烧结体外的主要扩散通道。通过扩散可以使气孔消除,坯体致密化。实验证实了晶界在气孔消除中的显著作用。图 4 - 50 是气孔在晶界排出和收缩的模型。由于晶界上缺陷较多,空位流与原子流利用晶界作相对扩散,空位经过无数个晶界的传递,最后排出表面,同时导致坯体收缩,制品致密化。回顾图 4 - 12,在烧结初期,晶界上的气孔大而多,平均扩散距离短,气孔消除快;但随着气孔缩小晶界移动,气孔随晶界移动而聚集,聚集使气孔增大又牵制了晶界的进一步移动,只有当气孔在晶界上逐渐缩小,晶界才能继续移动,这

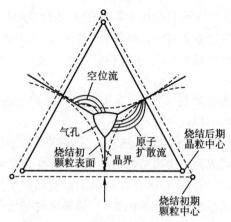

图 4-50　晶界气孔排出和收缩模型

就是晶界缓慢移动会使气孔消除的原因。

由界面能确定气孔与晶界相交处的二面角 θ：

$$\cos\frac{\theta}{2}=\frac{\gamma_{gb}}{2\gamma_s} \tag{4-65}$$

式中：γ_{gb} 是晶界能；γ_s 是气固界面能。研究表明，在简单的两相体系中，只有符合 $\gamma_{gb}/\gamma_s<\sqrt{3}$ 时，晶界汇合处的气孔才能闭合，反之则气孔生长，坯体不能致密化。由图 4-51 可知，在 $\theta>60°$ 时，由气孔中心向外看，晶界为凹形，晶界向曲率中心移动，气孔作为空位源，通过晶界向外扩散引起气孔缩小，坯体致密；若 θ 增大，烧结推动力增加；若 $\theta<60°$，晶界均呈凸形，晶界向曲率中心移动的结果只能使气孔逐渐扩大而妨碍致密化。在多数情况下，纯氧化物的二面角大约为 $150°$，$Al_2O_3+0.1\%MgO$ 为 $130°$，$UO_2+3\times10^{-5}$ 的 C 为 $88°$，不纯碳化硼为 $60°$。

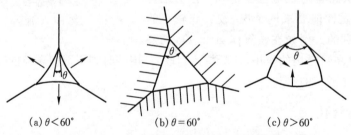

图 4-51　气孔/晶粒排列与二面角的关系

实际烧结体中的气孔形状是不规则的，情况要复杂得多。

晶界和气孔的作用也是双向的。在烧结起始阶段，许多气孔存在时，晶界移动受到限制，从而抑制了晶粒长大；但是一旦气孔率降低到某个数值以至可能发生二次晶粒长大时，则可能会由于晶界的快速移动，使许多气孔离开晶界，在晶粒中成为孤立状态，气孔和晶界间扩散距离变大，烧结速率降低。为了从烧结体中完全排出气孔，空位扩散在晶界上必须保持相当高的速率；只有通过抑制或减慢晶界的移动才能使气孔在烧结时始终保持在晶界上，避免晶粒的不连续长大。利用溶质易在晶界偏析的特性，添加少量添加剂就能达到抑制晶界移动速率的目的。常用晶界移动抑制剂如表 4-9 所示。

表 4 - 9 常用晶界移动抑制剂

主晶相	杂质抑制剂	主晶相	杂质抑制剂
Al_2O_3	Mg、Zn、Ni、Cr、W、BN、ZrB_2	TiO_2	Ca
BeO	石墨	UO_2	V、H_2
Cr_2O_3	Mg	Y_2O_3	Th
HfO_2	Cr、Mo、W、Ti、BN	ZrO_2	H_2、Cr、Mo、Mn、BN、Ti
MgO	Fe、Cr、Mo、Ni、BN、ZrB_2、Li	$BaTiO_3$	TA、Nd、Ti

在离子晶体的烧结中,正负离子同时扩散才能导致物质的传递和烧结,目前一般认为晶界是负离子快速扩散的一个通道,而正离子扩散则与晶界无关。

4.6.4 伴随烧结发生的二次现象与变化

烧结时,对所有陶瓷烧成性能有重要关系的一次过程是晶粒长大与致密化。除此之外,还有许多其他可能的现象发生在某些个别的材料中。这些现象包括化学反应、氧化、相变、封闭气孔、非均匀混合的影响,以及烧成过程中的收缩和变形,都会直接影响陶瓷材料的性能以及使用。

在铁氧体和氧化钛的烧成期间,控制氧化反应特别重要。因为这些材料中相的组成取决于氧压,控制氧压,可以得到最好的性能。

许多天然黏土含有有机物质,此外瘠性料成形时所加入的各种黏合剂也都必须在烧成期间通过氧化挥发,否则会影响材料性能。在正常条件下,有机物质在 150 ℃ 以上的温度变成碳,在 300~400 ℃ 燃烧挥发。特别是采用低烧成温度的材料,加热必须足够缓慢,以便在产生相当大的收缩之前能完成碳化和燃烧过程。如果在氧化完成前发生了使碳素物质与空气隔绝的玻璃化黏性流动,则它在高温下就成为还原剂,使得制品出现黑心。某些杂质,特别是硫化物也必须在这之前氧化掉,硫化物通常在 350~800 ℃ 和氧反应生成 SO_2 气体从开口气孔逸出。

陶瓷中的许多组分以碳酸盐或水化物的形式加入,在烧成期间这些组分分解成氧化物和气态产物 CO_2、H_2O,许多其他杂质也以碳化物、水化物和硫化物的形式存在于坯体中,在烧成期间也会分解。

取决于具体组成的不同,水化物的分解温度在 100~1000 ℃。碳化物分解温度为 400~1000 ℃,也与具体组成有关。对于每一个温度都有一个气态产物的平衡压力,超过平衡压力不会发生进一步分解,但会在完全分解前发生气孔的封闭。随温度升高,分解压力增大,从而在坯体中产生大气孔、起泡和膨胀现象。在高加热速率时表面和内部温度梯度使这种现象更容易出现,在内部分解不完全时,在表面层就发生玻璃化黏性流动,把内部封闭起来。所以氧化所需的时间和温度梯度也是考虑加热速率的两个重要因素。

当然这种现象也可以用来生产泡沫制品。

某些材料在加热过程中会发生同质多相变。假如相变伴随大的体积变化,产生较大的应力就会给烧结致密化带来困难。例如纯氧化锆在 1000 ℃ 左右所发生的四方-单斜相变所产生的体积变化使得无法得到纯氧化锆的材料。在基质中晶体的膨胀和收缩也会造成引起开裂的应力,如陶瓷基体中的石英晶粒。

　　除了分解反应以外,包陷在气孔内的气体也限制了烧结期间可以达到的最大密度。水蒸气、氢和氧这类气体可以通过溶解、扩散作用从封闭气孔中逸出,但 $CO、CO_2$,特别是 N_2 溶解度较低,则难以从封闭气孔内逸出。假如在总气孔率 10% 时,氮分压为 0.08 MPa,当气孔收缩到 1% 时,氮分压就增加到 0.8 MPa,限制了进一步的收缩。在气压增加的同时,气孔的负曲率半径变小,由于表面张力产生的负压正比于 $1/r$,而气体压力正比于 $1/r^3$,因此限制了在空气中烧结所能达到的致密化程度。对要求很高密度的材料,如光学材料最好在真空或氢气气氛中烧结。

　　烧成之前不完善的原料混合与成形工艺,会引起气孔未完全消除时就停止收缩,以至无法达到完全致密化。

　　较高的烧成温度可能使材料性能变坏,收缩减小,这种现象称为过烧。对固态烧结来说,存在最佳烧结温度,在该温度可以得到最大的密度和最优的性能。铁氧体和钛酸盐过烧的主要原因在于气孔消除前在高温下发生的二次再结晶。而对于液相烧结来说,过烧的最常见原因是包陷气体或放出气体所造成的鼓胀和起泡。

　　成形后的陶瓷坯体中经常含 20%～50% 的孔隙。在烧成过程中,气孔排出,体积收缩等于排出的气孔体积。使用预烧过的原料可以减少收缩量。如果烧成进行到完全致密化,则会产生百分之几十的体积收缩和相当大的线收缩,这样大的收缩致使烧结后制品的尺寸精度难以保证。此外,在烧成时坯体不同部位所产生的不同收缩所引起的翘曲或扭曲也是比较严重的问题。非均匀收缩甚至会引起裂纹的产生。

　　烧成期间产品变形(图 4-52)产生的主要原因:①生坯内密度的波动。由于烧成后的密度几乎是均匀的,因此烧成中低密度部分比高密度部分收缩量大。许多原因可以造成坯体密度的不均匀,例如干压成形时,特别是长度直径比比较大时,坯体中心部位的密度比端部低,造成圆柱样品收缩成中间细的形状。②烧结温度梯度的存在。假如坯体放在平板上并从上部加热,则在坯体顶部和底部之间有温度差,使得顶部收缩大于底部,产生相应的变形。另外成形工艺造成原始颗粒的择优取向也使得干燥收缩和烧成收缩都具有方向性。③重力作用下的流动。对于比较大型的制品,在重力作用下烧成时由于液相的流动所产生的变形可以采用预留变形量的方法加以克服。④摩擦力或制品定位面拉力造成的变形,这时底部表面的收缩比上表面小。

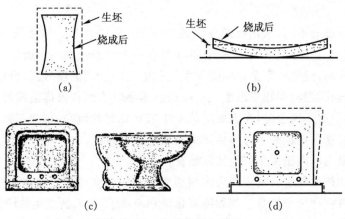

图 4-52　烧成收缩与变形

　　消除不均匀烧结收缩以及由不均匀收缩造成的扭曲和变形,可以从三方面考虑:①改变成形方法,以获得坯体的密度均匀性;②通过外形工艺设计补偿或抵消变形;③通过正确的装炉方式以消除不均匀收缩。

　　正确的装炉方式是十分重要的。在陶瓷的生产中,一般有直接装炉、匣钵装炉和棚板支架装炉,对较长的大型部件要采用吊装的方式。匣钵、棚板、支架、吊装装备等统称为窑具。窑具是陶瓷生产中用量极大的辅助部件,目前一般采用黏土熟料质、堇青石熟料质、莫来石质、刚玉质和碳化硅质。由于碳化硅材料所具有的抗氧化、抗热冲击、耐磨、高热传导和优异的高温机械性能,使得碳化硅质窑具在工业发达国家得到了推广应用。与普通窑具相比,使用碳化硅窑具后窑具寿命提高几十至上百倍,重量减轻 50%～80%,窑炉装载量提高,单件产品能源消耗节约 40%～60%,劳动强度减轻,产品质量提高。

扩展阅读

　　我国是在陶瓷烧结的基础上最早发明瓷器的国家,是四大文明古国之一。瓷器作为中国文化的象征,对世界文明的发展产生了重大影响。烧结是传统陶瓷和先进陶瓷制备过程的重要一环,是通过扩散传质将由松散颗粒组成的坯体牢固结合起来,形成一个致密、坚硬的烧结体。瓷器和陶瓷被称为“土与火”的艺术。土给了它身体,火给了它生命和灵魂。所谓“土与火”的艺术,其实是一种过程,或者说是一种由泥土出演的“行为艺术”,这个过程就是土在火中煅造而涅槃,也就是现代陶瓷工艺学中的“烧结工艺”。这样的“烧结工艺”对于我们个人、集体和国家都有重要的启示。

　　“烧结”是由弱到强的蜕变,可以实现由土到瓷的华丽转身,也是我们每一个人值得去经历的过程。

思考题

　　1. 烧结一词的含义是什么? 烧结的主要机制是什么?

　　2. 描述烧结每个阶段发生的物理变化。

　　3. 描述烧结与固相反应的相同及不同点。

　　4. 分析固相烧结的驱动力及蒸发-凝聚的传质机理,讨论粉料颗粒尺寸对材料烧结过程的影响。

　　5. 简述固相烧结和液相烧结的主要类型与特点,以及固相烧结与液相烧结之间有何相同与不同之处。

　　6. 简述陶瓷实现液相烧结的基本条件,以及与固相烧结的差异。

　　7. 热压的优点和缺点是什么?

　　8. 讨论无压烧结和热压烧结的工艺特点,及烧结后材料组织性能的特点。

　　9. 讨论分析无压烧结和热等静压烧结的工艺特点,及烧结后材料组织性能的特点。

　　10. 解释烧结过程中晶粒生长和二次再结晶。

　　11. 什么是反应烧结? 描述如何通过反应烧结工艺制备氮化硅和碳化硅材料。

　　12. 描述气氛压力烧结的原理、特点和作用。

13. 简述热等静压烧结技术的原理和应用。

14. 微波烧结有哪些优点和缺点？

15. 简述烧结过程中的晶界与气孔的关系。

16. 结合烧结的驱动力及传质机理，分析粉料颗粒尺寸对材料致密化的影响。

17. 讨论固相烧结与液相烧结的原理，以及无压烧结和热压烧结的工艺特点。

18. 比较传统烧结、等离子体烧结和微波烧结技术的优缺点。

19. 简述爆炸烧结的定义及优点。

20. 简述冷烧结技术的原理和应用。

21. 简述振荡压力烧结技术的原理和应用。

第5章 无机材料加工技术

陶瓷材料在最终使用前要进行精加工,以满足形状尺寸、表面粗糙度和质量要求。机械加工是最普遍的精加工方法。它利用施加于工件的能量去除材料并形成具有一定形状的新表面。能量转移通常通过使用研磨材料来完成,这种使用研磨材料的机械加工工艺称作研磨加工;没有使用研磨材料,同样产生这种能量转移的加工方法称作非研磨加工方法。黏结和接合技术是陶瓷生产工艺中的一种加工方法,随着陶瓷应用范围的日益扩大,陶瓷与陶瓷、陶瓷与金属的接合和封接也显得越来越重要。

5.1 无机材料的机械加工

陶瓷材料具有很多优良的性能和功能,但在陶瓷没有被加工成一定形状时,这些功能只是定性的功能,只有在具备一定形状、尺寸和精度要求后,才能将这些功能定量地表示出来。许多电子工业用陶瓷产品,不仅对尺寸、形状、表面粗糙度等有要求,而且对加工出的零件表面物理学、化学特性也有要求,或要求结晶完整。例如压电振子的压电性虽取决于物质的晶体结构,但如果不将尺寸、形状确定下来,那么谐振频率就无法定下来。要使陶瓷成为特定的零(部)件或制品,必须使用特定的加工方法来精确控制其形状和尺寸。陶瓷在许多场合需要和其他材料组合使用,需要采用连接或镶嵌的技术。

所谓加工可以定义为将一定的能量供给具有某些性能的材料制成的制品,使其形状、尺寸、表面粗糙度、物性等达到一定要求的过程(即存储固定形状、尺寸、表面粗糙度等信息的过程)。在结构零部件的精密加工中,通常提出形状精度或尺寸精度方面的要求;在尺寸精度上,应满足配合的要求,表面粗糙度则应满足使用要求。同时从使用角度考虑,加工变质层必须非常薄,以满足工件表面物理或结晶学完整性的要求。

在陶瓷成品及半成品的去除加工方法中,按使用频率排列的顺序,依次是金刚石砂轮的切割、金刚石砂轮的磨削、一般砂轮的磨削、一般砂轮的切割、研磨和抛光,其次是超声波加工、砂纸、砂布加工,喷丸加工,珩磨加工。采用何种加工方法要综合考虑加工效率、成本、精度及工具磨损而定。不同加工方法的比较如图5-1所示。

5.1.1 陶瓷加工的应用

电子陶瓷部件是指显微集成芯片、磁头和基板之类的计算机零件。它们需要大量的精加工。这些加工通常用来生产单独的部件,例如显微集成芯片是制造在单个晶片上的许多部件。它们也被用来形成能提供特殊功能的表面形貌,例如,磁头和硬盘之间间隙的一致性和可靠性就是靠磁头表面的精密外形来实现的。一般来说,电子陶瓷的精加工在零件几何形状方面有非常严格的公差要求。另外,对精加工后表面的残余应力也有严苛的限制,因为它们会影响陶瓷的电磁性能。通常,为了减少锯缝宽度或者减少在磨削过程的材料损失,电子陶瓷加工采用非常薄的砂轮。在这种加工中广泛地采用微米级的金刚石颗粒。在电子陶瓷磨削中,针对不

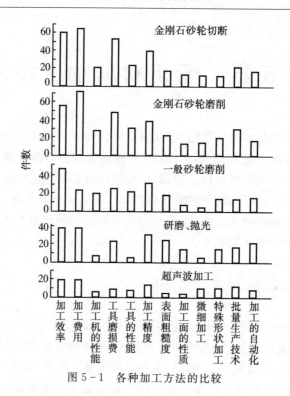

图 5-1　各种加工方法的比较

同的加工要求,采用了各种专用的磨床。

先进陶瓷的零件是开发利用各种陶瓷性能,如电、热性能和耐腐蚀性能等,应用包括照明用石英管、半导体部件封装、核能、生物医学、光学纤维等。先进陶瓷的加工常常涉及到把大零件或管子切割成具有最小缺口损伤的小零件,同时也经常要求无划痕或镜面粗糙度的平面精加工,先进陶瓷加工采用不同种类的结合剂和磨料尺寸。磨削工艺的优化、砂轮的公差以及被加工材料的特性都严重地影响该磨削工艺的成功应用。树脂和金属结合的砂轮均被用于先进陶瓷的加工。自由磨料(传统的磨料和金刚石磨料)也广泛地应用于技术陶瓷的精加工——研磨和抛光工艺。

传统陶瓷是低密度、多孔陶瓷。它们一般尺寸较大或成块状,应用在陶瓷承受残酷的热、电或化学性能的地方。其典型应用实例有耐火材料、炉衬、电子零件、涂层等。传统陶瓷的磨削加工在形状和结构上变化很大。磨削加工广泛地使用金属结合剂砂轮来切断零件或形成大平面。为了获得高的砂轮耐用度,传统陶瓷的磨削广泛地采用金属结合和电镀的金刚石砂轮。与其他的应用相比,传统陶瓷的缺口损伤标准和公差要求一般很宽,因此,它们可以允许因使用金属结合剂砂轮产生的较高磨削功率和磨削力或因使用电镀砂轮造成的高粗糙度和破损。

先进陶瓷是供机械和结构使用的高强度、高密度(低气孔率)陶瓷。由于它们具有高硬度和高强度,所以这些材料最难磨削。这类零件的典型要求是磨削后要有高的残留强度,并且要采用生产上可行的磨削方法(即磨削周期短、磨削工艺经济,以及具有一定的零件质量)。

5.1.2　陶瓷加工的表面完整性

零件加工后的表面完整性包括两个方面的内容:①表面状态。零件经加工后,表层出现了变质层,表面状态是指在此层内材料的机械、物理性能——表面残余应力、微裂纹、相变以及表面化学性能、电性能等。②表面纹理。零件经加工后表面的几何特征,如表面形貌、表面粗糙度、表面缺陷等。

材料表面的残余应力是指产生应力的外部因素不复存在时,由于形变、相变、温度或体积变化不均匀而保留在试件表面层的应力。加工残余应力是指在试件宏观体积范围内存在并平衡的应力,此类应力的释放会造成试件宏观尺寸的变化。陶瓷材料加工残余应力将直接影响陶瓷零件的断裂强度、弯曲强度、疲劳强度及耐腐蚀的能力。作为脆性材料,陶瓷零件的断裂强度和韧性对表面应力状态非常敏感。一般来说,残余压应力将会提高断裂韧性,残余拉应力的作用则相反。经研磨、抛光等加工后的试件表面普遍存在残余压应力。

对于残余应力的产生机理,机械与热力学共同作用理论认为,在磨削中临近磨削表面附近产生两种作用:①在与砂轮相接触时沿着磨削方向产生不连续的弹塑性变形的区域,变形层与母材本身的失配造成磨削表面的压应力;②砂轮经过试样时产生的热量作用到母材表面,由于热应力的作用而产生残余张应力。塑性变形理论认为,机械加工过程中由于磨料粒子与材料表面相接触,局部产生较高的应力集中,导致与磨料粒子接触区域的塑性变形,塑性变形区域附近为弹性区。当磨料粒子离开试样后,由于塑性区与弹性区之间的相互作用产生了机械加工残余应力。研究证实,陶瓷磨削表面产生残余应力的主要原因应为机械应力、热应力和相变应力。

陶瓷材料的加工表面变质层泛指热变质层、组织纤维化层、微粒化层、弹性变形层等与基体有不同性质的表层。加工变质层可分为两类:外因作用引起的变质层,如污染质、吸附层、化合物层及埋入层;组织变化引起的变质层(对金属和结晶材料),如非晶化、微细结晶化、位错密度上升、双晶的形成、合金中某一成分的表皮被覆盖、纤维组织、研磨变态、加工中结晶的变形及摩擦热引起的再结晶等。

如果从应力的角度考虑,残余应力层也是一种加工变质层。在陶瓷类材料的粗加工中除上述变质层外,还必须考虑裂纹的残留。

分析加工变质层的方法有倾斜切断(倾斜研磨)、弹性弯曲、连续抛光、浸蚀速度、电镜分析、X 射线衍射谱线与俄歇能谱分析、电子束反射等很多种,可根据需要选取。

虽然陶瓷材料是难加工材料,但是根据挤压的不同,陶瓷材料也可产生塑性扩展区域,即挤压在材料中产生位错区域。在这个区域产生不伴有裂纹的压痕,其周围是塑性变形区。塑性区扩展量 c 与压痕半径 a 的比 c/a 可由材料的杨氏模量 E 和 HV 硬度值的比推得。从图 5 - 2 中可以看出,共价键、离子键晶体的 c/a 一般比金属小。

不同的相结构具有不同的比容积,对某些陶瓷材料来说,磨削表面在温度和应力的作用下有可能发生相变,造成表面与基体的组织不一致,表面层比容积发生变化,从而导致陶瓷磨削表面的机械性能发生变化。具有不同相结构的 ZrO_2 陶瓷表面在磨削力和磨削热的作用下会发生一定程度的相变。用 X 射线衍射谱和激光拉曼散射光谱分析 PSZ 陶瓷精密磨削表面的相变分布特征,结果表明磨削变质层的磨削相变是不均匀的,磨痕内的相变量大于磨痕外的相变量,磨削表面的相变量大于次表面的相变量。相变层深度远大于磨削深度,相变层沿表面下深度的分布规律与材料密切相关。

陶瓷用作结构件时,虽然材料本身性能和缺陷对强度有决定性的影响,但良好的加工表面质量可使表面缺陷减小到最小程度,对零件之间的配合可靠性、摩擦与磨损、接触刚度与接触强度等许多方面都有重要的作用。粗糙度越大,抗弯强度越小。因此表面粗糙度一直是衡量零件质量的指标之一。

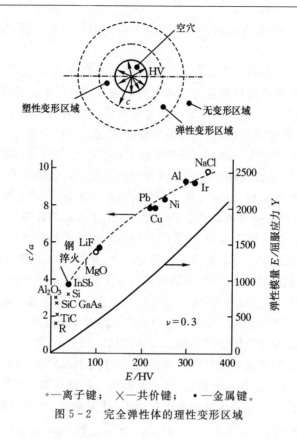

　　°—离子键；　×—共价键；　•—金属键。

图 5-2　完全弹性体的理性变形区域

　　砂轮粒度对加工后的表面粗糙度有显著影响。砂轮粒度越细,试件加工后的表面粗糙度值越低。由加工后的表面观察到,粗粒度砂轮加工后,试件表面存在明显的由砂粒磨削引起的沿加工方向的加工痕迹。

　　在一定磨削条件下,磨削深度对氧化锆增韧莫来石复相陶瓷(ZTM)表面粗糙度的影响不像金刚石砂轮粒度的影响那样显著。随着磨削深度的增加,表面粗糙度有增大的趋势。试件加工表面的粗糙度也受工件进给方式的影响。

　　陶瓷材料的强度越低,脆性越大,其加工性越好,但高脆性材料的加工表面粗糙度也相应较大。因此,陶瓷材料的加工表面粗糙度值在一定程度上反映了材料的加工性能。此外,陶瓷材料的去除方式与金属材料的磨削加工有所不同,其表面粗糙度有明显的方向性。垂直于磨削方向测量的表面粗糙度值远大于沿磨削方向所测得的值。

　　陶瓷材料在实际磨削加工中,表面粗糙度还与晶粒度的大小有关。而晶粒度的大小主要是由陶瓷材料烧结温度和保温时间决定的。表 5-1 为晶粒度的大小对表面粗糙度的影响。在相同工艺条件下,表面粗糙度与晶粒度的大小成正比。

表 5-1　晶粒度对表面粗糙度的影响

试件	烧结温度/℃	保温时间/h	晶粒度/μm	表面粗糙度 $Ra/\mu m$
1	>1600	4	18~20	1.5~1.7
2	<1600	4	6~8	1.3~1.5
3	<1600	1	2~4	0.7~0.9

5.1.3　无机非金属的材料特性与微观变形、破坏特性

陶瓷材料一般是离子键结合或共价键结合或这两种的混合型原子结合。与金属相比,陶瓷的硬度要高得多,耐磨性能也好。陶瓷材料的硬度取决于结合键的强度。

用弹性模量来衡量材料的刚性,结合键强度可反映弹性模量大小。弹性模量对组织不敏感,但气孔会降低弹性模量。陶瓷材料的弹性模量 E 如表 5-2 所示。陶瓷材料的弹性模量比其他材料高很多,其主要原因是原子间的结合力大。

表 5-2　不同工程结构材料的硬度和弹性模量

材料	硬度 HV	E/GPa	材料	硬度 HV	E/GPa
橡胶	—	6.9	钢	300～800	207
塑料	约 17	1.38	Al_2O_3 陶瓷	约 2250	400
镁合金	30～40	41.3	TiC 陶瓷	约 3000	390
铝合金	约 170	72.3	金刚石	6000～10000	1171

一般陶瓷的熔点都高于金属,很多化合物陶瓷在常压下没有明确的熔点,但在高温下可以分解或升华。

陶瓷材料具有高的抗压强度和低的抗拉强度。虽然按理论计算,陶瓷材料的抗拉强度很高,约为弹性模量 E 的 $1/10\sim1/5$,但实际上只有 E 的 $1/1000\sim1/10$,甚至更低,如表 5-3 所示。陶瓷材料的实际强度受密度、杂质及各种缺陷的影响。在各种强度中抗拉强度 σ_b 最低,抗弯强度 σ_{bh} 居中,抗压强度 σ_{bc} 最高。

表 5-3　几种典型陶瓷材料的弹性模量 E 和弯曲强度 σ_{bh}

材料	E/GPa	σ_{bh}/MPa	材料	E/GPa	σ_{bh}/MPa
SiO_2 玻璃	72.4	107	烧结 TiC 陶瓷 (气孔率<5%)	310.3	1103
高铝瓷 (90%～95% Al_2O_3)	365.5	345	热压 B_4C 陶瓷 (气孔率<5%)	289.7	345
烧结 Al_2O_3 陶瓷 (气孔率<5%)	365.5	207～345	热压 BN 陶瓷 (气孔率<5%)	82.8	48～103

陶瓷材料在常温下几乎无塑性,在高温慢速加载条件下,由于位错滑移系可能增多,特别当组织中有玻璃相时,有些陶瓷也能表现出一定的塑性,开始表现塑性时的温度约为 $0.5T_m$(T_m 是材料熔点的热力学温度,K)。由于塑性变形的起始温度高,故陶瓷材料具有较高的高温强度。

陶瓷材料受载时往往在未发生塑性变形时就在很低的应力下断裂,表现出极低的断裂韧性 K_{IC},仅为碳素钢的 $1/10\sim1/100$,如表 5-4 所示。

表 5-4   陶瓷材料与钢的断裂韧性 K_{IC}

材料		$K_{IC}/(MPa \cdot m^{1/2})$	硬度 HV
氧化物系陶瓷	SiO_2	0.9	约 620
	$ZrO_2(PSZ)$	约 13	约 1850
	Al_2O_3	约 3.5	约 2250
碳化物系陶瓷	SiC	约 3.4	约 4200
	WC - Co	12~16	1000~1900
氮化物系陶瓷	Si_3N_4	4.8~5.8	约 2030
钢	40CrNiMoA(淬火)	47	400
	低碳钢	＞200	110

陶瓷材料的冲击韧性 a_k 很低(＜10 kJ/m²)，其材料强度对表面状态非常敏感。陶瓷材料的内部和表面(如表面划伤)容易产生微细裂纹，受载时裂纹尖端所产生的很大应力集中，能量又无法通过塑性变形释放，故裂纹会很快扩展而脆性断裂。

与一般金属材料和塑料相比，陶瓷材料热胀系数 α 普遍较小。与金属相比，陶瓷的热导率 κ 一般较低，但也有热导率较高的材料，如 BeO、SiC 和 AlN 等。表 5-5 为陶瓷材料与金属材料热性能的比较。

表 5-5   陶瓷材料和金属的热性能比较

陶瓷材料	$\alpha/(10^{-6}℃^{-1})$	导热率 κ /(W·m⁻¹·K⁻¹)	陶瓷材料	$\alpha/(10^{-6}℃^{-1})$	导热率 κ /(W·m⁻¹·K⁻¹)
光学玻璃	5~15	0.667~1.46	Si_3N_4 (常压烧结)	3.4	14.70
镁橄榄石	10.5	3.336	SiC (常压烧结)	4.8	91.94
ZrO_2 (常压烧结)	9.2	1.88	AlN	4~5	100
Al_2O_3 (常压烧结)	8.6	20.85	铁	15	75.06

由材料特性可以知道，塑性软金属(如铝)容易产生塑性变形在于位错容易运动；而陶瓷材料(如 Al_2O_3 陶瓷)属硬脆材料，常温下位错的分布密度比金属小，很难产生位错运动，即使加热到 1570 K(约 1300 ℃)也不容易观察到位错运动。Al_2O_3 陶瓷受载时，由于材料龟裂处应力集中的迅速传播而产生脆性破坏。

材料的去除或表面的精密加工，是由每个单粒磨料的微小变形破坏作用累积而实现的。表 5-6 列出了球面压头压向金属及脆性材料时所发生的变形和破坏的模型图，可以用它来模拟材料破坏时的情况。

表 5 - 6　球面压头与材料的变形、破坏

r, p		材料	
		玻璃（脆性）	金属（韧性）
r（压头前端的曲率半径）：大		 弹性变形	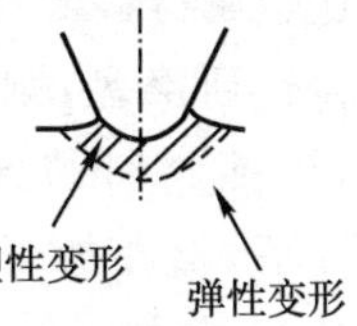 塑性变形　　弹性变形
r：小	p：小	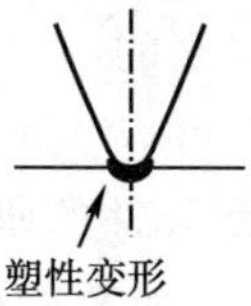 塑性变形	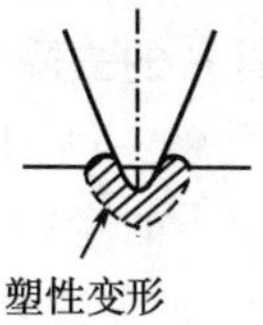 塑性变形
	p：大	 裂纹　塑性变形	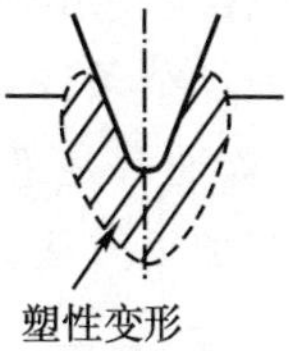 塑性变形

　　像金属那样的韧性材料，当应力超过一定值以后，由于塑性滑移将产生永久变形，而在材料的表层残留有塑性残余应力。

　　以玻璃为例的脆性材料，设压头端部的曲率半径为 r，压向玻璃的压力为 p，根据 r 与 p 所形成的应力场扩展的大小，被压材料的表面状态将发生不同的变化。在常温下，当 r 大时被压部位所产生的脆性破坏为截顶圆锥状裂纹，裂纹有一定程度的扩展，如突然去掉载荷，则裂纹的肩部将成为碎片而脱离母体；当 r 小时（在 μm 级以下），如果 p 也小，可以看到与韧性材料相似的状态，在被压表面上只残留凹坑；当压力 p 大时，从表面可看到放射状的裂纹，在深度方向则为须状裂纹。对于石英、Si 等单晶材料也可观察到与上述类似的现象。所不同的是它们不是圆锥状裂纹，而是沿解理方向上的裂纹。

　　随应力场的扩展，陶瓷的变形、破坏作用从韧性转向脆性。当应力场扩展增大时，对于材料中原有的缺陷，即使平均应力较小，也会由于裂纹端部的应力集中发生脆性破坏。

　　材料中位错易动性的大小与加工表面状态有密切关系。位错易动度小的陶瓷材料加工后表面无加工变质层，但在加工表面上会残留龟裂；位错易动度大的金属材料，除了电解磨削和化学腐蚀加工外，很难得到无加工变质层的表面。塑性变形深度对共价键、离子键结合的结晶材料的影响，一般比金属的小。从这种意义上讲，希望加工变质层浅时，使用陶瓷类材料较有利。图 5 - 3 是用腐蚀法测量加工变质层深度的例子，试样用 12 μm 的 SiC 磨料研磨加工，研磨液为乙醇。改变单晶试件的方位可以发现各个方位的硬度都与它们的加工变质层深度相关。硬度越高的材料，加工变质层深度越浅。

　　陶瓷属于难加工材料。在对其进行粗加工时，如果适当增大加工点的局部应力场，使材料

中的裂纹有一定的扩展,则可以利用材料的微小破碎的集积进行加工,达到高效率去除材料目的。脆性材料在加工中去除单位材料量所需要的能量比金属材料要高。如果在研磨中使用高刚性的铸铁研磨盘,则每一个磨粒所承受的负荷就大,因而材料的破坏单位也相应变大。在这种情况下,会在加工表面残留龟裂层。对要求低粗糙度、薄加工变质层的超精密加工,必须考虑要使材料的去除单位小于材料中缺陷的尺寸及分布距离。例如,在超精密加工中可以

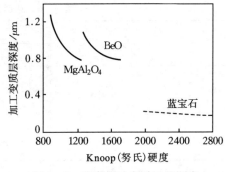

图 5 - 3　研磨加工变质层的深度

考虑采用粒径小的磨料,或用软质或具有黏弹性的研具等。

　　在加工中,即使统称为硬脆材料,也不是所有陶瓷材料都一样。与非晶态、各向同性的玻璃相比,单晶材料具有各向异性,原子密度高的面易于产生解理劈裂。多晶烧结材料(狭义的陶瓷)则是具有镶嵌结构(由晶体和基质构成)的复合材料。其加工特性随材料组成、晶粒大小、成形方法、烧结条件等呈现非常复杂的变化。

　　此外,陶瓷通常是绝缘体,这也限制了加工方法的选择,除个别材料外,大多不能采用电解加工或电火花加工方法。

5.1.4　无机非金属材料的机械加工

　　除了少量的可加工玻璃陶瓷,作为高强度、高韧性的氮化硅、碳化硅、Sialon 和 PZT 陶瓷都属于高硬度材料(维氏硬度 1600～2000 以上),几乎无法进行切削加工,磨削是主要的加工方法。最有效的磨削加工工具就是金刚石与立方氮化硼(CBN)。但是这些工具的磨损也非常严重,寿命很短。高能量激光对于陶瓷也是一个有效的加工方法,但热应力引起的开裂、熔融,分解引起的材料变质,再加上高的加工费用,导致其使用范围也有限。

　　根据工件与磨具的相对位置,可将力学加工法分为强制进给与压力进给方式。强制进给方式是普通机床采用的加工方式,"吃刀"深度设定值以及工件的精度都取决于机床的动态精度(母性原则),这种方式的特点是加工形状精确,加工效率高;压力进给方式(以研磨为例)是在磨具、工件突起部分进行选择性加工,从而提高精度的方式。加工平面、球、圆筒等形状比较简单的工件时,如注意磨具的形状精度,就能使加工精度高于机床精度,这是压力进给方式的特点。以往进行精加工时常采用压力进给方式,但缺乏形状赋予性,且加工时间较长,磨具通过一次的磨除量也很难确定。通常采用工件与磨具之间接触面积大的形式,因此适用于加工光洁度要求非常低的面。

　　按照供给加工能量的方式对常用陶瓷加工方法进行分类,如图 5 - 4 所示。其中力学加工法的生产效率较高,得到了广泛采用,尤以金刚石砂轮磨削、研磨、抛光用得比较普遍。需要进行表面精加工时,可采用图中(1)～(5),(7)～(9)和(14)所示的方法,其他几种加工方法则分别适用于打孔、切割或微细加工等。工业切割常采用金刚石砂轮进行磨削切割,孔加工则根据孔径采用超声波加工、研磨或磨削进行。

1. 陶瓷材料的机械磨削与研磨

陶瓷磨削常采用金刚石砂轮(D 砂轮)。金刚石砂轮的选择方法,就粒度标准而言,粗磨削

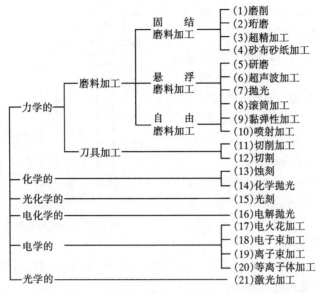

图 5-4 陶瓷材料去除加工法的分类(按供给能量进行分类)

和精磨削时分别使用 80 号～140 号、270 号～400 号粒度的砂轮。就结合剂而言,加工材料很脆而出现大量磨屑时或砂轮磨损影响工件质量时,采用金属结合剂砂轮,对于 Si_3N_4 和 SiC 则使用树脂结合剂砂轮。加工表面粗糙度要求很高时也用树脂结合剂。就硬度而言,平形砂轮可以选择硬度高一些,杯形砂轮则可以选择硬度低一些。

选择陶瓷磨削条件时,磨料吃刀深度可作为一个大致标准。粗磨削过程中,吃刀深度选择适当大一些,但如果太大,在砂轮转速小,吃刀太深的场合,工件表面会有积屑;如果砂轮转速变大,则磨削温度升高,工件上易产生热裂纹,砂轮磨损增大。磨削陶瓷时的砂轮转速比磨削金属时要低。

定义 $\sigma_t^2/(2E)$ 为弹性应变能系数(Modulus Of Resistance,MOR),将其作为评价工件可磨削性的指标。其中 σ_t 为抗拉强度,E 为杨氏模量。MOR 表示了拉伸试验材料断裂前单位体积贮存的弹性应变能,故称弹性应变能系数或功当量系数。表 5-7 为不同陶瓷材料的 MOR。

表 5-7 不同材料的 MOR

材料	MOR/(kJ·m⁻³)
碳化硅	306
氮化硅	281
铁氧体	228
95%氧化铝	215
玻璃	71
花岗岩	1.5
混凝土	0.3

磨削加工的砂轮非常重要。不同种类的砂轮导致生产效率和经济性大幅度变化。根据磨料(金刚石)及其破碎性,以及与黏结剂的结合性(与磨料表面的形状、金属涂层有关)等的不

同,砂轮有各式各样的种类,对于相应的加工对象必须选择合适的砂轮。图 5 - 5 为使用树脂结合剂金刚石砂轮磨削不同陶瓷材料的磨削比(磨除体积/砂轮磨损体积之比)(实验条件:平形砂轮,线速度 1500 m/min,吃刀深度 0.025 mm,工作台速度 15 m/min,横向走刀量 2 mm/次)。表 5 - 8 为不同结合剂砂轮的特性。

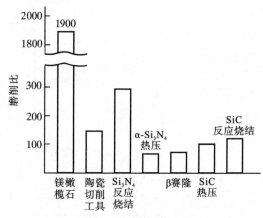

图 5 - 5　不同陶瓷材料的磨削比

被切削材料的 MOR 值或考虑热传导修正后的 MOR 值是选择金刚石砂轮的基础。一般说来,MOR 大的材料,使用破碎性大的磨料砂粒和弱的黏结剂,这样会由于适当的破碎,增加有效切刃数量,有利切削;相反,MOR 值小的材料,使用破碎性小的磨料砂粒,可以提高效率,延长磨具寿命。

表 5 - 8　不同结合剂的金刚石砂轮的特性

结合剂	制作方法	优点	缺点	用途
树脂	树脂结合(环氧树脂、聚酰亚胺等)	切削性良好,自锐性好,磨削质量好,碎片少	结合力弱,无气孔,易变形,耐热性弱	一般精密磨削
陶瓷	低熔点玻璃、陶瓷较低温度下烧结	气孔率大,堵刃少,切削性好,加工精度好,刚性好,易修整,碎片少	结合力弱	一般精密磨削
金属	铜合金系粉末烧结	结合力强,脱落少,热传导和导电好	切削性差,无气孔,易堵刃,不易修整	切断加工,高能量磨削
铸铁	铸铁粉、羰基铁粉 $3H_2 + N_2$ 中烧结	结合力强,可使用强力磨粒,刚性大	适用于放电加工	
金属	由 Ni 等电镀	易制作形状复杂砂轮,砂粒突出量大,切削性好	磨粒层较薄,使用寿命受限	曲面,沟槽加工

在磨削陶瓷时,首选破碎性好的砂粒与树脂结合的砂轮。这些砂轮具有良好的磨削性能,可以得到较好的磨削面。但这种砂轮的结合力(磨粒的把持力)较弱,在对高强韧陶瓷进行高能加工(大进刀量)时磨粒容易脱落,磨削比显著降低,且砂轮面的形状容易变形,导致加工精度降低;与之比较,金属结合砂轮的结合力强,砂轮磨耗小,寿命长,但是切削性能不是很好,砂轮不易修整,造成磨削阻力过大,必须使用高马力、高刚性的机械。另外由于冷却不足、修整性能不好、容易堵塞,也造成砂轮的使用寿命降低;多孔性金属结合砂轮与普通金属结合砂轮相比,具有修整性能好、不容易堵塞、使用寿命长的特点。铸铁和铁黏结的砂轮比一般的金属砂轮具有更强的结合力,脱落少,刚性大,适合于陶瓷的高效率加工(约 50 mm³/(mm • s))。

一般金属材料磨削后强度很少降低,甚至不降低。但陶瓷材料零件磨削后的强度则随磨削条件的不同而发生变化。砂轮的粒度、载荷作用时间及周围的气氛条件等均会影响磨削后陶瓷材料零件的强度。

金刚石砂轮粒度不同造成被磨削材料表面粗糙度的不同,直接影响材料的强度。磨料越细,表面粗糙度越低,磨削后的强度越高。当 Si_3N_4、SiC 和 AlN 陶瓷的表面粗糙度值 $>1\ \mu m$ 时,其抗弯强度就降低,粗糙度越小,抗弯强度越高,如图 5-6 所示。

载荷作用时间越长,陶瓷材料弯曲强度越小。由于陶瓷零件要求的使用时间都很长,且一般在高温条件下工作,因此加工后陶瓷零件的实际强度比预想的还要低。

珩磨是磨具与工件保持一定的面接触状态,通过二者之间的二维运动去除材料,进行面加工的磨料加工技术。利用珩磨来加工透镜、棱镜时,常用金刚石磨具进行精研,目前也在试验用固定磨料进行抛光。可采用含有磨料的铸铁基材的复合工具,含立方氮化硼(CBN)与金刚石磨料的复合工具作为新的加工工具,其加工特性如图 5-7 所示。

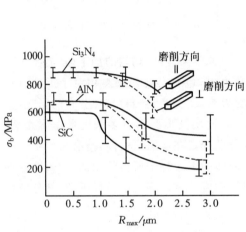

图 5-6　陶瓷材料表面粗糙度与抗弯强度

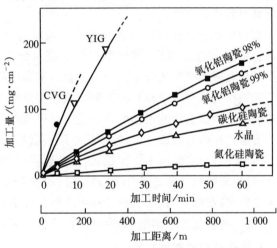

图 5-7　金刚石/铸铁复合工具加工不同材料时的加工量

砂布砂纸加工。由于砂布砂纸是可挠性工具,因而工件和砂布砂纸的接触方式或支承方式可以作各种变化,从而可以进行各种操作。图 5-8 所示的微粉砂带可用于磁头的精抛光、精磨以及磁盘磁鼓的精抛光。磨料为绿色碳化硅、白色刚玉、Cr_2O_3、Fe_2O_3 等,粒度为 400～15000 号,基体厚度为 25～75 μm。

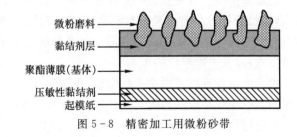

图 5-8　精密加工用微粉砂带

具有镶嵌结构的烧结陶瓷用作集成电路基片时,可采用研磨方法进行加工。

在陶瓷材料的粗研磨中磨粒的作用如图 5-9 所示。材料的去除作用不单纯是磨粒切削刃的切削作用,同时还包含有材料微小破坏的集积而起的去除作用。被运送到工件与研具间并承受载荷的磨粒,作用于工件,根据磨料端部形状及它们所承受的载荷不同,使工件接触磨粒的局部发生弹性变形或塑性变形,如果加工点的应力和应变状态超过一定限度,将使加工面发生龟裂,随着龟裂进展和交错将产生碎片,然后以切屑的形式脱离工件。

研磨的研具通常用铸铁或钢制作。对于化合物、半导体的研磨,多用玻璃、烧结陶瓷做研具。研具材质越硬,加工效率越高,研具磨损越小。但从被加工件表面粗糙度的角度看,研具的材料越软,越可以得到低粗糙度的光洁表面。这可用参加研磨的有效磨粒数加以说明。从磨料埋入工件表面的可能性考虑,用比工件硬度低的研具较安全。

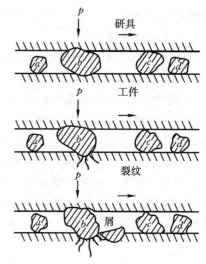

在陶瓷材料的研磨中,可使用金刚石、SiC、Al_2O_3 等作为磨料。对于石英、氧化铝单晶等的研磨,可使用粒径为 7～20 μm 的各种磨料。根据铸铁研磨盘所做实验表明,当研磨压力在 30～70 kPa 时,单位时间的研磨量与研磨压力成正比。研磨量、被加工表面粗糙度及加工层深度(连续研磨)分别与使用的磨料粒径成比例。

使用金刚石磨料研磨时效率最高。被研磨面的表面粗糙度则与此相反,即效率越低表面粗糙度值

图 5-9　陶瓷粗研磨磨粒的作用

越小。具有嵌镶结构的烧结陶瓷黏合材料较易研磨。为了得到良好、均匀的加工面,需要用比结晶颗粒硬且带有尖锐棱角的磨料。从加工效率的角度看,也有必要使磨料相对于工件有一定的硬度差。加工面的粗糙度不仅受磨料颗粒直径的影响,还受磨料颗粒直径分布的影响。

为避免被研磨表面污染,除使用金刚石磨料研磨外,使用其他磨料时多采用水作研磨液。为了不使磨料在研磨液中成团粒状,往往还需要加入分散剂。在研磨压力高,研磨液供给不充分,或供给间隔时间长的条件下,高浓度(指磨料在与液体的混合物中所占的比例)的研磨剂加工效率较高;在低载荷、研磨液连续供应的情况下,以低浓度为宜。磨粒的粒径越细,其分散性越差,磨粒间容易互相影响,研磨剂的供给量应多些。

2. 陶瓷材料的表面抛光

以表面平滑化为主要目的的抛光过程中,通常采用软质的具有弹性或黏弹性的工具(抛光器)和微粉磨料。在超精密加工领域,研磨与抛光无本质的区别。有时抛光的目的是为了得到与基体物理或化学性能相近的表面。研磨与抛光所不同的是,所用的磨料、粒径大小、磨料的保持方式,以及去除单位的大小。

抛光的机理有机械微小去除学说、表面流动学说及化学作用学说三种。机械微小去除学说可用磨料的微小切削刃的切削作用,去除被加工表面上的凸凹加以解释,使用金刚石研磨膏的布轮进行抛光被认为是以这种作用为主。图 5-10 为表面流动学说(热流动学说)关于抛光用磨料熔点与抛光性能之间的关系。对熔点较低或软化点较低的工件,磨料的熔点与抛光性能相关,而与高熔点工件关系不大。抛光所用磨料应具有比被加工点更高的熔点,在该温度下磨料比工件具有更高的强度和硬度。

究竟哪一种学说在被抛光表面光滑过程中起作用,要根据抛光条件和抛光的阶段不同而定。对于烧结陶瓷的抛光,除了组成陶瓷的材质之外,烧结条件也对抛光特性有微妙的影响,例如具有气孔的陶瓷就不可能抛光成镜面。陶瓷抛光常用的磨料和研具,分别列于表 5-9 和表 5-10 中。

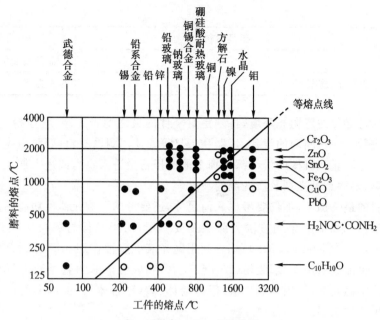

图 5 - 10　磨料熔点与抛光性能的关系

表 5 - 9　陶瓷抛光常用磨料种类

名称	化学式	晶系	颜色	莫氏硬度	密度/(g·cm⁻³)	熔点/℃
氧化铝（α 晶）	α - Al₂O₃	六方	白-褐	9.2～9.6	3.94	2040
氧化铝（γ 晶）	γ - Al₂O₃	等轴	白	8	3.4	2040
金刚石	C	等轴	白	10	3.4～3.5	(3600)
氧化铁	Fe₂O₃	六方等轴	赤褐	6	5.2	1550
氧化铬	Cr₂O₃	六方	绿	6～7	5.2	1990
氧化铈	Ce₂O₃	等轴	淡黄	6	7.3	1950
氧化锆	ZrO₂	单斜	白	6～6.5	5.7	2700
氧化钛	TiO₂	正方	白	5.5～6	3.8	1855
氧化硅	SiO₂	六方	白	7	2.64	1610
氧化镁	MgO	等轴	白	6.5	3.2～3.7	2800
氧化锡	SnO₂	正方	白	6～6.5	6.9	1850

表 5 - 10　陶瓷抛光用研具的种类

分类	研具材料	适用范围
软质金属	Pb、Sn、In、软材料	陶瓷加工
天然树脂	沥青、木焦油、蜂蜡、石蜡、松脂、虫胶	玻璃镜面加工
合成树脂	丙烯树脂、聚氯乙烯、聚碳酸酯、聚四氟乙烯、聚氨酯橡胶	玻璃镜面加工
天然皮革	麂皮	水溶性结晶的镜面加工

分类	研具材料	适用范围
人造皮革		硅晶片镜面加工
纤维	无纺布、纺布	金相抛光

陶瓷抛光时还必须注意抛光环境,特别是对零件的最终抛光工序,应在粉尘极少,经过除尘净化的室内进行。该房间内的设备、仪器和工具等要使用耐蚀材料,要防止生锈或污染。在设计中要采取措施防止从机械的滑动部分掉下的磨损粉尘进入室内或进入加工区。为防止对加工表面的污染,要注意抛光剂及清洗剂的纯度。

对电子材料的最终加工,不仅要考虑几何尺寸,还要考虑影响元器件功能精度的加工变质层。可以用化学抛光和电解抛光方法去除加工变质层;对半导体材料可采用化学机械抛光(Chemo Mechanical Polishing,CMP),综合利用抛光液的腐蚀作用和磨料的力学作用去除复合效应。例如对单晶硅采用 SiO_2 微粉(10 nm 左右)和碱性溶液的悬浮液进行抛光。氧化铝陶瓷或蓝宝石化学抛光时,采用加热磷酸、硼砂熔体、V_2O_5 熔体等,也可采用化学抛光方法去除机械加工产生的加工层。

一些新的加工抛光方法,如弹性发射加工(Elastic Emission Machining,EEM)、软质粉末的机械-化学(mechano - chemical)抛光、水合作用(hydration)抛光、磁流体抛光等,部分方法已在工业上得到应用。

磨料加入到半固态黏弹性体中混炼而成的介质沿着工件表面加压流动,进行表面加工和去毛刺等的一种加工方法称为黏弹性流动加工,也称为磨料流动加工(Abrasive Flow Process),工业上也称为挤压珩磨(Extrude Hone)或压力流动加工(Dynaflow Process)。例如在对孔表面进行精加工时,将工件固定,加压使介质从孔的一侧移动到另一侧,如图 5－11 所示。这种方法适用于复杂形状工件的表面精加工,尤其适合于内壁加工。

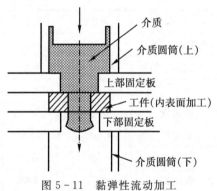

图 5－11　黏弹性流动加工

3. 陶瓷材料的切割

工业上多采用金刚石砂轮对陶瓷进行切割。十几微米厚的金刚石切割片在精密切割、切槽或锯切中发挥了很大的作用。如果采用侧面带有锥度的切割砂轮,还能避免侧面磨料变钝引起的不良影响。

采用磨料研磨切割方法能得到精度相当高的切割面。由带钢或钢丝供给磨料,可用于石材、水晶、铁氧体的切割,这也是目前硅产业采用的主要切割方法。在进行玻璃的研磨式切割过程中,要求供给磨料时保持使研磨阻力与垂直荷重之比为 0.3 以上,整个操作过程稳定可靠,工作效率很高,且不浪费磨料。

对于直径在一定范围内的孔,可以采用金刚石钻头(空心钻)进行圆孔加工,也可以将超声波振动附加在空心钻上。实验室中,使用研磨式加工方法(Biscuit Cutting)比较方便,进行异形孔加工时可使用超声波方法。进行微小孔加工时,采用激光方法比较合适。

除可切削微晶玻璃外,现在工业上还没有采用车刀等切削具有脆硬特性的陶瓷的例子,这方面的工作尚处于研究室试验阶段。目前有用超高精度的车床和金刚石单晶车刀进行加工的例子,以微米级的微小吃刀深度和微小走刀量,获得 $0.1~\mu m$ 左右的形状精度,这种加工技术作为超精密加工的一个方向正在加以研究。超精密切削可用于加工感光鼓、磁盘、磁鼓、大功率的反射镜,以及平面、球面或多面棱镜等中小型超精密零件。

5.1.5　陶瓷材料的高能束加工

高能束加工除了用于材料去除加工外,还可用于连接、表面改性以及材料合成等。高能束加工的能量形态有热、化学、电磁、分子或原子等运动能量。加工现象从本质上讲,有以原子或分子的状态从材料上去除(蒸发、化学溶解)和以熔融物的分子团簇状从材料上去除两种方式。

高能束加工具有宽广的适用范围和加工方法的柔软性,它与机械加工的最大差异就是加工工具与加工物的相对关系。高能束加工的一般原理如图 5-12 所示。高能束发生器(激光发生器、电子枪、离子源)产生高能粒子(光、带电粒子)成为束状,照射在加工物上,设备与被加工物体之间没有力学接触。高能束发射后,与材料之间的关系就确定了,后续无法继续控制。在实用中,需要预先通过试验确定条件,再对同样材料进行高能束加工。

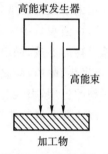

图 5-12　高能束加工

虽然高能束加工的控制比较困难,但从原理上并不是不可控制。激光、电子、离子束照射到材料的时候,会与材料发生各种相互作用,在加工中通过检测这些现象,得到这些物理量与加工量之间的关系,向高能束发生源或控制装置(镜头等)进行反馈,就可以实现对加工的控制。

高能束的加热加工是以熔融、蒸发为主的去除加工。

可以用于加工的激光种类很少。目前实用化的有 YAG 激光和 CO_2 激光,它们之间的差别在于波长的不同(YAG 为 $1.06~\mu m$,CO_2 激光为 $10.6~\mu m$)。加工与加热理论上没有根本差别,在对能量的吸收上有很大影响,陶瓷材料对于 CO_2 激光的吸收接近 100%,能量效率高于 YAG 激光。但在高能束的集束上由于 CO_2 激光波长较长,与 YAG 激光相比斑点尺寸不能很小。此外激光源的输出功率,YAG 激光现在只能达到 $1~kW$ 的程度,而 CO_2 激光可以达到 $20~kW$ 级。因此在加工时要考虑各种激光源的优点和缺点,选择适当的激光源。

利用激光进行切割时切割宽度窄,可进行曲线切割,但是切割的厚度受到一定限制。

电子束加工是利用加速热阴极发射的电子,通过电磁镜头在一个微小的点上聚焦,实现材料局部高能量密度,进行热加工,其加工特性与激光加工相同。与激光加工相比,其缺点是需要在真空中作业并伴随 X 射线的发生,不过在加工陶瓷材料时,还存在绝缘性的问题,但其电气控制容易实现自动化,基本不需要手工操作。电子束由带电粒子组成,希望被加工材料是电的良导体,但去除加工的充电时间是毫秒级,充电量很小。如果长时间照射的话,在加工点附近最好由导电体构成回路。

放电加工是利用液体中电极之间的放电使材料熔融去除的加工方式。在加工电极与另一个电极(被加工材料)之间施加一个脉冲电压,在绝缘油的中间产生微小的放电回路,产生放电,放电能量使被加工材料表面熔融,周围的液体气化造成的爆裂导致熔融体飞散,材料被加工。放电现象是通过液体中的离子化部分的能量流动产生的,在一定程度上具有高能束加工的要素。

为了用于放电加工必须使陶瓷成为导电体,要求导电率最低为 $100\ \Omega^{-1}\cdot cm^{-1}$。为此开发研究了各种导电陶瓷,如在 Si_3N_4 陶瓷中加入 TiN,但加入 TiN 会影响材料的力学性能,因此可以使用更微细的 TiN,达到同样的导电率的同时尽量减小对力学性能的损害。

5.2　无机材料连接技术

陶瓷与陶瓷、陶瓷与金属材料的连接及应用日益受到人们的高度重视。陶瓷的连接技术是陶瓷能否在实际生产中扩大应用的关键。陶瓷连接技术不仅为制造复杂的复合结构提供了一种经济的方法,也给设计者和工程师提供了制造有用复合器件的可能性。

在大多数情况下,陶瓷和金属间的连接是永久性的。例如密封的透明灯泡中充入惰性气体以防止白炽灯中的钨丝氧化损坏,火花塞金属电极与绝缘氧化铝基体的密封连接,牙齿中金属填充物的连接,微电子电路与绝缘陶瓷基底的连接,用黏接剂修理珍贵的瓷器;在高技术领域,将耐热、耐磨、耐腐蚀陶瓷应用到汽车和飞机发动机上,用生物相容的耐磨陶瓷做金属脊椎替代物的包层,引线与高温超导陶瓷材料的连接。

陶瓷与金属的主要连接工艺及其特点如表 5 - 11 所示。

表 5 - 11　不同陶瓷连接工艺及其特点

工艺	连接性能			
	完整	使用温度	真空密封	利用
机械连接	好	低~高	低	广泛
黏　结	中	低	中	广泛
玻璃连接	好	中	高	广泛
钎　焊	好	高	高	广泛
扩散连接	好	高	高	少
熔化焊接	好	高	高	少

陶瓷和金属的机械连接方法主要包括栓接和热套,但这两种方法均有很大局限性。栓接需要在陶瓷上钻孔,加工难度大,且接头缺乏气密性;热套则会产生很大的残余应力,且为保证有效的气密性,连接件工作温度不能过高。黏接操作简单,接头气密性好,但强度通常较低,且不适合在高温下使用,长期使用时接头性能还会随黏接剂的老化而下降。与上述两种方法相比,焊接接头强度高,耐高温,又能保证一定的气密性,且对连接件几何形状和尺寸要求不高,适用范围更广。

在表载的连接方法中钎焊与扩散连接方法比较成熟,应用比较广泛;电子束焊与激光焊接也有应用。除此之外,正在研究开发的陶瓷与金属连接的方法有超声波压接、摩擦压接、过渡液相连接等。从原理或实践上说,有许多工艺可用于陶瓷材料的连接,但并没有所谓最佳工艺,每一种工艺都有它的优点和局限。

陶瓷材料的焊接连接形式:陶瓷与金属材料的连接、陶瓷与非金属材料(如玻璃、石墨等)的连接、陶瓷与半导体材料的连接。

陶瓷与金属材料的焊接结构无论在电器制造、电子器件,还是在核能工业、航空航天,以及电真空器件生产等方面,都占有非常重要的地位。陶瓷与金属焊接接头要求具有较高的强度、高的真空气密性、低残余应力,焊接接头在使用过程中应具有耐热性、耐蚀性和热稳定性,同时焊接工艺应尽可能简化,工艺过程稳定,生产成本低。

由于陶瓷材料与金属原子结构之间存在本质上的差别,加上陶瓷材料本身特殊的物理化学性能,因此,无论是与金属连接还是陶瓷本身的连接都存在不少问题。当陶瓷与金属连接时,需要在连接材料之间形成一个界面。这个界面应适应界面材料与被焊材料有不同的线膨胀系数,离子/共价结合,以及陶瓷与金属间晶格的错配等情况。

陶瓷的线膨胀系数与金属的线膨胀系数相差较大,陶瓷的弹性模量高于金属。通过加热连接陶瓷与金属时,接头区域会产生残余应力,削弱接头的力学性能,残余应力较大时还会导致连接陶瓷接头的断裂破坏。通常来说,断裂发生在焊接接头的陶瓷一侧。

陶瓷与金属接头在界面间存在着原子结构的差异,陶瓷与金属之间是通过过渡层(扩散层或反应层)焊合的,两种材料间的界面焊合反应对接头的形成和性能有极大的影响。接头界面反应和结构是陶瓷与金属焊接研究中的重要课题。

陶瓷材料的离子键或共价键表现出非常稳定的电子配位,很难被金属键的金属钎料润湿,所以用通常的熔焊方法很难使金属与陶瓷产生熔合。用金属钎料钎焊陶瓷材料时,需要对陶瓷表面进行金属化处理,对被焊陶瓷表面进行改性;或者在钎料中加入活性元素,使钎料与陶瓷之间有化学反应发生,通过反应使陶瓷的表面分解形成新相,产生化学吸附机制,形成结合牢固的陶瓷与金属界面。

电子产品中功能陶瓷与金属的连接多采用氧化物玻璃连接法。这种方法是利用氧化物熔化后形成玻璃相,一方面向陶瓷渗透,另一方面向金属浸润来形成连接。氧化物玻璃钎料分高温、低温两大类,高温氧化物玻璃钎料的软化温度高达 $1200\sim2000$ ℃,低温氧化物钎料的软化温度低至 $300\sim400$ ℃,陶瓷与金属连接时常用高温氧化物玻璃钎料。

利用卤素化合物作钎料进行一些非氧化物陶瓷的钎焊,可获得具有较高抗拉强度而又耐热、抗氧化的接头。这类钎料的主要成分是 CaF_2 和 NaF 等,钎焊时的焊接温度都比较高。这种方法多限于在电子产品中的应用。

陶瓷、金属和中间层三者都保持固态不熔融状态,也可以通过加热加压实现固态热压扩散连接。热压时陶瓷与金属之间的接触面积逐渐扩大,某些成分发生表面扩散和体积扩散,消除界面孔穴,界面发生移动,最终形成可靠连接。这种方法的具体工艺主要是真空扩散焊,也有采用热等静压法连接的。

集中加热时,尤其是用高能密度热源进行熔焊时,靠近接头陶瓷一侧会产生高应力区域,容易在连接过程或连接后产生裂纹。控制应力的方法之一是在焊接时应尽可能地减少焊接部位及其附近的温度梯度,控制加热和冷却速度;降低冷却速度有利于应力松弛而使应力减小,另一个减小应力的办法是用塑性材料或线膨胀系数接近陶瓷线膨胀系数的金属材料作为中间层。塑性材料通过金属本身的塑性变形减小陶瓷中的应力,采用低线膨胀系数的金属材料做中间合金层则是将陶瓷中的应力转移到中间层,同时使用两种不同的金属中间层材料也是降低热应力的有效办法之一。一般以镍作为塑形金属,钨作为低线膨张系数材料使用。

5.2.1 陶瓷-金属材料的钎焊

陶瓷与金属材料的钎焊工艺比金属材料之间的钎焊复杂得多,因为多数情况下需要对陶瓷表面金属化处理后才能进行钎焊。陶瓷与金属材料常用的钎焊工艺:①陶瓷金属化法(也称为两步法或间接钎焊法),先在陶瓷表面进行合金化后再用普通钎料进行钎焊;②活性金属法(也称为一步法或直接钎焊法),采用活性钎料直接对陶瓷与金属进行钎焊。改进陶瓷表面钎焊活性的常用方法如表 5-12 所示。

表 5-12 陶瓷表面金属化的常用方法

陶瓷表面金属化法	烧结粉末金属法	Mo - Mn 法
		Mo - Fe 法
	其他金属化法	蒸发金属化法
		溅射金属化法
		离子涂覆
活性金属法		Ti - Ag - Cu 法
		Ti - Ni 法
		Ti - Cu 法
		Ti - Ag 法

陶瓷表面金属化法主要适用于氧化物陶瓷。首先将陶瓷表面金属化,然后再与金属连接。金属化法是将纯金属粉末与金属氧化物粉末组成的膏状混合物涂于陶瓷表面,再在氢气炉中高温加热,形成金属层。也可以在陶瓷表面镀镍以形成金属层,采用 CVD 或 PVD 法进行气相沉积,在陶瓷表面形成金属层。

活性金属化法适用于氧化物和非氧化物陶瓷。Ti、Zr、Hf 等过渡金属的化学活泼性很强,被称为活性金属,对陶瓷的亲和力较强。在 Au、Ag、Cu、Ni 等系统的钎料中加入这类活性金属后可以形成活性钎料。活性钎料在液态下极易与陶瓷发生化学反应而形成陶瓷与金属的连接。活性金属的化学活泼性很强,所以钎焊一般要在真空中或极高纯度的惰性气氛中进行。

1. 陶瓷表面金属化钎焊

陶瓷表面金属化钎焊是采用烧结或其他方法在陶瓷的表面涂镀一层金属作为中间层,然后再用钎料把金属镀层和金属钎焊在一起。陶瓷表面的金属化不仅可以用于改善非活性钎料对陶瓷的润湿性,还可以在高温钎焊时保护陶瓷不发生分解产生孔洞。如 Si_3N_4 陶瓷在 10^{-2} Pa 真空下 1100 ℃以上就发生分解,产生孔洞。通过将 Si_3N_4 表面金属化或改变钎焊气氛可以防止 Si_3N_4 分解,满足耐热钎料进行高温钎焊的要求。在金属与 Si_3N_4 陶瓷之间设置金属中间层还可以防止在钎焊过程中 Si 扩散进入焊缝形成脆性硅化物。陶瓷金属化法在工业上已得到广泛应用,但这种传统的连接方法工艺复杂,费时耗资。

近年来随着材料表面工程技术的发展,一些新的陶瓷表面金属化方法,如物理气相沉积(PVD)技术、热喷涂法以及离子注入法等,开始应用于陶瓷表面金属化处理,并取得了很好的效果。

蒸发金属化法是利用真空镀膜机在陶瓷件上蒸镀金属膜,从而实现陶瓷表面金属化的方法。在蒸镀瓷件时,将清洗好的瓷件包上铝箔,只露出需要金属化的部位,放入镀膜机的真空室内,当真空度达到 4×10^{-3} Pa 后,将陶瓷件预热到 300～400 ℃,保温 10 min。开始蒸镀钛,然后再蒸镀钼,形成金属化层。蒸镀后还需要在钛、钼金属化层上再电镀一层厚度为 2 μm 的镍,最后在真空炉中用厚度为 0.5 mm 的无氧紫铜片与陶瓷件进行钎焊(采用 AgCu28 焊料)。

　　蒸发金属化法的优点是金属化温度低(300～400 ℃),能适应各种不同的陶瓷,如 99% Al_2O_3、99% BeO、石英等陶瓷的金属化,陶瓷没有发生变形、破裂的危险,能获得良好的气密性。这种封接方法比 Mo-Mn 法、活性法有更高的封接强度,缺点是蒸镀高熔点金属比较困难。

　　溅射金属化是将陶瓷放入真空容器中并充以一定压强的氩气,然后在电极之间加上直流电压,形成气体辉光放电,利用气体放电产生的正离子轰击靶面,将靶面材料溅射到陶瓷表面上形成金属化膜而实现金属化。溅射沉积前可先用离子轰击陶瓷表面以获得清洁的陶瓷表面,有利于提高金属与陶瓷之间的结合强度。溅射沉积时,工件可以旋转。使陶瓷金属化面对准不同的溅射金属,依次沉积所需要的金属膜。沉积到陶瓷表面的第一层金属化材料是钼、钨、钛、钽或铬,第二层金属化材料为铜、镍、金或银。在溅射过程中,陶瓷的沉积温度应保持在 150～200 ℃。

　　与蒸镀法相比,溅射法操作工艺简单,涂层厚度均匀,与陶瓷结合牢固,可涂覆大面积的金属膜。溅射法还能制备金属的合金及其氧化物薄膜,能在较低的沉积温度下制备高熔点的金属涂层,可适用于任何种类的陶瓷,特别是 BeO 陶瓷的表面金属化。

　　离子涂覆装置与溅射涂覆装置相似,该设备的阴极为安放陶瓷工件的支架,蒸发源的热丝作为阳极,热丝的材料为待涂覆的金属材料,真空容器内通入适量氩气。当阴、阳极之间接上直流高压电(2～5 kV)后,在两极之间形成氩的等离子体。在直流电场的作用下,氩离子轰击清洗陶瓷工件表面达到净化陶瓷表面的目的。轰击时间由陶瓷材料的组分和表面状态决定。溅射清洗完后移开活动挡板,开始加热热丝,使金属蒸发。金属蒸气在电场作用下被电离,正离子被加速向作为阴极的陶瓷表面移动,在轰击陶瓷表面的过程中形成结合牢固的金属涂层。

　　离子涂覆的优点是金属化温度低(工件沉积温度小于 300 ℃),沉积速率高(与电镀的沉积速率相近),涂层结合牢固,适用于各种不同的介质材料。缺点是只适宜沉积一些比较容易蒸发的金属材料,对一些熔点比较高的金属沉积比较困难。

　　热喷涂法利用低压等离子弧喷涂技术在 Si_3N_4 陶瓷表面喷涂两层 Al。喷涂第一层前,先将陶瓷预热到略高于 Al 的熔点温度以增强 Al 在 Si_3N_4 陶瓷的吸附。第一层喷涂的 Al 一般不超过 2 μm。在第一层的基础上再喷涂一层 200 μm 的 Al,热喷涂后的 Si_3N_4 陶瓷直接以 Al 涂层为钎料在 700 ℃、加压 0.5 MPa 的条件下钎焊,接头的平均抗弯强度达到 340 MPa,比直接用 Al 片在同样的条件下钎焊的接头强度(230 MPa)高许多。

　　Mo-Mn 法陶瓷金属化钎焊连接的工艺流程如图 5-13 所示。

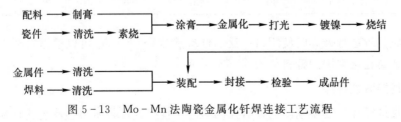

图 5-13　Mo-Mn 法陶瓷金属化钎焊连接工艺流程

　　陶瓷件在超声波清洗机中用清洗剂清洗,然后用去离子水清洗并烘干。金属件则要碱洗、酸洗去除金属表面的油污、氧化膜等,并用去离子水清洗、烘干。清洗过的零件应立即进入下一道工序,中间不得用裸手接触;涂膏剂是陶瓷金属化的重要工序,膏剂多由纯金属粉末加适量的金属氧化物组成,粉末粒度在 $1\sim5\ \mu m$ 之间,加入适量的硝棉溶液、醋酸丁酯、草酸二乙酯等调成糊状,球磨稀释后用毛笔或其他方法均匀地涂刷在需要金属化的陶瓷表面上,涂覆厚度大约为 $30\sim60\ \mu m$;将涂好的陶瓷件放入钼坩锅中,在 $1300\sim1500\ ℃$ 氢气炉中保温 $0.5\sim1\ h$ 完成金属化,烧结后的金属化层应连续致密,无斑点、裂纹、起泡、氧化、粘砂等缺陷;由于金属化层多为 Mo-Mn 层,难与钎料浸润,必须镀上一层 $4\sim5\ \mu m$ 厚的镍,镀镍后的陶瓷需在氢气炉中 $1000\ ℃$ 的温度下烧 $15\sim25\ min$,这道工序称之为二次金属化;将处理好的金属件和陶瓷件装配在一起,在焊缝处装上钎料;钎焊在氢气炉或真空炉中进行,钎焊温度由钎料而定。在钎焊过程中加热和冷却速度都不能过快,以防止陶瓷件炸裂;对一些特殊要求的陶瓷封接件,如真空器件或电器件,要进行漏气、热冲击、热烘烤和绝缘强度等检验。

　　对于不同组分的陶瓷要选用不同的金属化膏剂,才能达到陶瓷表面金属化的最佳效果。配方的正确选择是陶瓷表面金属化工艺的关键。常用的 Mo-Mn 法烧结金属粉的配方和烧结工艺参数如表 5-13 所示。在 Mo 粉中加入 $10\%\sim25\%$Mn 是为了改善金属镀层与陶瓷的结合。

表 5-13　常用的 Mo-Mn 法金属化配方和烧结工艺参数

序号		1	2	3	4	5	6	
配方组成/%	Mo	80	45	65	59.5	50	70	
	Mn	20	—	17.5	—	—	9	
	MnO	—	18.2		17.9	17.5		
	Al₂O₃	—	20.9		12.9	19.5	12	
	SiO₂	—	12.1	95 瓷粉 17.5	7.9	11.5	8	
	CaO	—	2.2		1.8CaCO₃	1.5	1	
	MgO	—	1.1		—	—		
	Fe₂O₃	—	0.5					
陶瓷		75 瓷	95 瓷		95 瓷 (Mg-Al-Si)	透明刚玉	99 瓷	95 瓷
涂层厚度/μm		30~40	60~70	35~40	60~80	50~60	40~50	
温度/℃		1350	1470	1550	1510	1400~1500	1400	1500
时间/min		30~60	60	60	50	40	30	60

　　陶瓷金属化后进行钎焊时使用最广泛的钎料是 BAg72Cu,也可以根据需要选用其他的钎料。陶瓷与金属连接常用的钎料如表 5-14 所示。

2. 陶瓷直接活性钎焊

　　陶瓷的直接钎焊是近年来国内外研究的热门。直接钎焊技术可使陶瓷构件制造工艺变得简单,且能满足陶瓷高温状态使用的要求。其关键是使用活性钎料,在钎料能够润湿陶瓷的前

表 5 - 14　陶瓷与金属连接常用钎料

钎料	成分/%	熔点/℃	流点/℃	钎料	成分/%	熔点/℃	流点/℃
Cu	100	1083	1083	Ag - Cu	Ag 50、Cu 50	779	850
Ag	>99.99	960.5	960.5	Ag - Cu - Pd	Ag 58、Cu 32、Pd 10	824	852
Au - Ni	Au 82.5、Ni 17.5	950	950	Au - Ag - Cu	Au 60、Ag 20、Cu 20	835	845
Cu - Ge	Ge 12、Ni 0.25、其余 Cu	850	865	Ag - Cu	Ag 72、Cu 28	779	779
Ag - Cu - Pd	Ag 65、Cu 20、Pd 15	852	898	Ag - Cu - In	Ag 63、Cu 27、In 10	685	710
Au - Cu	Au 80、Cu 20	889	889				

提下,还要考虑高温钎焊时陶瓷与金属热膨胀差异会引起的裂纹,以及夹具定位等问题。

陶瓷直接钎焊所选钎料都含有活性元素 Ti、Zr 或 Ti、Zr 的氧化物或碳化物,用于直接钎焊陶瓷的高温活性钎料如表 5 - 15 所示。

表 5 - 15　用于直接钎焊陶瓷的高温活性钎料

钎料	熔化温度/℃	钎焊温度/℃	用途及接头性能
92Ti - 8Cu	790	820~900	陶瓷-金属的连接
75Ti - 25Cu	870	900~950	陶瓷-金属的连接
72Ti - 28Cu	942	1140	陶瓷-陶瓷、陶瓷-石墨、陶瓷-金属的连接
50Ti - 50Cu	960	980~1050	陶瓷-金属的连接
50Ti - 50Cu(原子比)	1210~1310	980~1050	陶瓷与蓝宝石、陶瓷与锂的连接
7Ti - 93(BAg72Cu)	779	820~850	陶瓷-钛的连接
5Ti - 68Cu - 26Ag	779	820~850	陶瓷-钛的连接
100Ge	937	1180	自黏接碳化硅-金属(σ_b=400 MPa)的连接
49Ti - 49Cu - 2Be	—	980	陶瓷-金属的连接
48Ti - 48Cu - 4Be	—	1050	陶瓷-金属的连接
68Ti - 28Ag - 4Be	—	1040	陶瓷-金属的连接
85Nb - 15Ni	—	1500~1675	陶瓷-铌(σ_b=145 MPa)的连接
47.5Ti - 47.5Zr - 5Ta	—	1650~2100	陶瓷-钽的连接
54Ti - 25Cr - 21V	—	1550~1650	陶瓷-陶瓷、陶瓷-石墨、陶瓷-金属的连接
75Zr - 19Nb - 6Be	—	1050	陶瓷-金属的连接
56Zr - 28V - 16Ti	—	1250	陶瓷-金属的连接
83Ni - 17Fe	—	1500~1675	陶瓷-钽(σ_b=140 MPa)的连接

过渡族金属(如 Ti、Zr、Hf、Nb、Ta 等)具有很强的化学活性。这些金属元素对氧化物、硅酸盐等具有较大的亲和力,可以通过化学反应在陶瓷表面形成金属与陶瓷组成的复合物反应层,这些复合物在大多数情况下能表现出与金属相同的结构,可以被熔化的金属润湿,达到与金属连接的目的。在活性钎焊时,活性元素的保护是一个非常重要的问题,因为这些元素一旦被氧化后就不能再与陶瓷发生反应。因此活性钎焊过程一般都是在 10^{-2} Pa 以上的真空或在高纯惰性保护气氛中进行,一次完成钎焊连接。

二元系高温活性钎料以 Ti - Cu 为主,这类钎料蒸气压较低(700 ℃时小于 1.33×10^{-3} Pa),可在 1200～1800 ℃使用;三元系钎料 Ti - Cu - Be 或 Ti - V - Cr,其中 49Ti - 49Cu - 2Be 具有与不锈钢相近的耐蚀性和较低的蒸气压,可在防泄漏、防氧化的真空密封接头中使用;不含 Cr 的 Ti - Zr - Ta 系钎料,可以直接钎焊 MgO 和 Al_2O_3 陶瓷,获得的接头能够在高于 1000 ℃的条件下工作。调整钎料配方可以获得不同熔点和线膨胀系数的钎料,以便适用于不同的陶瓷和金属的连接。目前国内研制的 Ag - Cu - Ti 系钎料,能够直接钎焊陶瓷与无氧铜,接头抗剪强度可达 70 MPa。

常用活性金属钎焊工艺的特点如表 5 - 16 所示。

表 5 - 16　常用的活性金属钎焊工艺的特点

钎料	Ag - Cu - Ti	Ti - Ni	Cu - Ti
使用方式	Ag69Cu26Ti5,陶瓷表面预涂 20～40 μm Ti 粉,用 0.2 mm 的 Ag72Cu28 钎料施焊	Ti71.5Ni28.5, 10～20 μm 的 Ni 箔作焊料施焊	Ti25%～30%,余量 Cu 的 Ti(Cu)箔或粉末作钎料施焊
温度/℃	850～880	990±10	900～1000
时间/min	3～5	3～5	2～5
陶瓷	氧化铝、蓝宝石、透明氧化铝、镁橄榄石、微晶玻璃、云母、石墨及非氧化物陶瓷	氧化铝、镁橄榄石陶瓷	氧化铝、镁橄榄石以及非氧化物陶瓷
金属	Cu、Ti、Nb	Ti	Cu、Ti、Ta、Nb、Ni - Cu
特点	浸润性好,接头密封性好,工艺成熟。用于大件匹配性封接及软金属和高强度陶瓷封接	钎焊温度高,蒸气压低,润湿性好,用于 Ti 与镁橄榄石陶瓷的匹配封接	钎焊温度高,蒸气压低,润湿性好,合金脆硬,适用于匹配封接或高强度陶瓷封接
缺点	钎料 Ag 量大,蒸气压高,易沉积陶瓷表面,绝缘性能下降	钎焊温度范围窄,零件表面清理要求严格	

活性金属钎焊工艺的典型工艺流程如图 5 - 14 所示。

以活性金属 Ti - Ag - Cu 法为例。零件的清洗与 Mo - Mn 法相同;制备膏剂所用的钛粉纯度应在 99.7%以上,粒度在 270～360 目范围内,加入钛粉质量一半的硝棉溶液,加上少量的草酸二乙酯稀释,调成膏状,用毛笔或其他方法将活性钎料膏剂均匀地涂覆在陶瓷的封接面上,涂层厚度一般在 25～40 μm;膏剂晾干后与金属件及 AgCu28 钎料装配在一起;在真空炉

图 5 - 14　陶瓷活性金属钎焊工艺流程

中进行封接，当真空度达到 5×10^{-3} Pa 时，逐渐升温到 779 ℃使钎料熔化，然后再升温至 820～840 ℃，保温 3～5 min 后（温度过高或保温时间过长都会使活性合金与陶瓷件反应强烈，引起合金组织疏松，造成漏气）降温冷却。在加热或冷却过程中，注意控制加热、冷却速度，以避免因加热、冷却过快而造成陶瓷开裂；对封接件进行耐烘烤性能检验和气密性检验，对真空器件或电器件，要进行漏气、热冲击、热烘烤和电绝缘强度等检验。

在选择陶瓷与金属连接的钎料时，为了最大限度地释放钎焊接头的应力，有时也不得不选用一些塑性好、屈服强度低的钎料，如纯 Ag、Au 或 Ag-Cu 共晶钎料等。

陶瓷与金属连接多是在氢气炉或真空炉中进行，当用陶瓷金属化法对真空电子器件钎焊时，要求钎料不含饱和蒸气压高的化学元素，如 Zn、Cd、Mg 等，以免在钎焊过程中这些化学元素污染电子器件或造成电介质漏电；钎料的含氧量不能超过 0.001%，以免在氢气中钎焊时生成水汽；钎焊接头要有良好的松弛性，能最大限度地减小由陶瓷与金属线膨胀系数差异而引起的热应力。

3. 金属表面陶瓷化焊接

金属焊料接头通常存在高温软化、耐温性不足的缺点，因此，可以采用陶瓷如氧化物或碳化物，作为中间焊料实现陶瓷的连接。当采用陶瓷焊料时，一般需要将金属表面陶瓷化。

阳极氧化是目前应用最为广泛的金属表面陶瓷化的方法。其利用电化学的原理，使阳极金属（通常为 Ti、Al、Zr、Mg、Nb 等）表面生成一层陶瓷氧化膜。阳极氧化过程中涉及的导电机制包括电子导电和离子导电。其中，离子导电是指氧化膜中离子的迁移行为，包括金属阳离子向外（由金属端向溶液端）迁移和（含氧）阴离子向内（由溶液端向金属端）迁移。当向外迁移的金属离子与向内迁移的氧（O^{2-} 或 OH^-）结合时，则表现为金属表面陶瓷氧化物的生长。电子导电是在电场作用下的电子在氧化膜中发生的转移。电子转移的难易程度取决于氧化膜的性质。对于理想绝缘膜，可以忽略电子导电，如 Hf 和 Al 的氧化物薄膜。大多数金属氧化物具有半导体的性质，如 Fe、Ti、W 等。这类金属阳极氧化过程中，溶液中的 OH^- 失去电子，并在阳极释放出氧气，电子则穿过氧化膜转移到阳极金属形成电子电流。阳极氧化中电子电流越大，阳极氧化的成膜效率便越低。阳极氧化可以通过调整电解液组分和改变工艺参数控制薄膜的厚度和结构，具有生产工艺简单、一次性成膜面积大、生产设备投资少、加工成本低等优点。

微弧氧化技术又被称为等离子体氧化、等离子体陶瓷化、阳极火花沉积、火花放电阳极氧化技术等，是一种从普通阳极氧化基础上发展而来的电化学氧化技术。微弧氧化是通过施加比普通阳极氧化更高的电压，将氧化工作区从普通阳极氧化的法拉第放电区提高至高压放电区，因而其氧化反应更加剧烈，氧化机理也更为复杂。在微弧氧化的过程中，首先会在金属表面生长一层壁垒型氧化膜，当这层氧化膜的厚度达到一定程度并具有足够高的阻抗后，高电压会使氧化膜中的薄弱区域发生电击穿，形成气体放电通道，产生弧光。由于弧光放电发生在电解溶液中,同一位置的弧光放电并不能持续进行,而是某一弧光点的熄灭伴随着其他薄弱区域新弧光点的生成,从而在金属电极的表面形成游动的电火花。微弧氧化产生的等离子体具有非常高的能量密度,表面金属能快速与溶液中的氧反应并在高温高压的作用下生成熔融氧化物,当熔融的氧化物遇到较冷电解液时,发生冷却凝固从而形成陶瓷氧化膜。因此,从原理上,微弧氧化膜具有高温烧结陶瓷的特点。通过控制电解液成分、调整工艺参数,可以实现对陶瓷膜组分、微观结构、生长速度的调控。生成的氧化陶瓷膜普遍具有结合强度好、硬度高、耐磨损、耐高温、绝缘性能好等特点。

等离子体增强化学气相沉积技术(Plasma Enhanced Chemical Vapor Deposition,PECVD)也是实现金属表面陶瓷化的一种方法。其以含有薄膜组分的气体作为气源,利用外加能量(微波或射频)使反应气体发生电离、活化产生辉光,最终在局部形成等离子体,并在具有一定温度的金属基底上发生化学反应生成所需的陶瓷薄膜。以 Si_3N_4 为例,工业上一般选择杂质含量较少的 SiH_4 和反应活性较高的 NH_3 作为反应气,沉积过程中主要发生的反应如下:

$$3SiH_4 + 4NH_3 = Si_3N_4 + 12H_2 \tag{5-1}$$

PECVD 制备 Si_3N_4 薄膜,实际的反应远比上述过程复杂得多,生成的 Si_3N_4 薄膜也不是完全符合化学计量比,薄膜当中可能含有 Si-Si 键、Si-N 键、N-H 键等。因此,在 PECVD 制备 Si_3N_4 薄膜的过程中也可以根据不同的需求调整工艺参数,制备出富 Si 或富 N 的薄膜。由于反应气经等离子体活化后具有非常高的化学活性,可以实现在较低温度下沉积陶瓷薄膜。而通过控制气流分布,可以在反应腔室局部形成没有明显方向性的均匀等离子放电区域,因而 PECVD 具有很好的绕镀性。除此以外,PECVD 技术还有沉积速率快、成膜残余应力小、膜层黏附性能好、台阶覆盖性好的特点。

当金属表面陶瓷化后,便可采用玻璃连接法将其与陶瓷进行连接。玻璃连接法是利用毛细作用实现连接的,这种方法不加金属钎料而采用玻璃钎料,如氧化物、氟化物钎料。其原理是通过将温度升至玻璃焊料的熔点,使其转变为液相,发生润湿、元素扩散以及化学反应,最终实现连接。通过改变玻璃粉体的组分和相对含量,可有效实现对玻璃钎料的熔点、热膨胀系数、流动性及力学强度等各项性能的调控。相较于金属合金,玻璃焊料的耐酸碱性和高温性能均更好,因此应用前景广泛。特别地,部分玻璃组织还可在一定条件下析出形成微晶玻璃,进一步改善玻璃接头的力学强度和抗腐蚀性能。

玻璃连接后接头没有韧性,无法承受陶瓷的收缩,只能靠配制成分使其线膨胀系数尽量与陶瓷的线膨胀系数接近。这种方法在实际应用中也是要求相当严格和困难的。典型的氧化物玻璃钎料配方见表 5-17。

表 5-17　典型的氧化物玻璃钎料配方

系列	配方组成/%	熔制温度/℃	膨胀系数/$(10^{-6} \cdot K^{-1})$
Al-Dy-Si	Al_2O_3 15、Dy_2O_3 65、SiO_2 20	—	7.6~8.2
Al-Ca-Mg-Ba	Al_2O_3 49、CaO36、MgO11、BaO4 Al_2O_3 45、CaO36.4、MgO4.7、BaO13.9	1550 1410	— 8.8

续表

系列	配方组成/%	熔制温度/℃	膨胀系数/$(10^{-6} \cdot K^{-1})$
Al-Ca-Ba-B	Al_2O_3 46、CaO36、BaO16、B_2O_3 2	(1320)	9.4～9.8
Al-Ca-Ba-Sr	Al_2O_3 44～50、CaO35～40、BaO12～16、SrO1.5～5	1500(1310)	7.7～9.1
	Al_2O_3 40、CaO33、BaO15、SrO10	1500	9.5
Al-Ca-Ta-Y	Al_2O_3 45、CaO49、Ta_2O_3 3、Y_2O_3 3	(1380)	7.5～8.5
Al-Ca-Mg-Ba-Y	Al_2O_3 40～50、CaO30～40、MgO10～20、BaO3～8、Y_2O_3 0.5～5	1480～1560	6.7～7.6
Zn-B-Si-Al-Li	ZnO_2 19～57、B_2O_3 19～56、SiO_2 4～26、Li_2O 3～5、Al_2O_3 0～6	(1000)	4.9
Si-Ba-Al-Li-Ca-P	SiO_2 55～65、BaO 25～32、Al_2O_3 0～5、Li_2O 6～11、CaO 0.5～1、P_2O_5 1.5～3.5	(950～1100)	10.4
Si-Al-K-Na-Ba-Sr-Ca	SiO_2 43～68、Al_2O_3 3～6、K_2O 8～9、Na_2O 5～6、BaO2～4、SrO5～7、CaO 2～4、含少量 Li_2O、MgO、TiO_2、B_2O_3	(1000)	8.5～9.3

4. 陶瓷金属连接的结构设计

陶瓷与金属连接时必须注意钎焊接头的结构设计。图 5-15 为接头结构的例子。

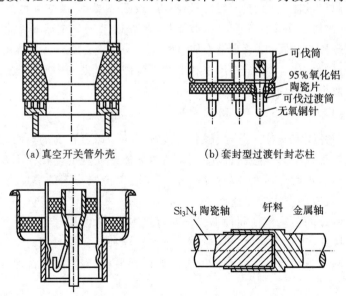

(a) 真空开关管外壳　　　　(b) 套封型过渡针封芯柱

(c) 内外套封与过渡针封复合结构　　(d) 陶瓷涡轮轴与金属轴连接结构

图 5-15　陶瓷与金属钎焊结构应用实例

钎焊接头设计应注意合理选择封接匹配材料。陶瓷与金属的线膨胀系数相近,如 Ti 与镁橄榄石瓷、Ni 与 95％Al_2O_3 瓷在室温至 800 ℃线膨胀系数基本一致；利用金属的塑性减小封接应力，如用无氧铜与 95％Al_2O_3 陶瓷夹封，虽然金属与陶瓷线膨胀系数差别很大，但由于充分利用了软金属的塑性与延展性，仍能获得良好的连接；选择高强度、高热导率陶瓷，如 BeO、AlN 等以减小封口处的热应力，提高结合强度。

也可以利用金属零件的非封接部位薄壁弹性变形，设计成"挠性封接结构"以释放应力。这样的挠性封接接头形式如图 5-16 所示。

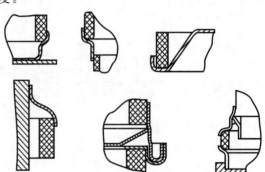

陶瓷件设计时应避免尖角或厚薄相差悬殊，尽量采用圆形或圆弧过渡，或者改变金属件端部形状，使封口处金属端减薄以增加塑性变形，减小应力集中。焊接时控制加热温度，防止产生焊瘤。由于钎料的膨胀系数一般都比较大，如

图 5-16　典型挠性封接接头形式

果钎料堆积，会造成局部应力集中，导致陶瓷炸裂。

尽量选用屈服点低、塑性好的钎料，如 Ag-Cu 共晶，纯 Ag、Cu、Au 等，以最大限度地释放应力。在保证密封的前提下，钎料层应尽可能薄。选择适宜的焊脚长度，套封时焊脚长度对接头强度影响很大，一般以 0.3～0.6 mm 为宜。

5.2.2　陶瓷-金属的扩散焊接

在陶瓷与金属焊接技术领域，扩散焊越来越显示出明显的优越性，它具有广泛的应用范围和可靠的质量控制。其优势在于焊接接头质量好，连接强度高，尺寸容易控制，工艺过程稳定，焊件变形小，可一次焊成多个接头和大型截面焊口，焊接工艺参数容易控制，能焊接其他方法所难焊的高熔点陶瓷与金属，以及难熔金属、活性金属等。主要不足是温度高、时间长且需在真空下连接，设备昂贵、成本高，试件尺寸和形状受到限制。根据中间扩散层是否熔融，扩散焊又可分为固相扩散焊和液相扩散焊。

1. 固相扩散焊

扩散连接是一种固态连接工艺，接触面的接触最初是通过在高的亚固态温度下施加压力，然后通过扩散来生长和增大接触面，以降低体系表面能来实现的连接。陶瓷与金属焊接时，常采用填加中间夹层的扩散焊以及共晶反应扩散焊等。陶瓷与金属的焊接中以陶瓷与铜的扩散焊接研究得比较多，应用也比较广泛。

陶瓷材料扩散焊的工艺包括同种陶瓷材料直接连接、用薄层异种材料连接同种陶瓷材料、异种陶瓷材料直接连接、用薄层第三种异种材料连接异种陶瓷材料。

扩散连接的基本驱动力是使接触体的表面能达到最小，当扩散连接形成界面时，其释放的能量 W 是

$$W = \gamma_{S1} + \gamma_{S2} - \gamma_{S1S2} \tag{5-2}$$

式中：S1 和 S2 分别代表两种固体的表面；S1S2 代表两种固体之间的界面。

两种材料间的接触对于扩散连接非常重要。对于金属材料工件之间的接触增加有贡献的过程：①塑性屈服改变接触粗糙度；②基于某一表面源的表面扩散；③某一表面源的体扩散；

④气相输运;⑤界面源的晶界扩散;⑥界面源的体扩散;⑦幂函数规律蠕变。不同机理的重要性随材料及其组合条件的改变而改变,但是都和陶瓷-陶瓷以及陶瓷-金属的结合有相应的关系。

在钎焊和玻璃焊中,界面的化学变化导致反应物产物层的形成,产物层的生长最初对连接强度有利,但最终结果则是不利的。进行钎焊时经常有意使用化学活性体系,但在扩散焊连接中却不常用。然而化学反应在扩散焊接中也起着重要的作用。扩散焊接中的三类化学反应:①溶解过程。氧化物与其他陶瓷在纯金属中的溶解;②界面反应。在界面结合形成之后发生,如镍铬合金与氮化硅扩散结合时会形成铬氮化物的界面反应产物层,防止脆性硅化镍的形成;③环境诱发反应。氧化环境可以提高金属与氧化物陶瓷形成的界面强度。

陶瓷与金属的扩散焊既可在真空中,也可在氢气氛中进行。通常金属表面有氧化膜时更易产生相互间的化学作用。因此在焊接真空室中充以还原性的活性介质(使金属表面仍保持一层薄的氧化膜)会使扩散焊接头具有更高的强度。

氧化铝陶瓷与无氧铜之间的扩散焊接温度只要达到 900 ℃就可获得合格的接头强度。更高的强度指标要在 1030～1050 ℃焊接才能获得,此时的铜有很高的塑性,易在压力下产生变形,使实际接触面增大。

影响扩散焊接头强度的主要因素是加热温度、保温时间、施加的压力、环境介质、被连接面的表面状态以及被连接材料之间化学反应和物理性能(如线膨胀系数)的匹配。

焊接温度对扩散过程的影响最为显著,焊接金属与陶瓷时,温度一般达到金属熔点的90%以上。固相扩散焊时,元素之间相互扩散引起的化学反应,可以形成足够的界面结合。反应层的厚度 X 可以通过下式估算

$$X = K_0 t^n \exp(-Q/RT) \tag{5-3}$$

式中:K_0 为常数;t 为连接保温时间,s;n 为时间指数;Q 为扩散激活能,J/mol,取决于扩散机制;T 为热力学温度,K;R 为气体常数,8.314 J/(K·mol)。

焊接温度与接头强度的关系也有同样的趋势,根据拉伸试验得到的温度对接头抗拉强度 σ_b 的影响可以表示为

$$\sigma_b = B_0 \exp(-Q_{app}/RT) \tag{5-4}$$

式中:B_0 为常数;Q_{app} 为表观激活能,可以是各种激活能的总和。

焊接温度的提高使接头强度提高,用 0.5 mm 厚的铝作中间层连接钢与氧化铝时,接头抗拉强度与焊接温度之间的关系如图 5-17 所示。但温度提高也可能使陶瓷的性能发生变化,例如出现脆性相使接头性能降低。此外陶瓷与金属接头的抗拉强度还与金属的熔点有关,在氧化铝与金属的接头中,金属熔点提高,接头抗拉强度就提高。

扩散结合中的时间参数。时间出现在描述扩散、蠕变和气相输运过程的关系中。SiC-Nb 接头中反应层厚度与保温时间的关系如图 5-18 所示。扩散焊接接头强度与保温时间的关系也有同样的趋势,抗拉强度 σ_b 与保温时间 t 的关系为 $\sigma_b = B_0 t^{1/2}$,其中 B_0 为常数。但在一定的温度下,保温时间存在最佳值。Al_2O_3-Al 接头中,保温时间对接头拉伸强度的影响如图5-19 所示。用 Nb 作中间层扩散连接 SiC-SUS304 不锈钢时,时间过长出现了与 SiC 线膨胀系数相差很大的 $NbSi_2$ 相,使接头剪切强度降低(图 5-20)。用 V 作中间连接 AlN 时,保温时间过长后也由于 V_5Al_8 脆性相的出现而使接头剪切强度降低。

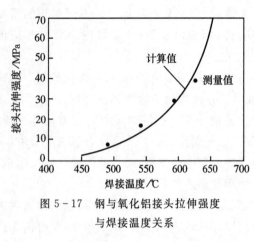

图 5 - 17　钢与氧化铝接头拉伸强度
与焊接温度关系

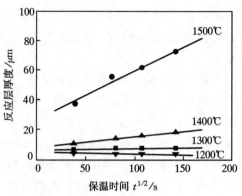

图 5 - 18　SiC - Nb 接头反应层厚度
与保温时间关系

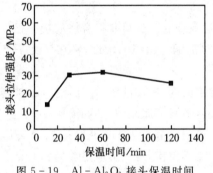

图 5 - 19　Al - Al$_2$O$_3$ 接头保温时间
与拉伸强度关系

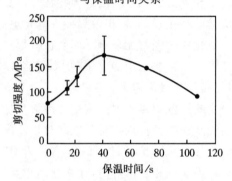

图 5 - 20　SiC - SUS304 接头保温时间
与剪切强度关系

　　扩散焊过程中施加压力是为了使接触面处产生塑性变形,减小表面的不平整并破坏表面氧化膜,增加表面接触,为原子扩散提供条件。陶瓷的硬度与强度较高,不易发生变形,所以陶瓷与金属的扩散连接除了要求被连接的表面非常平整和清洁外,扩散焊接时还必须压力大(高达 0.1~15 MPa)、温度高(通常为金属熔点 T_m 的 0.5~0.9),焊接时间也比其他焊接方法长得多。陶瓷与金属的扩散焊接中,最常用的陶瓷材料为氧化铝和氧化锆陶瓷,与此类陶瓷焊接的金属有铜(无氧铜)、钛(Ti)、钛钽合金(Ti - 5Ta)等。扩散焊也可用于微晶玻璃、半导体陶瓷、石英、石墨等与金属的焊接。

　　增大压力可以使接头强度提高,如用 Cu 或 Ag 连接 Al$_2$O$_3$ 陶瓷、用 Al 连接 SiC,施加的压力对接头抗剪强度的影响如图 5 - 21 所示。与加热温度和保温时间的影响一样,压力也存在最佳压力,用 Al 连接 Si$_3$N$_4$ 陶瓷、用 Ni 连接 Al$_2$O$_3$ 陶瓷时,最佳压力分别为 4 MPa 和 15~20 MPa。

　　压力的影响还与材料的类型、厚度以及表面氧化状态有关。用贵金属(如金、铂)连接氧化铝陶瓷时,金属表面的氧化膜非常薄,随着压力的提高,接头强度提高会达到一个稳定值。

　　表面粗糙度对扩散焊接头强度的影响也十分显著,表面粗糙导致陶瓷产生局部应力集中而容易引起脆性破坏。Si$_3$N$_4$ - Al 接头表面粗糙度对接头抗弯强度的影响如图 5 - 22 所示,表面粗糙度由 0.1 μm 变成 0.3 μm 时,接头抗弯强度从 470 MPa 降低到 270 MPa。

　　固相扩散连接陶瓷与金属时,陶瓷与金属界面之间的反应会形成化合物,所形成的化合物种类与连接条件(如温度、表面状态、杂质类型及含量等)有关。各种接头中可能出现的化合物如表 5 - 18 所示。

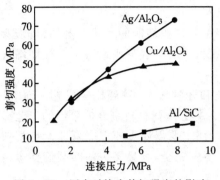

图 5-21　压力对接头剪切强度的影响

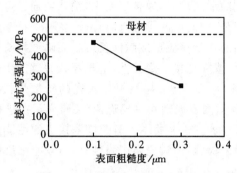

图 5-22　Si_3N_4-Al 接头表面粗糙度与接头抗弯强度

表 5-18　固相扩散连接接头中的化合物

接头组合	界面反应产物	接头组合	界面反应产物
Al_2O_3-Cu	$CuAlO_2$、$CuAl_2O_4$	Si_3N_4-Al	AlN
Al_2O_3-Ni	$NiO \cdot Al_2O_3$、$NiO \cdot SiAl_2O_3$	Si_3N_4-Ni	Ni_3Si、Ni(Si)
SiC-Ni	Ni_2Si	Si_3N_4-Fe-Cr 合金	Fe_3Si、Fe_4N、Cr_2N、CrN、Fe_xN
SiC-Nb	Nb_5Si_3、$NbSi_2$、Nb_2C、$Nb_5Si_3C_x$、NbC	AlN-V	V(Al)、V_2N、V_5Al_8、V_3Al
SiC-Ti	Ti_5Si_3、Ti_3SiC_2、TiC	ZrO_2-Ni、ZrO_2-Cu	未发现新相出现

　　扩散连接界面形成的不同反应产物会影响接头性能。一般情况下,真空扩散焊的接头强度比在氩气和空气中连接的接头强度高。用 Al 作中间层连接 Si_3N_4 时,真空连接接头的强度最高(抗弯强度超过 500 MPa),在大气中连接时接头强度最低,沿 Al/Si_3N_4 界面脆性断裂,这是由于氧化产生 Al_2O_3 的缘故。虽然通过加压能够破坏氧化膜,但当氧分压较高时还会形成新的金属氧化物层,使接头强度降低。在高温(1500 ℃)下直接扩散连接 Si_3N_4 陶瓷时,由于高温下 Si_3N_4 陶瓷容易分解形成孔洞,在 N_2 中连接则可以限制陶瓷的分解,N_2 压力高时接头抗弯强度较高。在 1 MPa 氮气中连接 Si_3N_4 陶瓷的接头抗弯强度(380 MPa)比在 0.1 MPa 氮气中连接的接头抗弯强度(220 MPa)高 30% 左右。

　　扩散焊时采用中间层是为了降低扩散温度、减小压力和减少保温时间,以促进界面扩散和去除杂质元素,同时也为了降低接头区域产生的残余应力。铁素体不锈钢(AISI405)与氧化铝陶瓷真空扩散焊时,中间层降低残余应力的作用如图 5-23 所示。增大中间层厚度有利于降低残余应力,Nb 与氧化铝陶瓷的线膨胀系数最接近,作用最明显。中间层可以

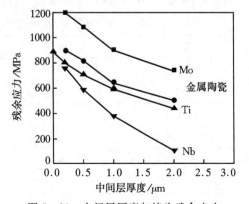

图 5-23　中间层厚度与接头残余应力

以不同的形式加入,通常以粉末、箔状或通过金属化加入。

但是,中间层的影响有时比较复杂,选择不当也会引起接头性能的恶化。例如,可能会由于激烈的化学反应形成脆性反应物而降低接头抗弯强度,或由于线膨胀系数不匹配而增大残余应力,或降低接头耐蚀性,甚至导致裂纹产生。

Al_2O_3、SiC、Si_3N_4 及 WC 陶瓷的扩散焊接的研究和开发较早,发展比较成熟。而 AlN、ZrO_2 陶瓷的发展则相对较晚,有关研究正在进行之中。部分陶瓷材料组合扩散焊的工艺参数与性能如表 5-19 所示。有关陶瓷接头的性能试验,以往主要以四点或三点弯曲及剪切或拉伸试验来检验,但陶瓷属于脆性材料,仅有强度指标还不够完全,测量接头的断裂韧性也是很重要的。

表 5-19　部分陶瓷材料组合扩散焊的工艺参数与性能

连接材料	温度/℃	时间/min	压力/MPa	中间层	气氛	强度/MPa
Al_2O_3 - Ni	1350	20	100	—	H_2	200
Al_2O_3 - Cu - Al_2O_3	1025	15	50	—	真空	177
Si_3N_4 - Invar	727~877	7	0~0.15	0.5mm Al	真空	110~200
Si_3N_4 - Si_3N_4	1500	60	21	—	1MPa 氮气	380(室温) 230(1000 ℃)
Si_3N_4 - WC/Co	1050~1100	180~360	3~5	Fe - Ni - Cr	真空	>90
SiC - Nb - SUS304	1400	60	—	—	真空	125
ZrO_2 - Si_3N_4	1000~1100	90	>14	>0.2mm Ni	真空	57
Si_3N_4 -钢	610	30	10	Al - Si/Al/ Al - Si	真空	200

氧化铝陶瓷具有硬度高、塑性低的特性,在扩散焊接时仍将保持这种特性。即使氧化铝陶瓷内存在玻璃相(多半分布在刚玉晶粒的周围),陶瓷也要加热到 1100~1300 ℃以上才会出现蠕变,陶瓷与大多数金属扩散焊连接时的实际接触首先是在金属的塑性变形过程中形成的。95%Al_2O_3 陶瓷与不同金属扩散焊接的条件及接头强度如表 5-20 所示。

表 5-20　95%Al_2O_3 陶瓷与不同金属扩散焊接工艺与接头强度

金属	气氛	加热温度/℃	抗弯强度/MPa
Fe - Ni - Co	H_2	1200	100
Fe - Ni - Go	真空	1200	120
不锈钢	H_2	1200	100
不锈钢	真空	1200	200
Ti	真空	1100	140
Ti - Mo	真空	1100	100

2. 液相扩散焊

液相扩散焊于 1974 年由 Duvall 等首次提出,该方法兼具了钎焊和固相扩散焊的优点,可以在较低温度下实现异种材料的连接,因此,近年来受到了广泛的关注与重视。液相扩散焊的基本过程:将低熔点的金属中间层置于两侧母材间,在随后的瞬时加热过程中,中间金属层逐渐熔融形成液相并与母材润湿,发生元素间的相互扩散和界面反应;随着母材中高熔点元素逐渐熔融进入液相,中间液相区的熔点升高,并逐渐开始等温凝固和成分均匀化。当接头降至室温后,可获得与母材结构与组织均匀过渡的接头。根据层数的不同,中间层又可分为单层结构、双层结构和多层结构。

部分液相焊则是基于瞬时液相焊发展起来的新方法。两者的主要区别是,瞬时液相焊要求将温度升高至中间金属层全部融化,而部分液相焊则仅要求中间层局部融化,与母材发生局部润湿。对于部分液相焊,中间层多采用多层结构式(即 A－B－A 结构),但由于只需要中间层发生局部融化,因此通常 A 层的厚度远小于 B 层。在焊接过程中时,通过中间层结构的局部熔融和扩散,形成了新的液态共晶产物,并作为与两侧母材连接所需的焊料。由于需要产生共晶,因此焊接过程中局部区域需要较高的温度,故接头兼具耐高温和力学特性良好的优点。

5.2.3　陶瓷-金属的熔化焊

熔化焊是指通过施加瞬间高温,在保证陶瓷不熔化的前提下,仅使金属发生熔融进而形成连接的一种技术手段。根据产生高温的原理不同,又可分为电子束焊、激光束焊、自蔓延高温合成焊等。

1. 电子束焊

20 世纪 60 年代以来,国外已将电子束焊应用于金属-陶瓷封接,这种方法扩大了选用材料的范围,也提高了封接件的气密性和力学性能,满足了多方面的需要。

电子束焊采用高能密度电子束,轰击焊件使其局部加热、熔化而连接起来。陶瓷与金属的真空电子束焊是一种很有效的焊接方法,由于在真空条件下焊接,能防止空气中的氧、氮等污染,有利于陶瓷与活性金属的焊接,焊后的气密性良好。电子束经聚焦能形成细小的直径(0.1~1.0 mm),功率密度可提高到 $10^7 \sim 10^9$ W/cm²。电子束的穿透力强,加热面积小,焊缝熔宽小,熔深大,熔宽与熔深之比可达到 1：10~1：50。这样不仅热影响区小,而且应力变形也极其微小。可作为精加工件的最后一道工序,以保证焊后结构的精度。

电子束焊的最大缺点是设备复杂,此外对焊件工艺要求较严,成本较高,因而在应用上受到一定的限制。陶瓷与金属的真空电子束焊接时,焊件的接头形状有多种形式,比较合适的接头形式为平焊。也可以采用搭接或套接,工件之间的装配间隙应控制在 0.02~0.05 mm,不能过大,否则可能产生未焊透等缺陷,达不到焊接的目的。

陶瓷与金属真空电子束焊机由电子光学系统(包括电子枪和磁聚焦、偏转系统)、真空系统(包括真空室、扩散泵、机械泵)、工作台及传动机构、电源及控制系统四部分组成。电子束焊机的主要部件是电子光学系统,它是获得高能量密度电子束的关键,在配以稳定、调节方便的电源系统后,能保证电子束焊接的工艺稳定性。电子束焊枪的加速电压有高压型(110 kV 以上)、中压型(40~60 kV)和低压型(15~30 kV),对于陶瓷与金属的焊接,最合适的是采用高真空度低压型。

　　电子束焊的焊接主要参数：加速电压、电子束电流、工作距离（被焊工件至聚焦筒底的距离）、聚焦电流和焊接速度。陶瓷与金属真空电子束焊的工艺参数对接头质量影响很大，尤其对焊缝熔深和熔宽的影响更加显著，这也是衡量电子束焊接质量的重要指标，选择合适的焊接参数可以使焊缝形状、强度、气密性等达到设计要求。

　　真空电子束焊接多用于难熔金属（W、Mo、Ta、Nb 等）与陶瓷的焊接，而且要使陶瓷与金属的线膨胀系数相近，达到匹配性的焊接连接。由于电子束的加热斑点很小，可以集中在一个非常小的面积上加热，这时只要采取焊前预热，焊后缓慢冷却以及接头形式合理设计等措施，就可以获得合格的焊接接头。

　　氧化铝陶瓷（85%、95%Al_2O_3），高纯度 Al_2O_3、半透明的 Al_2O_3 陶瓷之间的电子束焊接时，可选择如下工艺参数：功率 3 kW，加速电压 150 kV，最大的电子束电流为 20 mA，用电子束聚焦直径 0.25～0.27 mm 的高压电子束焊机进行直接焊接，可获得良好的焊接质量。

　　高纯度 Al_2O_3 陶瓷＋难熔金属，如 W、Mo、Nb、Fe-Co-Ni 合金电子束焊接时，也可采用上述工艺参数，用高压电子束焊机进行焊接。同时还可用厚度 0.5 mm 的 Nb 片作为中间过渡层，进行两个半透明的 Al_2O_3 陶瓷对接接头的电子束焊接。还可以用 $\varnothing$1.0 mm 的金属钼针与氧化铝陶瓷实行电子束焊接。

　　在石油化工等部门使用的一些传感器需要在强烈腐蚀性的介质中工作。这些传感器常常选用氧化铝系列的陶瓷作为绝缘材料，而导体就选用 18—8 不锈钢。不锈钢与陶瓷之间应有可靠的连接，焊缝必须耐热、耐蚀、牢固可靠和致密不漏。

　　采用真空电子束焊方法焊接 18—8 不锈钢管与陶瓷管，接头为搭接焊缝，工艺参数如表 5－21 所示。陶瓷管是一根长度 15 mm、外径 10 mm、壁厚 3 mm 的管子。陶瓷与金属管之间采用动配合。陶瓷管两端各留一个 0.3～1.0 mm 的加热膨胀间隙，以防止焊接加热时产生应力。

表 5－21　18—8 不锈钢与陶瓷真空电子束焊接工艺参数

材料	母材厚度/mm	工艺参数				
		束电流/mA	加速电压/kV	焊接速度/(m·min^{-1})	预热温度/℃	冷却速度/(℃·min^{-1})
18—8 不锈钢/陶瓷	4/4	8	10	62	1250	20
	5/5	8	11	62	1200	22
	6/6	8	12	60	1200	22
	8/8	10	13	58	1200	23
	10/10	12	14	55	1200	25

　　首先对焊件表面进行清理，采取酸洗法除去油脂及污垢。焊接前先以 40～50 ℃/min 的加热速度将工件加热到 1200 ℃，保温 4～5 min，然后关掉预热电源，以使陶瓷件预热均匀。当接头温度降低时，对工件的一端进行焊接，焊接时加热要均匀。第一条焊缝焊好后，要重新将工件加热到 1200 ℃，然后才能进行第二条焊缝的焊接。接头焊完之后，以 20～25 ℃/min 的冷却速度随炉冷却，不可过快。焊后冷却过程中，由于收缩力的作用，陶瓷中首先产生轴向挤压力。所以工件要缓慢冷却到 300 ℃时才可以从加热炉中取出，以防挤压力过大，挤裂陶瓷。

2. 激光束焊

激光束焊是以激光为高能热源,使金属母材局部熔融实现的连接。激光加热的特点是能量高度集中,热效率高,加工时间短,影响区域小,因此对焊接接头质量的控制较好,不会对母材的性能和耐高温特性产生不良影响,已成功应用于多种陶瓷与金属体系的连接。例如,2019年美国加州大学的 J. E. Garay 将超快激光聚焦在待焊界面上,以保证在极小的激光-陶瓷相互作用区域内激发非线性光学吸收过程,并引起局域熔融。超快激光焊接陶瓷成功的关键在于待焊界面的线性/非线性光学性质,以及激光能量与陶瓷材料的耦合。采用超快激光焊接的陶瓷具有与扩散焊接的金属-陶瓷复合材料相近的剪切强度。激光焊接能在恶劣的工作环境下进行,也能用于集成可见-射频透明度的光电及电子元件。但是该方法对设备的要求高,工艺要求严苛,成本也较高。

3. 自蔓延高温合成焊

自蔓延高温合成于 1967 年由苏联科学家 Merzhanov 等首次提出。其原理是通过给予材料一定的外部能量,诱发材料内部发生化学反应,利用该化学反应释放的热量促使反应持续进行,最终合成出新的材料。自蔓延高温合成焊,顾名思义,便是由自蔓延高温合成技术发展而来的新焊接工艺。不同于其他焊接工艺需要持续给予外部热量,它是利用化学反应放出的热能作为高温热源,以自蔓延反应产物为焊料实现的焊接。由于自蔓延高温合成焊独特的焊接机理,其具有一系列优点:①反应具有自发性,因此焊接时长短,焊接效率高;②可通过配置梯度反应原料,获得具有梯度结构的接头,缓解陶瓷与金属接头残余应力的问题;③反应放出的大量热能能使部分杂质瞬间气化,故接头产物纯度高,焊接强度好;④由于焊接过程仅发生局部的快速放热,可减小母材的受热影响区域,避免其发生大面积相变,有利于母材力学强度和性能的保持。

5.2.4　其他焊接方法

1. 反应烧结连接法

反应烧结连接是基于反应烧结陶瓷的基本原理,该方法常见于 SiC 陶瓷的连接。其基本流程:将含碳化合物置于待连接构件表面,随后将渗透剂(常见硅或硅合金)以片状、膏状或浆状的形式铺于接头区域,利用高温液相渗硅的原理,通过毛细作用使液态硅填充于整个焊接区,最后通过高温 Si - C 化学反应生成 SiC,得到结构稳定的陶瓷接头。由于该方法生成的接头仅含有单一的陶瓷相,因此克服了金属钎料耐温性不足的缺点,并可避免金属中间层与陶瓷母材由于热膨胀系数不匹配所导致的接头内应力。采用该方法获得的接头强度普遍较高,高温力学性能好。

2. 陶瓷有机前驱体裂解转化连接法

有机前驱体连接是利用陶瓷有机前驱体(如聚碳硅烷、聚硅氮烷等)在适宜的高温下裂解转化为无定型陶瓷,实现陶瓷及其复合材料连接的一种方法。由于获得的接头为全陶瓷,故有与陶瓷母材热匹配性好、耐温性高、接头残余应力小的优点。此外,有机前驱体的流动性普遍好、连接操作方便、适用范围也较广。目前,有机前驱体裂解连接法已经成为研究的热点之一。例如,当采用聚碳硅烷作为连接焊料时,所获得的接头具有约 230 MPa 的室温弯曲强度,1000 ℃高温下的力学强度也达到约 210 MPa,具有金属钎料无法比拟的高温力学性能。

　　然而,有机聚合物前驱体的密度一般仅为 $1\ \mathrm{g\cdot cm^{-3}}$,而当其转化为相应的无定型陶瓷之后,密度将增至 $2\sim3\ \mathrm{g\cdot cm^{-3}}$。这意味着在转化的过程中,中间连接层将出现 $50\%\sim70\%$ 的收缩。体积收缩会导致接头内部出现孔隙、裂纹等缺陷,进而诱发界面应力致使接头发生断裂失效。为减小聚合物前驱体裂解过程中的体积收缩,通常需要在有机前驱体中添加惰性填料或活性填料。常见的惰性填料为 Al_2O_3、SiC、Si_3N_4、B_4C 等。其原理是惰性填料能作为骨架阻止有机前驱体在陶瓷裂解转化期间发生体积收缩。而活性填料主要为 Ti、Cr、Al、Mo、B等。在有机前驱体裂解过程中,活性填料能与裂解挥发出的气态分子发生化学反应,而反应所产生的体积膨胀可抵消陶瓷裂解过程中的体积收缩。

3. MAX 相连接法

　　MAX 相是一种三元层状材料,其中 M 为过渡金属,A 为 A 族元素,X 通常为 C 或 N。MAX 相化学性质较为特殊,同时具有金属和陶瓷特性,且兼具可加工性、高温有氧抗性及抗热震性和耐磨性。特别地,MAX 相在高于 $1200\ ℃$ 的温度下还具有类似金属的塑性变形能力,并且 MAX 相与陶瓷(例如 Ti_3SiC_2 和 SiC)的晶格匹配性良好,当使用 MAX 相作为焊接中间相时,可促进接头的热应力释放,避免接头出现应力集中。例如,当 SiC 和 Ti 发生化学反应时,能在接合中间层中原位生成 Ti_3SiC_2,获得高强度的 MAX 相接头(图 5-24)。界面相的演变路径大致为:$\alpha-Ti\rightarrow Ti+TiC\rightarrow Ti_5Si_3C_x+TiC\rightarrow Ti_5Si_3C_x\rightarrow Ti_3SiC_2\rightarrow SiC$。接头组织和成分的梯度过渡可大幅缓解界面的残余应力。

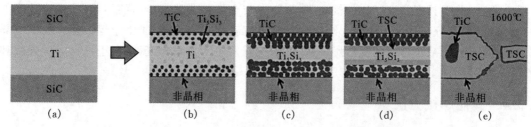

图 5-24　SiC/Ti 体系焊接过程中的相演变过程

4. 超塑性连接法

　　超塑性连接也是一种常见的陶瓷连接方法,通常用于 ZrO_2 和 Al_2O_3 陶瓷的连接。其原理是在一定温度下,向被连接的陶瓷母材施加额定压力,使材料接触面紧密接触乃至发生微小形变,通过接触面上的晶粒相互挤压"渗入"达到陶瓷连接的目的。该过程涉及陶瓷的嵌入变形,其变形机理如图 5-25 所示。通常嵌入过程发生于晶粒族之间,并且该过程可能涉及晶界滑移。超塑性连接的接头力学强度一般较高,并且母材的变形量小,是一种常见的连接方法。由于纳米粉体的高温扩散系数较高,同时纳米晶陶

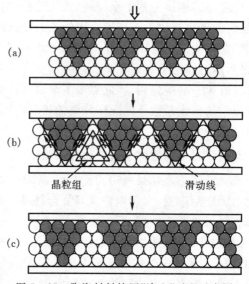

图 5-25　陶瓷材料挤压"渗入"过程示意图

瓷塑性形变时的流变应力较小,为了降低连接温度,通常选用纳米粉体或纳米晶陶瓷作为中间层原始焊料。尽管如此,连接所需的温度仍普遍高于 1000 ℃,保温时间也较长,焊接效率较低,且对设备要求严格,因而其应用受到限制。

拓展阅读

自伽利略制造了世界上第一台天文望远镜,将人类视力首次延伸到了土星以来,人们不断地改进光学仪器,镜头口径越来越大,以期能看得更远、更清晰,同时成像方式也从伽利略望远镜的折射式演变为反射式。逐渐地,人们不再满足于受大气影响的地面观测,将天文望远镜发射到外空间形成空间望远镜。1990 年升空的哈勃太空望远镜,将人类视野延伸到数十亿光年之外的深邃空间。

大口径空间反射镜是空间望远镜最重要的组成部分,也是制约空间望远镜发展的一个关键因素。

经由中科院长春光机所历时 15 年探索攻关、9 年立项研制的反射镜,是目前世界上公开报道的最大口径单体碳化硅反射镜。大口径高精度非球面光学反射镜是高分辨率空间对地观测、深空探测和天文观测系统的核心元件。碳化硅陶瓷材料则是国际光学界公认的高稳定性光学反射镜材料,但欧美国家在大口径碳化硅光学反射镜制造技术方面长期处于垄断地位,中国必须自主发展大口径碳化硅光学制造技术。项目负责人张学军领导的研发团队通过多年持续技术攻关,突破一系列关键技术瓶颈,先后完成了碳化硅镜坯制备、非球面加工检测、碳化硅表面改性镀膜的制造设备研制与制造工艺研究,形成了具有自主知识产权的"4 米量级高精度碳化硅非球面集成制造平台",并依托集成制造平台完成 4 米量级高精度碳化硅非球面产品研制。专家指出,中国通过研制成功"4 米量级高精度碳化硅非球面反射镜集成制造系统",形成具备自主知识产权的 4 米量级大口径反射镜研制能力,并陆续应用于中国各类大型光电设备,将推动中国在大口径光学反射镜制造技术方面实现跨越式发展,大幅提升中国高性能大型光学仪器研制。这次研制成功的世界最大口径单体碳化硅反射镜,也意味着我国大口径碳化硅非球面光学反射镜制造领域的技术水平已经跻身国际先进行列。

习近平总书记指出:"科学成就离不开精神支撑。科学家精神是科技工作者在长期科学实践中积累的宝贵精神财富。新中国成立以来,广大科技工作者在祖国大地上树立起一座座科技创新的丰碑,也铸就了独特的精神气质。"

科技创新事业发展要坚持面向国家重大需求,这是习近平总书记在科学家座谈会上的重要讲话中提到的"四个面向"之一。高性能陶瓷材料连接技术不仅在民用领域,在国家战略层面的航空航天领域同样也有着不可或缺的应用需求。例如,新一代大推力液氧煤油发动机是长征七号的动力"心脏",推力室作为火箭发动机的关键部件,其身部的铜钢高强度焊接便是推力室研制的关键技术之一。为此,哈尔滨工业大学的科研人员协同航天六院,历时多年探索攻关,成功实现了新一代液氧煤油大推力发动机的高质量焊接,技术指标达到了国际先进水平,使我国对该类发动机特定结构组件的焊接技术跻身国际先进行列。聚焦"卡脖子"问题,艰苦奋斗实现跨越式发展,是我国科技工作者的真实写照。

我国科技事业取得的历史性成就,是一代又一代矢志报国的科学家前赴后继、接续奋斗的结果。科学家精神具有丰富内涵——胸怀祖国、服务人民的爱国精神,勇攀高峰、敢为人先的创新精神,追求真理、严谨治学的求实精神,淡泊名利、潜心研究的奉献精神,集智攻关、团结协作的协同精神,甘为人梯、奖掖后学的育人精神。科学无国界,科学家有祖国。爱国是科学家精神之魂,也是立德之源、立功之本。

思考题

1. 简述陶瓷机械加工的定义及特点。
2. 简述陶瓷材料的切削加工特点。
3. 陶瓷材料和金属材料的磨削加工机理有什么不一样?
4. 简述陶瓷研磨的定义及机理。
5. 电火花加工的原理及一定具备的条件是什么?
6. 简述电子束加工的原理及特点。
7. 简述激光加工的原理及特点。
8. 金属-陶瓷焊接的方法有哪几种?
9. 什么是金属表面陶瓷化,方法有哪些,各有何优缺点?
10. 金属陶瓷化和陶瓷金属化焊接的中间焊料有何区别?
11. 固相扩散焊和液相扩散焊从原理上有何不同?
12. 熔化焊中热量的来源有哪几种?

第6章 无机薄膜制备技术

在块体陶瓷材料研究与应用得到快速发展的同时,二维薄膜陶瓷材料的研究与应用同样受到了人们的重视。例如,在金属或高分子材料表面制作陶瓷耐磨耐蚀层,极大地改善了材料的使用性能,提高了构件的寿命;通过对各种半导体、电介质陶瓷薄膜的制备,开发出了具有各种特异性能的电子元器件;各种具有能量转换作用的陶瓷膜的开发促进了多种新型能源技术的发展。陶瓷薄膜技术是新世纪陶瓷制备技术的重要组成部分,在非线性光学、电学、磁学、生物学、表面催化和传感领域具有广泛的应用前景。

与任何薄膜制作过程一样,陶瓷薄膜的制备过程也是将一种材料(薄膜材料)转移到另一种材料(基底)的表面,形成与基底牢固结合的薄膜的过程。薄膜制作过程包括薄膜前驱材料的获得、前驱材料的传输以及薄膜形成三个主要环节。

获得薄膜前驱体的作用是提供成膜原材料(或薄膜材料中的某种组分),其过程主要是通过物理或化学的方法使材料成为液态、气态物质,或者借助于其他液态或气态载体形成可移动的混合物质。

前驱体的传输过程则主要在气相或者液相中进行,在气态物质中迁移时,为了保证薄膜的质量,经常在真空或惰性气氛中进行,并可以施加电场、磁场或高频感应等外界条件来进行活化,以增加到达基底物质的能量,提供物质反应激活能。

薄膜在基底上的形成过程是一个复杂的过程,它包括膜的形核、长大、膜与基底表面的相互作用等。薄膜制作时还可在基底上施加电场、磁场、离子束轰击等辅助手段,其目的都是为了控制凝聚成膜的质量和性能。

目前薄膜材料的制备可以分为液相法和气相法。液相法包括溶胶-凝胶法、液相沉积法;气相法又可分为物理气相沉积(PVD)、化学气相沉积(CVD)和兼有物理和化学方法的等离子体增强化学气相沉积法(PCVD)等。

6.1 电化学沉积薄膜制备技术

传统的电化学制备技术主要是在零件表面沉积金属或合金膜,以增加材料表面耐磨、防腐等性能的要求。近年来电化学制备技术已扩展应用到具有各种特殊物理化学性能材料的开发研究中,通过在基体表面沉积不同的氧化物陶瓷、氧化物多层膜获得具有特殊功能的半导体薄膜、高温超导陶瓷薄膜,以及生物薄膜和新能源薄膜等。

电化学方法制备陶瓷薄膜一般在常温下进行,制备得到的薄膜和基体之间不存在残余热应力,有利于增强基体和陶瓷薄膜之间的结合力。这种沉积不限于平面基体,它可以在各种形状复杂和表面多孔的基体上制备均匀的陶瓷镀层,特别是异型结构材料;工艺过程可控性好,通过对工艺条件(如电流、电压、溶液 pH 值、温度、浓度等)的控制,可以获得具有精确沉积层厚度、严格化学组成、可控微观组织和气孔率等的薄膜。电化学技术同时还具有工艺简单,投资少,原材料利用率高,成本低,操作容易,环境安全,生产方式灵活(既可连续工作也可间歇工作)等特点,适合于工业化生产。在陶瓷薄膜制备工艺中具有广阔的应用前景。

　　根据不同陶瓷薄膜的组成和性质,电化学沉积工艺可以在水溶液体系,也可以在非水溶液体系中进行,电化学沉积的基本原理分为阴极和阳极电化学沉积两种情况。

　　阴极电化学沉积制备陶瓷薄膜材料的工艺主要包括电泳沉积(Electrophoretic Deposition,EPD)和电解沉积(Electrotic Deposition,ELD)两种技术。

6.1.1　电泳沉积技术

　　EPD 技术是利用溶液中的悬浮陶瓷微粒,在直流电场作用下,传输并直接沉积在具有相反电荷的电极(基体)表面。整个过程由电泳和沉积两个过程组成。电泳是指在外加电场作用下,胶体粒子在分散介质中作定向移动的现象(图 6-1),而沉积则是指微粒团聚沉降的过程。

　　陶瓷微粒在溶液中的稳定悬浮可以用胶体理论进行解释。有关理论在第 2 章中已经介绍。根据 DLVO 理论,荷电陶瓷微粒之间存在

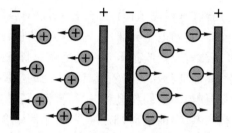

(a)正离子向负极迁移　(b)负离子向正极迁移

图 6-1　电泳原理示意图

排斥势和范德华吸引势,胶体悬浮液中陶瓷微粒之间的总相互作用能曲线如图 6-2 所示。

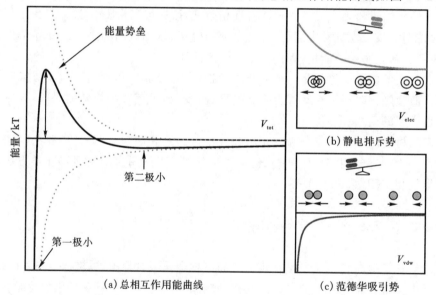

(a)总相互作用能曲线　　　　(c)范德华吸引势

图 6-2　胶体悬浮液中陶瓷微粒之间的总相互作用能曲线及静电排斥势和范德华吸引势

　　由静电排斥和范德华相互作用组成的 DLVO 相互作用能量示意图中两个球形粒子在远距离表现出弱吸引力相互作用(次级能量最小值),在中距离表现出静电排斥(能量势垒),在短距离表现出强吸引力(初级能量最小值)。能量以 kT 为单位,允许直接比较相互作用能与粒子的可用热能。

　　当电极上施加一定电压后,在外电场作用下,悬浮液中的荷电陶瓷微粒发生定向移动,先期到达电极表面(或电极附近的半透膜上)的陶瓷微粒对后续移动靠近的陶瓷微粒产生排斥作

用。若外加电压能够克服微粒间的势垒高度,则能够得到陶瓷电泳沉积层;若施加电压大小不能越过微粒间的势垒高度,则无法形成陶瓷沉积层。

EPD 工艺目前多用于制备氧化铝厚膜。通过在乙醇-聚丙烯酸中分散 $0.45\ \mu m$ 的 Al_2O_3 微粒,在不锈钢表面制得完全致密、厚度大于 $2.5\ mm$ 的厚膜。三氯乙烯-丁醇或者乙醇、丙醇、丙酮等非水体系中分散 $Y-Ba-Cu-O$ 粉末,在金属基体上获得了高温超导陶瓷膜。丙醇中分散羟基磷灰石粉末,在金属钛和多孔钛上制备了具有生物相容性的生物陶瓷薄膜。此外,EPD 工艺也是制备层状陶瓷和梯度材料的重要工艺手段。

6.1.2　电解沉积技术

电解沉积(ELD)与 EPD 过程的不同之处在于不直接采用陶瓷微粒胶体体系,而是通过金属盐水解生成离子,离子在电场作用下合成陶瓷,然后在基体表面沉积生成陶瓷薄膜。电泳沉积主要用于制备厚陶瓷层,而电解沉积能够形成纳米结构陶瓷薄膜。ELD 与 EPD 制备陶瓷薄膜过程的示意图及其沉积厚度如图 $6-3$ 所示。

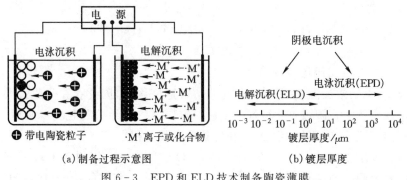

图 $6-3$　EPD 和 ELD 技术制备陶瓷薄膜

在 ELD 过程中,选择基体作为阴极,根据所沉积薄膜的成分,将所要沉积的阳离子溶解到水溶液或非水溶液中,同时溶液中含有易于还原的一些分子或原子团,溶液的 pH 值低于 7。在一定的温度、浓度和 pH 值等条件下,溶液中的还原剂(如 H_2O、NO_3^- 或一些有机分子等)首先形成 OH^-,吸附在电极表面,随后溶液中的金属离子或络合物在电场的作用下移动与 OH^- 反应生成金属氢氧化物沉积在阴极表面。最终通过对陶瓷沉积前驱体沉积层的适当处理(如热处理),使氢氧化物脱水生成各种氧化物陶瓷薄膜。

阴极电化学沉积可用于制备陶瓷超导薄膜。在含有铜、钡和钇离子的水溶液中,电化学沉积制备出 $YBa_2Cu_3O_{7-x}$ 陶瓷的前驱体,热处理后获得具有超导性的氧化物沉积层,也可以在非水介质中电沉积制备超导薄膜。在含有相应金属硝酸盐的二甲基亚砜(DMSO)溶液中,电位 $-4\sim-5$(参比电极 Ag/Ag^+),沉积得到 $Bi_2Sr_2CaCuO_8$ 和 $(Pb,Bi)_2Sr_2CaCu_2O_8$ 的超导体薄膜,超导转变温度为 85 K。在溶解有相应金属的 DMSO 溶液中,采用恒电位与脉冲电位的方法,在 Ni、MgO、ZrO_2 和 $SrTiO_3$ 等基底上,沉积出了超导性能良好的 $YBa_2Cu_3O_{7-x}$ 和 TlCaBaCuO 陶瓷镀层。以 N,N-二甲基酰胺(DMF)和异丙醇为溶剂,也沉积出性能很好的高温超导陶瓷 $YBa_2Cu_3O_{7-x}$。

采用电化学沉积的方法,在含有 Ca^{2+} 和 $H_2PO_4^-$ 的水溶液中,调节合适的 pH 值,控制电压,可以在医用金属或合金材料表面沉积出羟基磷灰石($Ca_{10}(PO_4)_6(OH)_2$,HAP)沉积层,经

125 ℃水蒸气处理和 425 ℃烧结，即得到了纯羟基磷灰石镀层，它具有良好的生物活性和生物相容性。

使用水、有机混合溶剂，加入过氧化氢，使钛离子在电沉积过程中形成稳定的过氧络合物：

$$Ti^{4+} + H_2O_2 + (n-2)H_2O \longrightarrow [Ti(O_2)(OH)_{n-2}]^{(4-n)+} + nH^+ \tag{6-1}$$

过氧络合物中经过处理可以得到 $ZrTiO_4$ 等重要的铁电陶瓷薄膜。

利用阴极电化学沉积还可以制备具有光电活性的 Cu_2O 薄膜、重要的能源材料 $NiO(OH)$ 和 $La_{1-x}Ca_xCrO_3$ 薄膜，以及耐高温、耐腐蚀的 ZrO_2 陶瓷薄膜。

阳极电化学沉积一般在较高 pH 值的溶液中进行，在一定电压下溶液中的金属低价阳离子在阳极表面被氧化为高价阳离子，然后高价阳离子在电极表面与溶液中的 OH^- 发生反应生成各种陶瓷氧化物或氧化物陶瓷前驱体。

经常用阳极氧化法在金属表面原位生长制备金属氧化物薄膜，例如氧化铝、氧化钛等薄膜，并在工业中大量应用。氧化铝薄膜阳极氧化的过程是一个兼有化学和电化学反应的复杂过程，包括铝阳极在溶液中氧化生成氧化膜，以及伴随的氧化膜溶解。其阳极氧化过程可简单表示为

$$阳极：2Al + 6OH^- \Longrightarrow Al_2O_3 + 3H_2O + 6e$$
$$4OH^- \Longrightarrow 2H_2O + O_2 + 4e \tag{6-2}$$
$$阴极：2H^+ + 2e = H_2 \tag{6-3}$$

反应是放热反应，电解溶液温度会升高，氧化膜溶解速度增大，因此存在与膜最大生长速度相对应的临界电流密度。在阳极氧化过程中生成一定厚度的绝缘性氧化物薄膜后，后续电流就难以穿透这层阻挡膜，这时膜的溶解能力和生长能力基本相当。

利用恒电流技术在 0.5 mol/L 的 $Ba(CH_3COO)_2$ 和 2 mol/L 的 NaOH 溶液中制备了不同的氧化物陶瓷薄膜。当电流密度在 10 mA 时，Ti 阳极上生成金红石相的 TiO_2；电流达到 20 mA 时，阳极表面生成 $BaTiO_3$；当电流密度为 30 mA 时，0.5 h 后的阳极产物为 TiO_2，0.75 h 后则出现了 $BaTiO_3$ 陶瓷薄膜。可以看出电化学过程是分步进行的。

6.1.3 微弧氧化技术

微弧氧化（Mico-arc Oxidation，MAO）是在阳极氧化基础上发展起来的一项新技术，也称为阳极火花沉积或微等离子氧化技术。所谓微弧氧化就是将 Al、Ti、Mg、Zr、Ta、Nb 等金属或其合金置于电解质水溶液中，利用电化学方法，使该材料表面微孔中产生火花放电斑点，在热化学、等离子体化学共同作用下，生成陶瓷膜层的阳极氧化方法。

由于采用了较高的电压（250 V 以上），微弧氧化方法形成的膜层具有不同于普通阳极氧化方法所得到膜的特殊结构。电解液中的金属样品通电后表面立即生成一层完整的很薄的绝缘氧化膜，当施加的电压继续升高超过某一临界值时，绝缘膜上某些薄弱环节被击穿，发生微弧放电现象，溶液里的样品表面出现无数游动的弧点或火花。因为击穿总是在氧化膜相对薄弱的部位发生，因此最终生成的氧化膜是均匀的。虽然每个弧点存在时间很短，但等离子体放电区瞬间温度很高，在此区域内的金属及其氧化物发生熔化，氧化物产生结构变化。微弧氧化膜具有卓越的性能特点，其硬度、耐磨性、耐腐蚀性等与阳极氧化相比都有了较大的提高。在微弧氧化过程中，化学氧化、电化学氧化、等离子体氧化同时存在，因此陶瓷膜的形成过程非常复杂，微等离子高温高压区瞬间烧结作用使无定形氧化物变成晶态相，如铝合金表面微弧氧化

膜主要由 α - Al_2O_3 和 γ - Al_2O_3 相组成。

6.1.4　电化学沉积氧化物薄膜的影响因素

影响电化学沉积制备氧化物薄膜的因素相当复杂,薄膜性能受基体种类、溶剂、溶液及 pH 值、浓度、电压、电流、温度、溶质浓度,以及溶液离子强度、电极表面状态等因素的影响。

电化学沉积所采用的基体可以是金属,也可以是无机非金属材料。常用金属材料有不锈钢、镍、银、铜、钛、锡、铝、铟锡合金等。不同材料沉积同一种氧化物时,可获得相同的特性,如高温抗氧化性能、高温抗蠕变性能、抗腐蚀性能等。如在钢铁和铝表面沉积 ZrO_2 可以得到相同的抗高温氧化性能和抗高温蠕变性能。而同种基体沉积不同氧化物时,可使基体材料获得不同的性质。如不锈钢沉积 ZrO_2 可以提高其抗氧化性,而沉积 Al_2O_3 和 ZrO_2、AlCr 复合氧化物可提高其高温性能。用于电化学沉积的非金属基体目前仅有玻璃、石墨和硅等少数几种。玻璃材料由于其透明性而在电子、光学和声学工业中得到广泛的应用,已在玻璃上成功沉积了厚度为 $2~\mu m$ 的 ZnO 获得光电材料。在石墨上沉积厚度近 $20~\mu m$ 的 ZrO_2,提高了石墨的耐高温、耐蚀性能。N - Si 半导体上沉积 Tl_2O_3 获得了优异的光电性能,也可以将 Fe_2O_3 薄膜沉积在 ITO 氧化铟锡上。

在阴极和阳极电化学沉积过程中,水溶液、有机溶剂和水-有机混合溶剂等体系均可作为氧化物薄膜的电解质溶液,分别具有不同的优缺点和用途。对电解质的选用主要取决于制备薄膜结构与性能的要求。

目前主要采用水溶剂体系,把需要沉积的阳离子和阴离子溶解在水溶液中,同时加入易于还原的一些分子或原子团,在一定的温度、浓度和 pH 值条件下,控制电流和电压,就可在电极表面电化学沉积出各种氧化物薄膜。一般来讲,在水溶液体系中得到的沉积层较厚,沉积物容易聚集成较大的颗粒,由于水还原时放出氢气,沉积层呈多孔状。铁电陶瓷和电致变薄膜主要在水溶液体系中沉积。

有机溶剂用于制备在水溶液中无法实现的或沉积效果不好的氧化物薄膜。将所需沉积的阳离子和阴离子溶解在有机溶剂中,再添加一些促进沉积的添加剂,就形成了有机溶液体系。相对于水溶液体系,有机溶液体系研究和开发比较少。一般常用的有二甲亚砜(DMSO)、二甲基甲酰胺(DMF)、乙腈(AN)等有机溶剂。在有机溶液体系中,氧化物沉积层薄而均匀,能得到纳米级颗粒的精细氧化物薄膜。以 DMSO 为溶剂可以在 Ag 等金属基体上电化学沉积 Y-Ba-Cu-O 超导薄膜。

对于某些氧化物的电化学沉积,用单一的水溶剂或有机溶剂均得不到满意的氧化物薄膜,主要原因是金属离子在水溶液中不稳定,或者有机溶剂中缺少合适的还原剂。采用水-有机混合溶剂体系,可以克服两者的缺点。电化学沉积 $ZrTiO_4$ 与 TiO_2 等含钛氧化物时,由于 Ti 离子在水溶液中不能稳定存在,形成胶体钛盐,因此采用了水有机混合溶液,使 Ti 离子能稳定存在。

电化学沉积过程中的氧化物沉积量与溶液浓度有关。在其他条件相同时,溶液浓度越高氧化物沉积量越大。同时溶液浓度直接影响生成氧化物层的表面形貌、结构、组成及其他性质。在 $Pb(NO_3)_2$ 溶液中进行阴极电化学沉积,当 $Pb(NO_3)_2$ 浓度为 $0.2\sim0.5~mol/L$ 时,沉积层主要由金属 Pb 组成;溶液浓度在 $0.05\sim0.10~mol/L$ 时,沉积层则由 $Pb(OH)_2$ 组成;当溶液浓度低于 $0.02~mol/L$ 时,沉积层主要由 β - PbO 组成。随着溶液浓度的降低,相应沉积层的颜色发生连续变化,由金属光泽,变为白色,最终为黄色。

　　进行电化学沉积陶瓷时水溶液的 pH 值对电极上进行的电化学反应及随后电极表面进行的化学反应有直接影响。不同 pH 值时，从同一种溶液中可以沉积得到组成与结构完全不同的陶瓷产物。在含钙离子和磷酸根离子的溶液中，当溶液 pH>7 时，主要沉积产物为羟基磷灰石化合物（HAP）；当溶液 pH<6.4 时，沉积层为含 2 个水的磷酸氢钙（DCPD）（$CaHPO_4 \cdot 2H_2O$）；当 pH 值为 6.4~6.8 时，沉积产物为含 8 个钙的磷酸钙化合物（OCP）（$Ca_8H_2(PO_4)_6$）。

　　电化学沉积过程中，氧化物薄膜只能在一定范围的电位和电流条件下才能获得。一般说来，过电位越大，沉积所需电流密度越大。恒电流沉积时过电位随时间延长而逐渐增大；恒电位沉积时，电流密度随时间延长而逐渐变小。无论是恒电流沉积还是恒电位沉积，氧化物沉积量都随时间延长逐渐增加，但只有在电化学沉积初期与理论值比较接近，随时间推移，偏差越来越大。这种现象在阴极电沉积时尤为突出，主要原因可能是由于：①阴极发生的电化学反应不一定全部能生成 OH^-；②阴极生成的 OH^- 可能被阳极生成的 H^+ 和溶液中原来存在的 H^+ 消耗；③形成的陶瓷可能扩散到溶液本体或沉积到容器底部，并未沉积到电极表面。

6.1.5　水热电化学技术

　　水热电化学技术是在水热法和电化学法基础上发展起来的一条新的工艺路线。水热技术与电化学技术都有其显著的特点。单独水热法需要较高的温度和压力，单独的电化学法制备某些陶瓷，尤其是钙钛矿型介电陶瓷时则存在一些困难，将两种方法结合起来，以水热电化学法制备钙钛矿型铁电陶瓷具有很大优势。一方面，水热体系为电化学反应提供了好的环境，使其反应速率、效率大大提高；另一方面，电化学技术又可显著降低水热反应的温度，缩短水热反应时间。已经利用水热电化学技术制备了 $ATiO_3$（A：Ba，Sr，Ca）、$AMoO_4$（A：Ba，Sr）等钙钛矿型铁电陶瓷薄膜。

　　水热电化学技术在特制的密闭反应器（高压釜）里用水溶液作反应介质，对反应容器加热，创造高温、高压环境，使难溶或不溶物质溶解或溶解度增大。在水热条件下水的黏度、介电系数和膨胀系数会发生相应的变化。水热溶液的黏度较常温下溶液黏度低将近 2 个数量级。由于扩散与溶液的黏度成正比，因此在水热条件下陶瓷在水溶液体系中有更高的生长速率，界面附近有更窄的扩散区，创造了薄膜材料制备的良好条件。但由于水热电化学设备要求密封性较好，所以在一定程度上限制了其应用，示意图如图 6-4 所示。

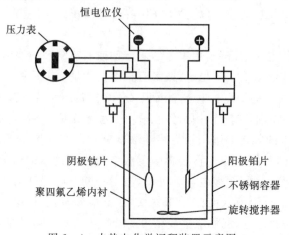

图 6-4　水热电化学沉积装置示意图

6.2　离子注入

离子注入是一种材料表面改性技术。将某种元素的原子在几十至几百千伏的电压下进行电离,使其在电场中加速,在获得较高的速度后射入固体材料表面,以改变材料表面成分及相结构,从而达到改变材料表面物理、化学及机械性能的目的。

离子注入金属表面可以使金属获得一般冶金工艺难以得到的表面"合金相",从而提高材料的表面硬度、耐磨性和抗腐蚀性;离子注入技术可以改变石英玻璃的折射率,成为"集成光学"的有效技术;利用离子注入技术研制功能元器件、提高超导材料的超导转变点等都有一定进展。

离子注入技术最先在半导体工业中得到大规模应用。用来向半导体基体表面注入可以控制数量的掺杂物,与其他方法相比,离子注入技术的特点是能够精确控制掺杂浓度,并有良好的重复性。

使用离子注入技术对非半导体材料表面改性的研究和应用也得到了发展。离子注入技术本身正从单一气体或金属元素注入技术发展到离子束混合(或称反冲离子注入)、多离子束、高能级增强多离子束注入技术等。离子注入与蒸镀、溅射等技术结合,也推动了离子注入技术的广泛应用。

6.2.1　离子注入技术简介

1. 离子注入的碰撞过程

一定能量的离子束入射到固体表面时,离子与固体中的原子核和电子所发生的交互作用可以分为两类。一类是激发固体表面的粒子发射,另一类是离子束中的部分离子进入固体表面层,成为注入离子。荷能离子与固体材料相互之间的作用如图 6-5 所示。

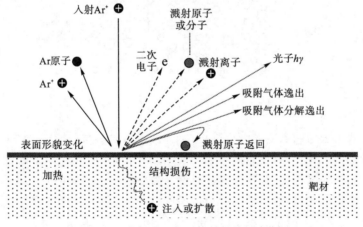

图 6-5　荷能离子与固体材料的相互作用

当电离离子在电场作用下加速运动,获得动能并与基体表面发生非弹性碰撞,基体表面发射二次电子和光子;入射离子被基体材料中的电子中和,并通过与基体原子的弹性碰撞被反弹出来,称为背散射电子;一个入射离子可以碰撞出若干离位原子,而能量较高的离位原子又可能在运动路径碰撞若干离位原子,这种连锁离子碰撞是随机的,称为级联碰撞;某些被撞出的原子会穿过晶格间隙从材料表面逸出,称为溅射原子;入射离子在材料的一定深处停留下来,成为注射离子,注射离子沿材料深度的分布服从一定统计规律,入射离子、离子能量、靶材为已知时,入射离子在靶材中的分布可用理论计算得到,或通过表面分析方法测定。

离子轰击还会诱发材料表层组分变化、组织变化、晶格损伤,以及晶态与无定型态相互转化。由溅射及与其相关表面物质传输而引起的表面刻蚀与形貌变化,亚稳态的形成和退火,离子轰击也会造成表面吸附原子或分子的解析与再吸附。离子轰击对薄膜沉积过程中的晶核形成和生长具有明显的作用,从而改变镀层组织和性能。

离子镀、溅射镀膜和离子注入过程虽然都利用了离子束与材料的相互作用,但侧重点不同。溅射镀膜侧重靶材原子被溅射的速率;离子镀侧重利用离子轰击表层和生长面中的混合作用,提高薄膜结合力和膜层质量;而离子注入则利用注入元素的掺杂、强化作用以及辐照损伤,引起材料表面组织结构与性能的改变。

入射离子进入固体靶后,通过与靶物质中电子、原子的相互作用,将部分能量传递给原子、电子,逐渐损失动能,能量耗尽后,离子则停留在靶材料中。这个过程称为离子在固体中的慢化。从能量的角度来看,离子将能量传递给靶原子和电子的过程,称为能量沉积过程。不同类型离子在不同靶材中沉积能量的速率是不同的,轻离子的沉积能量平均值为 $10\sim100$ eV/0.1 nm,重离子的沉积能量平均值为 keV/0.1 nm 量级。入射离子与靶材料中原子核的碰撞可分为初级碰撞和次级碰撞两个阶段。初级碰撞是入射离子与固体的相互作用(图 6-6),而次级碰撞是初级碰撞引发的反冲原子与固体的再次作用。这两个阶段都涉及离子在固体中的慢化和能量沉积。

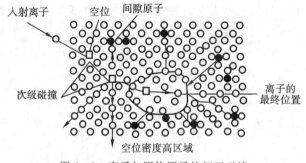

图 6-6　离子与固体原子的相互碰撞

根据碰撞方式可分为两类能量沉积过程:①弹性碰撞时参与碰撞粒子的总动能守恒,在碰撞中不发生能量形式的转化,只是碰撞粒子之间的动能传递,引起靶原子的运动,这个过程是能量沉积于原子运动的过程;②非弹性碰撞时参与碰撞粒子在碰撞中的总动能不守恒,有部分动能转化为其他能量形式,例如离子把能量传递给电子,引起电子反冲或激发,以及电离激发等电子运动,这个过程称为能量沉积于电子的运动过程。在这两个过程中获得能量的反冲原子或电子也会像入射离子一样,继续这两类沉积过程。

离子通过固体时,两类沉积过程同时发生,但是往往其中一类过程起主要作用。非弹性碰撞沉积过程在高能量离子轰击时起主导作用,而弹性碰撞沉积过程则在低能量离子轰击时起主导作用。实际离子注入工艺过程中,离子能量较低($5\sim5000$ keV),主要为弹性碰撞。在考虑碰撞过程时可采用一级近似,忽略电子碰撞引起的能量损失,必要时通过修正,考虑非弹性碰撞。

入射离子与固体中的原子发生弹性碰撞,将部分能量传递给晶格原子,如果晶格原子所获得的能量足够大,则晶格原子可能离开正常晶格位置进入"间隙",这种现象称为原子移位。固体材料被入射离子碰撞产生原子移位所必须获得的最小能量称为移位阈能(E_d)。如果入射离子在与固体中原子的弹性碰撞中传递给晶格原子的动能小于 E_d 时,被撞击的原子仅发生在晶格原子平衡位置附近的振动。这种振动在晶格原子之间的传递宏观上表现为热能。

E_d 数值的确切计算是十分复杂的。一方面与固体性质有关,另一方面与晶格原子反冲方向有关。一般认为,E_d 由两部分能量组成,一部分是断键(如化学键)能量,另一部分是克服势垒做的功,克服势垒做的功与反冲方向有密切关系。

图 6-7 是晶格原子被离子撞击后的移位情况。晶胞左下角原子被碰撞后获得动能,可以沿三个方向位移,即<111>、<110>和<100>方向。在被撞击原子沿<111>方向位移的势能曲线中,原子处于平衡位置时,势能最低,随原子逐渐偏离平衡位置,总势能逐渐增大至最大值,这个位置称为鞍点。原子到达间隙位置时仍保持一定势能。

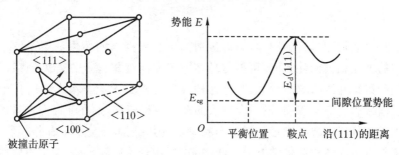

图 6-7 晶格原子被离子撞击后的移位与方向

由于 E_d 和反冲原子方向密切相关,通常所说的 E_d 只是平均值。硅的 E_d 值为 22 eV,在离子注入过程中对于一般材料,一般取 E_d 的平均值为 25 eV。

离子注入过程中被入射离子初次碰撞撞出的晶格原子称为初级撞出原子(初级反冲原子),而后续相继撞出的移位原子称为次级撞出原子(高级反冲原子)。在实际应用离子注入技术时,初级撞出原子所获得的冲击能量远超过 E_d,因此会继续与晶格原子碰撞,再产生反冲原子。由于"级联碰撞"作用,在受撞击的晶格位置会出现许多"空位",形成辐照损伤。当级联碰撞密度不大时,固体中会产生许多孤立的点缺陷。由于碰撞后离子的平均能量下降,导致碰撞截面变大,二次碰撞之间的平均自由程变小,由此产生的空位或间隙原子彼此非常接近,形成点缺陷结团。高密度级联碰撞会形成高密度点缺陷团,级联碰撞扩展越大,固体的辐照射损伤程度越严重。

由于实际固体大多为晶体,具有固定的晶体结构和规则的原子排列,将迫使相继发生的级联碰撞之间存在方向关联,即能量动量的传递会集中到依次排列成一排原子的方向上,这就是"聚焦"效应。考察级联碰撞过程中的动量传递(图 6-8):假设半径为 R 的两个刚性全同原子碰撞,碰撞前的相互距离为 D,第一个原子的动量方向为 $\overrightarrow{AP}$,与

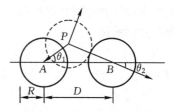

图 6-8 原子之间的碰撞

两个原子中心连线之间的夹角为 θ_1，当第一个原子运动至球心到达 P 时，与第二个原子发生碰撞。假定这种碰撞是完全弹性碰撞，则第二个原子将沿着 $\overrightarrow{PB}$ 方向运动，其运动方向与 AB 面之间夹角为 θ_2，将讨论扩大到一排原子的碰撞（图 6-9），则具有等距间隔 D 的一排刚性原子发生级联碰撞，令第一个原子开始运动方向与原子中心连线之间夹角为 θ_0，第一次碰撞后反冲原子反冲方向与中心线夹角为 θ_1，以后各级级联碰撞的反冲方向与中心线的夹角依次为 θ_2，θ_3，θ_4，$\cdots$，θ_n。可以看到，只要原子半径 $R > D/4$，则 $\theta_0 > \theta_1 > \theta_2 > \cdots > \theta_n$，反冲角逐渐变小，直到 $\theta_i = 0$，这时的碰撞将是对头碰撞，动量将集中到中心连线方向。这样的一排关联碰撞被称为聚焦碰撞系列。当考虑聚焦效应后，移位原子数比假设无规则排列计算得到的要少。

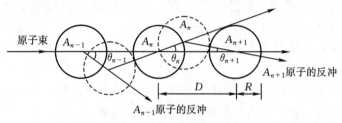

图 6-9　聚焦碰撞示意图

对于原子在空间规则排列的固体，高速运动离子注入后与固体内部原子发生碰撞。当高能离子沿晶体的主晶轴方向注入时，可能与晶格原子发生随机碰撞。若离子穿过晶格同一排原子附近且偏转很小并进入表层深处，则称这种现象为沟道效应。沟道效应直接影响离子注入晶体后的射程分布。实验表明，沿晶向注入的离子穿透较深，而在非晶向注入的离子穿透较浅。沟道离子射程分布随离子剂量的增加而减少，表明入射离子会造成晶格损伤；沟道离子的射程分布受离子束与固体中晶体学方向之间关系的影响；随靶温升高，沟道效应减弱。

离子注入一方面在固体表面层中增加注入元素含量，另一方面还会使注入层中的空位、间隙原子、位错、位错团、空位团、间隙原子团等缺陷大量增加，从而影响注入层的性能。

高能量入射离子或被撞出的离位原子与晶格原子碰撞，使得晶格原子获得足够能量产生离位，离位原子最终在晶格间隙处停留成为间隙原子。它与原先位置上留下的空位形成空位-间隙原子对，成为辐照损伤。只有离子与原子核碰撞损失的能量才造成辐照损伤，而电子碰撞一般不会产生损伤。

离子注入造成的损伤使得固体中空位密度大幅度增加，使原子在该区域的扩散速度比正常晶体高几个数量级，这种现象称为辐照增强扩散。

2. 离子注入的特点

(1)离子注入过程是一个非平衡过程，注入元素选择不受冶金学的限制，注入浓度也不受平衡相图的约束，不像热扩散那样受到化学结合力、扩散系数与固溶度等方面的限制。可以将任何元素注到任何材料基体中去。例如铜和钨在液态均不互溶，但可以将 W^+ 注入铜中得到置换式固溶体。

(2)离子注入是原子的直接混合，注入层厚度为 $0.1\ \mu m$，在摩擦条件下工作时，在摩擦热作用下，注入原子可以不断向内部迁移，其深度可达原始注入深度的 $100 \sim 1000$ 倍，使用寿命延长。注入元素分散停留在基体内部，没有界面存在，故改性层与基体之间的结合强度高，附着性好。

（3）离子注入是在高真空和较低的温度下进行，被处理的部件不会受环境的污染，不会变形或退火软化，适宜于零件和产品的最后表面处理。

（4）离子注入可以实现大面积均匀掺杂，而热扩散法实现大面积均匀掺杂是很困难的。离子注入技术是制作大规模集成电路的有效手段。

（5）离子注入的主要缺点是离子束的直射性，即使工件运动也无法处理复杂凹面或内腔，同时注入层比较薄。

6.2.2　离子注入设备及其主要控制参数

离子注入设备的基本原理如图 6-10 所示。

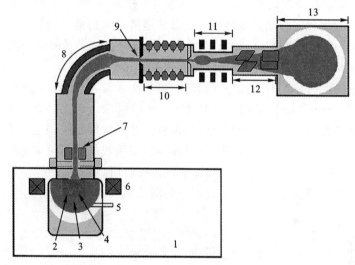

1—离子源；2—放电室（阳极）；3—注入气体；4—阴极（灯丝）；5—真空泵；6—磁铁；
7—离子引出/预加速/初聚；8—离子质量分析磁铁；9—质量分析缝；10—离子加速管；
11—磁四极聚焦透镜；12—静电扫描；13—靶室。
图 6-10　离子注入设备原理图

离子源的作用是把需要注入元素的原子电离成为离子，并把离子从离子源中引出，形成离子束。离子束的截面通常是圆形，也有长条形，由离子源出口的形状而定。离子源性能决定了能够注入的离子种类及束流强度。

需要注入的离子束是某一特定元素的离子。但是从离子源引出的离子束并不纯净，往往包含若干种甚至十几种其他元素的离子。质量分析器的作用，就是把所需要的离子从离子束中分离出来。离子注入机中的质量分析器多采用磁分析器。不同质量的离子在磁场中偏转不同的半径，从而达到分选离子的目的。其主要参数是偏转半径和磁感应强度，这两个量决定了磁分析器能够偏转和分选离子的能力。

加速系统的任务是形成电场，使得离子在电场力作用下加速得到预定能量。一般离子注入机都采用静电场加速的高压加速器。

离子从离子源引出到达靶室，需要飞行几米到十几米的距离。为减少离子行进中的损失，要在飞行途中设置聚焦透镜，实现离子束的聚焦。离子注入机中经常应用四极透镜和单透镜等。

扫描系统保证了离子注入的均匀性，使离子束在注入样品上反复进行均匀扫描。目前主要使用电扫描和机械扫描系统。前者注入样品不动，离子束进行扫描，后者固定束流位置，通过移动样品实现扫描。

靶室是装载注入样品的装置。对机械扫描来说，扫描和靶室合二为一。对靶室的基本要求是装载样品数量多、更换样品速度快，以提高效率。同时要求靶室具有能精确测量束流强度的接收装置。还可以对靶室提出高温、低温以及不同角度下进行注入的要求。

离子束传输要求在真空中进行，否则离子会和空气中的分子发生碰撞而被散射或中和。离子注入设备的系统真空度一般要优于 1.33×10^{-3} Pa，注入靶室的真空度要优于 1.33×10^{-4} Pa，并且最好有液氮冷阱以冷却油蒸气，以免污染样品。

离子注入机的电器设备包括产生高压电场以加速离子束的高压电源、供给电磁铁激磁电流的磁分析器电源、供离子束扫描的扫描电源、记录注入样品离子数的电荷积分仪。离子注入机还包括相应控制离子源、真空系统和靶室等部分工作的控制系统。

根据能量，离子注入机分为低能、中能和高能离子注入机，习惯上把 100 keV 以下的注入机称为低能注入机，$100 \sim 300$ keV 的称为中能注入机，而 300 keV 以上的称为高能注入机。

根据注入机的工作范围又可分专用机和多用机。专用机能量可调范围小，只能注入少数几种元素的离子束，主要供工业生产使用，针对性强。多用机的能量可调范围宽，可提供多种离子束，甚至有的可做到全离子。这种机器主要供研究使用。

根据注入机所提供束流强度的大小，又可分为弱流机和强流机。微安级束流强度的称弱流机，毫安级的称强流机。

从设备的结构方面（主要在于质量分析器和加速管的安排次序）可分为先分析后加速，先加速后分析，以及加速、分析再加速（或减速）等 3 种类型。

在先分析后加速类型的设备中，离子束从离子源引出后直接（或经过初聚系统）进入质量分析器，然后再进行加速。它的特点：进行分析时离子的能量较低，分析器可以做得比较小，造价较低；同时由于先分析，不需要的离子在加速前就去掉了，要求的高压电源功率较小，设备所产生的 X 射线也相应较少，高压电源的电压波动分析器的分辨率影响不大；改变离子能量无需改变分析器电流，设备调节方便。其主要缺点在于：由于离子束在低能段飞行距离较长，离子与系统内剩余气体分子进行电荷交换的概率大，空间电荷效应比较严重，离子损失多；同时电荷交换产生的其他元素的离子，也可以加速打到样品上，影响注入离子的纯度。

先加速后分析的注射机中，离子束从离子源引出后，首先进行加速达到预定能量，然后进行质量分析。其主要优点在于离子束从离子源引出后立即加速到较高能量，离子束在低能段漂移距离短，减少了与空间电荷的交换效应，有利于强流束注入。同时在分析器后，因电荷交换而产生的其他元素离子得不到加速，无法打到注入样品，提高了注入元素离子的纯度。此外由于靶室和分析器处于低电位，方便处理注入样品和给分析器供电。主要缺点在于进行质量分析时离子能量较高，所以需要较大的磁分析器。先分析后加速设备的优点也是先加速后分析设备的缺点。这类注入机的使用少于先分析后加速注入机。

前后加速中间分析类型注入机的基本特点是将需要加速的离子最高能量分做两半，一半在分析器前加速，另一半在分析器后加速。这种结构的主要缺点是设备两端都处于高电位，操作不便。但其突出的优点是离子能量的可调范围宽。可将其后加速装置设计成可拆卸式，采用后加速装置时可进行高能注入,拆去后加速装置就成为一台先加速后分析的中低能注入机。此外还可将后加速电源设计成可变极性的,既可输出负高压,也可输出正高压。使用正高压成为后减速装置,离子束从前加速得到较高能量,使其顺利通过质量分析器,到靶室前进行减速,有利于减小离子束在低能段的传输距离,即减少离子在传输过程中的损失,使得低能注入时也能得到较大的束流强度。这种注入机在保证有一定束流强度的前提下离子能量可在数 keV 至 400 keV 之间进行调节,适应性强。

　　为了达到满意的离子注入,对离子注入设备在能量、束流强度、可使用的离子种类、注入均匀性等方面都有一定的要求。此外,有较好的防护条件、性能稳定可靠、效率高、适用范围广、操作维护方便也是对设备的基本要求。

　　离子注入基板的深度,除与离子和基板种类等因素有关外,主要取决于离子的能量,在能量小于 200 keV 时,硼注入硅片的深度小于 $1\ \mu m$,磷离子的注入深度则小于 $0.5\ \mu m$。由于离子注入的目的不同所以注入离子不一样,要求注入的深度也有很大不同。一般离子注入设备的可调能量范围在 $20\sim 400$ keV。

　　离子注入的生产效率主要由注入机可能提供的束流强度所决定。离子注入所需要的时间 t(s)由下式给出:

$$t = \frac{qDS}{I} \tag{6-4}$$

式中:q 是一个离子所带的电荷量(对于单电荷离子 $q = 1.6 \times 10^{-19}$ C);D 是注入离子浓度,cm^{-2};S 是注入面积,cm^2;I 是离子束电流强度,A。

　　不同产品对注入量的要求不同。半导体注入的浓度一般在 $10^{11} \sim 10^{16}\ cm^{-2}$,而金属注入的浓度则为 $10^{17}\ cm^{-2}$ 以上。在注入电流为 $10\ \mu A$ 时,直径 40 mm 样品注入 $10^{17}\ cm^{-2}$ 浓度时需要 7 h;如果电流提高到 1 mA,同样条件下,注入时间下降到 4 min。半导体离子注入要求数十至数百微安的束流,金属注入则需要毫安级的束流强度。

　　离子注入设备需要满足多种注入离子种类的要求。目前可注入的元素已有数十种之多,包括原子量为 1 的氢直到原子量为 200 以上的元素。对于硅的注入来说,主要是硼、磷、砷三种元素。

　　离子注入设备要求具有良好的注入均匀性。一般用测量注入基片上不同点的薄层电阻得到的标准偏差来表示均匀性(或不均匀性)的量度,即

$$\sigma = \sqrt{\frac{\sum_{i=1}^{N}(R_i - \bar{R})^2}{(N-1)}} \tag{6-5}$$

式中:N 是测量点的数目;R_i 是测量点的薄层电阻;$\bar{R}$ 是平均薄层电阻。生产大规模集成电路用的直径为 5 cm 的基片时,离子注入机的注入均匀性应达到:

$$\sigma \sqrt{R} \leqslant \pm 1\% \tag{6-6}$$

　　此外还要求注入设备的性能稳定可靠,具有重复性,以保证注入工艺的一致性。对于注入设备的靶室要求能够进行高低温注入,一般要求高温能达到约 400 ℃,低温能够达到液氮的温度。

6.2.3　离子注入技术的应用

　　半导体材料在电子工业中具有极其广泛的应用,在各种功能的晶体管、集成电路、微型电

子设备、超高频无线电装置以及电子计算机、大容量光通信等方面都有重要的应用。

半导体的电阻率为 $(10^{-6} \sim 10^2) \sim (10^8 \sim 10^{16})\,\Omega \cdot m$，其电导率对其纯度极为敏感，例如在纯硅中若含有百万分之一的硼杂质，电导率将成万倍地增加。在半导体器件和集成电路中，多采用离子注入掺杂，它已经成为半导体工业生产的基本工艺，取代了传统的热扩散工艺。采用离子注入掺杂较之热扩散和外延工艺有如下特点：注入杂质不受扩散系数和化学结合力的限制，理论上各种元素都可进行注入；注入过程不受温度限制，高、低温及常温均可注入，而低温和常温注入避免了热扩散带来的不利影响；注入杂质浓度和深度可精确控制，重复性好，同时容易实现生产过程自动化，提高成品率。

半导体离子注入后一般需进行退火处理。离子注入时晶体产生大的损伤和缺陷，有利于提高材料机械性能，但对于半导体来说，如果注入杂质原子处于间隙位置，则会影响导电能力；离子注入后的退火可消除绝大部分缺陷，使全部或部分杂质原子进入置换位置，达到电激活，提高导电能力。除采用一般高温炉退火外，也可采用激光、电子束、离子束和红外退火等。半导体离子注入工艺与热扩散工艺、金属离子注入工艺特点的比较如表 6-1 所示。

表 6-1　半导体离子注入工艺与热扩散工艺、金属离子注入工艺特点的比较

特点	工艺		
	半导体离子注入	半导体热扩散	金属离子注入
固溶度	不受限制	受限制	不受限制
掺杂物质纯度	要求高	受环境影响	对纯度要求不高
掺杂数量、深度控制	精确	难以精确	可精确
定向掺杂	可集成度高	横向扩散严重，影响集成度	可定向注入
均匀性、重复性	好	较好	要求不高
热缺陷	低温注入，可避免	易引入	可以控制
退火消除缺陷	要求，提高器件导电能力	要求，消除热缺陷	一般不要求
掩膜掺杂	可透过，提高器件性能	不能在掩膜单独掺杂	可通过多层膜进行离子束混合
工艺过程自动化	易实现	较难	易

低能和中能离子注入广泛应用于半导体器件生产，在大规模和超大规模集成电路的生产线上，热扩散工艺已被离子注入技术替代。目前在离子注入工艺中，高能（MeV 级）离子注入越来越受到人们的重视。高能离子注入时，入射离子主要与靶样品中的电子相互碰撞。由于离子和电子质量相差悬殊，离子在碰撞中能量损失小，所以入射离子在靶中几乎直线前进，偏转小。离子经多次碰撞后才被阻止，靶样品损伤轻微，且损伤发生在几微米处的离子轨迹终端，而靶表面结晶层几乎不受损伤，可省略或简化退火工艺。另外，射程深便于形成各种埋入层或绝缘层，可制备 CMOS（互补型金属氧化物半导体）阱或三维立体器件，扩大了离子注入技术在半导体领域的应用。

1. 集成电路

大规模集成电路(Large Scale Integration,LSI)和超大规模集成电路(Very Large Scale Integration Circuit,VLSI)的发展,对电路集成度要求越来越高,对电路元器件的线条要求越来越细,横向尺寸向着微米和亚微米级缩小。这就要求制备高浓度 PN 浅结发射区。

在 VLSI 中,通常采用 As$^+$ 作为 N$^+$ 掺杂剂,直接注入单晶 Si 中,或通过薄层 SiO$_2$ 注入单晶硅,或者先注入多晶硅再高温扩散,制备出性能良好的高浓度浅 PN 结;采用适当的氧气退火方式,可消除大剂量 As$^+$ 离子注入产生的损伤区,提高 As 的激活率,防止 As 的外扩散,消除表面凹坑,去除硅表面的杂质污染等,提高 PN 结的击穿特性,减少漏电,得到结深 0.1 μm、方块电阻 30Ω/□(Ω/□:方阻的单位,方阻是与电阻膜材料和厚度有关的参数)的高浓度浅结。

采用 BF$^+$ 分子离子注入硅的方法代替 B$^+$ 注入制备 P$^+$ 浅结时,BF$^+$ 能量高,其离子束流大且稳定;BF$^+$ 比 B$^+$ 重,与位于表面层的靶原子碰撞易形成非晶层,降低了退火温度,有利于消除损伤,电激活率高;在较高加速电压下可获得较低能量的硼,从而得到小于 0.25 μm 的浅结,浅结特性好;BF$^+$ 与表层靶原子碰撞,离解为一个 B 和两个 F,F$^+$ 的存在有利于改善器件反向漏电流特性。

化合物半导体具有较大的禁带宽度,高的电子迁移率,适合于制备高速集成电路。在化合物半导体中,对 GaAs 和它与 P、Al 构成的三元化合物的研究较多,其在激光器、发光器件、微波器件以及微波逻辑电路和集成光电子学领域都有广泛的应用。由于化合物半导体由多种元素构成,掺杂很复杂,采用热扩散工艺困难多,而采用离子注入则简单易行。

在大规模集成电路中,高电阻所占的面积比例很大(高达 40%),直接影响了集成度的提高,同时分布电容的存在也限制了电路的频率提高。离子注入技术可进行极低浓度掺杂,精确度高,广泛用来制备高电阻。离子注入制备的电阻比扩散法制备的电阻值大 1~2 个量级,而且面积小得多。用质子(H$^+$)和氧离子(O$^+$)注入 GaAs 可实现绝缘隔离,形成高阻层。采用质子(能量 100 keV,剂量 1×10^{18} cm^{-2})注入得到电阻率为 10^9 Ω·cm 的高阻层;对于氧离子(能量 600 keV,剂量 10^{12}~10^{15} cm^{-2})注入 N 型 GaAs 和外延片(半绝缘砷化镓衬底,电阻率 10^8 Ω·cm,外延层厚度 0.5 μm,载流子浓度 5×10^{16}~5×10^{17} cm^{-2}),低剂量注入时无需退火可得到高电阻性能,且晶体结构保持完整,随后电阻率随注入剂量增高而下降,继而趋于稳定。退火后情况正好相反,随注入剂量增大,注入层电阻率增高。利用这些特性,可制作新型平面结构砷化镓微波低噪声和大功率肖特基势垒场效应管及各种微波单片集成电路。质子注入时造成 GaAs 的晶格损伤,从而实现绝缘隔离,晶格缺陷形成的缺陷能级成为载流子补偿中心,俘获载流子,使注入层成为高阻层。而氧离子注入时与晶格缺陷或杂质形成络合物提供深能级,产生载流子补偿中心,使得载流子浓度降低,形成高阻层。

2. 半导体

对 GaAs 进行 N 型掺杂,可以提高电子迁移率,制备高速器件和高速集成电路,比 P 型掺杂更加重要。常采用 S、Se、Si 和 Te 进行 N 型掺杂,以获得低浓度薄层,制备 GsAsFET(砷化镓场效应管)沟道区,也用于制备高浓度的源极、漏极。在 GaAs 的 N 型掺杂过程中,掺杂效率随注入能量增大而提高,例如能量为 100、200、400 keV,剂量 1×10^{13} cm^{-2} 的 S$^+$ 在靶温为 350 ℃时注入 GaAs,850 ℃恒温 30 min 退火后的掺杂效率分别为 13%、26% 和 38%;掺杂效率随注入剂量增大而降低,当 S$^+$ 离子注入剂量从 10^{12} cm^{-2} 增至 10^{15} cm^{-2} 时,掺杂效率从 70.1% 下降到 4%;掺杂效率随退火温度升高而上升,当退火温度为 750 ℃时,掺杂效率接近 9%,退火温度升至 900 ℃时,掺杂效率上升至 70.1%。

离子注入半导体可用于制备发光二极管,例如 GaAs 注入 Zn 制成 PN 结,可以发出近红外光;GaAsP 中注入 Zn 和 Mg 形成的 PN 结可以发出红光;GaP 注入 Zn 和 Mg 可以发出绿光;GaN 注入 Zn 和 Mg 可以发出蓝光。

碲镉汞($Hg_{1-x}Gd_xTe$)的禁带宽度随组分 x 的改变而变化(0.4 eV～0.05 eV),可用于制备各种红外波段的探测器,波段为 1～30 μm,甚至更长波段。但材料在 50 ℃时开始分解,汞从样品内部逸出,难以采用热扩散工艺掺杂。采用离子注入掺杂,可在室温或低温进行,避免样品受热组分分解,并精确控制注入剂量和注入深度,特别适用于制造红外探测器。

非晶硅基合金和非晶半导体具有优异的光电特性,在太阳能电池、光电器件和存储器件等方面得到应用。虽然可以采用辉光放电、低温(<300 ℃)化学气相沉积,以及溅射等工艺制备非晶硅基合金和非晶半导体薄膜,但在制作过程中由于受到水汽、氧等杂质的污染,同时其化学计量也难以精确控制,制备得到的薄膜性能常存在差异,影响批量制造。离子注入具有清洁、可控和重复性高的优点,在非晶硅基合金和非晶半导体薄膜的制备中受到了重视。

太阳能电池取得了巨大的发展,其中以硅太阳能电池在理论上最成熟,工艺上最先进,应用也最广泛。尽管如此,提高宽带隙和窄带隙材料的质量,提高光电效率,提高载流子迁移率,进而提高太阳能电池的光电转换效率,降低生产成本仍然是重要的目标。采用离子束轰击或离子注入掺杂是提高太阳能电池转换效率的有效途径。利用离子注入工艺制造太阳能电池已有很长的历史,有专用的离子注入设备。在 N 型单晶硅的<111>晶向注入硼离子(B$^+$),制备 PN 浅结,在有阳光照射时,根据光生伏特效应,可将短波长(例如 λ<1.2 μm)的光能转变成电能。采用离子注入的方法制备高低浓度发射极结构的太阳能电池,改善电池的短波响应,尽可能提高其光谱响应与太阳光光谱的匹配,是改善硅太阳能电池转换效率的重要途径。

3. 材料改性

离子注入绝缘体(电介质)改变其性能方面的研究越来越受到人们的重视。目前,离子注入绝缘材料的研究主要集中在薄膜改性,例如控制、刻蚀、制作集成光路中的光学元件等。无机非金属陶瓷的结构比较复杂,离子注入改性陶瓷远比针对金属、半导体复杂得多。

利用离子注入可以控制绝缘材料的光学性质。PLZT(钛酸锆镧酸铅)铁电陶瓷绝缘材料的某些组分具有电光记忆特性,可利用其进行光学图像存储和显示,但需要很高的能量密度,因为材料光灵敏度低(约 100 mJ·cm^{-2}),且对可见光不灵敏。采用不同种类、不同能量及剂量的惰性气体(Ar,Ne,H,…)离子注入后,可造成材料近表面结构无序化,从而提高材料的光灵敏度,存像区由紫外存像扩展到可见光存像。使用能量为 350 keV、剂量为 $3×10^{14}$ cm^{-2} 的氩离子,能量为 500 keV、剂量为 $1.5×10^{15}$ cm^{-2} 的氖离子和能量为 250 keV、剂量为 $3.2×10^{15}$ cm^{-2} 的氦离子,先后对 PLZT 陶瓷材料进行三次注入,可将灵敏度由 100 mJ·cm^{-2} 提高到 1 μ J·cm^{-2},提高了 4 个量级。离子注入 PLZT 是性能优异的图像储存介质,通过注入活性离子并优化注入条件,可对荧光灯或白炽灯光谱响应。

采用 H$^+$、He$^+$、Li$^+$、C$^+$、O$^+$、Ar$^+$、Ti$^+$ 和 Bi$^+$ 注入熔融石英(SiO$_2$),通过注入元素与注入量的选择,获得不同的折射率。如果先采用 Fe、Ti、Mn、Cr 或其他沉积在石英表面,再进行离子束轰击,可使其局部表面发生任意图案的变色,再进行适当温度的热处理,就可得到五彩斑斓、光耀夺目的人造宝石。例如无色透明的石英通过溅射沉积一薄层 Fe 后呈桔黄色,再用 120 keV、1×10^{17} cm^{-2} 的 Ar^+ 轰击后变成灰色,在 1000 ℃热处理 2 h 后变为红棕色,这种方法称为离子束着色。离子束着色是由注入微量杂质引起的。例如蔷薇石英的色彩是由 Mn 引起的;蓝宝石的色彩是由 Fe 和 Ti 引起的;红宝石和绿宝石的色彩由 Cr 的不同离子引起的。

氧化物陶瓷的光学性质、化学性质及机械性质可以通过离子注入加以改变。将 Cr 离子(300 keV、2×10^{16} cm^{-2})注入 Al_2O_3,材料表面硬度提高了 30%～40%,断裂韧性增加了约 15%。断裂韧性增加的原因在于注入离子造成的缺陷阻止了裂纹的扩展。Ni 离子注入 Al_2O_3、ZrO_2 陶瓷后弯曲强度增加 10%,原因在于离子注入造成的表面残余压应力,在相同条件下,重离子相对于轻离子有更强烈的辐射硬化作用,它对材料弯曲强度的提高更加明显;对于表面缺陷少的单晶,增强效果更好。低剂量离子注入时硬度会增加,但剂量达到一定程度后陶瓷表面硬度则会急剧下降。将 180 keV、剂量为 10^{15}～10^{17} cm^{-2} 的 Ti 离子注入刚玉陶瓷,注入层的电阻率随注入剂量的增加而迅速下降。导电性提高的原因在于:①离子注入产生的损伤、缺陷有助于晶体中正离子的扩散,提高了电导率;②离子注入使晶粒细化,晶界增多,提高了吸附缺陷的作用,增加了正离子的扩散,提高了电导率。

B^+ 注入 CVD 技术制备的 Si_3N_4 陶瓷薄层,摩擦系数降低至 0.22,磨损率也大幅度降低。离子注入可使陶瓷在高温产生润滑,用 C^+ 注入 ZrO_2 后,使 Al_2O_3 球对 ZrO_2 盘的磨损减少几个数量级。

离子注入技术还可用于提高金刚石拉丝模的硬度与耐磨损力,改变金刚石的导电性能,用于制备金刚石半导体器件等。使用 Ar^+ 注入玻璃,引起表面网状损伤,改变表面化学成分,改变玻璃折射率和对各种波长的反射率、透射率,用以制作太阳能电池的抗反射层。研究表明,离子注入使太阳能电池的表面发射损失减少 60%以上,透射损失减少 20%以上。

4. 集成光学

集成光学就是将光路中的基本光学部件如激光光源、透镜、棱镜、光调制器、偏振器、耦合器等用光波导连接在一起构成集成光路的一门学科,它是将半导体集成电路的工艺手段用以制备集成光路。离子注入技术可以制备集成光路的一些主要部件,如光源、光波导、光探测器、光耦合器及光束调制器等。其中的光波导就是要在材料中制备一条折射率高于周围折射率的区域(高折射率区),这个区域利用全内反射原理把光波限制在此区域内传播,也被称为光波导区。通过调节入射离子的能量和剂量,控制波导层的厚度和折射率大小。同时也可以采用多重能量的离子注入,获得理想的折射率剖面分布,提高光传输效率。

$LiNbO_3$(铌酸锂)、GaAs(砷化镓)、ZnS(硫化锌)、SiO_2(石英)等都是制备光波导的衬底材料。其中铌酸锂是一种铁电体功能晶体,具有化学性能稳定、电光和声光系数大的优点,主要应用在集成光学器件中。采用 H^+、He^+、B^+、N^+、O^+、Ne^+、Ar^+ 等化学性质不活泼的离子注入铌酸锂,使其折射率变小;在铌酸锂中注入 Ti^+ 等活性离子,并在适当温度退火,则折射率增大。采用离子注入使铌酸锂折射率减小用来作为衬底,而高折射率的波导区就是未经离子注入区域,由于它具有较高的电光系数,可形成高质量的光波导。离子注入铌酸锂制作光波导与热扩散工艺相比,具有重复性好、横向扩散小的优点,能准确控制波导尺寸,制造出优质的光波导和电光开关器件。

除了铌酸锂晶体材料外,离子注入 Al_2O_3 或 $CaCO_3$ 晶体也可以形成光波导。离子注入使样品表面层折射率增加,主要原因在于氧在注入过程中发生了择优溅射。

6.2.4　离子束增强沉积技术

　　离子注入技术在材料表面改性方面取得了很好的效果,尤其在半导体器件制造方面得到了广泛的应用。但其注入层薄、成本高等特点使得其在工业化应用,特别是一般机械零件中的应用受到较大限制。为了解决这一问题,人们把真空镀膜与离子注入技术结合起来,形成了离子束增强沉积技术,它在工业上具有广泛的应用前景。国内外对这种技术的称谓有离子束增强沉积(Ion Beam Enhanced Deposition,IBED)、离子束辅助涂层(Ion Beam Assisted Coating,IAC)、离子束混合(Ion Beam Mioxing,IBM)、离子束辅助沉积(Ion Beam Assisted Deposition,IAD)、离子束轰击扩散涂层(Ion Beam Bombardment Diffusin Coating,IBBDC),以及多离子束沉积(Multiple Ion Beam Deposition,MIB)等。但主要可以分为蒸镀+离子注入和溅射+离子注入两类,从工艺角度又可以分为分步混合(即先在基体表面沉积一层薄膜,然后进行离子注入)和同步混合(沉积与离子注入同时进行)。

　　离子束蒸发沉积成膜(Ion Vapor Deposition,IVD)技术设备主要包括:蒸发源(电子束)与离子源。装置示意图如图6-11所示。当蒸发源中的金属元素(如 Ti)蒸发并沉积到样品表面时,同时受到离子源发射出的离子束的注入,在样品表面形成 Ti+N 的混合层,形成厚度近300 nm 的 TiN 硬质薄膜,离子束能量为 10～20 keV。

　　多离子束沉积成膜技术原理如图6-12所示,主要包括溅射离子束和注射离子束,简称双离子束。将氩离子束(Ar^+)射到靶材(如 Ti)上,金属元素被溅射出并沉积在基板上形成薄膜,同时注入离子束(如 N^+)射到基板上,与 Ti 结合生成 TiN 硬质薄膜。

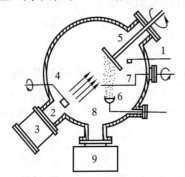
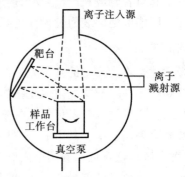

1—膜厚监视仪;2—束流仪;3—离子源;
4—离子束;5—样品转动台;6—蒸发物;
7—挡板;8—电子束蒸发源;9—真空泵。
图6-11　离子束蒸发沉积装置示意图

图6-12　MIB 技术原理示意图

　　多离子束沉积成膜技术可以提高材料表面的综合性能。例如,采用 $BaTiO_3$ 热敏陶瓷为基底,将陶瓷表面抛光,退火消除内应力,用丙酮及超声波清洗烘干。首先在基底材料表面蒸镀一层 Sn 膜,厚度为 0.5 μm,再在 160 keV 能量下注入 5×10^{16} cm^{-2} 的 Pd^+,注入的离子一方面增强了薄膜与基底材料之间的结合,又作为气敏催化剂提高了薄膜对待测气体的敏感特性。材料同时具有气敏与热敏特性。

6.3　脉冲激光制膜技术

早在 20 世纪 60 年代科学家就利用才发明不久的红宝石激光进行脉冲激光沉积试验工作。但直到 1987 年人们才第一次成功地用高能准分子激光制备出高质量的高温超导薄膜,这一技术也获得了迅速发展。随着激光技术和设备的发展,特别是高功率脉冲激光技术的发展,脉冲激光沉积(Pulsed Laser Deposition,PLD)技术的特点逐渐被人们认识和接受。作为加热源的脉冲激光的重要特点就是能量在空间和时间上的高度集中。这一特点在难熔材料与多组分材料,如化合物半导体、电子陶瓷、超导材料的精密薄膜,外延单晶纳米薄膜及多层结构的制备上显示出重要前景,使之成为目前被广泛采用和研究的薄膜制备技术之一。

6.3.1　脉冲激光沉积技术基础

脉冲激光沉积的基本原理是将脉冲激光器所产生的高功率脉冲激光束聚焦作用于靶材表面,产生高温高压等离子体($T \geqslant 10^4\,℃$),这种等离子体定向局域膨胀发射并在基板上沉积形成薄膜。基本原理如图 6 - 13 所示。

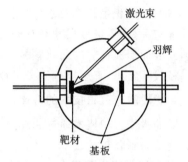

图 6 - 13　脉冲激光沉积原理图

1. 激光表面熔蚀与等离子体产生过程

当高强度脉冲激光照射靶材时,靶材吸收激光束能量,束斑处的温度迅速升高产生高温熔蚀,达到靶材蒸发温度后气化蒸发。瞬时蒸发的气化物质与光波继续作用,使绝大部分气化物质电离,形成局域化的高浓度等离子体。等离子体一旦形成,它又以新的机制吸收光能并被加热到 $10^4\,℃$ 以上,表现为一个具有致密核心的闪亮的等离子体火焰。靶材离化蒸发量与吸收激光能量密度之间的关系为

$$\Delta d = (1 - R)\tau(I - I_0)/\rho\Delta H \tag{6-7}$$

式中:Δd 是靶材在束斑面积内的蒸发厚度;R 是材料的反射系数;τ 为激光脉冲持续时间;I 是入射激光束能量密度;I_0 是激光束蒸发阈值能量密度,与材料吸收系数等有关;ρ 是靶材密度;ΔH 是靶材的气化热。

2. 等离子体的定向局域等温绝热膨胀发射过程

靶表面等离子体火焰形成后,等离子体继续与激光束作用,进一步电离,使等离子体区的温度和压力迅速升高,并在靶面法线方向形成大的温度和压力梯度,使其沿靶面法线方向向外作等温(激光作用时)和绝热(激光中止后)膨胀发射。这时电荷的非均匀分布会形成相当强的加速电场。在这些极端条件下,高速膨胀过程发生于数十纳秒的瞬间,具有微爆炸性质及沿靶面法线方向发射的轴向约束性,形成轴向向外的细长等离子体区,即等离子体羽辉。激光能量密度在 $1\sim100$ J·cm^{-2} 时,等离子体能量分布在 $10\sim10^3$ eV 之间,且大部分处于 $60\sim100$ eV,等离子体的能量远高于常规蒸发产物和溅射离子的能量。

3. 基板表面凝结成膜过程

绝热膨胀发射的等离子体迅速冷却,由于粒子间的相互碰撞,等离子体以逐渐减小的速率

向基板传播,遇到基板后即沉积成膜。

固体在高能离子作用下会产生各种辐照损伤,包括原子溅射。在激光等离子体与基板表面相互作用时,当轰击粒子与被轰击粒子的质量比接近 1 时,在与基板距离 5 cm 处可以观察到一个脉冲内的最大溅射为 $0.10\sim0.15$ nm。激光等离子体与基板撞击时,溅射出的原子密度高达 5×10^{14} cm^{-2},并形成粒子逆流。

起始向基板输入高能离子时一部分表面原子被溅射出来,与输入离子流相互作用,形成高温和高密度的粒子对撞区,称为热化区,阻碍了离子流直接通向基板。热化区形成后,基板表面薄膜开始形成。热化区是凝聚粒子源,凝聚速度随时间增加而提高,当凝聚速度超过溅射粒子速度的瞬间,热化区开始瓦解。当表面热化区最终消散后,薄膜的增长只由输入离子流完成,这时其动能已降到 10 eV。薄膜中的凝聚作用与缺陷的形成是同时发展的,直到输入粒子能量小于缺陷形成阈值为止。因此基板表面产生热化区时,薄膜的生长只能依靠能量较低的粒子。

薄膜的沉积生长涉及成核与长大过程。形核过程与基板、凝聚态材料与气态材料之间的界面能有关,临界形核尺寸与驱动力有关。对于较大的晶核来说,它们具有一定的过饱和度,在薄膜表面形成孤立的岛状颗粒,颗粒长大并且接合在一起形成薄膜。当过饱和度增加时,临界晶核尺寸减小,直至接近原子半径尺寸,此时的薄膜的形态是二维层状。

4. 脉冲激光沉积技术的特点

脉冲激光沉积技术通过非加热方法控制电子能量的分布,是一种非平衡薄膜制备方法,是最有前途的制膜技术之一。

PLD 法最突出的优点是可以生长和靶材组分一致的多元化合物薄膜,甚至含有易挥发元素的多元化合物薄膜。由于等离子体的瞬间爆炸式发射,在纳秒级超短激光脉冲作用期间,多组元靶体内束斑处各组元原子的扩散和液相中的对流来不及发生,从而抑制了薄膜沉积过程中的择优蒸发现象,为生长与靶材组分一致的多元化合物薄膜创造了条件。同时等离子体发射时的沿靶轴向的空间约束效应也使得脉冲激光沉积的薄膜易于保持与靶材成分相同。

由于激光能量的高度集中,PLD 可以用于沉积金属、半导体、陶瓷等无机材料,有利于解决难熔材料(如硅化物、氧化物、碳化物、硼化物等)的薄膜沉积。

PLD 技术易于在较低温度(如室温)下原位生长取向一致的织构膜和外延单晶膜。由于等离子体中原子的能量比通常蒸发法产生粒子的能量大得多,原子沿表面的迁移扩散更加剧烈,二维生长能力更强,易于在较低的温度下实现外延生长,能够获得极薄的连续薄膜而不易出现岛化。而低的脉冲重复频率(<20 Hz)又使得原子在两次脉冲发射之间有足够的时间扩散至平衡位置,也有利于薄膜的外延生长。PLD 的脉冲性质使得膜的生长速率可控。因此特别适用于制备高质量的光电、铁电、压电、高临界温度超导等多种功能薄膜。

PLD 技术中,通过灵活的换靶装置更易实现靶材的更换,便于实现多层膜与超晶格薄膜的生长,多层膜的原位沉积便于产生原子级清洁的界面。另外,PLD 系统中引入了实时监测、控制和分析装置,有利于高质量薄膜的制备,也有利于激光与靶物质相互作用动力学过程和成膜机理等物理问题的研究。

PLD 技术虽然有着丰富的特点,但还存在以下有待解决的问题:①对相当多材料,沉积的薄膜中有熔融小颗粒或靶材碎片,主要产生于激光引起的爆炸过程中的亚表面沸腾、反弹溅射和脱落。在激光辐射期间,接近靶面的初期羽辉受到很大的弹性作用力,如果激光能转化为热量并传输到靶的时间比蒸发表面层所需时间更短,就会发生亚表面沸腾,激光焦点下的熔融态物质受到膨胀羽辉所施加的反向弹力时,也会被溅射出来,这些溅射出来的颗粒尺寸较大,会以大的团簇形状存留在膜中;②薄膜厚度不够均匀,熔蚀羽辉具有很强的方向性,在不同空间方向,等离子体羽辉中的粒子速率不尽相同,粒子能量和数量分布不均匀,只能在窄范围内形成均匀厚度的膜;③限于目前商品激光器的输出能量,尚未有实验证明激光法用于大面积沉积的可行性,虽然在原理上是可行的;④平均沉积速率较慢,随沉积材料不同,对约 1000 mm^2 面积的基板,每小时的沉积厚度约在几百纳米到 1 μm 范围;⑤鉴于激光薄膜制备设备的成本和沉积规模,目前只适用于微电子技术、传感器技术、光学技术等高技术领域及新材料薄膜开发研制。

6.3.2　脉冲沉积技术应用

宽禁带 Ⅱ—Ⅳ族半导体薄膜是制作发射蓝色和绿色可见光、激光二极管和光发射二极管的常用材料。用脉冲激光沉积法在 GaAs(100) 基板上生长出了 ZnSe 薄膜,其激光溅射团簇主要由 Zn、Se 和 ZnSe 组成。AlN、GaN 和 InN 等宽能隙结构半导体材料,由于其高效率的可见性和紫外光发射特性,在全光器件方面具有很好的应用前景。其中,AlN 还具有高热导率、高硬度以及良好的介电性质、声学性质和化学稳定性的特点,使其在短波光发射、光探测、表面声学、压电器件等方面得到广泛应用。

超导体在电子学上有着巨大的应用前景,Y-Ba-Cu-O(YBCO)、Bi-Sr-Ca-Cu-O 和 Ti-Ba-Ca-Cu-O 是比较成熟的高温超导体体系,这些体系都是混合氧化物,各元素的组成及含量对薄膜超导性能有重要影响。PLD 技术能实现同组分沉积,早在 1987 年就成功地使用脉冲激光沉积技术制备出了高质量的高温超导薄膜。高温超导材料的陶瓷难以制成可弯曲、具有良好塑性的带材,把高温超导薄膜沉积到金属基片上即可解决这一问题。要达到可供实用化的高临界电流密度,YBCO 材料的织构要高度取向一致,并克服金属基板与材料之间的相互扩散。目前采用的工艺是首先在金属基板上沉积一层或几层具有高度织构且化学性质稳定的缓冲层,然后外延生长 YBCO 薄膜。

类金刚石(DLC)薄膜是由纯 C 原子或 C、H 原子构成的一种短程有序、长程无序的具有非晶态和微晶结构的含氢碳膜,含有 sp^3 碳和 sp^2 碳混杂的非晶亚稳态结构,由于其具有类似于金刚石膜的高硬度、高化学稳定性、高热传导率、高电阻率、高耐磨和抗腐蚀性、优异的生物兼容性,以及它特有的比金刚石更好的极低真空摩擦系数等特性,使其在光学、机械、热学、声学、生物医学、电子、计算机硬盘和红外光窗口等领域具有广阔的应用前景。脉冲激光沉积则因其可以控制材料成分和成膜速度快,被广泛用于制备类金刚石薄膜。用 XeCl 准分子激光器在 Si 的(100)面上沉积制备了类金刚石薄膜,薄膜含有 sp^3 键的类金刚石成分和 sp^2 键的类碳成分。还在纯 O$_2$ 气氛下用 PLD 法制备了不含 H 等杂质的金刚石薄膜。

厚度尺寸在数十纳米到数微米的铁电薄膜具有良好的介电、电光、声光、光折变、非线性光学和压电性能,主要被应用于随机存储器、电容器、红外探测器等领域。由于铁电薄膜成分的复杂性,靠传统方法难以制备出满足要求的薄膜。而 PLD 法可以较容易地控制薄膜的成分,还可引入氧气等活性气氛,因而是制备铁电薄膜的理想方法。研究表明,随基板温度升高,PZT 薄膜在基板上的结晶越好,厚度也在增加。激光脉冲沉积方法制备的 $(Ba_{0.5}Sr_{0.5})TiO_3$ 薄膜厚度可达到 40 nm,介电常数 150,在 2 V 时的泄漏电流密度是 2×10^{-9} A·cm^{-2},可用于高密度动态随机存储器。为提高结晶度和介电特性,在沉积 $YMnO_3$ 薄膜前先在 Si 基板上沉积一层绝缘材料 Y_2O_3,得到了性能优良的铁电薄膜。

脉冲激光技术沉积可以得到高质量的羟基磷灰石薄膜。脉冲激光沉积的羟基磷灰石薄膜的形态与基板温度有密切关系,基板温度在 480 ℃时得到最好结晶度的薄膜,并且随基板温度升高,Ca/P 比例升高。对沉积羟基磷灰石薄膜性能的测定发现,使用 Nd∶YAG 激光沉积得到的颗粒状形态的薄膜比用准分子激光沉积得到柱状形态的薄膜具有更优异的机械性能。

相对于天然半导体中的晶格周期而言,超晶格是在一个基板上交替重复生长出多达几十层的异质结构,其中每层厚度均为几个或十几个原子,形成了新的周期结构,它的周期比天然半导体中的晶格周期大若干倍。超晶格薄膜可制作波长很短的激光器、低损耗的光波导器件,比如光开关和光调制解调器等。激光脉冲沉积法可以制备出与分子束外延质量相当的超晶格薄膜材料。脉冲激光沉积法制备的 $(CaCuO_2)_m / (BaCuO_2)_n$ 和 $(SrCuO_2)_m / (BaCuO_2)_n$ 超晶格薄膜中的 $n=2$,$m=1 \sim 6$,具有很好的结晶形态,在 Ca 系超晶格中存在超导性,最高超导温度为 70 K。

6.3.3 脉冲激光沉积技术的主要工艺控制参数

在 PLD 工艺过程中,薄膜的沉积过程是等离子体中粒子束和基板表面的相互作用过程。因此等离子体能量、粒子飞行速度、激光束对等离子体的作用等是控制薄膜沉积过程与质量的关键。主要的工艺控制参数是激光能量密度、沉积气压、基板情况等。

激光能量密度要超过一定的阈值才能使靶材熔蚀溅射,激光能量密度必须大到使靶表面出现等离子体,从而在靶表面出现复杂的层状结构——Knudsen 层,这是保证靶材和沉积膜成分一致的基础。入射激光能量较低时,大部分原子扩散能力低,凝聚生长形成的晶粒较小;入射激光能量过大时,激光轰击靶材形成粒子喷溅的同时,沉积在基板上的较大粒子团簇没能完成迁移扩散就会凝结成膜,使结晶质量下降。在用波长为 248 nm 的准分子激光制备 GaN 膜时,在气压为 20 Pa、温度为 700 ℃的条件下,测得的激光强度为 220 mJ 每脉冲,沉积得到的薄膜具有较好的表面结构。

沉积气压主要影响熔蚀产物飞向基板的过程,其对沉积薄膜的影响可以分两种情况。当环境气体不参与反应时,气压主要影响熔蚀粒子的内能和平均动能,从而影响沉积速率;当环境气体参与反应时,气体不仅影响薄膜沉积速度,更重要的是影响薄膜的成分和结构。环境气体与从靶材中溅射出的等离子体发生碰撞,使到达衬底表面离子的动能降低。当气压较低时,激光熔蚀靶材产生的等离子体粒子受到较少的碰撞,到达基板底时,过大的动能会导致薄膜晶格位置偏移,使得前面的膜层还没来得及调整择优方向生长就被后续原子所覆盖固化,薄膜质量降低;当气压较高时,等离子体粒子与环境气体的碰撞增加,等离子体到达基板表面时动能过小,降低了其在衬底表面的迁移扩散能力,也导致薄膜结晶质量下降、缺陷增多甚至得到非晶。

在 PLD 过程中,基板基片的类型和温度在很大程度上决定了薄膜性能是否达到技术指标要求。使用 PLD 技术制备的薄膜有超导膜、半导体膜、铁电膜、压电膜等,这些膜大都要求各向异性,为得到性能符合要求的薄膜,必须保证薄膜中的晶粒择优取向生长,因此要求基片与膜的晶格常数、热物理性能(膨胀系数和热传导系数)相匹配。另外,基板的温度及其均匀性影响制备得到薄膜的结构及生长速率。基板温度不同,膜的晶粒取向就会不一样。较低的基板温度造成粒子在基板表面的低迁移扩散能力,原子的重新排列受到阻碍;过高的基板温度会引起膜的再蒸发,降低沉积速率。对于基板温度的选择目前只能通过实验确定。使用 PLD 技术沉积 ZnO 薄膜时,对于不同的基板,其最佳基板温度和退火温度是不一样的。

6.4　物理气相沉积

物理气相沉积法(PVD)包括三种基本方法,即真空蒸镀、离子镀和溅射法,由这些基本方法又派生出了其他各种改进的方法。由于近年来 PVD 技术中引入了反应气体,使得在物质迁移过程中伴随化合物的形成,所以 PVD 法已不是一种单纯的物理过程。PVD 技术的基本方法和由此而派生出的改进技术如表 6-2 所示。

表 6-2　PVD 技术的基本方法及其派生改进技术

基本类型	派生改进技术
真空蒸镀(通过热能蒸发和活化原子)	一般蒸镀、反应性蒸镀、电场蒸镀、电子束蒸镀、激光蒸镀、闪光蒸镀、气体散射蒸镀
离子镀(电子束蒸发,等离子体或高频电磁场活化原子)	一般性的离子镀、反应性离子镀、低压离子镀、低压反应性离子镀、空心阴极离子镀、反应性空心阴极离子镀、活性反应离子镀、高频离子镀
溅射(通过等离子体溅射、活化原子)	一般的溅射、反应性溅射、高频溅射、反应性高频溅射、磁控溅射、离子束溅射

6.4.1　真空蒸镀技术

真空蒸发镀膜(简称真空蒸镀)是将工件放入真空室内,并用一定的方法加热使镀膜材料蒸发或升华,传输至工件表面凝聚成膜。按加热方式及蒸发源,真空蒸镀有电阻加热蒸镀、电子束蒸镀、高频加热蒸镀、激光加热蒸镀等。由于真空蒸发法或真空蒸镀法主要物理过程是通过加热蒸发材料而产生,所以又称热蒸发法。这种方法制造薄膜已有很长的历史,用途十分广泛。在使用过程中也有许多改进,主要的改进是在蒸发源上。为抑制或避免薄膜原材料与蒸发加热器发生化学反应,采用了耐热陶瓷坩埚,如 BN 坩埚。为了蒸发低蒸气压物质,采用了电子束加热或激光加热源。为了制造成分复杂或多层复合膜,发展了多源共蒸发或顺序蒸发法。为了制备化合物薄膜或抑制薄膜成分对原材料的偏离,发展了反应蒸发法等。

1. 真空蒸发镀膜技术简介

图 6-14 为真空蒸发镀膜的原理示意图。蒸发镀膜设备主要包括为蒸发过程提供必要真空环境的真空室;放置蒸发材料并对其进行加热的蒸发源和蒸发加热器;用于接收蒸发物质并在表面形成固态蒸发薄膜的基板,以及基板加热器、测温器件等。

真空蒸发镀膜包括 3 个基本过程:①加热蒸发过程中蒸发物质由凝聚相(固相或液相)转变为气相。不同物质在不同温度有不同的饱和蒸气压,蒸发化合物时,其组分之间会发生反应,其中某些组分会以气态进入蒸发空间;②蒸发物质(原子或分子)在环境气氛中从蒸发源向基板的输运过程。在这个过程中蒸发物质与真空室内残余气体分子发生碰撞的次数,取决于蒸发原子的平均自由程,以及蒸发源到基板之间的距离;③蒸发原子或分子在基板表面凝聚、

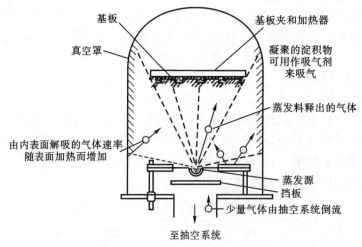

图 6-14　真空蒸发镀膜原理图

成核、生长,并形成连续薄膜的过程。在这个过程中,基板温度远低于蒸发源温度,因此沉积物质在基板表面直接发生从气相到固相的转变。真空蒸镀必须在高真空环境中进行,否则蒸发物质与大量空气分子的碰撞将严重污染膜层,甚至形成氧化物;或者蒸发源被加热氧化损坏;或者由于空气分子的碰撞阻挡,难以形成均匀连续的薄膜。

在温度一定的条件下,真空室内蒸发物质的蒸气与固体或液体处于平衡过程,这时蒸发物表面液相和气相处于动态平衡,从气相到达液相的分子或原子与从液相到达气相的数量相等。对应的压力称为该物质的饱和蒸气压。物质饱和蒸气压随温度上升而增大,在一定温度下,各种物质具有不同的饱和蒸气压,并具有恒定的数值。规定物质在饱和蒸气压为 1.33 Pa 时的温度为该物质的蒸发温度。常用材料的饱和蒸气压与温度的关系可以在相关手册中查到。在真空条件下物质的蒸发要比常压下容易得多,蒸发温度将大大降低,蒸发过程也将大大缩短,蒸发速率显著提高。在真空蒸镀工艺中,不同材料饱和蒸气压 P_v 与温度 T 的关系对于合理选择蒸发材料并确定蒸发条件有重要的意义。

从分子运动理论出发,可以推导得到单位面积质量蒸发速率 G 与饱和蒸气压 P_v 和温度 T 的关系

$$G = \sqrt{\frac{m}{2\pi kT}} \cdot P_v \qquad (6-8)$$

式中:m 为分子(或原子)质量;k 为玻耳兹曼常数。

蒸发速率与材料表面清洁度及蒸发源的温度有关,蒸发源温度发生 10% 的变化就会导致饱和蒸气压发生一个数量级的变化。因此在蒸发温度以上进行蒸发时,要想控制蒸发速率,就必须精确控制蒸发源的温度,避免产生过大的温度梯度。计算表明,温度变化 1% 将引起铝蒸发薄膜生长速率发生 19% 的改变。

真空蒸镀时,真空室内存在着蒸发物质的原子(或分子)与残余气体分子。残余气体分子会影响薄膜的形成过程以及薄膜的性质。研究表明,残余气体压强为 1.33×10^{-3} Pa 时,每秒钟大约有 10^{15} 个气体分子到达单位基板表面,而薄膜的沉积速率一般为几十 nm·s^{-1}(相当于 1 个原子层的厚度)。气体分子与蒸发物质原子(分子)几乎按 1:1 比例到达基板表面。因此要获得高纯度薄膜就必须要求极低的残余气体压强。

蒸发材料原子(分子)在残余气体中飞行时,处于不规则运动状态,相互碰撞,又与真空室壁相撞,原有运动方向发生改变,运动速度降低。粒子在两次碰撞之间所飞行的平均距离称为蒸发分子的平均自由程λ。在 10^{-2} Pa 气体压强下,蒸发分子在残余气体中的 λ 约为 50 cm,与普通真空镀膜室的尺寸相当,在高真空条件下大部分蒸发粒子不会与镀膜室发生碰撞而会直接到达基板表面。蒸发粒子与残余气体分子的碰撞具有统计规律,被碰撞的粒子百分数为

$$f = 1 - e^{-x/\lambda} \tag{6-9}$$

式中:x 为离子运动距离。当平均自由程等于蒸发源至基板距离时,大约有 63% 的蒸发离子受到碰撞,如果平均自由程增加 10 倍,则碰撞概率减小到 9%。只有在平均自由程比蒸发源—基板距离大得多的情况下才能有效减少蒸发分子在运动过程中的碰撞现象。在平均自由程比蒸发源—基板距离 l 大得多的条件下,被碰撞粒子百分数与真空度的关系为 $f \approx 1.50lP$,为了保证镀膜质量,要求 $f \leqslant 0.1$,在 l 为 25 cm 时,要求真空度 $\leqslant 3 \times 10^{-3}$ Pa。

实际沉积薄膜时,残余气体、蒸发薄膜及蒸发源之间的相互反应比较复杂。但对大多数真空系统来说,残余气体主要是水汽。水汽可与新生成的薄膜反应生成氧化物并释放出氢气,也可与 W、Mo 等加热器材料作用,生成氧化物与氢。

在真空蒸发镀膜技术中,要求在基板上获得均匀厚度的镀膜。蒸发源的蒸发(或发射)特性、基板与蒸发源的几何形状、相对位置以及蒸发物质的蒸发量直接影响基板上不同位置的膜厚。

蒸发装置的关键部件是蒸发源。蒸发所使用的大部分材料都要求在 1000～2000 ℃ 的高温下蒸发。常用加热方式有电阻法、电子束法和高频法等。

2. 电阻加热蒸发

在电阻加热蒸发中,将钽、钼、钨等高熔点金属做成适当形状的蒸发源,其上方放置待蒸发材料,通过电阻发热直接加热蒸发材料,或把待蒸发材料放入 Al_2O_3、BeO 材料的坩埚中间接加热。电阻加热蒸发源结构简单、价格低廉、容易制作,是应用最普遍的蒸发源。要求蒸发源材料熔点必须高于蒸发材料,具有低饱和蒸气压,以防止或减少蒸发源材料作为杂质随蒸发材料进入蒸镀膜层。为了减少蒸发源材料的蒸发量,应保证蒸发材料蒸发温度低于表 6-3 中蒸发源材料在平衡蒸气压为 1.33×10^{-6} Pa 时的温度,在杂质较多的情况下可采用与 1.33×10^{-3} Pa 相对应的温度;同时要求蒸发材料化学性能稳定,在高温不与蒸发材料发生化学反应形成化合物或合金,以保证蒸发源材料的使用寿命和镀膜质量,不同元素蒸发时所使用的蒸发源材料如表 6-4 所示,可以采用氮化硼(BN50% - $TiB_2$50%)导电陶瓷坩埚、氧化锆(ZrO_2)、氧化钍(ThO_2)、氧化铍(BeO)、氧化镁(MgO)、氧化铝(Al_2O_3)或石墨坩埚,或者采用蒸发材料作为自蒸发源等;此外还要求蒸发源材料具有良好耐热性,热源变化时的功率密度变化较小,原料丰富,经济耐用。

表 6-3 电阻蒸发源材料熔点及对应平衡蒸气压的温度

蒸发源材料	熔点/K	平衡温度/K		
		1.33×10^{-6} Pa	1.33×10^{-3} Pa	1.33×10^{-1} Pa
W	2683	2390	2840	3500
Ta	3269	2230	2680	3330

续表

蒸发源材料	熔点/K	平衡温度/K		
		1.33×10^{-6} Pa	1.33×10^{-3} Pa	1.33×10^{-1} Pa
Mo	2890	1865	2230	2800
Nb	2741	2035	2400	2930
Pt	2045	1565	1885	2180
Fe	1808	1165	1400	1750
Ni	1726	1200	1430	1800

表 6-4　不同元素蒸发用的蒸发源材料

蒸发元素	温度/℃		蒸发源材料		蒸发元素	温度/℃		蒸发源材料	
	熔点	1.33Pa	丝、片状	坩埚		熔点	1.33Pa	丝、片状	坩埚
Ag	961	1030	Ta、Mo、W	Mo、C	Mn	1244	940	W、Mo、Ta	Al_2O_3、C
Al	659	1220	W	BN、TiC/C、TiB_2-BN	Ni	1450	1530	W	Al_2O_3、BeO
Au	1063	1400	W、Mo	Mo、C	Pb	327	715	Fe、Ni、Mo	Fe、Al_2O_3
Be	710	610	W、Mo、Ta、Nb、Fe	C	Pd	1550	1460	W(镀 Al_2O_3)	Al_2O_3
Bi	271	670	W、Mo、Ta、Ni	Al_2O_3、C 等	Pt	1773	2090	W	ThO_2、ZrO_2
Ca	850	600	W	Al_2O_3	Sn	232	1250	Ni-Cr 合金、Mo、Ta	Al_2O_3、C
Co	1495	1520	W	Al_2O_3、BeO	Ti	1727	1740	W、Ta	C、ThO_2
Cr	约1900	1400	W	C	Tl	304	610	Ni、Fe、Nb、Ta、W	Al_2O_3
Cu	1084	1260	Mo、Ta、Nb、W	Mo、C、Al_2O_3	V	1890	1850	W、Mo	Mo
Fe	1536	1480	W	BeO、Al_2O_3、ZrO_2	Y	1477	1632	W	
Ge	940	1400	W、Mo、Ta	C、Al_2O_3	Zn	420	345	W、Ta、Mo	Al_2O_3、Fe、C、Mo
In	156	950	W、Mo	Mo、C	Zr	1852	2400	W	
Mg	650	440	W、Ta、Mo、Ni、Fe	Fe、C、Al_2O_3					

在选择蒸发源材料时,还必须考虑蒸镀材料与蒸发源材料的"湿润性"问题。高温熔化的

蒸镀材料在蒸发源上有扩展倾向就是容易湿润的,如果在蒸发源上凝聚并近于形成球状就是难湿润的。图 6-15 是蒸发材料与蒸发源材料之间湿润情况的示意图。材料的蒸发在湿润的情况下从大的表面上发生,比较稳定,可认为是面蒸发源的蒸发,在湿润小的时候是点蒸发源的蒸发。同时,蒸发材料与蒸发源发生湿润时具有亲合性,蒸发状态稳定,如果难以湿润,在采用丝状蒸发源时,蒸发材

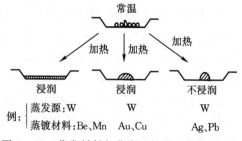

图 6-15　蒸发材料与蒸发源材料之间的湿润性

料容易从蒸发源上掉下来。例如 Ag 在钨丝上熔化后就会脱落。可根据蒸发材料的性质,考虑与蒸发源材料的润湿性,选用不同的蒸发源材料并制作成不同的形状。

3. 电子束蒸发

随着镀膜技术的发展,电阻加热蒸发已难以满足某些难熔金属和氧化物材料蒸镀的需要,在要求制备高纯度膜时,可以采用电子束作为蒸发源材料。将蒸发材料放入水冷铜坩埚中,利用电子束直接加热,使蒸发材料气化蒸发,然后在基板表面凝结成膜。

电子束蒸发克服了一般电阻加热蒸发的缺点,特别适合制作高熔点、高纯度薄膜。电子束轰击热源的束流密度高,能获得更大的能量密度,在一个较大的面积上达到 $10^4 \sim 10^9$ W・cm^{-2} 的功率密度,从而使高熔点(3000 ℃ 以上)材料蒸发,并有较高的蒸发速度,如蒸发 W、Mo、Ge、SiO_2 和 Al_2O_3 等。被蒸发材料置于水冷坩埚内,可避免容器材料的蒸发,以及容器材料与蒸镀材料之间的反应,有利于提高镀膜纯度;由于热量直接加到蒸镀材料表面,热效率高,热传导和热辐射损失少。电子束加热源的缺点:①电子枪发出的一次电子和蒸发材料发出的二次电子会使蒸发原子和残余气体分子电离而影响膜层质量。但可通过设计和选用不同结构电子枪加以解决。②多数化合物在受到电子轰击时会部分发生分解,残余气体分子和膜料分子也会部分放电电离,影响薄膜结构和性能。③电子束蒸镀装置结构复杂,价格比较昂贵。

高频感应蒸发源是将装有蒸发材料的坩埚放置在高频感应圈中央,蒸发材料在高频交变电磁场的作用下被加热升温,至气化蒸发。蒸发源一般由水冷高频线圈和石墨(或陶瓷)坩埚组成,其原理如图 6-16 所示。高频感应加热蒸发速率大,比电阻蒸发提高 10 倍左右;蒸发源温度均匀稳定,不易产生飞溅现象;蒸发材料是金属时,本身可产生热量,可选用与蒸发材料反应最小的材料制造坩埚;蒸发源一次装料,无需送料机构,温度控制容易,操作简单。其主要缺点是蒸发装置

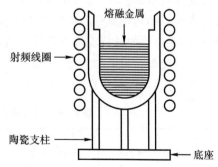

图 6-16　高频感应加热的加热原理

必须屏蔽,需要复杂和昂贵的高频发生器;另外线圈附近压强超过 10^{-2} Pa 时,高频场会造成残余气体电离,使功耗增大。

4. 无机非金属薄膜的反应蒸发制备

与金属单质薄膜相比,蒸发制备无机非金属材料薄膜时,对成分的控制显得更加重要。无机非金属化合物的蒸发方法有电阻加热法、反应蒸发法和双源或多源蒸发法(三温度法和分子束外延法)。电阻加热法前面已作过介绍。反应蒸发法主要用于制备高熔点的陶瓷薄膜,如氧化物、氮化物和硅化物等。而三温度法和分子束外延法主要用于制作单晶半导体化合物薄膜,特别是Ⅲ—Ⅴ族化合物半导体薄膜、超晶格薄膜以及各种单晶外延薄膜等。

许多化合物在高温蒸发过程中会分解。例如直接蒸发 Al_2O_3 和 TiO_2 就会发生氧缺失现象。反应蒸发法就是将活性气体导入真空室,使活性气体原子、分子与从蒸发源逸出的蒸发金属原子、低价化合物分子在基板表面沉积过程中发生反应,形成所需高价化合物薄膜。反应蒸发装置的原理如图6-17所示。反应蒸发主要用于热分解严重、饱和蒸气压较低、难以采用电阻加热蒸发的材料,也常用来制作高熔点化合物薄膜,特别适合过渡金属与易解吸 O_2、N_2 等反应气体组成的化合物薄膜。在空气或 O_2 气氛中蒸发 SiO 制得 SiO_2 薄膜,在 N_2 气氛中蒸发 Zr 制得 ZrN 薄膜,在 Ar-N_2 气氛中制备 AlN 薄膜,在 CH_4 气体中制备 SiC 薄膜等。例如反应方程

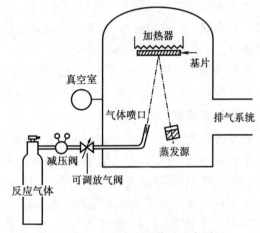

图6-17　反应蒸发法装置基本原理

$$Al(激活蒸气)+O_2(活性气体) \longrightarrow Al_2O_3(固相)$$
$$Sn(激活蒸气)+O_2(活性气体) \longrightarrow SnO_2(固相)$$

(6-10)

反应蒸发法制备典型化合物薄膜的工艺条件如表6-5所示。反应蒸发法能在较低温度下完成薄膜制备,在反应过程中的析出或凝聚作用不明显,容易得到均匀分散的化合物薄膜。反应蒸发获得的薄膜成分和结构取决于反应材料的化学性质、反应气体的稳定性、形成化合物的自由能、化合物的分解温度以及反应气体对基板的入射频度、分子离开蒸发源的蒸发速率,以及基板温度等。为了加速反应,还可以采用蒸发金属和部分活性气体放电的方法,称为活性反应蒸发法,其原理与活性反应离子镀相同。

表6-5　反应蒸发法制备化合物薄膜的工艺条件

化合物	蒸发材料	活性气体	活性气体压强/Pa	蒸发速率/(10^{-1} nm·s^{-1})	基片温度/℃
Al_2O_3	Al	O_2	$10^{-3}\sim10^{-2}$	4~5	400~500
Cr_2O_3	Cr	O_2	2×10^{-2}	约2	300~400
Fe_2O_3	Fe	O_2	$10^{-2}\sim10^{-1}$	约1	100~150
SiO_2	SiO	O_2 或空气	$10^{-3}\sim10^{-2}$	约4.5	100~300
Ta_2O_5	Ta	O_2	$10^{-2}\sim10^{-1}$	约2	700~900

续表

化合物	蒸发材料	活性气体	活性气体 压强/Pa	蒸发速率 /$(10^{-1}$ nm $\cdot$ s$^{-1})$	基片温度/℃
TiO$_2$	Ti	O$_2$	$10^{-3} \sim 10^{-2}$	—	300
AlN	Al	NH$_3$	$10^{-3} \sim 10^{-2}$	约 2	300(多晶), 800~1400(单晶)
TiN	Ti	N$_2$ 或 NH$_3$	4×10^{-2}	约 3	室温
ZrN	Zr	N$_2$	$10^{-3} \sim 10^{-2}$	约 1	300
SiC	Si	C$_2$H$_2$	3×10^{-4}	—	约 900
TiC	Ti	C$_2$H$_4$	4×10^{-3}	—	约 300

5. 其他蒸发技术

双源蒸发法是将形成化合物的各种成分,分别装入蒸发源中,独立控制各蒸发源的蒸发速率,使到达基板的各种原子与所需化合物薄膜的组成成分相对应。为使薄膜厚度分布均匀,基板需要进行转动。图 6-18 为双源蒸发原理。采用双源蒸发法有利于提高膜厚分布均匀性。

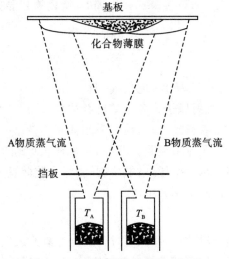

图 6-18　双源蒸发镀膜基本原理

当把Ⅲ—Ⅴ化合物半导体材料置于坩埚内加热蒸发时,在沸点温度以上半导体材料会热分解分馏出组分元素,造成基板上的化合物薄膜偏离化学计量。由于Ⅴ族元素蒸气压比Ⅲ族元素大得多,在双源蒸发法基础上发展了三温度蒸发法,即分别控制不同蒸气压元素的蒸发源温度和基板温度共 3 个温度。相当于在Ⅴ族元素的气氛中蒸发Ⅲ族元素,在这个意义上也相当于反应蒸发法。

虽然电子束蒸发可以解决普通电阻加热蒸发法中加热丝、坩埚与蒸发物质发生反应,蒸发源材料原子混入薄膜,以及高熔点物质难于蒸发等问题,但其设备复杂,造价高。

电弧蒸发法是制取高熔点薄膜的简便方法。这种方法采用高熔点材料组成两个棒状电极,在高真空内通电产生电弧放电,使接触部分达到高温并蒸发,属于自加热蒸发。电弧蒸发法又分为交流电弧放电和直流电弧放电法。电弧蒸发法可以蒸发包括高熔点金属在内的所有导电材料,简单快速制作无污染薄膜,也不会由于蒸发源辐射作用引起基板温度升高。电弧蒸发法的缺点是难于控制蒸发速率,放电时所飞溅出的微米级电极材料微粒会对膜层造成损伤。

高能激光也可作为热源来蒸镀薄膜。激光光源可采用 CO_2 激光、Ar 激光、钕玻璃激光、红宝石激光及钇铝石榴石激光等大功率激光器。高能激光束透过窗口进入真空室,经棱镜或四面镜聚焦照射到蒸发材料上,使之加热气化蒸发。聚焦后的激光束功率密度很高,可达 10^6 W·cm^{-2} 以上。使用红宝石激光器、钕玻璃激光器时,1 个脉冲就使膜层厚度达到几百 nm,沉积速率达 $10^1 \sim 10^5$ nm·s^{-1}。这样的薄膜结合强度高,但膜厚控制困难,并可能引发蒸发材料过热分解或喷溅。因此目前倾向使用 CO_2 激光连续激光器。

激光蒸发的优点在于可达到极高的温度,可蒸发任何高熔点材料,并有极高的蒸发速率;属于非接触式加热,既避免了蒸发源的污染,又简化了真空室,适宜在超高真空下制备高纯薄膜;激光束加热有利于保证膜成分的化学计量并防止分解;激光蒸发材料的气化时间短,不会使周边材料达到蒸发温度,不易出现分馏现象,是沉积介质膜、半导体膜和无机化合物薄膜的好方法。但是激光蒸发设备较昂贵,并非适用于所有材料,同时由于蒸发温度太高,蒸发粒子(原子、分子、团簇等)容易离子化,从而影响薄膜结构和性能。

采用激光蒸发法已进行了 $BaTiO_3$、$SrTiO_3$、ZnS、氧化物超导薄膜的制备,并在石英基板上制备了类金刚石薄膜。

6.4.2　溅射蒸镀技术

"溅射"是用荷能粒子轰击固体表面(靶),使固体原子(或分子)从表面射出的现象。表面射出的粒子多呈原子态,称为溅射原子。轰击靶的荷能粒子可以是电子、离子或中性粒子,由于离子易于在电场作用下加速获得动能,目前多采用离子作为轰击粒子,称为入射离子,使用这种原理镀膜的技术又称为离子溅射镀膜。此外,利用溅射原理也可对材料进行刻蚀。溅射镀膜技术已广泛应用于金属、合金、半导体、氧化物、绝缘介质薄膜、化合物半导体薄膜、碳化物与氮化物薄膜以及高温超导薄膜的制备中。

1. 溅射蒸镀技术基础

溅射镀膜的物理基础是溅射效应,而溅射过程建立在辉光放电基础之上,即溅射离子来源于气体放电。不同溅射技术采用不同的辉光放电方式:直流二极溅射采用直流辉光放电;三极溅射采用热阴极支持的辉光放电;射频溅射利用射频辉光放电;磁控溅射利用了环状磁场控制下的辉光放电。

辉光放电是在真空度约为 $10 \sim 1$ Pa 的稀薄气体中,两个电极之间加上电压时产生的一种气体放电现象。气体放电时,电极间的电压和电流的关系不是简单的直线关系。

图 6-19 表示直流辉光放电形成过程中电极之间的电压-电流变化关系。当电极加上直流电压时,开始电流非常小,称为"无光"放电;随电压升高,带电离子和电子获得足够能量,与气体分子碰撞,使气体分子电离,电流平稳增加,但电压受电源高输出阻抗限制不发生变化,这个区域为"汤森放电区",此区域内电流在电压不变情况下增加;随后发生"雪崩点火",离子轰击阴极,释放出二次电子,二次电子与气体分子碰撞产生更多离子,这些离子再轰击阴极,又生出更多的二次电子,在产生了足够多的离子和电子后,放电达到自持,气体开始起辉,电极间

的电流剧增,电压迅速下降,放电呈现负阻持性,这个区域为过渡区;过渡区之后,增大电源功率,电压维持不变,而电流平稳增加,两极板间出现辉光,在这一区域增加电源电压或改变电阻增大电流,极板间的电压几乎不变,这个区域为"正常辉光放电区",在正常辉光放电区,放电过程会自动调整阴极轰击面积,起初是不均匀轰击,轰击集中在阴极边缘处,或表面其他不规则处,随电源功率增大,轰击区扩大,直至阴极表面电流密度几乎均匀为止;当离子轰击覆盖整个阴极表面后,继续增加电源功率,两极间的电流随电压提高而增大,称为"异常辉光放电区";之后两极电压急剧降低,电流大小由外电阻大小来决定,电流越大,极间电压越小,为"弧光放电区"。

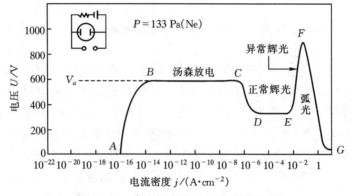

图 6-19　直流辉光放电电压-电流关系

正常辉光放电区电流密度较小,需要选择在异正常辉光放电区进行溅射镀膜。

在一定气压下,当阴极和阳极之间所加交流电压的频率增高到射频频率,可以产生稳定的射频辉光放电。射频辉光放电时在辉光放电空间所产生的电子获得了足够的能量,足以产生碰撞电离。减少了放电对二次电子的依赖,并且降低了击穿电压;射频电压能够通过任何一种类型的阻抗耦合进去,电极不需要是导体。因而,可以溅射包括介质材料在内的任何材料。因此,射频辉光放电在溅射技术中的应用十分广泛。

靶的溅射、逸出粒子形态、溅射粒子向基板的迁移以及在基板上的成膜是溅射镀膜的主要过程。

在与靶材的碰撞过程中,入射离子将动量传递给靶材原子,靶材原子获得能量超过结合能时,靶原子发生溅射。实际上当高能离子轰击固体表面时,还会产生如图 6-6 所示的各种效应,这些效应或现象在大多数辉光放电镀膜工艺中都可能发生。因为在辉光放电镀膜工艺中,基板自偏压和接地极一样,都形成相对于周围环境为负的电位,所以也应该将基板看作被溅射,只不过二者在程度上存在差异。离子轰击固体表面所产生的各种现象与固体材料种类、入射离子种类及能量有关,绝缘介质材料靶材的溅射率一般比金属靶材小,电子发射系数大。

受轰击逸出的靶材粒子中,正离子在反向电场的作用下不会到达基片表面,其余粒子则向基板迁移。大量中性原子或分子在放电空间运动过程中与工作气体分子碰撞,降低靶材原子动能,同时增加了靶材的散射损失。在溅射气体压力为 $10\sim10^{-1}$ Pa 时,溅射粒子碰撞平均自由程为 $1\sim10$ cm。因此应将靶与基板的距离控制到与平均自由程的值基本相等。尽管溅射原子向基板的迁移输运过程中会与工作气体分子碰撞降低其能量,但由于溅射出的靶材原子能量远高于蒸发原子的能量,所以沉积在基板上的靶材原子能量仍较大,大约相当于蒸发原子能量的几十至上百倍。

从溅射靶中出来的沉积粒子到达基板表面之后,经过吸附、凝结、表面扩散、迁移、碰撞结合形成稳定晶核。再通过吸附使晶核长大成小岛,岛长大后互相联结聚集,最终形成连续薄膜。在这个过程中,入射到基体表面的离子和高能中性粒子可能造成基体表面粗糙,产生离子注入、表面小岛暂时带电并和残余气体分子发生化学反应。成核中心形成加快,成核密度提高。同时由于工作气体分子、残余气体分子、原子和离子对基体表面的轰击次数达到每平方厘米 10^{13} 次,远大于蒸发过程,造成杂质气体或外部材料进入薄膜的概率增大,薄膜容易发生活化、离化等化学反应。另外,由于入射的溅射粒子有较大的动能,基体和薄膜的温度变化也比较明显。

沉积速率是指从靶材上溅射出来的物质单位时间内沉积到基板上的厚度 Q,可以表达为

$$Q = CIS \tag{6-11}$$

式中:C 是与溅射装置有关的特征常数;I 是离子流;S 是溅射速率。对于一定的溅射装置(C 为确定值)和一定的工作气体,提高沉积速率的有效方法是提高离子电流。但在不增高电压的条件下,增加 I 值只能靠增加工作气体压力。但当压力增加到一定值时,溅射率又开始明显下降。所以应该由溅射率来选择最佳气压值。同时还应注意气压升高对薄膜质量的影响。

要提高沉积薄膜纯度就必须尽量减少沉积到基板上的杂质量,主要是真空室的残余气体。特别基板加偏压时,会有百分之几的溅射气体分子注入沉积薄膜中。可采取提高本底真空度和增加送 Ar 量来提高薄膜纯度,本底真空在 $10^{-3} \sim 10^{-1}$ Pa 比较合适。

在溅射镀膜过程中,应注意选择溅射率高、对靶材呈惰性、价廉、高纯的溅射气体或工作气体。氩气是较为理想的溅射气体;还要注意溅射电压与基板电位(接地、悬浮或偏压)对薄膜特性的影响。溅射电压不仅影响沉积速率,还影响薄膜的结构。基板电位则直接影响入射电子流或离子流,对基板施加偏压,使其按极性接收电子或离子,可净化基板表面,增强薄膜结合力,还可改变沉积薄膜的结晶;基板温度会直接影响薄膜生长与性能,对于具有多型结构的材料,基板温度的不同将获得不同晶体结构的薄膜;靶材杂质和表面氧化物等是污染薄膜的主要因素。溅射沉积前应该对靶进行溅射以净化靶表面。

2. 直流溅射

溅射镀膜的具体方式比较多。根据电极的结构,可分为二极溅射、三或四极溅射和磁控溅射。射频溅射是为制备绝缘薄膜而研制的;反应溅射可制备化合物薄膜;为提高薄膜纯度可以采用偏压溅射、非对称交流溅射或吸气溅射等,此外用于磁性薄膜的有高速低温溅射及对向靶溅射。

被溅射的靶(阴极)和成膜基板(阳极)构成溅射装置的两个极,称为二极溅射,其原理如图 6-20 所示。使用射频电源时称为射频二极溅射;使用直流电源时称为直流二极溅射,由于溅射发生在阴极,又称阴极溅射。靶和基板都是平板状的,称为平面二极溅射;二者是同轴圆柱状布置的,称为同轴二极溅射。

在直流二极溅射中,用镀膜材料制成阴极靶,为使靶表面保持可控负压,靶材必须是导体。先将真空室抽到高真空(10^{-3} Pa),通入 $1 \sim 10$ Pa 氩气,再接通电源使阴极和阳极间产生异常辉光放电,靶材产生溅射。直流二极溅射的工作参数为溅射功率、放电电压、气体压力和电极间距。虽然直流二极溅射设备结构简单,可获得大面积均匀厚度薄膜,但这种装置的溅射参数难以独立控制,工艺重复性差;残留气体对膜层污染比较严重,薄膜纯度较差;基板温度高(达

数百摄氏度左右),沉积速率低。

在直流二极溅射基础上,在基板施加一固定直流偏压,称为直流偏压溅射(图6-21)。在负偏压的情况下,基板表面受气体离子的稳定轰击,可随时消除薄膜表面存在的气体,提高薄膜纯度,并除去表面黏附力弱的沉积粒子。在沉积前可对基板进行轰击清洗,净化表面,提高薄膜结合力。

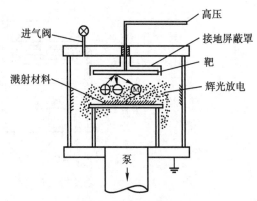

图 6-20　二极溅射

三极溅射是在二极溅射的基础上,附加一个热阴极在真空室内,发射电子并与阳极产生等离子体。要求靶相对于该等离子体为负电位,用等离子体中的正离子轰击靶材溅射。为了引入热电子并稳定放电,可以再附加第四电极,称为四极溅射。其结构原理如图6-22所示。三极溅射在一至数百伏的靶电压下也能工作,低靶电压对基片的溅射损伤小,适宜制作半导体器件和集成电路;三极溅射不再依赖阴极发射的二次电子,所以可以由热阴极的发射电流控制溅射速率,提高工艺可控性和重复性。但三(四)极溅射还无法抑制靶产生的高速电子对基板的轰击,特别在高速溅射情况下,基板的温升较高,灯丝寿命较短,还存在灯丝污染薄膜问题。同时这种方式也不适宜于反应溅射,用氧作反应气体时,灯丝寿命明显缩短。

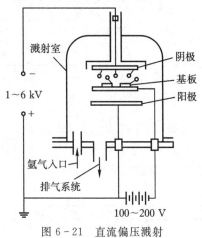

图 6-21　直流偏压溅射

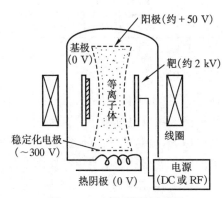

图 6-22　四极溅射原理图

3. 射频溅射技术

绝缘靶材在溅射时不能持续放电,不能采用直流溅射。射频溅射技术的出现解决了绝缘材料的溅射镀膜。射频溅射装置的原理如图6-23所示。直流溅射装置中的直流电源部分由射频发生器、匹配网络和电源代替,利用射频辉光放电产生溅射所需的正离子。

射频电源之所以能对绝缘靶进行溅射,是因为在绝缘靶表面建立起了负偏压。绝缘材料的直流溅射中,正离子轰击靶面使靶带正电,电位上升,离子加速电场逐渐变小,最终离子不可能溅射靶材。如果射频电压施加在靶上,电压处于负半周时,电子的质量比离子质量小,电子迁移率高,在很短的时间内飞向靶面,中和靶面累积的正电荷,实现绝缘材料的溅射;同时又在靶面迅速积累电子,使表面呈负电位,使得在射频电压的正半周也可以吸引离子轰击靶材。

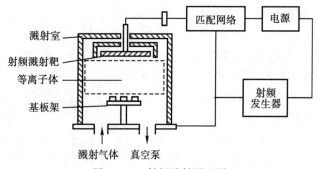

图 6-23　射频溅射原理图

在射频溅射装置中,等离子体中的电子容易在射频场中吸收能量并在电场内振荡,因此,电子与工作气体分子碰撞并使之电离的概率非常高,故击穿电压和放电电压显著降低,其值只有直流溅射时的 1/10 左右。射频溅射的另一个特点是能够沉积包括导体、半导体、绝缘体在内的所有材料。表 6-6 为几种材料射频二极溅射的沉积速率。虽然射频溅射不需要用次级电子维持放电,但当离子能量高达数千电子伏特时,绝缘材料靶上发射的次级电子数量也相当大,同时由于靶具有较高的负电位,加速电子将成为高能电子轰击基板,使基板发热、带电并影响镀膜质量。为此要注意将基板放置在不直接受次级电子轰击的位置,或者利用磁场使电子偏离基板。射频溅射技术制备薄膜其功率也会影响薄膜的化学组分、表面形貌等性质。

表 6-6　几种材料可能的射频溅射沉积速率(nm·min^{-1})

靶材	Au	Cu	Al	不锈钢	Si	SiO$_2$	ZnS	CdS
溅射速率	300	150	100	100	50	25	1000	60

4. 磁控溅射

目前,溅射技术中使用最为广泛的是磁控溅射。一般溅射系统的主要缺点是沉积速率低,特别是阴极溅射在放电过程中只有大约 0.3%～0.5% 的气体分子被电离。在磁控溅射中引入了正交电磁场,提高了气体的离化率(5%～6%),溅射速率比三极溅射提高 10 倍左右。对某些材料的溅射速率达到电子束蒸发水平。

磁控溅射工作原理如图 6-24 所示。电子 e 在电场 E 作用下向基板的运动过程中与氩原子碰撞,使其电离出 Ar$^+$ 和新的电子 e(二次电子),其中电子飞向基板,Ar$^+$ 被电场加速向阴极靶运动,并轰击靶表面发生溅射。在溅射出的粒子中,中性靶原子或分子沉积在基片形成薄膜;二次电子 e_1 离开靶面,就受到电场和磁场的作用,在磁场洛仑兹力的作用下,电子沿 E(电场)$\times B$(磁场)方向运动,电子在正交

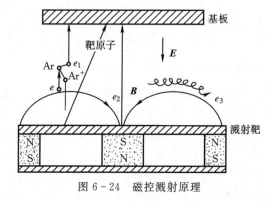

图 6-24　磁控溅射原理

电磁场作用下的运动轨迹近似一条摆线,被束缚在靠近靶表面的等离子体区域内,在运动过程

中不断与氩原子发生碰撞,电离出的大量 Ar^+ 用来轰击靶材,提高了溅射沉积速率。随碰撞次数增加,二次电子 e_1 能量消耗殆尽,在电场作用下最终沉积在基片上,这时电子的能量已经很低,不致使基片温升过高。

磁控溅射不仅具有很高的溅射速率,且在溅射金属时可避免二次电子轰击并使基板保持低温,有利于使用单晶与塑料基板。磁控溅射的电源可以采用直流也可以采用射频,因此可以用于制备各种材料。但磁控溅射的缺点是不能用于强磁性材料的低温高速溅射,因为这时在靶面附近不能外加强磁场,在使用绝缘材料作为靶材时会使基板温度上升,此外靶材的利用率较低(约 30%)。目前利用磁控溅射技术已成功实现多种薄膜的制备,如二氧化钛薄膜、高熵合金薄膜等。在多个行业也都有应用,微电子行业使用溅射沉积金属或金属化合物作为扩散阻挡层、黏附层或种子层、初级导体等。磁控溅射镀膜技术又可分为平衡磁控溅射和非平衡磁控溅射。

5. 对向靶溅射

要实现磁性材料的低温、高速溅射镀膜,可以采用对向靶溅射法。基本原理如图 6-25 所示。两只靶相对安置,外加磁场和靶表面垂直并与电场平行,阳极放在与靶面垂直部位,和磁场一起起约束等离子体的作用。二次电子飞出靶面后,被垂直靶的阴极位降区的电场加速,在向阳极运动过程中受磁场的洛仑兹力作用,但由于相对的两个靶面上加有较高负偏压,电子几乎沿直线运动,到对面靶的阴极位降区被减速,然后又向相反方向加速运动,再受磁场的作用,这样二次电子被封闭在两个靶极之间,形成柱状等离子体。电子被两个电极来回反射,加长了电子运动的路程,增加了与氩气的碰撞电离概率,提高了靶间气体的电离化程度,增加了溅射所需氩离子密度,提高了沉积速率。二次电子除被磁场约束外,还受强静电反射作用,被约束在两个靶面之间,避免了高能电子对基板的轰击,基板温升变小。

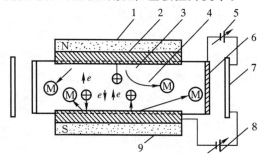

1—N 极;2—对靶阴极;3—阴极暗区;4—等离子体区;5—基板偏压电源;
6—基板;7—阳极(真空室);8—靶电源;9—S 级。
图 6-25　对向靶溅射法基本原理

6. 反应溅射

除了可以利用射频溅射技术制备介质薄膜外,也可以采用反应溅射法。即在溅射镀膜过程中,人为控制地引入活性反应气体,与溅射出来的靶材物质进行反应,沉积在基板上,可获得不同于靶材物质的薄膜。在 O_2 中反应溅射获得氧化物薄膜,在 N_2 或 NH_3 中获得氮化物薄膜,在 O_2+N_2 混合体中获得氮氧化物,在 C_2H_2 或 CH_4 中获得碳化物,在硅烷气体中获得硅化物,在 HF 或 CF_4 中得到氟化物。反应溅射过程如图 6-26 所示。根据反应溅射气体压力不同,反应过程可以发生在基板,也可以发生在阴极(反应后迁移到基板上)。一般反应溅射气压都很低,气相反应不显著。但由于很高的等离子体流在反应气体分子的分解、激发和电离过程中起重要作用,在反应溅射中产生一股强大的载能游离原子团组成的粒子流,随溅射出来的靶原子从阴极靶向基板运动,在基板形成化合物薄膜。

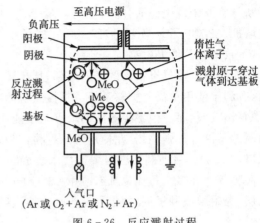

图 6-26　反应溅射过程

　　反应磁控溅射制备化合物薄膜具有如下特点:①反应磁控溅射所用的靶材料(单元素靶或多元素靶)和反应气体等很容易获得高的纯度,因而有利于制备高纯度的化合物薄膜。②很多情况下通过简单调整反应气体与惰性气体的比例,就可改变薄膜的性质。例如可以使薄膜由金属变为半导体或非金属。研究结果表明,金属化合物几乎全都形成在基板上,基板温度越高沉积速率越快。在氧化物溅射中没有必要采用纯氧作为溅射气体,一般有 $1\%\sim2\%$ 的 O_2 即可获得与纯氧一样的效果。③在反应磁控溅射沉积过程中,基板的温度一般不太高,而且成膜过程通常也并不要求对基板进行很高温度的加热,因此对基板材料的限制较少。④反应磁控溅射适于制备大面积均匀薄膜,并能实现单机年产量上百万平方米镀膜的工业化生产。

7. 离子束溅射

　　离子束溅射又称为离子束沉积,根据薄膜沉积使用离子束的不同功能,分为一次离子束沉积和二次离子束沉积。在一次离子束沉积中,离子束由需要沉积的薄膜组分材料的离子组成,离子能量较低,到达基板后沉积成膜,称为低能离子束沉积;二次离子束沉积中离子束由惰性气体或反应气体离子组成,离子能量较高,轰击到需要沉积材料制成的靶上,引起靶原子溅射,再沉积到基板上形成薄膜,称为离子束溅射。离子束溅射沉积原理如图 6-27 所示,从大口径离子束发生源(离子源1)产生惰性气体离子作用在靶材上,溅射出

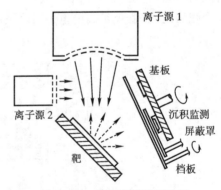

图 6-27　离子束溅射原理图

的粒子沉积在基板上制得薄膜。沉积中经常采用第二个离子源(离子源 2)产生第二种离子束,对形成薄膜进行照射,以控制薄膜性质。这种方法又称为双离子束溅射法。

　　离子束溅射具有以下优点:①在 10^{-3} Pa 高真空条件下非等离子状态成膜,沉积的薄膜纯度高;②沉积发生在无场区域,基板不是电路的组成部分,不会被快速电子轰击引起过热,基板温升低;③制膜工艺条件可以严格控制,重复性好,是制备高质量光学薄膜的一种重要手段,在激光技术、光通信技术的发展中,发挥了重要的作用;④可使用各种粉末、介质材料、金属材料和化合物进行溅射;比较容易制取各种金属、氧化物、氮化物与其他化合物薄膜,特别适于饱和蒸气压低的金属和化合物,以及高熔点物质薄膜的制备;⑤适合多成分多层膜制备,特别是多

组元金属氧化物薄膜。

6.4.3　离子镀膜技术

　　离子镀膜(Ion Plating,IP)技术是在真空蒸发和真空溅射技术基础上发展起来的镀膜技术,也称为离子镀。它是在真空室中使气体或被蒸发物质电离,在离子轰击下,同时将蒸发物或反应产物蒸镀在基板上。离子镀把辉光放电、等离子体技术与真空蒸发技术结合起来,沉积薄膜性能大大提高,使镀膜技术应用范围扩大。与蒸发镀膜和溅射镀膜相比,除具有二者特点外,还具有膜层结合力强、绕射性好、可镀材料广泛等优点。离子镀膜技术在制备敏感、耐热、耐磨、抗蚀和装饰薄膜方面,得到广泛应用。

　　图 6-28 为常用直流二极型离子镀装置原理图。设备的主要特征是利用电极间的辉光放电产生离子,并由基板上所加的负偏压对离子加速。多采用电阻加热使熔点在 1400 ℃以下的金属（Au、Ag、Cu、Cr 等）气化。如采用电子束加热,则必须把电子枪室和离子镀膜室分开,采用两套真空系统,以保证电子枪工作所需的高真空度。

　　离子镀膜可以采取电阻加热、电子束加热、等离子电子束加热、高频感应加热、阴极弧光放电加热等使膜材气化;采用辉光放电型、电子束型、热电子型、等离子电子束型、多弧型及高真空电弧放电型,以及各种形式的离子源使气体分子或原子离化和激活。

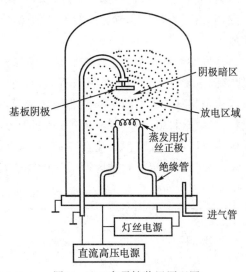

图 6-28　离子镀装置原理图

不同蒸发源与不同的电离或激发方式又可以有多种不同组合。

　　镀膜时,当真空度达到 10^{-4} Pa 时,在真空室通入惰性气体（如氩气）。真空度达到 $1 \sim 10^{-1}$ Pa 接通高压电源,在蒸发源与基板间建立起低压气体放电等离子区,由于基板处于负高压并被等离子体包围,不断受正离子轰击,基板表面的气体和其他污染物得到有效清除,膜层表面在成膜过程中始终保持清洁状态。同时,气化蒸发的粒子进入等离子区,与正离子和被激活的惰性气体原子及电子碰撞,其中部分蒸发粒子被电离成正离子,受到负高压电场加速沉积到基板表面成膜。

　　直流二极型离子镀设备比较简单,工艺容易实现,其获得的膜层均匀,具有较好的结合力和较强的绕射性。缺点是轰击粒子能量大,可能剥离已形成膜层,基板温度升高,使得膜层表面粗糙,质量差。

　　离子镀膜层所需的能量不是依靠一般加热方式获得的,而是由离子加速方式激励的。被电离的镀材粒子和气体离子一起受电场加速,轰击基板或镀层表面,这种轰击作用发生在离子镀的全过程。在离子镀的装置中,基板是阴极,蒸发源为阳极,两极间有 1～5 kV 的负高压,因此,伴随薄膜沉积还存在正离子（Ar^+ 或被电离的蒸发粒子）对基板的溅射作用。只有沉积作用超过溅射剥离作用,才能形成薄膜沉积。

　　在离子镀膜过程中,靶材气化蒸发的中性粒子在等离子区受碰撞的数量约为离子数的 20

倍。其中离化率只有 $0.1\%\sim1\%$，大量受碰撞的高能中性原子中有 70% 左右可以到达基板，就是这些高能中性粒子的存在提高了蒸发粒子总能量，有利于薄膜沉积。

　　离子镀中沉积与溅射的综合过程使得膜/基界面具有许多优点：①离子轰击造成蒸发粒子的增加，在膜/基界面形成基板元素和蒸发膜材料元素的物理混合过渡层，从而缓和了基板与膜层界面的不匹配性，提高了膜/基界面结合强度；②同时离子轰击为基板表面提供了更多的成核位置，也有利于离子镀层与基板的良好结合；③有利于消除镀膜组织结构的柱状晶，高能量的膜材离子与中性原子到达基板，并在基板扩散、迁移，使运动过程中形成的膜材原子蒸气团被轰击碎化，形成细小核心，得到均匀细密等轴晶结构；④沉积层不断受正离子轰击，引起冷凝物溅射，使膜层致密，针孔和气孔减少；⑤同时轰击使基板表面产生的自加热效应有利于原子扩散，利用轰击热效应或适当的外部加热，有利于减小内应力，也有利于提高膜层组织的结晶性能。

　　与蒸发和溅射镀膜相比，离子镀的膜层密度高（相当于块材）；离子镀中靶材粒子绕射性好，能够到达工件的各个表面（孔、槽沟、面向或背向蒸发源的表面）；可镀材质范围广泛，可在金属或非金属基片表面镀金属或非金属薄膜，如塑料、石英、陶瓷、橡胶、各种金属、合金与某些合成材料、敏感材料、高熔点材料等；有利于形成化合物膜层。在离子镀中，蒸发金属的同时通入反应性气体可以反应生成化合物；沉积速率高，成膜速度快，可镀较厚的膜。

　　离子镀与真空蒸发和溅射镀膜的比较如表 6-7 所示。

表 6-7　离子镀、真空蒸膜与溅射镀膜的比较

技术特点		镀膜方法					
		真空镀膜		溅射镀膜		离子镀	
		电阻加热	电子束	直流	射频	电阻加热	电子束
镀膜材料类型	低熔点金属	能		能		能	
	高熔点金属	不能	能	能		不能	能
	高温氧化物	不能	能	能		不能	能
粒子能量	蒸发原子	$0.11\sim1$ eV		$1\sim10$ eV		$0.1\sim1$ eV	
	离　子	—		—		数百～数千 eV	
沉积速率/(μm·min^{-1})		$0.1\sim3$	$1\sim75$	$0.01\sim0.5$		$0.1\sim2$	$1\sim50$
镀层外观		光泽	光泽～半光泽	半光泽～无光泽		半光泽～无光泽	
镀层密度		低温密度低		高密度		高密度	
镀层针孔、气孔		低温较多		少		少	
膜/基界面形态		不进行热扩散时界面清晰		很清晰		有扩散层	
膜/基界面结合		不太好		较好		非常好	
薄膜应力		张应力		压应力		压应力	
纯度		取决于蒸发材料纯度		取决于靶材纯度		取决于蒸发材料纯度	
镀膜区域		面对蒸发源基板表面		面向靶材基板表面		所有表面	
镀膜前基板表面处理		真空加热脱气或辉光放电		溅射清洗、刻蚀		溅射清洗（全过程）	
常用压强/Pa		$10^{-5}\sim10^{-6}$		$1.5\times10^{-1}\sim2\times10^{-2}$		$2\times10^{-1}\sim5\times10^{-2}$	

　　三极和多阴极型离子镀属于直流放电型,是二极型的改进。其原理分别如图 6 - 29、图 6 -
30 所示。在图 6 - 29 中电子发射极(阴极)发射热电子,在收集极的作用下横向穿过被蒸发粒
子流,发生碰撞电离,比二极型离化率明显提高,基板电流密度提高 10~20 倍。多阴极型离子
镀把被镀基板作为阴极(主阴极),在其周边配置几个热阴极(多阴极),热阴极发出的电子促进
气体电离,在热阴极与阳极的电压下维持放电。多阴极型离子镀可在低气压下维持放电,有利
于低气压下的离子镀。由于阴极灯丝处于基板四周,扩大了阴极区,改善了绕射性,减少了高
能离子对基板的轰击。由于稳定放电在 10^{-1} Pa 可以进行,高真空导致优异的镀膜质量,改善
了二极型离子镀溅射严重、成膜粗糙、升温快且难以控制的缺点。这种镀膜方式应用于活性反
应离子镀上,在手表外壳上得到了理想的 TiN 镀层。

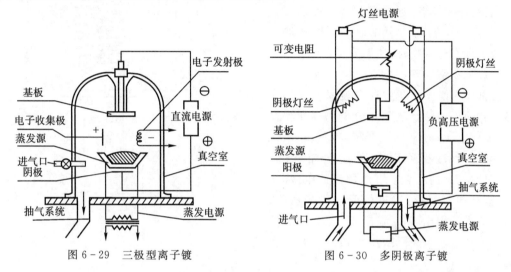

图 6 - 29　三极型离子镀　　　　　　图 6 - 30　多阴极离子镀

　　在离子镀过程中,引入可以与金属蒸气反应的气体,如 O_2、N_2、C_2H_2、CH_4 代替 Ar 或将
其混合在 Ar 气中,并用各种放电方式使金属蒸气和反应气体的分子、原子激活离化,通过化
学反应在基片表面获得化合物薄膜。这种方法称为活性反应离子镀(Activated Reactive E-
vaporation,ARE)。各种离子镀设备都可以改造用于活性反应离子镀,典型的 ARE 装置如图
6 - 31 所示。这种装置的蒸发源采用一种"e"型电子枪,既用于加热蒸发高熔点金属,又为激

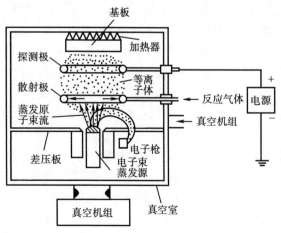

图 6 - 31　活性反应离子镀

活金属蒸气粒子提供电子,有利于高熔点金属化合物的制备。真空室分上下两室,上部为蒸发室,下部为电子束源的热丝发射室,两室之间设有压差孔,由电子枪发射的电子束经压差孔偏转聚焦在坩埚中心加热膜材料使其蒸发。选择不同的反应气体,可得到不同的化合物薄膜。

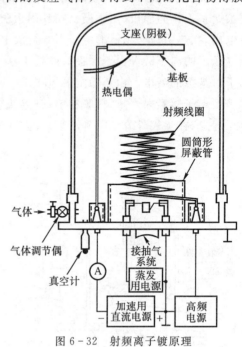

　　ARE法镀膜特点:基板加热温度低;电离增加了反应物活性,容易在较低温度下获得结合性能良好的碳化物、氮化物膜层;可在任何基材上制备薄膜,如金属、玻璃、陶瓷、塑料等,并可获得多种化合物膜;沉积速率高,每分钟可达数微米,比溅射沉积速率高一个数量级,且可制备厚膜;通过调整或改变蒸发速度及反应气体的压力,可制取不同配比和不同性质的同类化合物;清洁无公害。

　　射频离子镀原理如图 6-32 所示。这种离子镀放电稳定,可以高真空镀膜。采用了射频方式使得被镀物质气化分子的离化率高达 10%。射频离子镀的主要特点:蒸发、离化和加速 3 个过程可以分别独立控制;在 $10^{-1} \sim 10^{-3}$ Pa 的高真空下能稳定放电,离化率高,镀层质量好;可以进行反应离子镀膜;与其他离子镀相比,基板温升低,工艺容易控制。但这种方法中高真空度会造成镀膜绕射性差。

图 6-32　射频离子镀原理

6.5　化学气相沉积

　　化学气相沉积是一种化学气相生长法,简称 CVD 法。CVD 法是把含有构成薄膜元素的一种或几种气相化合物的单质气体供给基板,利用加热或等离子体、紫外线甚至激光等能量,通过气相作用或在基板表面的化学反应(热分解或化学合成)生成所要求的薄膜。

　　CVD 法可以用于制备多种物质薄膜,如各种单晶、多相或非晶态无机薄膜,在以大规模集成电路为中心的薄膜微电子学领域具有重要作用。近年来采用 CVD 法制备金刚石薄膜、高温超导薄膜、透明导电薄膜以及某些敏感功能膜的技术受到了重视。CVD 法中薄膜的组成可任意控制,不仅可以制作金属薄膜、非金属薄膜,也可以按要求制作多成分合金薄膜。通过对多种气体原料的流量调节,有可能在很大范围内控制产物组成,制作混晶等组织结构复杂的晶体,还可以制取其他方法难以获得的 GaN、BP 优质薄膜。

　　化学气相沉积装置最主要的元件是反应器,按照反应器结构上的差别,CVD 法可分为流通式、封闭式两种类型。流通式 CVD 法的特点是反应气体混合物能够随时补充,废气也可以及时排出反应装置;封闭式 CVD 法的特点是能有效避免外部污染,无须持续抽气就能使内部保持真空。图 6-33 为不同 CVD 法在微电子工业中的应用。此外 CVD 法在机械材料、反应堆材料、宇航材料、光学材料、医用材料及化工设备材料等表面处理方面也受到了广泛重视。

可根据使用条件不同,使用 CVD 薄膜达到防腐、抗蚀、耐热、耐磨、强化表面等方面的要求。

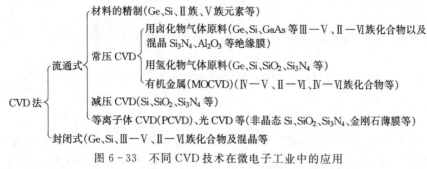

图 6-33 不同 CVD 技术在微电子工业中的应用

CVD 法按沉积温度分为低温($200\sim500$ ℃)、中温($500\sim1000$ ℃)和高温($1000\sim1300$ ℃)CVD;按反应器内的压力可分为常压和低压 CVD;按反应器壁温度分为热壁方式和冷壁方式 CVD;按反应激活方式分为热激活和等离子体激活等。

所有的 CVD 装置都包括反应气体输入、反应激活能供应和气体排出部分。

6.5.1 化学气相沉积技术基础

1. 化学气相沉积技术原理

CVD 的基本原理建立在化学反应基础上,CVD 过程中的典型化学反应如下。

热分解反应: $\quad AB(g)\longrightarrow A(s)+B(g)$

实例: $\quad SiH_4\longrightarrow Si+2H_2$

还原置换反应: $\quad AB(g)+C(g)\longrightarrow A(s)+BC(g)$(C 为 H_2 或金属)

实例: $\quad SiCl_4+2H_2\longrightarrow Si+4HCl$

氧化或氮化反应: $\quad AB(g)+2D(g)\longrightarrow AD(s)+BD(g)$(D 为 O_2 或 N_2)

实例: $\quad SiH_4+2O_2\longrightarrow SiO_2+2H_2O$ $\hfill(6-12)$

水解反应: $\quad AB_2(s)+H_2O(l)\longrightarrow AH(l)+2BOH(l)$

实例: $\quad Al_2Cl_6+3H_2O\longrightarrow Al(OH)_3+3HCl$

歧化反应: $\quad AB_2(g)\Longleftrightarrow A(s)+AB(g)$

实例: $\quad 2GeI_2\Longleftrightarrow Ge+GeI_4$

各种类型反应在多数情况需要依靠热激发,某些情况下,特别是在放热反应时,基板温度要低于原料温度,所以高温是 CVD 法的重要特征,但这在一定程度上限制了基板材料的选择。在 CVD 工艺中,有些反应要求基板温度在 $300\sim600$ ℃,有的要求高于 600 ℃,由于反应发生在基板表面高温区,反应副产物可能进入薄膜影响质量。

CVD 法制备薄膜的过程可以分为 4 个主要阶段:①反应气体向基板表面扩散;②基板表面吸附反应气体;③基板表面发生化学反应;④化学反应气相副产物脱离表面,基板表面成膜。这些阶段中最慢的阶段限制了 CVD 的反应速率。

2. 热分解反应

热分解反应是最简单的沉积反应。在简单的单温区炉中,真空或惰性气体保护下加热基板至一定温度后,导入反应气体使之热分解,并在基板上沉积固态涂层。热分解法用于制备金属、半导体和绝缘体薄膜。主要的关键技术是源物质与热分解温度的选择。在源物质选取时,要考虑蒸气压与温度的关系,还要注意在该温度下分解产物中固相为需要的沉积物质而不出现其他夹杂。

用于热分解反应的化合物主要有氢化物、金属有机化合物,以及其他气态络合物、复合物等。

氢化物的 H—H 链的离解能小,热分解温度低,产物无腐蚀性,且氢气是惟一的副产物,其化学反应议程式如

$$SiH_4 \Longrightarrow Si + 2H_2 \tag{6-13}$$

金属有机化合物,其 M—C 键能一般小于 C—C 键能,大大降低了 CVD 的沉积温度,扩大了基板选择范围,有利于避免基板变形。用于沉积高附着性的金属膜和氧化物薄膜,如

$$2Al(OC_3H_7)_3 \longrightarrow Al_2O_3 + 6C_3H_6\uparrow + 3H_2O\uparrow \tag{6-14}$$

氢化物+金属有机化合物体系可用于在半导体与绝缘基板上沉积各种化合物半导体薄膜。如Ⅲ—Ⅴ、Ⅱ—Ⅵ族化合物半导体:

$$Ga(CH_3)_3 + AsH_3 \longrightarrow GaAs + 3CH_4\uparrow$$

$$Cd(CH_3)_2 + H_2S \longrightarrow CdS + 2CH_4\uparrow \tag{6-15}$$

其他气态络合物、复合物体系中的羰基化合物与羰基氯化物用于贵金属和过渡族金属的沉积,单氨络合物用于热解制备氮化物,如

$$Pt(CO)_2Cl_2 \longrightarrow Pt + 2CO\uparrow + Cl_2\uparrow$$

$$Ni(CO)_4 \longrightarrow Ni + 4CO\uparrow \tag{6-16}$$

$$AlCl_3 \cdot NH_3 \longrightarrow AlN + 3HCl\uparrow$$

3. 化学合成反应

大多数 CVD 过程都涉及两种或多种气态反应物在一个热基板上发生相互反应,称化学合成反应。最典型的类型就是用氢还原卤化物沉积金属与半导体薄膜,用氢化物、卤化物或金属有机化合物沉积绝缘薄膜,如

$$SiCl_4 + 2H_2 \longrightarrow Si + 4HCl\uparrow \tag{6-17}$$

该反应与硅烷热分解不同,如果调整反应器气流组成,加大氯化氢浓度,反应向逆方向进行。可利用逆反应在薄膜沉积前对基板进行气相腐蚀清洗,然后再在单晶表面上沉积,可获得少缺陷、高纯度的薄膜。

化学合成反应法的应用范围比热分解法更加广泛。任意一种无机材料在原则上都可以通过合适的化学反应合成出来。除了制备单晶薄膜以外,使用这种方法还可以制备多晶和非晶薄膜。例如 SiO_2、Al_2O_3、Si_3N_4、硼硅玻璃、磷硅玻璃和各种金属氧化物、氮化物及其他元素化合物等。氮化硅薄膜用于晶体管和集成电路钝化处理,可阻挡 Na^+ 和 K^+ 的穿透;沉积在刀具、工模具表面的 TiN 薄膜能显著提高使用寿命。典型化学合成反应体系如下

$$SiH_4 + 2O_2 \longrightarrow SiO_2 + 2H_2O\uparrow$$

$$Al_2(CH_3)_6 + 12O_2 \longrightarrow Al_2O_3 + 9H_2O\uparrow + 6CO_2\uparrow$$

$$3SiH_4 + 4NH_3 \longrightarrow Si_3N_4 + 12H_2\uparrow$$

$$3SiCl_4 + 4NH_3 \longrightarrow Si_3N_4 + 12HCl\uparrow \tag{6-18}$$

$$TiCl_4 + \frac{1}{2}N_2 + 2H_2 \longrightarrow TiN + 4HCl\uparrow$$

4. 化学传输反应

将需沉积的物质当作源物质(不挥发性物质),借助于与适当气体介质(输运剂)的反应形成气态化合物,经过化学迁移或物理载带(利用载气)将气态化合物输运到与源区温度不同的沉积区,并在基板上发生逆向反应,在基板上沉积源物质,称为化学传输反应。这种方法最早用于稀有金属提纯,如

$$\text{Ge(s)} + \text{I}_2\text{(g)} \rightleftharpoons \text{GeI}_2$$
$$\text{Zr(s)} + \text{I}_2\text{(g)} \rightleftharpoons \text{ZrI}_2 \qquad (6-19)$$
$$\text{ZnS(s)} + \text{I}_2\text{(g)} \rightleftharpoons \text{ZnI}_2 + \frac{1}{2}\text{S}_2$$

在源区(温度为 T_1)发生传输反应(向右进行),源物质与 I_2 生成气态化合物,气态化合物被输运到沉积区(温度为 T_2)发生逆反应(向左进行)沉积出源物质薄膜。

表 6-8 为 CVD 法制取各种无机非金属薄膜的源材料、反应温度、输运或反应气体。

表 6-8　CVD 法制取的无机非金属材料薄膜

薄膜		源材料		反应温度/℃	输运或反应气体
		名称	气化温度/℃		
氧化物	Al_2O_3	AlCl_3	130~160	800~1000	$\text{H}_2+\text{H}_2\text{O}$
	SiO_2	SiCl_4	20~80	800~1100	$\text{H}_2+\text{H}_2\text{O}$
		SiH_4+O_2	—	400~1000	$\text{H}_2+\text{H}_2\text{O}$
	Fe_2O_3	Fe(CO)_5	—	100~300	N_2+O_2
	ZrO_2	ZrCl_4	290	800~1000	$\text{H}_2+\text{H}_2\text{O}$
氮化物	BN	BCl_3	−30~0	1200~1500	N_2+H_2
	TiN	TiCl_4	20~80	1100~1200	N_2+H_2
	ZrN	ZrCl_4	30~35	1150~1200	N_2+H_2
	HfN	HfCl_4	30~35	900~1300	N_2+H_2
	VN	VCl_4	20~50	1100~1300	N_2+H_2
	TaN	TaCl_5	25~30	800~1500	N_2+H_2
	AlN	AlCl_3	100~130	1200~1600	N_2+H_2
	Si_3N_4	SiCl_4	−40~0	约 900	N_2+H_2
		SiH_4+NH_3	—	550~1150	Ar 或 H_2
	Th_3N_4	ThCl_4	60~70	1200~1600	N_2+H_2
碳化物	BeC	$\text{BeCl}_3+\text{C}_6\text{H}_5\text{CH}_3$	290~340	1300~1400	Ar 或 H_2
	SiC	$\text{SiCl}_4+\text{CH}_4$	20~80	1900~2000	Ar 或 H_2
	TiC	$\text{TiCl}_4+\text{C}_6\text{H}_5\text{CH}_3$	20~140	1100~1200	H_2
		$\text{TiCl}_4+\text{CH}_4$	20~140	900~1100	H_2
		$\text{TiCl}_4+\text{CCl}_4$	20~140	900~1100	H_2
	ZrC	$\text{ZrCl}_4+\text{C}_6\text{H}_6$	250~300	1200~1300	H_2
	WC	$\text{WCl}_6+\text{C}_6\text{H}_5\text{CH}_3$	160	1000~1500	H_2

续表

薄膜		源材料		反应温度/℃	输运或反应气体
		名称	气化温度/℃		
硅化物	MoSi	$MoCl_5 + SiCl_4$	$-50 \sim 13$	$1000 \sim 1800$	H_2
	TiSi	$TiCl_4 + SiCl_4$	$-50 \sim 20$	$800 \sim 1200$	H_2
	ZrSi	$ZrCl_4 + SiCl_4$	$-50 \sim 20$	$800 \sim 1000$	H_2
	VSi	$VCl_4 + SiCl_4$	$-50 \sim 50$	$800 \sim 1100$	H_2
硼化物	AlB	$AlCl_3 + BCl_3$	$-20 \sim 125$	$1100 \sim 1300$	H_2
	SiB	$SiCl_4 + BCl_3$	$-20 \sim 0$	$1100 \sim 1300$	H_2
	TiB_2	$TiCl_4 + BCl_3$	$20 \sim 80$	$1100 \sim 1300$	H_2
	ZrB_2	$ZrCl_4 + BBr_3$	$20 \sim 30$	$1000 \sim 1500$	H_2
	HfB_2	$HfCl_4 + BBr_3$	$20 \sim 30$	$1000 \sim 1700$	H_2
	VB_2	$VCl_4 + BBr_3$	$20 \sim 75$	$900 \sim 1300$	H_2
	TaB_2	$TaCl_5 + BBr_3$	$20 \sim 100$	$1300 \sim 1700$	H_2
	WB	$WCl_6 + BBr_3$	$20 \sim 35$	$1400 \sim 1600$	H_2

5. CVD 技术的特点

在 CVD 技术中,薄膜生长温度远低于其熔点,因此可通过控制合适的温度,获得高纯度、完全结晶的膜层,这对于某些半导体膜层是十分重要的。由于反应气体、反应产物和基板的互扩散,膜层结合强度高,残余应力小,有利于表面钝化、抗蚀及耐磨要求表面薄膜的制备。

化学气相沉积膜的沉积表面平滑。这是由于 CVD 薄膜沉积过程在高饱和度下进行,成核率高、形核密度高,在整个平面分布均匀,具有台阶覆盖性,容易形成宏观平滑表面;同时由于在 CVD 过程中,与沉积有关的分子或原子平均自由程大,分子空间分布更均匀,也有利于形成平滑的沉积表面。

化学气相沉积成膜速度快,每分钟可达几个微米,甚至数百微米。可同时对大量基板或工件进行沉积成膜,成分均匀,这是其他薄膜技术所难以达到的。

CVD 过程可在常压或低真空进行,成膜绕射性好,能均匀沉积在形状复杂表面或工件的深孔、细孔,这方面优于 PVD 技术。CVD 工艺中的低辐射损伤是制造 MOS 半导体器件不可缺少的条件。

化学气相沉积的缺点是当需要对基板局部进行沉积成膜时操作比较困难;反应后的气体和反应源可能是易燃易爆或者有毒气体,需要相应的措施进行处理;反应温度高,一般在 1000 ℃左右,限制了基板材料的种类,从而限制了它的应用。

6.5.2　常用化学气相沉积技术

1. 化学气相沉积方法

开管化学传输技术是 CVD 最常用的类型,基本原理如第 2 章所述。操作通常在常压下进行,装卸料方便。设备包括气体净化系统、气体测量和控制部分、反应器和尾气处理系统与真空系统等。

　　CVD 反应中的原料在室温不一定都是气体,液体原料需加热产生蒸气,再由载气携带入炉;而固体原料则需加热升华生成蒸气由载气体带入反应室。低温下会互相反应的物质在进入沉积区前需要隔离。开管化学传输技术分为冷壁 CVD 和热壁 CVD,如果反应物在室温下是气体或者具有较高蒸气压的液体,则反应器壁与原料区都不加热,为冷壁 CVD;另一类反应器的原料区和反应器壁是加热的,以防止反应物冷凝,为热壁 CVD。两类反应器的沉淀区一般都采用感应加热。开管化学传输体系的特点是连续供气与排气,采用不参与反应的惰性气体实现原料的输运。在反应中可连续从反应区至少排出一种反应产物,反应处于非平衡态,有利于形成厚度均匀的薄膜。这种体系的沉积工艺易控制,工艺重复性好,工件装卸载方便,装置可反复多次使用。

　　开管化学传输 CVD 法的反应器分立式和卧式。其卧式(图 6-34)应用广泛,可以在常压下进行操作,装、卸料方便,但沉积薄膜的均匀性相对较差。立式装置如图 6-35、图 6-36、图 6-37 所示。气流垂直于基板并以基板为中心均匀分布,故沉积膜的均匀性更好。图 6-35 中基板支架为旋转圆盘,反应气体混合均匀,沉积膜的厚度、成分及杂质分布均匀。图 6-36 为转筒式结构,同时对大量基板进行沉积。图 6-37 为球体式结构,基板受热均匀,反应气体能均匀供给,产品均匀性好,膜层厚度一致。

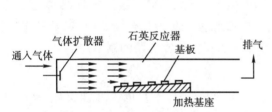

图 6-34　卧式开管化学传输 CVD 原理

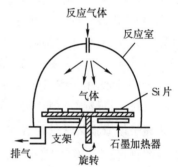

图 6-35　立式 CVD

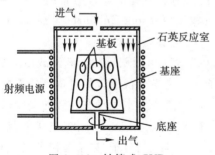

图 6-36　转筒式 CVD

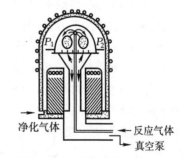

图 6-37　等温球体加热 CVD

　　与开管化学传输 CVD 相对应的是闭管化学传输 CVD,基本原理如第 2 章所述。这种系统的反应器壁需要加热,称为热壁式反应器。周期表中Ⅲ—Ⅴ族化合物单晶生长多用闭管法。

　　闭管化学传输 CVD 的优点是反应物与生成物与空气或大气隔离,被污染机会小,不需要连续抽气即可保持反应器的真空,对必须在真空条件下进行的沉积比较方便,适用于沉积高蒸气压物质。主要缺点是生长速率慢,不利于批量生产;反应管使用一次性反应器,成本高;管内压力无法测定,若温控失灵则出现安全问题。

2. 低压化学气相沉积

低压化学气相沉积（Low Pressure Chemical Vapor Deposition, LPCVD）是 CVD 技术的新发展，有利于提高薄膜均匀性，改善薄膜质量。图 6-38 为 LPCVD 原理示意图。当反应器内压力从常压（约 10^5 Pa）降至 LPCVD 所采用的压力 10^2 Pa 以下，由于压力的降低，分子运动平均自由程较常压时增大近 1000 倍，LPCVD 系统内气体扩散系数约为常压时的 1000 倍。高扩散系数对应质量的快速输运，气体分子可以在更短的时间内由不均匀达到均匀分布，同时

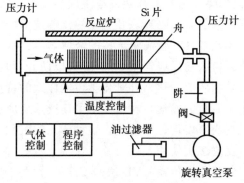

图 6-38　LPCVD 原理示意图

运动速度提高使得气体分子在不同部位吸收的能量差别很小，在各点的化学反应速度也大体相同，从而制备得到厚度均匀的薄膜；在 LPCVD 气体分子输运过程中，活化的反应物分子与气体分子碰撞所产生的动量交换速度高于常压 CVD，反应物气体分子之间易于发生化学反应，从而导致 LPCVD 的高沉积速率；同时，气体扩散系数和扩散速度增大意味着基板放置的排列间距可以缩小，可大大提高生产效率，并且可以减少自掺杂的可能，改善杂质分布；此外，系统的压力下降导致反应温度的下降。当反应压力从 10^5 Pa 降至数百帕时，反应温度下降近 150 ℃。LPCVD 法用于制备单晶硅和多晶硅薄膜和Ⅲ—Ⅴ族化合物薄膜，以及氮化硅、二氧化硅和三氧化二铝薄膜、PSG 和钨等材料，用于超大规模集成电路的制造。

3. 等离子体增强化学气相沉积

除少数材料外，一般 CVD 的沉积温度都要到 900～1000 ℃以上才能实现，有的甚至更高。高温容易引起基板变形和显微组织变化，降低基板材料机械性能，高温使得基板材料与薄膜材料发生相互扩散，形成某些界面脆性相，薄膜/基板结合力降低。针对普通 CVD 存在的这个问题，成功地开发了等离子体激活的化学气相沉积法（Plasma Enhanced Chemical Vapor Deposition, PECVD），降低了薄膜沉积温度，并得到广泛应用。

PECVD 是利用辉光放电形成的等离子体来激活化学气相沉积反应。辉光放电形成的等离子体中电子和离子的质量有很大差别，电子和离子通过碰撞交换能量的过程比较缓慢，因此在等离子体内部带电粒子各自达到热力学平衡状态，而等离子体本身没有一致的温度，只有电子气温度和离子温度。电子气温度比普通气体分子平均温度高 10～100 倍，电子能量为 1～10 eV，相当于 10^4～10^5 K 的温度，气体温度在 10^3 K 以下，原子、分子、离子等粒子在一般情况的温度只有 25～300 ℃左右。辉光放电形成的等离子宏观温度不高，但内部却处于受激状态。其电子能量足以使气体分子链断裂，产生具有化学活性的物质（活化分子、离子、原子等），使本来在高温进行的化学反应温度降低，在较低温度甚至常温也能形成固体薄膜。在 PECVD 中，等离子体将反应物中气体分子激活成活性离子，降低了反应温度，减轻了对基板的损伤，减少了薄膜内应力；加速了反应物在表面的扩散作用，提高了成膜速度；对基板及膜层表面具有溅射清洁作用，提高了薄膜和基板的结合力；加强了反应物中原子、分子、离子和电子之间的碰撞、散射作用，提高了薄膜均匀性。在 PECVD 过程中，包括了热化学反应和复杂的等离子体

化学反应。在 PECVD 中可以使用的等离子体有射频等离子体、直流等离子体、脉冲等离子体和微波等离子体以及电子回旋共振等离子体等。

4.有机金属化学气相沉积

有机金属化学气相沉积法(Metal-Organic Chemiacl Vapor Deposition，MOCVD)是利用有机金属化合物热分解反应进行气相外延生长薄膜的 CVD 技术(图 6-39)，该工艺在半导体材料的外延生长领域应用广泛，在集成电路技术中，MOCVD 可应用于生长 Al、Cu 等金属薄膜作为硅的连接线。另外，MOCVD 也能够用于生长铁电薄膜、超导体薄膜以及介质薄膜等金属化合物薄膜。MOCVD 分低压与常压两种，前者的工作压力一般在 $(1\sim5)\times10^4$ Pa。用于 MOCVD 的有机金属化合物原料必须在常温下比较稳定且容易保管处理，反应产生的副产物不妨碍晶体生长，不污染生长层；在室温附近具有适当的蒸气压(1.33×10^2 Pa)，满足气相生长要求。一般可选用金属的烷基或芳基衍生物、烃基衍生物、乙酰丙酮基化合物、羰基化合物等，非金属烷基化合物也能作为 MOCVD 的原料。例如制备 GaAs、$Ga_{1-x}Al_xAs$ 薄膜，作为 Ga、Al 原料可选择 $Ga(CH_3)_3$(三甲基镓)、$Al(CH_3)_3$(三甲基铝)，作为 As 原料可选择 AsH_3 气体。高温下通过热分解就得到化合物半导体：

$$Ga(CH_3)_3 + AsH_3 \longrightarrow GaAs + 3CH_4$$
$$(1-x)Ga(CH_3)_3 + xAl(CH_3)_3 + AsH_3 \longrightarrow Ga_{1-x}Al_xAs + 3CH_4$$

$$(6-20)$$

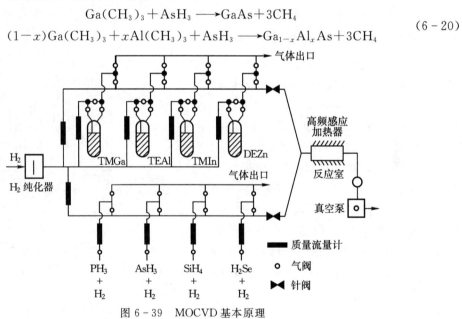

图 6-39　MOCVD 基本原理

　　MOCVD 的主要特点：①沉积温度低，例如普通 CVD 技术制备 ZnSe 薄膜的沉积温度约为 850 ℃，采用 MOCVD 则为 350 ℃左右；用四甲基硅烷制备 SiC 薄膜的温度＜300 ℃，远低于普通 CVD 采用 SiCl₄ 和 C₃H₈ 的生长温度(＞1300 ℃)；低沉积温度减少了制备过程的自污染(舟、基板、反应器等)现象，提高了薄膜纯度；低温沉积有利于降低宽禁带材料易挥发组分高温产生的空位，对基板取向要求低。②在 MOCVD 中不使用卤化物原料，避免了沉积过程的刻蚀反应，并且可以通过稀释载气控制沉积速率，有利于沉积沿厚度方向成分发生很大变化的薄膜，以及多次沉积不同成分超薄膜层(几纳米厚)，可用于制备超晶格材料和外延生长各种异质结构。③适用范围宽，可以生长所有化合物和合金半导体，不同成分的混合晶体。④薄膜生长的反应装置设计容易，生长温度范围宽，生长易于控制，适宜批量生产。MOCVD 的主要缺点是先驱体价格昂贵,对于某些膜系的先驱体没有现成产品,需要专门合成,提高了其使用成本;许多有机金属化合物蒸气有毒、易燃,给原料贮存、运输和使用带来困难;金属有机物易挥发,必须严格精确控制其压力;此外,含金属的有机化合物因活性较高,容易将其他物质因发生化学反应掺入其中,很难保证其纯度。

5. 激光化学气相沉积技术(Laser Chemical Vapor Deposition,LCVD)

激光 CVD 技术是利用激光束的光子能量使气体分解,增加反应气体活性,促进气体之间的化学反应的化学气相沉积技术。LCVD 是在常规 CVD 设备的基础上,增加了激光器、光路系统以及激光功率测量装置,利用激光光束能量来激发/促进前驱气体反应,可在衬底上实现选区或大面积薄膜沉积。由光能提供激活能量时,只有被反应物吸收的辐射才导致光化学反应。用可变波长的 CO_2 激光可使 SiH_4 振动分解,Ar 激光可以使其热分解,具有几电子伏特能量的光可以激发分子中的电子使分子电离。如果反应气体受激吸收谱与加热电磁谱重合,就能产生激发与加热的联合效应,选择激光器波长,使多原子分子中一些特定化学键断裂,反应生成沉积膜层。LCVD 技术中可选用的光源有 Hg 灯、TEA(横向激励大气压激光器)、CO_2 激光器、短波激光器及紫外光源。用功率 $0.5\sim5$ W 的 CO_2 激光束照射 $Ni(CO_4)$ 制备 Ni 膜的速率可达 $1\sim17\ \mu m \cdot s^{-1}$。同样的方法可以制备 Fe、W、Al、Sn、Si、TiO_2、TiC 和 SnO_2 薄膜。

6. 电子回旋共振等离子体气相沉积

为进一步降低 CVD 的成膜温度,研究开发了电子回旋共振等离子气相沉积技术(Electron Cyclotron Resonance Chemical Vapor Deposition,ECR - CVD)如图 6 - 40 所示。在反应室中导入 2.45 GHz 的微波能,在 875×10^{-4} T(特斯拉)的磁场中,电子回旋运动,与微波产生共振。电子与气体原子碰撞,促进放电。这种技术的特点是在 10^{-2} Pa 真空条件下放电,能获得高质量的薄膜。采用这种技术,可以在半导体基板上沉积导电薄膜,还可制作绝缘介质薄膜、磁光盘中的钴-镍合金薄膜及高温氧化物超导薄膜。

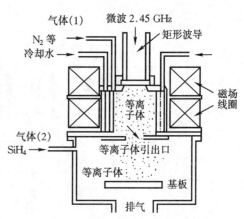

图 6 - 40   电子回旋共振等离子体气相沉积

6.6 外延生长薄膜

外延生长指在一定条件下,使某种物质的原子(或分子)有规则排列,定向生长在加工过的晶体(称为基板)表面上。所生长的连续平滑并与衬底晶格结构有对应关系的单晶层称为外延层。把生长外延层的过程叫做外延生长。早期外延生长采用单晶材料作基板,外延层是原基板晶面平行向外的延伸。现代外延技术的发展既可生长与衬底相同材料的单晶层,也可生长与衬底材料不同的单晶层。因此可以简单定义,外延生长是在各种材料上生长单晶层的过程。

外延技术的发展与半导体技术的发展有密切的关系。20 世纪中叶,外延技术在半导体器件生产中的应用大大提高了器件的性能。在硅高频大功率晶体管中解决了晶体管集电极区击穿电压与串联电阻的矛盾,为硅高频大功率晶体管的制造开辟了新途径。利用外延层精确地控制了厚度和掺杂,使处于急速发展的半导体集成电路进入比较完善的阶段。此后,硅外延技术得到很大地发展,在提高器件成品率和性能,降低成本,研制新器件方面取得了许多进展。在蓝宝石、尖晶石和绝缘材料基板上外延生长硅单晶层的技术对于三维集成电路的制作具有重要意义,可以大幅度提高器件集成度和集成电路的质量,示例如图 6 - 41 所示。此外,化合物半导体外延技术对半导体科学发展也具有重要意义。

(a)外延片

(b)蓝宝石外延片

图 6 - 41　半导体外延技术的应用

6.6.1　外延生长技术分类

外延生长分类的方法很多,从不同的角度有不同的分法。从制备工艺考虑,可以根据基板和外延材料是否相同分为同质外延和异质外延,如果基板和外延层属于同一种材料便称为同质外延,硅上外延生长硅,砷化镓上外延生长砷化镓都属于同质外延;如果基板材料和外延层是不同材料则称为异质外延。在蓝宝石、硅基板上外延生长砷化镓,在砷化镓基板上生长镓铝砷,在磷化铟基板外延生长镓铟砷磷都属于异质外延。

严格意义上的同质外延是衬底结晶晶格的准确延伸,这种同质外延又称为自外延,它除了在理论学术上的意义外,在器件制造方面没有明显的用途。实际上,真正的同质外延是十分困难的,因为工艺过程中外延层或衬底晶体总会有外来杂质或掺杂元素存在,从而破坏了真正的同质外延生长。

假如掺杂元素 B 在衬底中,就说 A 生长在 A^B 上,如果掺杂元素在外延层,就说 A^B 生长在 A 上。以此类推,也可以有其他的组合,如 A^B 生长在 A^C 上,A^D 生长在 A^{BC} 上,其中 B、C、D 代表不同杂质或掺杂元素。严格地讲,这类生长应称为"准同质外延"。

一种或几种杂质的掺入一般会影响材料物理化学性质发生变化,如晶格参数、局部应力、热膨胀系数和化学亲合力等。其中杂质掺入使电学性质发生的变化正是制造半导体器件所利用的主要原理。由于实际工作中大量使用的是准同质外延,因此一般讲同质外延指的就是准同质外延。

把材料 B 生长在基板 A 上,或把 A 生长在 B 上是异质外延的基本判据。真正的异质外延层与衬底在化学组成(如 Si/Ge、GaP/Si、ZnS/GaAs)和结晶学上(如蓝宝石上外延生长硅,在蓝宝石上外延生长 GaN,在 BeO 上生长 ZnSe)与基板材料完全不同。

　　此外，还有一类异质外延的特点是外延层与基板之间存在某些化学共性，如 GaP/GaAs 或 GaSb/GaAs、GaAs$_{1-x}$P$_x$/GaAs、ZnSe/ZnTe 等叫做赝异质外延或准异质外延。这类异质外延中，外延层与基板间化学组分有共性，有利于增强反应气体对衬底的亲合力，外延生长成核和长大较容易。

　　实际工作中的异质外延就是指外延层与基板材料不同的外延生长。

　　根据向基板输送原子方法的不同，外延生长可以分为真空外延、气相外延和液相外延 3 类。其中，气相外延工艺成熟，可很好地控制薄膜厚度、杂质浓度和晶格完整性，在硅工艺中一直占主导地位。

　　根据生长机理，外延生长分为直接外延生长和间接外延生长 2 类。

　　不经过中间化学反应，原子直接从源材料转移到衬底上形成外延层的过程称为直接外延生长。直接外延中的真空外延是在高真空条件下，采用加热、电子轰击或外加电场的办法使原子获得足够能量，从源表面逸出并迁移到基板上，与基板原子交换能量，最后为原子间的相互作用力所固定、沉积在基板表面完成外延生长。前面所述的真空蒸发、溅射等方法都属于这种方法。但进行真空外延生长时对设备的要求十分苛刻，真空度要达到 10^{-6} Pa，否则难以获得好的单晶层。这种方法是半导体器件和集成电路生产中沉积金属薄膜的主要方法。

　　具有重要意义的直接外延技术是分子束外延技术。分子束外延主要用于在晶体基板上生长高质量的外延材料，其在超高真空（Ultrahigh Vacuum，UHV）条件下，由源炉经过一系列处理后产生不同组分元素分子束或原子束，而后将其以一定的比例喷射到单晶基板上，从而实现晶体的外延生长。利用这种技术可以进行Ⅲ—Ⅴ族、Ⅱ—Ⅵ族化合物半导体外延生长机理的研究，也可以进行分子束外延生长制备Ⅲ—Ⅴ族、Ⅱ—Ⅵ族化合物异质、多层，超薄及超晶格等材料。该技术有以下几个优势：样品的外来杂质少，纯度高；蒸发束流可以设置得很慢且稳定、可以生长出极薄的材料，对于范德华外延的层状材料能实现单层生长；能够严格控制各组分的束流比例，制备出任意材料配比的样品，也可用于掺杂。相比于大气压力下，超高真空环境降低了材料的结合能，使成膜温度降低。

　　间接外延生长就是生长外延层所需要的原子或分子是由含相应组分化合物（如四氯化硅、三氯化砷、三甲基镓等），通过还原、热分解、歧化等化学反应获得，可以用来生长半导体单晶层、多晶层、无定形态，以及金属膜和介质膜，也就是前述的化学气相沉积（Chemical Vapor Deposition，CVD）。气相外延指用 CVD 技术在基板上生长单晶层的过程，它是一种间接外延的生长方法。它的优点是外延所用源材料用物理化学方法得到，纯度高；生长温度低于材料熔点或升华点，有利于制备高离解压的Ⅲ—Ⅴ族、Ⅱ—Ⅵ族化合物材料，晶体完整性好，容器、系统造成污染少；可通过调整反应体系的气相组成控制生长材料组分和性能，可制备性能特殊的界面、组分渐变的外延过渡层；设备简单，操作方便，易于实现批量生产。CVD 技术是制备半导体单晶薄膜的最主要方法。

　　液相外延是由金属饱和溶液中生长溶质材料晶体膜的方法。具有生长温度低、设备简单、晶体薄膜纯度和完整性好的优点，适合于制备Ⅲ—Ⅴ族重掺杂外延层和多层、异质外延薄膜。在激光器和光电器件中有重要作用，但不能生长成分组成缓变的结晶层，在制备超薄层方面存在困难。

6.6.2　外延生长主要技术特点

　　虽然外延生长与直接制备单晶体都是制备半导体材料单晶的方法，但外延生长有它的明显特点。

　　制造硅高频大功率晶体管时，要获得大功率，晶体管必须解决两个问题——集电极击穿电压要高，集电极串联电阻要小（得到低的饱和压降）。二者对电阻的要求是矛盾的，前者要求集电极区的高电阻率，而后者则要求低电阻率。降低材料电阻率可以满足后者，却不能满足前者，虽然减薄集电区厚度也可以降低串联电阻率，但厚度的降低对电阻率的减少是有限度的。外延生长可以解决这一矛盾，在低电阻率基板上外延生长一层很薄的高电阻率外延层，把器件制作在外延层上，如图 6-42 所示。高电阻率外延层保证了集电极有高的击穿电压，薄外延层又减小了集电区电阻，而低电阻率串联基板降低了基片电阻，因此集电极总的串联电阻减小，有利于制造高频大功率晶体管。

　　外延生长可以在衬底指定区域内进行，即选择性外延生长，有利于集成电路和结构特殊器件的制备；外延技术有利于控制杂质分布，分布可以是陡变的，也可以是渐变的；外延技术所制备的异质薄层、超薄层且可变组分的外延层为制造多层异质结构器件提供了条件。如图6-43的四层异质结构激光器，其中最薄的一层低于 1 μm。外延生长在低于基板熔点进行，为半导体薄膜和各种新材料、新器件的开发提供了新途径。

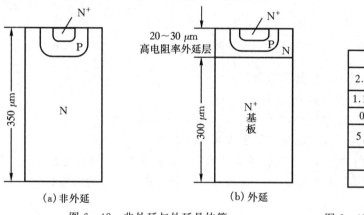

图 6-42　非外延与外延晶体管

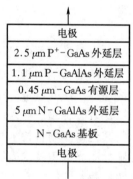

图 6-43　四层异质结激光器结构

　　由于绝大多数的半导体器件在外延层上制作，器件成品率、性能与外延片质量有直接关系。合格的外延片必须表面平整、光亮、表面缺陷少，无明显变形或雾状，无突起物或桔皮状表面；晶体完整性好，层错和位错密度低，硅外延层层错密度应低于 $100\ cm^{-2}$，位错密度应低于 $5000\ cm^{-2}$，高质量外延片的层错密度低于 $10\ cm^{-2}$，位错密度应低于 $100\ cm^{-2}$；铬酸腐蚀液腐蚀后的表面仍应明亮；外延层杂质浓度低，为减少杂质，须使用高纯度原料，保持系统与环境清洁；严格控制掺杂浓度和掺杂分布的均匀性，外延层有精确而均匀的电阻率；外延层厚度要求均匀，片子直径尽可能大，以降低成本；对于化合物半导体外延层与异质结构外延还要求优良的热稳定性。

　　外延生长的主要缺点是生长速度缓慢，不能用于生长单晶块体。

扩展阅读

　　《史记·白起王翦列传》曰"尺有所短，寸有所长"，不同种类的材料有各自的局限性，材料的不同尺度所具有的性能也表现出一定的差异性。无机材料具有硬度高、耐磨损、耐高温的优势,但是它韧性差,将陶瓷材料制成厚度在几微米以下而仍能保持陶瓷性能的薄膜,可以重复发挥基体材料和无机材料各自的优势。

《论语·卫灵公》中提到"工欲善其事,必先利其器",无机薄膜制备是知识和技术密集型过程,从原材料纯度、设备电源、腔体真空度、气/液流量、温控精度、磁场/电场强度和方向等多种设备和工艺参数方面均有较高的要求。

在当前风云变幻的国际背景下,国家的能源安全问题受到了广泛的关注。因此,国家大力开展了新型能源和低能耗的新型材料的研究。薄膜材料与薄膜技术符合国家环境保护的战略发展需求,具有极其广阔的发展前景。

薄膜材料的突破是改变工农业行业发展趋势的重要因素。薄膜材料的应用已经渗透到生活中的每一个环节。大到航天飞行器的发射,小到随手携带的电子手表都有着薄膜材料的身影。薄膜材料的创新不仅改善了人民群众的生活水准,更是在我国尖端领域的国际竞争中发挥着举足轻重的作用。薄膜材料的发展,是中国制造2035的重要环节。党和国家领导人一直坚持科技是引领发展的第一推动力。学好薄膜材料的相关知识,对于学生以后投身到社会主义现代化建设中去大有裨益。

思考题

1.简述电化学沉积的优缺点及其影响因素。

2.请总结电化学沉积法制备的薄膜特性。

3.简述离子注入设备的组成部分,并解释质量分析器的工作原理。

4.试比较各种离子注入增强沉积技术的优势和不足之处。

5.与其他薄膜制备技术相比,脉冲激光沉积技术的优势在哪里,有何不足之处?

6.脉冲激光沉积技术能够制备什么薄膜材料? 若要制备质量良好的薄膜材料,该怎样控制其工艺参数?

7.阐述真空蒸镀的原理和工艺流程。

8.真空蒸镀有多种加热方式,比如电阻加热、电子束加热、射频感应加热、电弧加热以及激光加热等,阐述这几种加热方式,并简要说明这些加热方式一般适用于哪些材料。

9.磁控溅射作为使用最为广泛的溅射技术,请总结它的溅射原理及优缺点。

10.与蒸发和溅射镀膜相比,离子镀膜技术所得的膜有何优点?

11.常用的化学气相沉积方法有哪些,发生气相化学沉积的条件是什么?

12.总结分析一下常用化学气相沉积方法的优缺点。

13.列举 CVD 工艺中涉及的化学反应类型并分别举例说明。

14.简要分析 CVD 工艺中的沉积过程。

15.解释什么是同质外延、异质外延,直接外延和间接外延?

16.总结各外延生长技术的特点,并分析其适用范围。

第7章 其他无机材料制备技术

7.1 玻璃制备技术

熔融体经过一定方式冷却,其黏度逐渐增加,成为具有固体的机械性质与一定结构特征的非晶态物体,不论其化学组成与硬化温度范围有多大区别,都称为玻璃,其由液态变为固态的过程是可逆的。与晶体材料不同,玻璃材料的原子排列为短程有序、长程无序,在热力学上是处于介稳状态的非晶态固体。随着现代科学技术的发展,在极高冷却速度下获得了金属玻璃,通过化学途径,使用溶胶-凝胶方法在低温也可以合成传统上需要高温才能获得的玻璃材料。

制备玻璃的原料来源十分广泛,周期表上大部分元素或它们的化合物都可以用于制造不同性能的玻璃。工业上经常用无机矿物原料,通过高温熔融,熔解成液体然后按照需要制造成各种形状的制品。玻璃制品广泛用于人类日常生活、工业及科学技术领域,其应用范围随科学技术的发展而日益扩大。

玻璃之所以被广泛应用的原因在于:①具有一系列独特的性质,例如透光性、化学稳定性;②具有较好的加工性能,例如可以切、磨、钻、化学处理,能满足多种加工技术要求;③原料来源广泛,特别是 SiO_2 在地球上的蕴藏量极为丰富,同时原料价格便宜。

7.1.1 原料种类及其作用

玻璃原料分为主要原料与辅助原料,两者在玻璃中所起的作用与用量是不相同的。

主要原料在玻璃制备工艺中用量大,在熔制过程中形成玻璃的主体。它们主要是各种氧化物,包括 SiO_2、B_2O_3、P_2O_5、BaO、CaO、ZnO、Pb_2O_3、Al_2O_3、Na_2O、K_2O、MgO 等,它们分别由石英砂、硼酸、硼砂、重晶石、碳酸钡、石灰石、长石、纯碱、苦灰石、芒硝、碳酸钾、硝酸钾等物质引入。不同氧化物对玻璃制备工艺与玻璃性能的影响如表7-1所示。

表7-1 不同氧化物对玻璃制备工艺与玻璃性能的影响

名称	作用
氧化硅	**增**:熔融温度、退火温度、热稳定性、化学稳定性、强度;**降**:密度
氧化硼	**增**:热稳定性、化学稳定性、折射率、光泽;**降**:熔融温度、韧性、析晶倾向
氧化铅	**增**:密度、折射率、光泽;**降**:熔融温度、化学稳定性
氧化铝	**增**:熔融温度、化学稳定性、强度、韧性;**降**:析晶倾向
氧化钙	**增**:退火温度、化学稳定性、硬度、强度、析晶倾向;**降**:热稳定性
氧化镁	**增**:退火温度、热稳定性、化学稳定性、强度;**降**:韧性、析晶倾向
氧化钡	**增**:密度、析晶倾向、折射率、光泽;**降**:熔融温度、化学稳定性
氧化锌	**增**:熔融温度、热稳定性、化学稳定性;**降**:热膨胀系数

续表

名称	作用
氧化钠	增:热膨胀系数、介电常数、表面导电性;降:熔融温度、退火温度、热稳定性、化学稳定性、韧性、析晶倾向
氧化钾	增:光泽、热膨胀系数、介电常数、表面导电性;降:熔融温度、退火温度、热稳定性、化学稳定性、韧性、析晶倾向

辅助原料是使玻璃具有某种特性或用以加速熔制过程进行的一些物料,这部分原料用量较少,如澄清剂、着色剂、脱色剂、乳浊剂、加速剂等。

1. 澄清剂

澄清剂有助于玻璃液澄清。利用澄清剂在高温分解所产生的气体,可使原来存在于玻璃中不易逸出的小气泡被这种气体所形成的大气泡带出,或是使小气泡联合成大气泡逸出。常用的澄清剂有 $NaNO_3+As_2O_3$、$(NH_4)_2SO_4$、NH_4Cl、NH_4NO_3、Na_2SO_4、$NaCl$、Sb_2O_3 等。

2. 着色剂

着色剂能使玻璃具有一定的颜色。主要包括:①胶态着色剂。在玻璃中以胶体悬浮状态存在的少数元素对光吸收的选择性,使玻璃呈现一定的颜色。这种着色作用与胶粒含量以及胶粒性质有关。常用的胶体着色剂有 $AgNO_3$、$AuCl_3$、Cu_2O、CdS、$CdSe$、$Sb_2O_5\cdot CoO$、SeO_2 等;②分子着色剂。许多元素在玻璃中以分子或离子状态存在,通过分子或离子对光吸收的选择性实现玻璃的着色。一般的分子着色剂有二种。一种在玻璃中以一定的氧化程度存在,例如 NiO 和 CoO,不论以何种氧化物加入,熔融后都生成镍和钴的硅酸盐,这类氧化物与熔融条件无关,能产生不变的稳定色;另一种在玻璃中可以以不同的氧化状态存在,例如氧化铁与氧化锰,它们的氧化状态随熔融条件而变,在氧化条件下产生高价氧化物,而在还原条件下产生低价氧化物,如 FeO、MnO 等。不同氧化物的显色作用如表 7-2 所示。

表 7-2 不同氧化物的显色作用

种类	成分	颜色	种类	成分	颜色
氧化钴	CoO、Co_2O_3、Co_3O_4	蓝色	氧化铬	Cr_2O_3	绿色
氧化铜	Cu_2O	红宝石色	氧化铁	Fe_3O_4	蓝色
	CuO	天蓝色		Fe_2O_3	绿色
	$CuSO_4\cdot 5H_2O$	绿色		FeO	深绿色
氯化金	$AuCl_3$	红宝石色	硝酸银	$AgNO_3$	黄色
镉化物	CdS	黄色	氧化钛	TiO_2	紫色、绛红色
氧化锰	MnO	紫色	硒化物	Se	玫瑰色
	MnO_2			Na_2SeO_3	红宝石色

3. 脱色剂

脱色的目的是消除原料中杂质引起的玻璃不必要的着色。它们包括:①物理脱色剂。加入与玻璃中原有颜色的互补色。常用脱色剂有二氧化锰、硒、氧化镍、氧化钴、氧化钕等。使用氧化锰时需要同时加入稳定剂,利用稳定剂的氧化能力,保持其最高着色力并避免着色能力消失。②化学脱色剂。利用在高温或低温放出氧气的物质使玻璃中的低价氧化铁变成高价氧化铁 Fe_2O_3 以降低玻璃的颜色。常用的化学脱色剂包括 KNO_3、$NaNO_3$、As_2O_3、CeO_2 等。

4. 乳浊剂

常用氧化物、氟化物作为玻璃的乳白剂加入,例如 SnO_2、P_2O_5、Sb_2O_3、CaF_2、Na_3AlF_6(冰晶石)、Na_3PO_4 等。这些物质在玻璃冷却时析出,呈极细微粒状,本身不透光而使光线漫射,玻璃呈乳白色。

5. 加速剂

加速剂的作用是缩短熔制时间,在玻璃熔制时起两个作用。一个作用是在不提高熔制温度的条件下降低玻璃黏度,加速澄清过程,例如 B_2O_3 等;另一个作用是使玻璃中的 FeO 转化为色泽较浅的 Fe_2O_3,提高玻璃液透明度,从而提高透热性,加速熔制过程。这种加速剂可用 As_2O_3 与 KNO_3 的混合物,或加入一定量的氟化物,使 FeO 熔化成无色的 FeF_3 或转化成挥发的 Na_3FeF_6;也可以通过提高玻璃的透热性加速熔制过程,属于这种加速剂的有 CaF_2 等。

此外在玻璃中还经常添加稀土元素以获得特殊的物理性能,稀土元素一般不用矿物原料引入。经常使用的稀土元素有氧化钇(YbO_2)、氧化镧(La_2O_3)、氧化铈(CeO_2)、氧化镨(Pr_6O_{11})、氧化钕(Nd_2O_3)、氧化铕(Eu_2O_3)、氧化钆(Gd_2O_3)等,其共同特点是具有极高的熔点,除氧化镨外,几乎都在 2000 ℃以上。它们主要用于改善材料的光学性能、电磁学性能、热性能、辐照性能等。

7.1.2　玻璃成分设计

玻璃成分设计除需要满足材料的性能要求外,还需要考虑工艺、成本,以及工业化生产的可行性等因素。

玻璃材料的性能要求指玻璃的化学稳定性以及热学、电学、光学等物理性质。

工艺方面则需要考虑:①所设计的玻璃成分便于熔制、澄清,并且不易产生缺陷;②要求设计的玻璃成分的黏度-温度曲线满足成形工艺要求,并在保证质量的条件下具有较快的成形速度;③玻璃在热处理时不易析晶,玻璃中的氧化物不易被还原等。

成分设计的一种方法是在确定玻璃体系的前提下,在该系统相图的玻璃形成区找出多个点,并确定相应的化合物组成百分数,按照此百分数配比熔融后,对所得到的玻璃性能进行测试,从中找出达到性能要求的玻璃成分配方。

成分设计的另一种方法主要针对常用氧化物体系。由于玻璃的许多性质具有加和性,就是说玻璃的某些性质等于各氧化物的质量(或体积)分数乘以相应经验系数的加和;玻璃中不同氧化物组成的拉伸强度、压缩强度、弹性模量、硬度、比容(密度的倒数)、热膨胀系数、比热、导热系数都可以用相应的加和公式计算。有关经验系数可以在相关手册中查找。因此根据性能要求,考虑各种化合物对玻璃性质的影响,通过加和公式得到氧化物的含量,再从相图确认所设计的成分点位于玻璃形成区,就可以基本确认该配比有可能熔制得到所预想的玻璃。

此外在对玻璃成分进行设计时还要考虑玻璃的析晶性能。在玻璃生产中,除特殊情况外,是不允许产生析晶的。研究表明,玻璃的组成点靠近相界,或者处于低温共熔点的玻璃析晶能力较小,反之则较大,这个规律对于多组分硅酸盐玻璃具有普遍性。

7.1.3 玻璃配料与熔制

1. 配料

配料是制造玻璃的首道工序。根据玻璃设计所确定的成分,采用适当的原料将各种氧化物引入玻璃。同一种氧化物可通过不同的原料引入,可一次引入,也可多次引入。

原料的选择要考虑:①成本低,来源广,供应方便;②加工过程简单;③化学组成变动小,以保证计算的成分;④尽量少用轻原料,以免原料分层;⑤对耐火材料的侵蚀要小。

由于有些原料为碳酸盐、硫酸盐、硝酸盐等,在加热到一定温度时会发生分解,同时形成硅酸盐,放出气体,虽然适当的气体放出对均化和澄清是有益的,但过多或过少的气体也是不利的。因此在确定配方时还应考虑到配方的气体比

$$气体比 = \frac{放出气体的总重量}{原料的总重量}\% \qquad (7-1)$$

不同玻璃的气体比不同,钠钙玻璃为 $15\%\sim20\%$,铝质玻璃为 $9\%\sim12\%$。同时还要考虑气体放出时的温度、气体的性质、玻璃成分、气体分压,以及气体在玻璃中的溶解度。

原料经过称量与混合就成为原料粉。对原料粉的要求是越均匀越好,原料粉越均匀,则熔制时间越短,玻璃缺陷越少;理论上对原料粉的颗粒度要求也是越细越好,但过细的颗粒度在实际操作时易于产生损失,影响玻璃成分准确度。因此对实际颗粒度有一定限制,其中难熔原料尽可能细一点,但纯度不应降低。易熔原料粗点无妨;为避免分层,还要考虑原料的比重,比重小的可以粗些,比重大的则要细些。

2. 熔制

熔制是使材料在高温下生成玻璃液的过程,是玻璃工业的重要工序。玻璃的熔制是一个复杂的过程,它包括一系列物理的、化学的和物理化学的现象和反应。绝大多数玻璃缺陷是在熔制过程中产生的。

各种原料在加热时都具有形成玻璃的特点,这些特点与原料的化学组成有关。在熔制过程中,原料个别组成之间会发生反应,形成各种低温共熔物、生成新的物质,某些组成或生成物会发生晶型变化,熔体中会发生熔解作用以及其他很多现象。虽然具体的变化与原料有关,但是有许多物理、化学和物理化学现象对所有的原料都是相同的,玻璃原料在加热时所发生的各种变化大致如表7-3所示。表中提到的现象,在各种玻璃熔制过程中进行的次序和现象发生的温度与原料的组成有关。

表7-3　玻璃熔制过程的物理、化学和物理化学现象

物理现象	化学现象	物理化学现象
原粉加热、大气吸附水排出、个别组分熔化、晶型转变、个别组分挥发	固相反应、盐类的分解、水化物分解、化学结合水排出、组分相互作用生成硅酸盐	组分间互相溶解、低温共熔物生成、玻璃与高温气体间相互作用、玻璃液与耐火材料相互作用

玻璃熔化过程可分为5个阶段:①硅酸盐形成。这个阶段中原料的组成发生一系列物理与化学变化,完成粉料之间的主要反应,产生大量气体物质挥发。这个阶段结束时粉料变为由

硅酸盐和二氧化硅组成的烧结物。对于大多数玻璃,硅酸盐形成阶段在 800～900 ℃ 完成。②玻璃形成。继续加热使烧结物熔化,其中首先熔化的是低熔混合物,同时二氧化硅与硅酸盐相互溶解。这个阶段结束时烧结物变成了透明体,其中不再有未反应的粉料颗粒。但玻璃液中带有大量气泡,均匀性也好。大多数玻璃的玻璃形成阶段在 1200～1250 ℃ 完成。③澄清。进一步加热,玻璃液黏度降低,开始放出气态夹杂物,在玻璃中进行去除气泡的过程。大多数玻璃的澄清阶段在 1400～1500 ℃ 完成,这时玻璃液的黏度维持在大约 10 Pa·s。④均化。长时间处在高温下的玻璃液的化学组成逐渐趋向一致。扩散作用使玻璃液中的条纹消失而变成均一体。玻璃液各区域具有相同的折射率是均匀性的表征。大多数玻璃的均化阶段是在比澄清温度略低时完成的;⑤冷却。将玻璃液的温度降低 200～300 ℃,使得玻璃液具有成形所要求的黏度。

玻璃熔制过程中的各个阶段有其特点,要使它们顺利进行,需要具备一定的条件。同时这些阶段又彼此联系,在实际操作中也不可能严格分开进行。例如硅酸盐形成和玻璃形成、澄清和均化作用一般都是同时进行的。

玻璃原料达到高温(1350 ℃)时,硅酸盐生成过程非常迅速,3～5 min 即可完成。这个反应在很大程度上是在固体状态下进行的,此反应完成后,生成的硅酸盐开始熔融,石英颗粒也开始在熔体中溶解,温度越高,溶解速度越大。但由于石英颗粒在熔体中的溶解过程是非常慢的,因此这个过程决定了玻璃原料的总熔融时间。石英颗粒在熔体中的溶解过程包括固体表面溶解和二氧化硅颗粒从表面向里面溶解扩散两个阶段,其速度是不同的。其中扩散是最慢的阶段,因此石英颗粒的扩散速度决定了其溶解速度。熔体扩散系数与扩散速度随熔体黏度降低而提高,硅酸盐熔体的黏度随熔体中 SiO_2 浓度增加而提高。因此可以通过提高温度的方法降低熔体的黏度,提高玻璃熔制速度。

玻璃液的澄清与除气是最重要的阶段。玻璃质量及其玻璃液是否适用于制品成形与这个阶段的完成程度有关。

玻璃液的澄清过程是清除玻璃液中可见气泡的过程。其实质是首先使气泡中的气体、炉气中的气体与玻璃液中溶解的气体之间建立平衡,然后使小气泡漂浮至玻璃的表面加以清除。

玻璃液中的气体以可见气泡、溶解状态,或者与熔体组成发生化学结合三种形式存在。玻璃液中的气体交换表现为:①玻璃液中析出的气体进入气泡或炉气中,使其饱和;②漂浮在玻璃液表面的小气泡进入炉气;③小气泡与炉气中的气体溶入玻璃液中。由于澄清过程中所发生的气体交换的复杂性,要建立实际的气体平衡是很困难的,实际气体平衡状态与玻璃的组成、温度、炉气的组成与压力,以及玻璃中形成气泡的气体性质有关。

玻璃生产中采用的澄清方式主要有:①延长熔制时间;②在澄清阶段提高温度;③加入澄清剂;④机械搅拌;⑤采用高压、真空条件或配以超声波处理。

提高温度可以大幅度降低玻璃液黏度,增加气泡上升速度,同时由于气体的热膨胀使气泡体积增大,迅速向玻璃液表面移动;澄清剂在高温下的分解或挥发可以在澄清过程生成大量溶于玻璃液中的气体,使玻璃液中的气体达到饱和状态,在已产生的气泡中析出,降低气泡中已有气体的分压,促进这些气体从玻璃液中析出。此外由于澄清剂中的气体与气泡中原有气体的共同析出,增大了气泡的直径,也有利于澄清过程的加速。澄清剂的种类很多,最常用的是白砒与硝石的混合物。

玻璃液的均化通常与澄清过程后期一起进行并完成。均化的目的是消除玻璃液中的线道与其他不均匀体。玻璃的均化与澄清同样重要,但相当困难,达到均化目的最有效的办法就是降低玻璃液的黏度并进行搅拌。降低黏度可通过提高温度实现,而搅拌则可用机械设备或利用玻璃液的对流来实现。机械搅拌常用于高性能玻璃,如光学玻璃。玻璃液中的小气泡也起均化作用,当气泡遇到不均匀玻璃层时,就能将其拉成线或带,使不均匀体越来越薄,易于均化过程进行。沸腾是玻璃均化的另一种方法,这种方法一般是在玻璃液中用一端弯曲的铁棒加入含水的物体(如冰块、干净的马铃薯),遇热时剧烈放出水分,形成较大气泡,气泡迅速上升,使得玻璃液受到剧烈搅拌。人工搅拌仅用于坩埚窑熔制,大型池窑的均化过程是将玻璃液长久放置于高温区域。

　　冷凝是玻璃熔制的最后阶段。其目的是将玻璃液的黏度提高到成形制品所需要的范围,需要降低的温度随玻璃液的特性及成形方法而定,通常比最高熔制温度低约 300 ℃。当温度降低时,澄清过程中所建立的平衡可能被破坏,玻璃液中可能出现二次气泡,其直径一般小于 0.1 mm,数量甚至可达每立米厘米几千个之多。

　　需要注意的是玻璃熔制过程中原料组分的性质不同,挥发度也不相同。硼酸及其盐类、氧化铅、亚砷酸、三氧化锑和其他一些化合物,加热时挥发很明显;碱和氧化锌明显挥发,氟化物的挥发非常强烈,二氧化硅和氧化铝没有显著挥发。原料组分的挥发度没有完整可靠的数据,它与玻璃组成、熔制制度及其他条件有关。熔制玻璃时对原料挥发量的调整需要通过实验加以确定。1450 ℃熔制时硼酸挥发量为 3.6%～48.3%,与原料配方中的含量有关;Na_2O 以碳酸盐形式加入时挥发量为 3%～4%,而以硫酸盐形式加入则挥发量增加 1 倍。若熔制温度提高,则挥发度大大增加,例如熔制温度提高到 1660 ℃时,Na_2O 的挥发量会增加 1 倍。

7.1.4　玻璃成形加工

1. 玻璃熔体的特征参考点与玻璃转变温度

　　在玻璃生产和玻璃加工工艺流程中需要确定相应的温度与黏度范围,以制定合适的工艺制度。图 7-1 为玻璃生产不同阶段所对应的黏度范围。所列出的特征黏度参考值对于确定生产工艺具有重要意义。

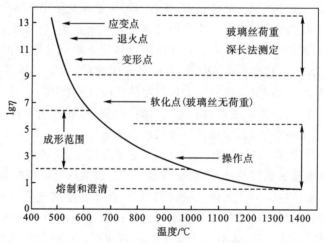

图 7-1　玻璃黏度范围的特征参考点

在熔化池中玻璃的黏度大约为 $1\sim10$ Pa·s；当压入模具或拉成管、棒时的黏度为 $10^3\sim10^{6.6}$ Pa·s；软化点对应的黏度为 $10^{6.6}$ Pa·s，软化点指一定尺寸的玻璃丝受热后，在自重作用下以 1 mm/min 速度伸长的温度；膨胀仪软化点的黏度为 $10^{10.3}$ Pa·s，在相应温度之上玻璃试样开始软化并不再伸长；退火上限（退火点）的黏度为 10^{12} Pa·s，任何内应力在此黏度所对应的温度几分钟就可以消除；退火下限（应变点）的黏度为 $10^{13.5}$ Pa·s，所对应的温度是玻璃能快速冷却而不致产生严重内应力的最高温度。玻璃转变温度 T_g 对应的黏度范围为 $10^{12}\sim10^{13.5}$ Pa·s。

玻璃和晶体都是固体，图 7 - 2 为这两种固体的比热-温度曲线。可以看出，高温时玻璃和晶体都是液态熔体，随温度降低比热线性降低；适当冷却后，晶体熔体的比热在熔点 T_p 陡然猛降，进入结晶状态，而玻璃则从熔体成为过冷熔体，比热继续线性降低，直到温度 T_b；晶体比热在降到熔点 T_p 后随温度降低又开始线性下降，而玻璃熔体的比热则在 T_a—T_b 范围内沿曲线连续降低，这时黏度也相应增加，成为固体玻璃。T_a—T_b 称为软化区或塑性范围，在这个温度区间比热曲线拐点对应的温度称为玻璃转变温度 T_g。T_g 是确定玻璃性能与选择玻璃工艺的关键温度。它是液态玻璃熔体到玻璃状固体之间过渡范围的特征点。

玻璃转变温度在不同的条件下可以在一定范围内变动。这种变动来源于不同条件下玻璃显微结构的形成程度。因此玻璃转变温度必须在标准条件下测定，即测定 T_g 的玻璃首先需要在软化区以 1 ℃/min 的速度冷却，实际测量时试样以 5 ℃/min 的速度加热。在这种条件下测得的 T_g 才具有可比性。经常用测定连续升温时玻璃试样相对伸长变化的方法确定 T_g（图 7 - 3）。也可以采用其他方法，如在升温时测定电阻、膨胀系数及其他物理量变化的方法。

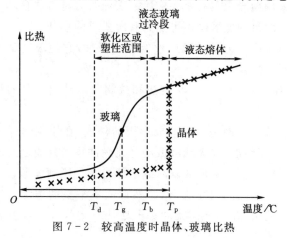

图 7 - 2　较高温度时晶体、玻璃比热

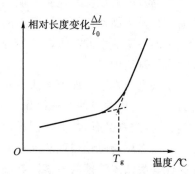

图 7 - 3　玻璃试样相对伸长法确定 T_g

2. 成形

根据玻璃制品的不同用途、外形和大小，可采用各种热加工和冷加工的方法成形玻璃。玻璃可以像铸铁一样浇铸成形，像黄铜一样模压成形，像钢一样轧制，也可以像黏土或塑料一样压制。玻璃可以像吹肥皂泡一样在铁管的一端吹制，玻璃也可以拉成薄片、管或丝，用玻璃丝还可以织成美丽的织物。此外玻璃可以焊接，在特殊玻璃制品的生产中，例如过滤器也可以采用烧结的方式进行。

玻璃黏度与表面张力在热成形过程中起着极重要的作用。材料在塑性状态下的成形过程可分为定形与固形两个阶段。

玻璃制品成形过程的两个阶段都与温度-黏度密切相关。将熔制好的玻璃液冷却到某一温度以便成形,再将制品冷却到更低的温度使其硬化,就得到所需要玻璃制品的形状。随玻璃液温度降低,玻璃的黏度从澄清过程中的 10 Pa·s 逐渐提高到最低退火温度时的10^{12} Pa·s左右,随后停止流动。对所有的玻璃来说,其黏度与温度关系的特征是一样的,如图 7-4 所示。可以看出,在较高温度范围内黏度的温度系数较小,而在曲线弯曲的范围内黏度的温度系数发生剧烈变化。

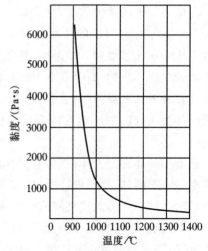

图 7-4　玻璃黏度与温度关系

由于玻璃黏度随成形过程中的温度变化而变化,在选择成形温度范围时,要考虑接近曲线的弯曲区,以保证制品形状的自动固定速度。改变玻璃组成可调整玻璃黏度-温度变化范围,以获得适应于成形的温度制度;此外还可以利用黏度-温度的可逆性将素坯重复加热实现复杂形状的成形。

黏度-温度变化规律在吹制玻璃制品时特别重要,在吹制过程中制品壁厚及其均匀性的控制是由此变化规律所控制的。

表面张力在玻璃制品成形过程中的作用也是非常重要的,是吹制法控制制品外形的主要因素。表面张力对制品边缘的烧圆以及火焰抛光也具有重要作用。表面张力是玻璃自动加料器的主要工作原理,没有表面张力,送入成形机的玻璃团不可能具有所要求的形状。

可以通过改变温度来调整玻璃黏度与表面张力是玻璃成形的有利条件,它使玻璃工业具有其他材料所不能使用的灵活简单的成形方法。

玻璃的主要成形方法可以分为四种:压制法、轧制法、吹制法和拉制法。玻璃制品的浇铸法可归入压制法中。

压制法是最古老的成形方法。压制设备的关键是玻璃液成形用的外模,在压制时通常形成制品的外形;模冲或冲头在操作时加压于玻璃液,使玻璃液流动并充满冲头与外模之间的间隙;当制造空腔制品时,冲头使制品内表面成形。准确形成制品的上部边缘是压制成形过程的关键。如果在压制时让玻璃液能在外模与冲头之间自由上升,必然形成不平整的边缘。如果能够保证每次加入外模的玻璃液都是相同的量,并在外模或冲头上增加一个弹性模环就有助于克服此缺点,如图 7-5 所示。

吹制是一种独特的成形方法。在吹制法中充分应用了玻璃黏度、表面张力与温度的关系。通过空气的弹性与玻璃的塑性相结合可以制得各种形状的玻璃制品。目前已从手工吹制发展到机械化吹制、与模压相结合的压吹法(图 7-6),以及真空吸料法。压吹法首先在左边的模具里压成玻璃泡,模具上部称为口钳,完全符合产品口部或边部的形状,下部称为粗模;模冲取出后,玻璃泡与口钳从粗模取出移至右边的精模中,口钳的上部放置有中心孔的吹气帽,用压缩空气由中心孔吹入,在玻璃泡与精模表面接触后,将精模两半和口钳打开,取出产品。

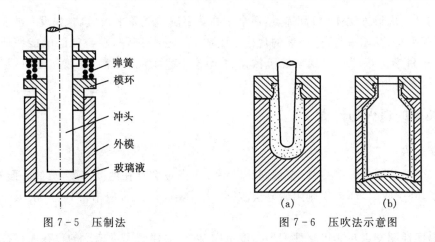

图 7-5　压制法　　　　　　　　　　图 7-6　压吹法示意图

从吹制工艺发展而来的是拉制法。利用玻璃黏度、表面张力与温度的关系,在玻璃具有塑性时用外力进行拉伸得到制品。例如制造平板玻璃、玻璃管(图 7-7)与玻璃纤维等。

轧制法主要用于厚平板玻璃制造,也用于制造内部具有金属丝的夹丝玻璃(图 7-8)。

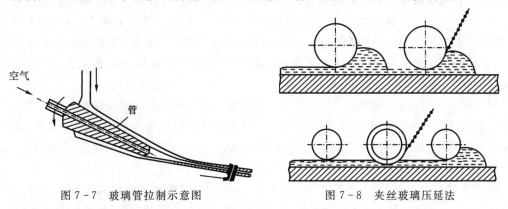

图 7-7　玻璃管拉制示意图　　　　　　图 7-8　夹丝玻璃压延法

用于玻璃成形模具的材料通常有铸铁、合金钢、铬合金与铜合金。选择材料时主要考虑制造成本与实际使用寿命。可以采用电刷镀或金属涂层的方法提高模具使用寿命。

浮法玻璃的成形过程是在通入保护气体的锡槽中完成的。熔融玻璃从池窑中流入并漂浮在相对密度大的锡液表面,在重力和表面张力作用下,玻璃液在锡液面上铺开、摊平,使上下表面平整,硬化、冷却后被引上过渡辊台。辊台的辊子转动,把玻璃带拉出锡槽进入退火窑,经退火、切裁,得到平板玻璃产品。图 7-9 为浮法玻璃工艺流程示意图。

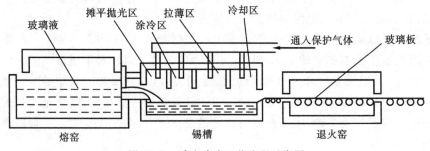

图 7-9　浮法玻璃工艺流程示意图

浮法与其他成形方法比较,其优点:适合于高效率制造优质平板玻璃,如没有波筋、厚度均匀、上下表面平整、互相平行;生产线的规模不受成形方法的限制,单位产品的能耗低;成品利用率高;易于科学化管理和实现全线机械化、自动化,劳动生产率高,连续作业周期可长达几年,有利于稳定地生产。

7.1.5　玻璃的退火与淬火

1. 玻璃退火

即使以较慢的冷却速度冷却,玻璃制品沿厚度方向也会存在温度梯度,玻璃表面外层的温度比内层低,外层收缩,而内层则阻碍外层收缩,这时表面产生张应力,内层产生压应力,引起内应力。

如果温度梯度发生在非可塑性变形温度范围,内应力伴随温度梯度的存在而存在,冷却后随温度梯度消失,与温度梯度相关的应力也消失,这种状态的内应力是暂时的;而在可以发生塑性变形的温度范围,即使存在温度梯度也不会产生内应力,因为可塑性的存在使内应力随时消失;如果较热的玻璃在外层已经硬化时内层还可以发生塑性变形,当结束冷却后制品的整个厚度处在同一温度时,就出现内应力,表面层产生压应力,而内层产生张应力,这种应力是永久的,只有在再次加热到可塑变形温度后才能消失。当未采取措施而任意冷却时,制品内部的内应力的分布是不确定与不均匀的,这种制品具有较低的机械强度和热稳定性,甚至会自动破裂。

对大多数玻璃而言,成形在 $500\sim1250$ ℃范围内进行,玻璃黏度及其可塑性在此范围内可以发生极大变化。当温度高于 $500\sim600$ ℃时,玻璃黏度可以保证内应力在瞬间消失;低于此温度,内应力的消除则需要一定时间,温度越低时间越长;玻璃转变成非可塑态后,内应力便无法消除,成为永久性的。

从减少制品内应力考虑,可能产生永久内应力的开始温度到转变成非可塑状态时的温度范围($600\sim350$ ℃)具有最重要的意义。在这个温度范围内的冷却,应当使玻璃制品在转变成非可塑状态时,其内部没有内应力或者内应力最小。因此可以通过在此温度范围内的退火来消除制品内部的内应力,良好退火的玻璃具有稳定的物理化学性质。

退火温度与冷却制度是玻璃制品退火制度的主要参数。退火温度取决于玻璃的化学组成,而冷却制度除考虑化学组成外还要考虑制品的厚度、退火温度以及退火窑炉的结构。

退火被分为高退火温度与低退火温度。高退火温度 3 min 就能消除 95% 的应力,而低退火温度 3 min 则只能消除 1% 的应力。高退火温度与低退火温度之间的温度间隔是成形过程非常重要的阶段,在此间隔内制品会产生永久应力。

高退火温度可以通过实验研究确定,通常比 T_g 温度低 $20\sim30$ ℃;也可以在考虑形成玻璃氧化物对退火温度影响的基础上通过计算方法大致确定。某一种形成玻璃的氧化物置换玻璃内 1% 的 SiO_2 时,退火温度升高和降低的数值可由表 7-4 中查得。表中的"+"表示退火温度升高,"-"表示退火温度降低。根据玻璃组成计算玻璃退火温度时,需要预先知道化学组成相近玻璃的退火温度作为参考,大多数玻璃的高退火温度在 $530\sim570$ ℃。几种玻璃的最高退火温度如表 7-5 所示。

表 7-4　玻璃化学组成对退火温度的影响

氧化物	氧化物加入量/%									
	0~5	5~10	10~15	15~20	20~25	25~30	30~35	35~40	40~45	45~50
Na_2O	—	—	−4	−4	−4	−4	−4	—	—	—
K_2O	—	—	—	−3	−3	−3	—	—	—	—
MgO	+3.5	+3.5	+3.5	+3.5	+3.5	—	—	—	—	—
CaO	+7.8	+6.6	+4.2	+1.8	+0.4	—	—	—	—	—
ZnO	+2.4	+2.4	+2.4	+1.8	+1.2	+0.4	—	—	—	—
BaO	+1.4	0	−0.2	−0.9	−1.1	−1.6	−2	−2.6	—	—
PbO	−0.8	−1.4	−1.8	−2.4	−2.6	−2.8	−3.0	−3.1	−3.1	—
B_2O_3	+8.2	+4.8	+2.6	+0.4	−1.5	−1.5	−2.6	−2.6	−2.8	−3.1
Al_2O_3	+3	+3	+3	+3	—	—	—	—	—	—
Fe_2O_3	0	0	−0.6	−1.7	−2.2	−2.8	—	—	—	—

表 7-5　几种玻璃的最高退火温度

氧化物及其含量/%										最高退火温度/℃
SiO_2	CaO	MgO	Na_2O	K_2O	Al_2O_3	Fe_2O_3	PbO	B_2O_3	MnO	
72.60	5.50	3.70	16.50		0.90			0.80		530
73.20	5.60	3.70	16.50	1.50	1.00					540
74.59	10.38		14.22		8.45	0.21				581
74.13	9.47		13.54		2.67	0.09				562
74.25	7.91		12.72		5.23	0.07				560
66.33	17.28		15.89		0.52	0.06				496
82.83	0.02		16.89		0.28	0.08				522
72.29	6.76		15.65		0.72	0.06			0.60	560
68.34	10.26		16.62		2.50	2.10				570
74.59	10.38	0.30	14.22		8.45	0.21				581
74.76	7.52	1.54	14.84		0.93	0.08				524
67.78			18.65		0.46	0.08	12.56			465
59.34			12.31		0.43	0.06	27.77			446
75.38	8.40		6.14	9.38	0.65	0.07		2.05		588
62.42	8.90		6.26	8.06	0.62	0.08		13.65		610
57.81			9.55		0.98			31.26		523
64.00	7.00		11.50		10.00			7.00		630
71.00	10.20			18.60						670
66.45	5.40		7.85	13.70	1.50			1.10		535

氧化物及其含量/%										最高退火
SiO₂	CaO	MgO	Na₂O	K₂O	Al₂O₃	Fe₂O₃	PbO	B₂O₃	MnO	温度/℃
72.00	1.55	1.45	7.20	10.45				8.15		560
52.49				9.60			37.75	1.45		490
47.00				6.04			46.40			485
31.60				2.85			65.35			370

　　玻璃制品的退火工艺包括加热、保温、慢冷与快冷 4 个阶段:①加热阶段。如果制品入炉时温度低于高退火温度,则制品必须加热到退火温度,此时加热速度不应当使制品内产生很大的温差,过大的温差会引起玻璃内产生的暂时应力超过极限强度使制品破坏。②保温阶段。为消除沿制品不同截面上的温度梯度,制品要在退火温度下保温。③慢冷阶段。高退火温度到低退火温度之间的温度范围内,制品冷却速度应使制品内的最终应力不超过制品的允许应力。④低于低退火温度时,制品冷却速度应使产生的暂时应力不超过材料极限拉伸强度。

2. 玻璃淬火

　　内应力的存在对玻璃也不完全有害。玻璃内存在规则分布的应力会给予材料许多特殊的性能,例如优异的抗冲击、抗弯曲、抗扭曲强度及热稳定性与安全性能。广泛使用的钢化玻璃就是采用特殊热处理方法——淬火(或称钢化),使玻璃内产生均匀分布应力的平板玻璃。

　　玻璃淬火就是将玻璃加热到转变温度 T_g 以上 50～60 ℃,然后在冷却介质中快速均匀冷却,在冷却过程中玻璃的内层与表面层将产生很高的温度梯度,由此引起的应力起始会由于玻璃的黏滞流动而被松弛,造成有温度梯度而无应力的状态;继续冷却,温度梯度逐渐消除,原先可以被松弛的应力转化为永久应力,从而形成玻璃表面均匀分布的压应力层。

　　玻璃淬火造成内应力的大小与淬火温度、冷却速率、玻璃的化学组成以及制品厚度有关。

　　玻璃开始急冷(淬火)的温度称为淬火温度。淬火过程中应力松弛的程度与玻璃产生的热弹性应力、温度有关。热弹性应力大小决定于冷却强度与玻璃厚度。玻璃厚度一定时,玻璃中永久应力(钢化程度)随淬火温度与冷却强度的提高而提高,当淬火温度提高到某一数值时永久应力趋近于一极限值。淬火产生的永久应力值与淬火温度之间的关系称为淬火曲线。图 7-10 为不同冷却速率时的淬火曲线。由于玻璃中的应力对应于采用偏振光双折射方法测量玻璃不同方向最大颜色变化时所对应的光程差,因此得到的应力单位为 nm·cm⁻¹(工艺上还可以表示为 N·cm⁻¹,其中 N=540 nm,相当于可见光波长的平均值)。

　　如果玻璃从高于 T_g 温度 50～60 ℃时在空气中冷却,那么在偏振光仪内观察永久应力,对一定厚度玻璃板而言是最大的,并且与钢化温度无关;如果玻璃在钢化温度或比钢化温度略低的

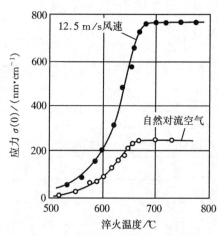

图 7-10　不同冷却速率的淬火曲线

温度下淬火,则玻璃的钢化程度非常弱,称为不规则钢化。实际上制造钢化玻璃时要求在尽可能高的温度下钢化,制品变形是这个最高温度的极限。

在同样冷却强度条件下,永久应力值随玻璃厚度增加而提高,因此薄玻璃比较难淬火。

淬火获得的永久应力与玻璃热膨胀系数、弹性模量、泊松比有关。这些参数与玻璃组成有关,具有低膨胀系数的玻璃很难淬火。

用空气作淬火介质时称为风冷淬火;为了提高薄壁玻璃制品的淬火程度,必须加大冷却速率,可以用油脂、硅油、石蜡、树脂、焦油等液体作为淬火介质,称为液冷淬火。此外还可以用硝酸盐、铬酸盐、硫酸盐等作为淬火介质。

7.1.6　超薄玻璃的制备

目前,随着科学技术的不断发展,电子设备以极快地速度进行更新换代,电子设备变得越来越轻薄。针对这种情况,人们对于电子信息显示用超薄柔性玻璃基板的要求也随之提高。

超薄玻璃基板需要保持在 $0.1\sim1.5$ mm,厚度在 0.5 mm 以下的玻璃具有挠性,而厚度在 0.1 mm 以下的玻璃能够弯曲。为了制作符合条件的超薄玻璃基板,需要将熔炉的温度达到 1650 ℃,在狭小的空间中进行烧制。因为玻璃中含有高浓度的三氧化铝,所以玻璃在烧制的过程中黏度会比较大。因此,需要在特制的窑炉里进行烧制。

目前,超薄玻璃基板的烧制方式有流孔下引法、熔融溢流法以及浮法三种。

(1)流孔下引法。流孔下引法是日本制造超薄玻璃板的主要方法,指的是将融化好的玻璃液体通过铂合金制成的孔槽向下流。流孔下引法的优点是模板容易制造,能够快速地制作尺寸小于 0.6 mm 的玻璃基板。但是,这种方法不能生产出宽度较大的玻璃,而且生产出的玻璃会出现厚度不均匀的现象,目前已经被淘汰了。日本现在已经转变了生产方式,改为使用熔融溢流法进行超薄玻璃板的制作。

(2)熔融溢流法。熔融溢流法是美国与日本制作超薄玻璃板的主要方法。利用熔融溢流法制造玻璃指的是将融化好的玻璃液体从溢流槽的一端注入到溢流槽中,将溢流槽填满,玻璃液体在溢流槽中向下流,最后汇合到溢流槽底端,形成玻璃基板的形状。熔融溢流法的优点是能够通过改变溢流槽中的温度对玻璃基板的厚度进行调整,能够制造出超薄玻璃基板;在生产玻璃的过程中不与玻璃进行接触,因此,能够有效地保证玻璃表面不被破坏,可以免去抛光这一步骤,提高了玻璃基板制造的效率。但是,在利用熔融溢流法生产玻璃基板的过程中,受到引流槽尺寸的约束,不能制造出较宽的玻璃基板,而且产量较小且不能制作有碱玻璃。

(3)浮法。浮法是日本使用的制造玻璃基板的方法,主要原理是将玻璃溶液放入液态的锡槽中,并将锡槽放平,利用液体本身的重力将液体摊平,最后,再用拉边机将玻璃拉成相应的宽度、长度与厚度。浮法的优点是制造的玻璃基板宽度较宽,且平整度好,适用于各种玻璃基板的制作。但是浮法的缺点是玻璃液体会与金属接触,影响了玻璃基板的质量,在玻璃成形后需要进行抛光,降低了玻璃基板制作的效率。在制作较宽的玻璃基板时能够使用浮法进行制作,但是需要对制作工艺以及设备参数进行提高,保证玻璃基板的质量。

7.1.7　玻璃的化学钢化

用化学方法改变玻璃表面组分,以增加玻璃的机械强度和热稳定性的方法,称为化学钢化法。由于该方法通过离子交换使玻璃增强,所以又称离子交换法。化学钢化与物理钢化一样可以在玻璃表面层形成压应力,在内层形成张应力,但其原理并不相同。

化学钢化是基于离子扩散机理以改变玻璃表面的成分,形成表面压应力层的一种处理工艺。根据玻璃的网络结构学说,玻璃态物质由无序的三维空间网络所构成,此网络是由含氧离子的多面体(二角体或四面体)构成的,其中心被 Si^{4+}、Al^{3+} 或 P^{5+} 离子所占据。这些离子同氧离子一起构成网络,网络中填充碱金属离子(如 Na^+、K^+)、碱土金属离子。其中碱金属离子较活泼,很容易从玻璃内部析出。离子交换法就是基于离子自然扩散和相互扩散,以改变玻璃表面层的成分,从而形成表面压应力层。例如,将玻璃浸没于熔融的盐液内,玻璃与盐液便发生离子交换,玻璃表面附近的某些离子通过扩散而进入熔盐内,它们的空位由熔盐的离子占据,结果改变了玻璃表面层的化学成分或降低了它的热膨胀系数,从而形成 $10\sim200~\mu m$ 的表面压应力层。当外力作用于此表面时,首先必须抵消这部分压应力,这就提高了玻璃的机械强度,获得增强效果,或由于降低其热膨胀系数,从而提高其热稳定性。

熔盐化学强化法是玻璃化学强化最常使用的方法,玻璃预热后浸入一定温度的熔盐中一段时间,熔盐中的碱金属离子与玻璃表面的碱金属离子发生交换,在玻璃表面形成压应力,增强玻璃的性能。熔盐化学强化又分为高温型化学强化与低温型化学强化。高温型化学强化一般指在高于玻璃化转变温度(T_g)的熔盐中进行的化学强化;低温型化学强化则指在低于 T_g 的熔盐中进行的化学强化。由于高温型化学强化的离子交换温度高于 T_g,强化后的玻璃容易产生变形,工艺难控制,很难大规模生产。因此,玻璃的化学强化一般采用低温型离子交换的方法。

大量熔盐的使用会增大化学强化玻璃的生产成本,熔盐的更换也会造成一定的环境问题。为降低生产成本、减少环境污染,对无熔盐化学强化工艺进行了研究。无熔盐化学强化工艺的共同特点是玻璃的离子交换过程不需要大量的熔盐作为交换介质,而是通过一定的方法在玻璃的表面附着一层混合盐,这层附着盐通常是硝酸钾与氯化钾的混合物。无熔盐无化学强化工艺需保证在离子交换的过程中附着在玻璃表面的盐溶液不会凝成液滴脱离玻璃表面从而影响离子交换的效果。无熔盐化学强化工艺依据不同的附着原理可分为喷雾法和气相沉积法。

在离子交换过程中,影响因素主要有玻璃的化学成分、离子交换的温度与时间和熔盐的成分。

1. 玻璃的化学成分

玻璃的组成对强度的影响很大,与普通的钠钙硅玻璃相比,硅铝酸钠玻璃的强度就大很多。同样,不同成分的玻璃经离子交换增强的效果也不相同。离子交换主要是碱金属离子的交换,所以玻璃中碱金属离子的含量对离子交换影响很大。当 Na_2O 的含量小于 10% 时,交换效果不强;当 Na_2O 的含量大于 15% 时,化学稳定性较差,所以 Na_2O 的含量应为 10%~15%。Na_2O 与 Li_2O 并用,效果更佳。Al_2O_3 在离子交换中起加速的作用,这是因为 Al_2O_3 取代 SiO_2 后,体积增大,玻璃网络结构的空隙也增大,利于离子扩散,从而促进离子交换。ZrO_2 与 Al_2O_3 并用,也会增强强化效果。而对于 CaO,当含量大于 5% 就会对离子交换产生不良影响。对于硼硅酸玻璃,离子交换增强效果不明显,研究发现硼和铅都不利于离子交换。

2. 离子交换的温度与时间

离子交换中玻璃强度的提高取决于钾离子的扩散系数,所以在玻璃应变点以下处理玻璃,玻璃的强度应该是随着交换温度的提高而增强。根据动力学观点,扩散系数与温度呈指数关系,即交换速率与温度呈指数关系。当温度过高时,玻璃的结构松弛,钾离子与钠离子重排使得强度有所降低。只有当离子交换形成的应力速率大于玻璃网格松弛导致的应力减小的速率时,玻璃的强度才随着温度的提高而增大。玻璃单位表面积上的离子交换量与时间的平方根呈线性关系。因此,要使离子交换量增加 1 倍,处理时间就得增加 4 倍。但是随着时间的延长,应力也在松弛,应力松弛的速度一定,离子交换速率逐渐减少,所以玻璃的强度随着时间的无限延长并不是无限增大。

3. 熔盐的成分

离子交换一般选用的都是分析纯的硝酸钾。熔盐中的 Ca^{2+}、Sr^{2+}、Ba^{2+} 对离子交换均产生抑制效应,其中 Ca^{2+} 的阻碍作用最大。这是由于这些杂质离子的半径与钠离子的半经较接近,易于与钠离子进行交换,从而阻碍了钠离子与钾离子的交换。又因为这些二价离子的半径小于钾离子的,所以使得增强效果降低。为了不影响离子交换效果,Ca^{2+} 的摩尔浓度小于 0.03%,Sr^{2+} 的摩尔浓度小于 0.01%,Ba^{2+} 的摩尔浓度小于 0.1%。Na_2O 也是 KNO_3 熔盐中的杂质。随着离子交换的进行,玻璃周围熔盐中 Na_2O 富集,影响离子交换的进行,而且会使玻璃表面产生浑浊、霉点等。Na_2O 的含量不宜超过 5%,因此在离子交换过程中要保持熔盐新鲜。

一次离子交换可以使玻璃获得高强度,但是玻璃是典型的脆性材料的本质还是没有改变,在工程上要求安全系数高的场合不能够使用,否则会存在严重安全隐患。Green D J 和 Tandon R 等提出两步离子交换法,这种方法不仅可以提高玻璃强度,同时可提高玻璃强度的稳定性,提高了玻璃使用的安全性。

对于钠钙硅玻璃,一次离子交换一般是将玻璃浸入纯硝酸钾熔盐中,熔盐中钾离子的半径大于玻璃中钠离子的半径。一次离子交换结束后,玻璃表面部分钠离子被熔盐中钾离子替换扩散至熔盐中,玻璃表面由于大半径离子的挤塞作用膨胀,但内部保持不变,而在表面形成压应力。二次离子交换则是将玻璃浸入硝酸钾与硝酸钠的混合熔盐中,使玻璃表面的部分钾离子被钠离子替换回去,由于表面交换速率快,玻璃表面的压应力部分得到松弛,将最大压应力移至玻璃次表面。一次离子交换与二次离子交换示意图及应力分布如图 7-11 与图 7-12 所示。

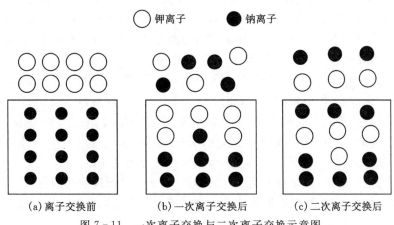

图 7-11　一次离子交换与二次离子交换示意图

由图 7-12 可以看出,一次离子交换后玻璃表面的应力分布是最表面压应力最大,向着玻

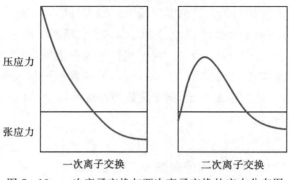

图 7-12 一次离子交换与两次离子交换的应力分布图

璃内部逐渐减小。而两步离子交换后玻璃表面的压应力层是先增大后减小,最大压应力位于次表面。这就是一次离子交换与两步离子交换的主要区别。

一次离子交换可以大大地提高玻璃的强度,但是由于玻璃强度对表面裂纹的极度敏感性,使得强度的稳定性很差,这就大大降低了玻璃使用的安全可靠性,很大程度上限制了玻璃材料的应用。两步离子交换法则使最大压应力位于玻璃次表面,对玻璃表面裂纹的扩展起到阻碍作用,降低强度对裂纹的敏感性,提高强度的稳定性。一般用韦伯模量来表征强度的稳定性,韦伯模量越高,表示强度越稳定。普通玻璃的韦伯模量只有 5~10,一次离子交换玻璃的韦伯模量也是不足 10,而经两步离子交换的玻璃的韦伯模量就可以达到 40。所以说两步离子交换法不仅可以提高玻璃强度,同时提高了强度的稳定性,这对玻璃材料的广泛使用具有重要意义。

7.2 微晶玻璃制备技术

玻璃虽然具有极优异的工艺性能和可设计的使用性能,但其固有的脆性、相对低的强度限制了它工程使用的范围。在尽量保留玻璃优点,克服其缺点的基础上,发展了微晶玻璃制备工艺。

晶相的出现对于玻璃而言属于材料缺陷,应当极力避免。而微晶玻璃是一种具有均匀分布微晶体和玻璃相材料的新型玻璃,又称为玻璃陶瓷或晶化玻璃。微晶玻璃含有大量的结晶体,晶体大小从几十纳米至 1000 nm。根据成分与工艺的差异,微晶玻璃可以是透明的或不透明的,不透明的微晶玻璃可以是无光泽的、白色的或各种彩色的。

微晶玻璃的结构、性能和陶瓷、玻璃不同,其性质由晶相的矿物组成与玻璃相的化学组成以及它们的数量来决定,因而集中了两者的特点,成为一类特殊材料。

微晶玻璃具有许多优异的性能:膨胀系数可调、机械强度高、电绝缘性优良、介电损耗小、介电常数稳定、耐磨、耐腐蚀、热稳定性好及使用温度高等,作为结构材料、光学和电学材料、建筑装饰材料,广泛用于国防尖端技术、工业、建筑及生活等各个领域。

微晶玻璃的生产过程,除了热处理工序外,其他工艺与普通玻璃的制造过程相同。所用原料也与普通玻璃相同。此外,工业废渣或矿山尾砂等也可作为原料制造微晶玻璃。

7.2.1 微晶玻璃析晶原理

微晶玻璃是通过对玻璃进行晶化热处理得到微晶体和玻璃相均匀分布的复相材料。熔体和玻璃体的结晶包括形核与晶体长大两个过程,因此其结晶能力取决于晶核形成速度(单位体积单位时间所形成的晶核数目)和结晶生长速度(单位时间内晶体长大的长度)。

成核分为均匀成核和非均匀成核两类过程。均匀成核指在宏观均匀母相中无外来物参与,与相界、结构缺陷等无关的成核过程,又称为本征成核或自发成核;非均匀成核则指依靠相界、晶界或基体结构缺陷等不均匀部位而成核的过程,又称为非本征成核。

处于过冷状态的玻璃熔体,由于热运动引起组成和结构上的起伏,一部分转变成新(晶)相,导致体积自由能 ΔG 减少。晶核半径愈大,自由能 ΔG 减少越多,如图 7-13 中的 a 曲线;但在新相产生的同时,在新生相和液相之间形成的新界面又会引起界面自由能增加,形成成核势垒。晶核的半径越大,形成表面积越大,能量增加也越多,如图 7-13 中的 b 曲线。综合考虑,当晶核形成时,晶核半径和体系自由能总的变化关系如图 7-13 中的 c 曲线。

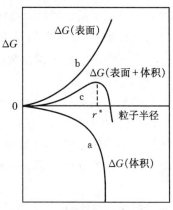

图 7-13　晶核半径与自由能 ΔG 的关系

当新相半径 $r > r^*$,形成的新相 ΔG 降低,新相可能稳定成长,这种可稳定成长的新相区域称为晶核;当 $r = r^*$ 时,晶核可能长大也可能重新溶解,这种未长大成核的原子团称为晶胚或胚芽;当 $r < r^*$ 时,晶粒长大的概率极小。r^* 是一定温度下成核的临界半径,是形成稳定(不致消失的)晶核所必须达到的临界半径,其值越小则晶核越易于形成。r^* 的数值取决于新相与熔体之间的自由能、焓变、析晶温度,以及新相的分子量、密度等物质本身的属性。ΔG^* 代表形成临界核心时所做的功,对于同样的 r^*,单位表面能大时需要较大的形成功,而单位表面能小的晶核形成时所需的临界功 ΔG^* 则小。

当满足 $r > r^*$,温度低于熔点时,晶核的形成速度(单位体积单位时间形成的晶核数)受能量涨落和原子扩散概率的影响。成核速度与过冷度之间的关系如图 7-14 所示。

在非均匀成核情况下,成核剂或成分不同液相所提供的界面使界面能降低,使不均匀处临界核心形成所需要的功变小,也就是晶核在熔体和杂质(或二液面)界面上形成时所增加的表面能比在熔体中形成时增加的少,杂质的存在有利于晶核形成。

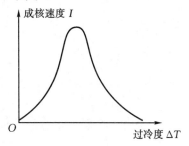

图 7-14　成核速度与过冷度的关系

微晶玻璃生产中,为了创造不均匀析晶条件,使玻璃中产生大量、均匀分布的晶核,采用加入成核剂的方法,使玻璃在热处理时出现大量的晶胚或产生分相,促进玻璃的核化;也可以将玻璃加工成粉末后再成形、烧结,这样的制品在热处理时会在粉末表面上成核、晶化,该方法多用于微晶玻璃焊剂的使用。

微晶玻璃中常用的成核剂:①贵金属成核剂 Au、Ag、Cu、Pt 和 Rh 等;②氧化物成核剂 TiO_2、ZrO_2、P_2O_5、Cr_2O_5、V_2O_5、NiO、Fe_2O_3 等;③氟化物成核剂萤石(CaF_2)、冰晶石(Na_3AlF_6)、氟硅酸钠(Na_2SiF_6)、氟化镁(MgF_2)等;④硫化物成核剂 FeS、MnS、ZnS 等。

要求成核剂具备的性能:①在玻璃熔制、成形温度下,具有良好的溶解性,在热处理时具有极小的溶解性，并能降低玻璃的成核活化能；②成核剂质点的扩散活化能要尽量小，使其在玻璃中易于扩散；③成核剂组分和初晶相间的界面张力要小，晶格常数差越小（不超过 15％），成核越容易。

贵金属 Au、Ag、Cu、Pt 和 Rh 等的盐类熔入玻璃后，在高温下以离子状态存在，而在低温时分解为原子状态。经过一定热处理后形成高度分散的金属晶体颗粒，促使"诱导析晶"。贵金属盐类广泛用于制造光敏微晶玻璃。

常用氧化物成核剂（TiO_2、ZrO_2、P_2O_5 和 Cr_2O_3）的共同特点是易溶于硅酸盐熔体，但不溶于 SiO_2，其阳离子电荷多，配位数较高，在热处理过程中容易从硅酸盐网络中分离出来，导致结晶或分相。

稳定晶核形成后，在适当的过冷度和过饱和条件下，熔体中的原子（或原子团）向界面迁移，到达适当的生长位置，使晶体长大。晶体生长速度取决于物质扩散到晶核表面的速度和物质加入晶体结构的速度，而界面性质决定了结晶形态和结晶动力学。即晶体的生长速度受原子通过界面扩散速度的控制。晶体生长速度与过冷度的关系和成核速度相似，如图 7 - 15 所示。

对于硅酸盐熔体而言，结晶速度除了取决于成核速度和晶体生长速度外，熔体的黏度也是一个重要因素。黏度增大，有利于质点有序排列，但不利于扩散，故黏度太大也不利于晶体的长大。实验证明，黏度在 $10^3 \sim 10^4$ Pa·s 时最有利于结晶。玻璃的成核速度、结晶生长速度与温度的关系如图 7 - 16 所示。

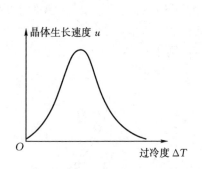

图 7 - 15　晶体生长速度与过冷度的关系

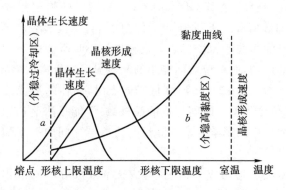

图 7 - 16　玻璃成核速度、结晶生长速度与温度的关系

7.2.2　微晶玻璃制备工艺

微晶玻璃的生产工艺流程一般为配合料制备、熔融、玻璃成形、加工、晶化热处理、后加工。

微晶玻璃配方与工艺应满足的要求：使玻璃易于熔融且不易污染，但对某些微晶玻璃（例如矿渣微晶玻璃），使用的原料纯度则要求并不严格，允许含有某些杂质；在熔制、成形过程中不会析晶；成形后的玻璃易于加工；晶化热处理时能迅速达到体结晶；产品具有理想的性能指标。

微晶玻璃采用与普通玻璃生产相同的工序进行配料。

1.玻璃熔制与成形

熔制温度、保温时间、炉气气氛、还原剂等对微晶玻璃熔制过程有重要影响。

微晶玻璃的熔制温度较高，一般在 1500～1600 ℃ 以上，易熔微晶玻璃的熔制温度约为

1300 ℃。

当采用硫化物作微晶玻璃成核剂时,除了成核剂本身在高温下易挥发外,还受高温窑炉气氛和还原剂的影响,若处于还原气氛(或有还原剂存在时),则保持为硫化物形式存在,若处于氧化气氛(或有氧化剂存在时),部分硫化物氧化转变成硫酸盐,这种转变反应随温度提高、熔制时间延长而加强。硫酸盐随后分解形成 SO_2 逸出。提高配合料中还原剂的用量有助于稳定玻璃中硫化物的含量。由此可见,当采用易挥发和易受氧化、还原的成核剂时,应采取专门措施防止其在熔制过程中的损失。

熔制温度应保证获得高度均匀的玻璃液,必要时可用搅拌方法加以均匀化。

熔窑的耐火材料种类及其质量对获得优质玻璃也有重要影响。如选择耐火材料种类不当或质量不高,在高温熔制时某些成分可能熔入玻璃液,从而改变基础玻璃成分,影响微晶玻璃的相组成和制品的性能。

玻璃的任何成形方法,如吹制、压制、拉制、浇注、压延等均适用于微晶玻璃的成形。

2. 晶化热处理

微晶玻璃的热加工、冷加工应尽可能在晶化前完成,因为此时玻璃硬度小、软化温度较低、容易加工。同时机械加工损伤也可以通过后续热处理得到弥合。

晶化热处理是微晶玻璃生产中的关键工序,热处理时,玻璃发生分相、晶核形成、晶体生长与二次再结晶等过程。微晶玻璃的结构取决于热处理的温度制度。

根据微晶玻璃的不同特点,热处理制度可分为阶梯升温制和等温升温制,如图 7-17 所示。

图 7-18 为 $MgO-Al_2O_3-SiO_2$ 系微晶玻璃的一种四阶段热处理制度:线段 a 为玻璃的熔融温度,高于液相线温度 $T_{液}$,成形后的玻璃制品以 200 ℃/h 的冷却速度冷却至室温(线段 b);而后加热到退火温度 $T_{退}$,并恒温若干时间(线段 c);将玻璃再加热至变形点温度 $T_{变}$ 或高于 $T_{变}$,保温 1 h(线段 d);而后以 2.5～8 ℃/min 的冷却速度冷却至 50～100 ℃(线段 e),继续析出晶核;此后以 2～10 ℃/min 的加热速度进行第 3 次加热,将温度升至比 $T_{变}$ 高 50～100 ℃,并保温 2～4 h(线段 f),此时结晶长大至 10 μm;最后热处理阶段在低于 $T_{液}$ 100～200 ℃温度下进行,并保温 2～4 h(线段 g);线段 h 为冷却过程。经上述几个阶段的核化、晶化处理后,玻璃中的晶相可达 85%～95%,而晶体的大小为 25 μm。

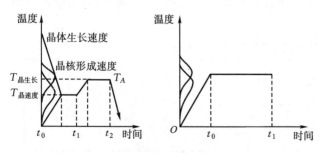

图 7-17　阶梯晶化与等温晶化升温制度

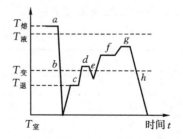

$T_{熔}$—熔融温度;$T_{液}$—液相线温度;
$T_{变}$—形变点温度;$T_{退}$—退火温度。

图 7-18　$MgO-Al_2O_3-SiO_2$ 系的晶化制度

一般认为,玻璃中晶核形成后,加热至晶体生长温度;生长温度约比玻璃熔融温度低400 ℃,比液相线温度低 100 ℃。

为避免产品变形并使得微晶玻璃具有较高的强度,最重要的是选择晶核形成与晶体生长两个阶段之间的加热速度,最佳加热速度为 2 ℃/min。假使加热速度高于 6 ℃/min,则制品可能变形。为了达到最大限度的结晶作用,一般要求恒温 2～6 h。

图 7-19 为两阶段热处理制度。将处于室温的玻璃制品加热到晶核形成温度 T_A,为防止热应力破坏,加热速度应保持在 2～5 ℃/min。而薄壁制品的加热速度则可采取 10 ℃/min。试验证明,晶核形成的最佳黏度为 10^9～10^{10} Pa·s。最适宜的恒温时间要根据试验结果确定;形核过程结束后,接着以 5 ℃/min 的加热速度加热到晶体具有最大生长速度的相应温度并保温不少于 1 h,然后将微晶玻璃以较快的速度冷却至室温。

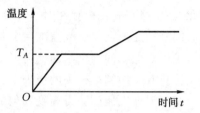

图 7-19　两阶段形核、长大晶化处理制度

对于以氟化物作为成核剂的微晶玻璃,进行一阶段热处理就已足够,因为玻璃制品加热到 1000 ℃时就会发生结晶作用。

晶化热处理用的窑炉有隧道窑、间歇窑,可用电或燃料进行加热。要求晶化炉横断面温度分布均匀,以保证在整个玻璃体内都能均匀结晶。此外,由于玻璃晶化后密度增大,会发生大约 1% 的体积收缩,若窑内温度分布不均匀,会使产品各部分的收缩不一致,产生变形。对热处理用的热源也要慎重选择,如果燃烧产物中含有 SO_2 气体,则往往会使微晶玻璃表面失去光泽。

7.2.3　微晶玻璃的表面处理

根据制品用途的不同,微晶玻璃可进行研磨抛光,也可采用涂层与离子交换的方法加以强化。

1. 表面涂层

具有高膨胀系数的微晶玻璃表面,在高温下涂覆一层膨胀系数较低的玻璃,冷却后,因两者膨胀系数的不同,表面涂层产生压应力,而微晶玻璃本体产生张应力。根据材料强度理论,涂层压应力有利于提高制品强度。采用该方法强化微晶玻璃,一般强度可提高 2～4 倍。常用玻璃涂层的组成成分(质量分数)如表 7-6 所示。不同化学组成成分(质量分数)微晶玻璃表面涂覆不同涂层的强化效果如表 7-7 所示。

表 7-6　常用玻璃涂层组成(质量分数)

编号	SiO_2	Na_2O	Al_2O_3	B_2O_3	K_2O	CaO	ZrO_2	CaO	PbO	膨胀系数 /(10^{-7}·℃$^{-1}$)
1	46.1	2.7	4.4	18.2	1.0	16.5	1.0	1.0	9.1	10.7
2	50.8	12.6	19.6	4.9	—	2.7	—	—	9.3	81

2. 离子交换

表面涂层增强方法只适用于膨胀系数较大的微晶玻璃。对于低膨胀的微晶玻璃,一般采用离子交换的方法进行强化。

离子交换可以在熔融的盐中进行,也可以在盐的蒸气中进行。常用于离子交换的盐类是

表 7-7　表面涂层强化的效果

项目		微晶玻璃种类				
化学组成（质量分数）	SiO₂	44.5	43.5		40.8	
	Al₂O₃	31.4	29.6		29.6	
	BaO	—	5.6		8.2	
	Na₂O	16.7	13.9		13.0	
	TiO₂	7.4	7.4		7.4	
晶化温度/℃，加热 4 h		815	820		820	
		1140	1140		1150	
主晶相		霞石	霞石、钡长石		霞石、钡长石	
膨胀系数/($10^{-7}℃^{-1}$)		114.1	98.6		91.2	
处理前的弯曲强度/MPa		85.4	93.2		86.3	
涂层	编号	1	1	2	1	2
	温度/℃	1030	1030	1050	1030	1050
处理后的弯曲强度/MPa		353.2	196.2	137.3	313.9	304.1

KCl、KNO_3、$NaNO_3$、Na_2SO_4、Li_2SO_4 等。离子交换的温度在 $550 \sim 850$ ℃，交换时间 $4 \sim 48$ h。

低膨胀微晶玻璃放在 650 ℃ 的 KCl 蒸气中 24 h 后，可在表面产生厚度约为 100 μm 的压缩变形层，抗弯强度达 $294.3 \sim 392.4$ MPa。

7.3　多孔陶瓷制备技术

多孔陶瓷是一种经高温烧成、体内具有大量气孔的功能陶瓷材料。多孔陶瓷材料的特性：①化学稳定性好。通过材质的选择和工艺控制，可制成适用于各种腐蚀环境的多孔陶瓷。②具有良好的机械强度和刚度。在气压、液压或其他应力负载下，多孔陶瓷的孔道形状与尺寸不会发生变化。③耐热性好。用耐高温陶瓷制成的多孔陶瓷可过滤熔融钢水或高温燃气。④孔道分布较均匀，气孔率高（可达 50%～90%），比表面积大，在径孔为 $0.05 \sim 600$ μm 可以制出所选定的孔道尺寸的多孔陶瓷制品，透过性好。因此多孔陶瓷在熔融金属过滤、催化剂载体、汽车尾气净化和吸音降噪领域以及传感器、生物材料、航天材料等方面得到广泛应用。

多孔陶瓷的种类很多，目前所研制及生产的所有陶瓷几乎均可以通过适当的工艺制成多孔体。根据成孔方法的不同，多孔陶瓷分为三类：粒状陶瓷烧结体、泡沫陶瓷和蜂窝陶瓷。根据孔径大小多孔陶瓷分为：1000 μm 到几十微米的粗孔制品、$0.2 \sim 20$ μm 的微孔制品和 0.2 μm 到几纳米的超微孔制品。其中超微孔陶瓷又可以分为：超介孔陶瓷（小于 2 nm）、介孔陶瓷（$2 \sim 50$ nm）和宏孔陶瓷（大于 50 nm）。根据气孔结构形式可分为：闭气孔结构（陶瓷材料内部微孔分布在连续的陶瓷基体中，孔与孔之间相互分离）和开口气孔结构（气孔彼此相通且与材料表面贯通）。根据孔隙形成机理，多孔陶瓷可以分为：①颗粒堆积气孔结构多孔陶瓷；②造孔多孔陶瓷；③发泡多孔陶瓷；④模板法制备多孔陶瓷。

7.3.1　表征多孔陶瓷材料特性的参数

一般可用气孔率、孔隙直径和渗透能力三个参数来表征多孔陶瓷材料的特性。

气孔体积占材料总体积的百分率定义为气孔率。多孔陶瓷最重要的性能指标之一是孔隙的多少,即气孔率。对于利用流体通过孔隙而达到净化、过滤、均匀化等效果的多孔陶瓷来说,重要的是由开口孔隙所形成的气孔率,称之为有效气孔率。多孔陶瓷的有效气孔率受多种因素的影响,如陶瓷颗粒的粗细、黏结剂的多少、制备工艺等。

孔隙直径是多孔陶瓷的另一个重要性能指标。表示孔径大小的方法有很多种,在多孔陶瓷中经常使用的方法是最大孔径和平均孔径。根据制品的材质和孔径大小,可以估计产品作为过滤材料时的阻挡与吸附性能。多孔陶瓷的孔隙直径的大小,取决于结合剂的含量、骨料颗粒的种类和粒度、形状及成形方法、烧结工艺等。对于刚玉质多孔陶瓷,骨料颗粒在 25～150 μm 的范围内,孔隙直径与骨料颗粒度基本上存在正比关系。多孔陶瓷的平均孔径可以用压汞法、气泡法等方法进行测试。

多孔陶瓷材料在两侧有一定压力差的条件下,其渗透能力是指流体透过材料的能力,一般用透气度或渗透率来表征。透气性的大小与孔径、气孔率有直接关系。气孔率大、孔径均匀时,透气性能最好。一般情况下,骨料颗粒越粗,制品的透气性能越好。

多孔陶瓷材料是毛细管的集合体,流体流经毛细管的规律可用伯肃叶(Poiseuille)法则来描述

$$\upsilon = \frac{\pi d^4 \Delta P}{128\alpha \cdot \eta \cdot L} \tag{7-2}$$

式中:υ 为流经毛细管的流体流量;d 为毛细管直径;ΔP 为材料两侧的压力差;L 为材料厚度;η 为流体黏度;α 为孔道扭曲度。可以看出毛细管直径对流体流量影响最大。

多孔陶瓷由于多孔疏松而强度不高,有时影响多孔陶瓷的安装和使用。多孔陶瓷的强度受气孔率和显微结构的影响。与气孔率的关系满足指数关系:

$$\sigma(P) = \sigma_0 \exp(-bP) \tag{7-3}$$

式中:P 为气孔率;$\sigma(P)$ 为气孔率为 P 时多孔陶瓷的强度;σ_0 为无气孔致密材料的强度;b 为常数。

7.3.2　颗粒堆积气孔结构多孔陶瓷制备

利用原料在固相烧结过程中的化学反应或烧结行为特性,通过控制原料颗粒大小和烧结工艺得到多孔陶瓷。在烧结过程中,陶瓷颗粒相互接触的部分被烧结在一起,由于每一粒骨料仅在几个点上与其他颗粒发生连接(图 7-20),因而形成大量三维贯通孔道。通过控制骨料的粒径和粒径分布,便可以获得孔径为 0.1～600 μm 的微孔陶瓷。骨料颗粒的形状、粒径、粒径分布、各种添加剂的含量和烧成制度对微孔体的孔径分布和孔径大小有直接影响。此工艺类似于一般的陶瓷烧结工艺,只是多孔陶瓷中的气孔需要控制和调整。这也是多孔陶瓷制备的基础。

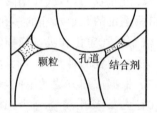

图 7-20　骨料颗粒堆积、黏接制备多孔陶瓷

1. 蜂窝陶瓷

蜂窝陶瓷大部分是用作壁流式过滤器,用于除尘和过滤。在过滤体中有 2 种孔洞,一种是直通孔道,一般为几个毫米,作为气流的通道来增加过滤面积,但不直接参与过滤;另一种是陶瓷壁上的微孔,用来过滤粉尘。直孔通道一般是通过成形获得的,而孔道壁上的微孔则主要由颗粒堆积方法来形成。根据使用的材料不同,可以分为氧化物陶瓷和非氧化物陶瓷。主要是用挤压成形技术制备的。

非氧化物陶瓷主要是碳化硅,制备工艺有氧化物结合的多孔碳化硅陶瓷和重结晶碳化硅陶瓷。重结晶碳化硅材料的制备方法如下:以两种不同粒度级配的高纯碳化硅为原料,添加适量结合剂(不添加烧结助剂),按照一定比例混合均匀后,采用挤出、注浆或凝胶注模等方法成形,在高温(2200～2450 ℃)及气氛保护下,发生蒸发-凝聚再结晶作用,在颗粒接触处发生颗粒共生而形成烧结体。因此,重结晶碳化硅在烧结过程中无收缩、无液相,最终形成多孔且孔隙相互连通的网络骨架结构。

与堇青石材料用于柴油车烟粒过滤器(图 7-21)相比,重结晶碳化硅材料(RSiC)具有显著的优势。因为具有高强度、耐高温、耐侵蚀等特点,RSiC 用于柴油车烟粒过滤器更耐烟粒中的化学物质侵蚀,能处理更高温度和高浓度的烟尘(几乎不受滤除组分影响),适应大功率的尾气排放,并具有更低的再生处理温度,从而具有更高的抗热冲击能力、工作温度和使用寿命。此外,重结晶碳化硅材料的机械强度高,便于安装处理,更适应载重柴油车行驶过程中的剧烈震动。

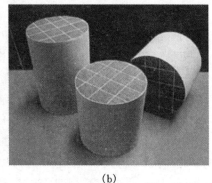

(a)　　　　　　　　　　　　　　　　(b)

图 7-21　碳化硅蜂窝陶瓷用于柴油车烟粒过滤器

2. 部分烧结氧化物多孔陶瓷

氧化物陶瓷的烧结一般不需要烧结助剂,比如氧化铝、堇青石、莫来石等。相对于致密陶瓷材料的制备,烧结温度是制备多孔陶瓷的一个主要控制参数。在低于正常烧结温度的温度下保温,利用陶瓷颗粒本身具有的烧结性将陶瓷颗粒堆积体烧结在一起,使坯体中的气孔残留而形成多孔陶瓷的方法可以称为部分烧结法。每一个颗粒仅有几个点与其他颗粒发生连接,因而可以形成大量的三维贯通孔道。

除了一般的烧结法外,还可以采用无包套的热等静压烧结,通过在气孔中高的气体压力来抑制材料的收缩,或采用等离子体活化烧结来增强颗粒连接等方法来制备多孔氧化物陶瓷材料。

利用分解反应法,某些骨料在加热时会分解挥发去除一些物质,得到多孔结构,如将 Ti 的

醇盐制成含水的 TiO_2 的粉末,然后在压力作用下加热分解,得到多孔 TiO_2。

3. 烧结制备非氧化物多孔陶瓷

对于大多数的非氧化物陶瓷,由于原子结合呈共价键,因此自扩散困难,烧结需要通过添加烧结助剂来实现。对于这一类材料的烧结,可以通过控制其烧结助剂的种类和含量来控制材料的烧结收缩,控制材料的气孔率。

相对于致密材料的二元添加(对于 Si_3N_4,使用 $Y_2O_3 - Al_2O_3$),使用单一添加的烧结助剂(如 Y_2O_3),可以提高液相生成温度,提高液相的黏度,抑制烧结收缩。烧结温度和一般制备致密材料相同,因此对于相转变没有影响。比如对于氮化硅陶瓷,高温下发生 $\alpha - Si_3N_4$ 向 $\beta - Si_3N_4$ 的相转变,形成了具有棒状显微结构的多孔陶瓷。

在烧结的基础上,再通过其他抑制收缩的方法增加多孔陶瓷的气孔率。比如在 $Si_3N_4 - 5\%Y_2O_3$ 的基础上,添加少量的碳粉($1\% \sim 5\%$),在高温下,碳与氮化硅之间发生反应,形成 SiC,可以抑制氮化硅的后续烧结,甚至仅获得 1% 左右的收缩率,气孔率大幅度增加,但对显微结构没有影响。将烧结后的多孔氮化硅陶瓷中的烧结助剂形成的晶间相腐蚀,由于棒状氮化硅晶体的存在,材料的完整性可以得到维持,渗入含硅的材料并氮化后,可以得到多孔氮化硅陶瓷,耐热性得到大幅度的改善。

Kondo N 等用烧结锻压法制备了柱状晶体定向排列的多孔氮化硅陶瓷。先进行常压烧结,在相转变完成后,样品中几乎由柱状 $\beta - Si_3N_4$ 晶组成。接着在逐渐升高的温度下施加一单向压力,并控制压缩量就制得了含有定向排列氮化硅粒子的样品。

在同样的原料组成和烧结工艺下通过一般烧结法制备多孔陶瓷,其气孔率很难调整,如果调整烧结助剂或烧结温度,会造成显微组织的改变,进而影响多孔陶瓷的力学性能。可以使用热压烧结法,通过调整粉末的添加量,把陶瓷粉末的混合物热压到一定尺寸,就可以调节多孔陶瓷的气孔率,这个方法的优点是不同气孔率的陶瓷材料具有类似的显微组织结构。通过预先设计,热压压头在温度达到烧结温度之前就已经到达要求的位置,因此在实际烧结阶段,样品处于无压烧结状态。

以 SiC、Al_2O_3 和石墨粉为原料,经过氧化键合技术制成了气孔率为 36.4%,弯曲强度为 $39.6\ MPa$ 的多孔 SiC 材料,SiC 颗粒通过烧结过程中形成的莫来石连接起来。

Yasuhiro Shigegaki 等采用 $\beta - Si_3N_4$ 晶须添加烧结助剂作为起始粉末,经过流延成形预先制备出薄膜,再将薄膜剪切、堆垛、冷等静压,将样品排胶,烧结后制备出气孔率为 14.4% 的多孔氮化硅陶瓷。由于 $\beta - Si_3N_4$ 晶须的烧结性差,烧结后会残留一定的气孔。氮化硅晶须的单方向排列获得了有明显取向的紧密搭接的棒状晶粒和各向异性的微孔结构。如果不使用烧结助剂,可以使用有机黏接剂制备流延坯体,将有机物碳化后渗入 SiO 气体进行碳热还原生成氮化硅结点,可以实现高气孔率、高强韧性和耐高温的多孔氮化硅陶瓷的制备。

采用凝胶注模成形工艺,制备既具有较高固相量,又具有良好稳定性和流动性的氮化硅浓悬浮体。利用氮化硅水解放气的特点,成功地制备了具有高强度、结构比较均匀并有较高气孔率的氮化硅多孔陶瓷。烧成的多孔氮化硅陶瓷强度均大于 $150\ MPa$,气孔率$>50\%$。

4. 溶胶-凝胶工艺

该方法是制造多孔陶瓷的新工艺。利用凝胶化过程中胶体粒子的堆积以及凝胶(热等)处理过程中留下小气孔,形成可控多孔结构。这种方法大多数产生纳米级气孔,属于中孔或微孔范围内,这是其他方法难以做到的,实际上这是现在最受科学家重视的一个领域。溶胶-凝胶法主要用来制备微孔陶瓷材料,特别是微孔陶瓷薄膜。

起始原料为金属醇盐(如三仲丁醇铝 $Al(OC_4H_9)_3$、异丙醇铝 $Al(OC_3H_7)_3$)或无机盐(如硝酸铝 $Al(NO_3)_3$ 等),将其溶于水或有机溶剂中,使之产生如下的水解和缩聚反应(M 代表金属,n 代表其原子价):

$$\text{水解反应}：M(OR)_n + xH_2O \longrightarrow M(OH)_x(OR)_{n-x} + xROH$$
$$\text{失水缩聚}：—M—OH + HO—M \longrightarrow —M—O—M + H_2O \qquad (7-4)$$
$$\text{失醇缩聚}：—M—OR + HO—M \longrightarrow —M—O—M + RHO$$

在获得的沉淀物中加入 HCl、HNO_3、CH_3OOOH、$HClO_4$ 等进行酸化处理,生成各种尺寸的胶体粒子,然后将处理后的胶体涂覆在大中孔支撑体表面,经干燥、烧结处理,即可得到孔径较小且分布范围较窄的多孔陶瓷。

溶胶-凝胶法制备多孔陶瓷的过程中,影响制品性能的主要因素:溶胶的加水量,溶剂的种类及其加入量,胶溶剂及溶液的 pH 值,控制干燥的化学添加剂(Drying Control Chemical Additives),涂膜、干燥以及热处理工艺等。其中溶液的 pH 值关系到水解产物的形态结构和分散均匀性,应严格控制。选用一定的化学添加剂(如聚乙烯醇(PVA)溶液等)可改善凝胶结构,使孔径分布变窄,同时也可防止膜在干燥过程中产生开裂等。

溶胶-凝胶工艺所得制品的孔径大约为 $2\sim100$ nm,气孔率约 95%。与其他工艺相比,该法可改善材料的孔径分布、相变、纯度及显微结构,适于制备气孔分布均匀的微孔制品和薄膜制品,如陶瓷分离膜和吸音、布气材料等。其缺点是工艺条件不易控制,生产率低,制品形状受到限制。

7.3.3　添加造孔剂制备多孔陶瓷

多孔陶瓷材料的另外一种制备方法就是添加可燃性或挥发性造孔材料,在陶瓷坯体中残留大量的孔隙,最后得到多孔陶瓷。该工艺的基本原理是在陶瓷配料中加入易挥发性物质(造孔剂),利用造孔剂在坯体中占据一定的空间,高温阶段造孔剂离开基体形成气孔从而制备出多孔陶瓷。

影响孔径大小、分布和气孔率的因素很多,例如,骨料和造孔剂粒径的大小和分布;造孔剂的种类及其添加量;混料的均匀性和成形压力的大小;升温速率、烧结温度和保温时间等。

研究表明,孔隙尺寸与造孔剂颗粒尺寸的关系十分明显。气孔率也由造孔剂的添加量来控制。加入的这些合成的或天然的有机物通过在 $200\sim600$ ℃长时间热处理裂解来除去。裂解时间长和裂解过程中气体的排放是这种方法的缺点。这种方法可以通过优化造孔剂形状、粒径和制备工艺条件随意调节和精确设计最终陶瓷试样的气孔率、孔尺寸分布和孔形态,但难以获得高气孔率制品(一般不超过 50%)和细小的气孔尺寸,而且气孔分布的均匀性也较差。此方法可制取各种气孔结构的陶瓷制品,气孔尺寸 $10\ \mu m\sim1$ mm,可用于过滤器、催化剂载体材料等。

1. 等轴状造孔剂

在传统的陶瓷制备工艺中,通常改变烧结温度和时间来调控烧结制品的气孔率和强度,但影响其气孔率和强度的因素通常情况下相互矛盾。烧结温度过高,制品收缩程度增加,致使部分气孔封闭或消失;温度过低,制品的强度达不到所需要求。而添加造孔剂法则可使制备的多孔陶瓷烧结制品既有较高的气孔率,又保持足够的强度。此外,该工艺主要通过改变造孔剂的添加量、粒径大小、形状及分布来控制孔隙的大小、形状及分布,所生产的制品在流体过滤、保温隔热和废水处理等方面具有广泛的应用。因此,造孔剂的用量、颗粒形状、大小及与原料的混合分散性直接影响产品的质量,使得造孔剂种类和用量的选择显得尤为重要。

等轴状造孔剂使用最多的是淀粉,另外还有碳粉、稻米粉、玉米粉、锯末、土豆淀粉、聚乙烯醇(PVA)、聚甲基丙烯酸甲酯(PMIMA)、聚乙烯醇缩丁醛(PVB)、聚苯乙烯颗粒等。也可以使用无机物,主要包括高温可分解盐类(如碳酸铵等铵盐),以及煤粉、炭粉等可分解化合物。也有用难熔化易溶解的无机盐类,如 Na_2SO_4、$CaSO_4$、$NaCl$、$CaCl_2$ 等作为造孔剂,在烧结后使用一定的溶剂将其除去。此外,可以通过粉体粒度配比和造孔剂等控制孔径及其他性能。这样制得的多孔陶瓷气孔率可达 75% 左右,孔径可在微米至毫米之间。

多孔陶瓷气孔率主要由造孔剂的添加量决定,而孔隙的形状和尺寸则受造孔剂的形状和尺寸的影响。然而这些造孔剂需要与陶瓷原料混合均匀,以获得均匀和规则的气孔分布。上述高温可分解盐类虽然在高温下分解使材料产生气孔,但其分解产生的气体中含有刺激性气味的气体(如氨气等),而煤粉由于杂质成分高从而影响材料的高温性能;另一方面,有机高分子聚合物分解容易产生有害气体,导致此类造孔剂的使用也受到限制。

2. 短纤维

通常将纤维随意堆放,由于纤维的弹性和细长结构,会互相架桥形成气孔率很高的三维网络结构,将纤维填充在一定形状的模具内,可形成相对均匀,具有一定形状的气孔结构,施以黏结剂,高温烧结固化就得到了气孔率很高的(可达 80% 以上)多孔陶瓷。采用尼龙丝或聚乙酸乙烯酯为造孔剂,使用挤压成形的方法使纤维变形拉长,并定向排列,获得了气孔定向排列的多孔陶瓷。

3. 长纤维

一般多孔陶瓷材料中的气孔都是随机分布、无序的气孔,材料呈各向同性。这样的气孔分布对于过滤来说还不是完全理想的结构。采用单方向通孔结构可以充分利用气孔提供的空位,减小流体透过的阻力,提高过滤效率。采用长纤维作造孔剂获得单方向的气孔形态是实现这个目标的有效方法。

采用棉花纤维为造孔剂,利用浆料浸渍的方法获得气孔呈单向排列的多孔陶瓷,其开口气孔率为 35%,弯曲强度高达 160 MPa。采用金属镍丝为造孔剂,在磁场中使其整齐排列,浇注氧化铝的浆料,定型后使用酸腐蚀掉镍丝,残留的坯体烧结后获得定向排列的多孔陶瓷。

还可以利用纤维的纺织特性与纤细形态等形成有序编织、排列形成的气孔。在有序纤维制备方法中,有一种是将纤维织布(或成纸),再将布(或纸)折叠成多孔结构,这种多孔陶瓷通常孔径较大,结构类似于前面提到的以挤压成形的蜂窝陶瓷;另外是三维编织,这种三维编织为制备气孔率、孔径、气孔排列、形状高度可控的多孔陶瓷提供了可能。

4. 冷冻-干燥法

冷冻-干燥法制备多孔陶瓷属于湿法成形技术,其原理是利用物理方法冷冻或凝固陶瓷料浆,控制单晶冰生长方向,完成水基陶瓷浆料的冻结,然后在低压下干燥,使冰升华排出,坯体中形成定向排布的孔结构,经烧结而得到多孔陶瓷的一项技术(图 7-22)。

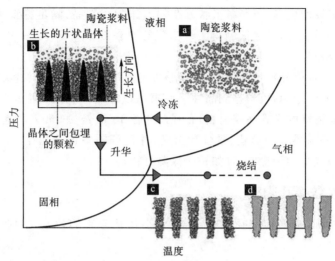

图 7 - 22　冷冻-干燥法四个基本步骤

从广义角度划分,此法也可看作是添加造孔剂法。冷冻-干燥技术一般由四个基本步骤组成,包括陶瓷浆料的制备、冷冻(或固化)、凝固相升华(真空或低压)以及多孔坯体烧结。只有可以在液态形式下稳定存在的分散液才可以用于冷冻干燥,否则将发生团聚(图 7 - 22(a))。

如图 7 - 22(b)所示,冷冻分散液在恒压条件下,物系点从液相区移动到固相区。溶剂在低温下形成冰晶,并以一定的取向生长。而先前分散于溶剂的纳米材料会在冰与水的界面上析出,浓缩并在冰体积增大所产生的压力下形成依附于冰晶的连续骨架。

最后,如图 7 - 22(c)所示,将分散液冷冻形成的固体,转移到低温低压的环境中,冰不经过液态,直接升华为水蒸气被排出。除去冰模板后,分散液中的溶质就形成了多孔结构。

上述步骤制备得到的材料骨架通常强度较低。这是由于骨架主要在压力作用下得到,材料颗粒或片层之间的化学键合作用较弱。因此,通常需要采用烧结工艺(图 7 - 22(d))进一步提升材料的强度,使之具有优良的力学性质。

该法具有收缩率小、烧结过程容易控制、孔密度范围大、相对好的机械特性和环境适应性等特点。制备过程中以单晶冰为造孔材料,对环境无污染。

Fukasawa 等用冷冻-干燥工艺制备出单峰孔($10\ \mu m$)和双峰孔($10\ \mu m$ 和 $0.1\ \mu m$)的多孔 Al_2O_3 和 Si_3N_4,其孔径分布和微观结构受起始料浆浓度、烧结时间、冷冻和烧结温度的影响。Yamamoto 以间苯二酚和甲醛为原料在弱碱水溶液中进行缩聚反应,随后进行冷冻,得到酚醛树脂低温凝胶,再经干燥和热解后得到了孔径小于 10 nm 的介孔碳。

由于冷冻干燥法制备多孔陶瓷具有环境友好性,因此在当今可持续发展的经济环境下具有良好的应用前景。

7.3.4　发泡多孔陶瓷

发泡反应法是向陶瓷组分中添加有机或无机化学物质,将溶液在 30 ℃下陈放 20～40 min 后,充分搅拌均匀,通过化学反应等产生挥发性气体,产生泡沫,经干燥和烧成制得多孔陶瓷。发泡剂主要有碳化钙、氢氧化钙、硫酸铝和双氧水。发泡反应法成形多孔陶瓷工艺较复杂,不易控制,且制备的泡沫陶瓷易出现粉化剥落现象,因而较少采用。但掌握成熟的发泡工艺后,通过注入式发泡成形,可制备形状复杂的泡沫陶瓷制品,满足特殊场合的应用。用十二烷基磺酸钠和碳酸钙作为发泡剂制得了开口气孔率在 $35\%\sim55\%$,平均孔径为 $8\sim60~\mu m$ 的微米级多孔陶瓷材料。

　　对发泡剂的选择及成分比例的调节,可调整发泡速度,控制制品的性能。发泡温度和发泡时间对制品也有较大的影响,可根据制品性能要求加以控制。利用发泡工艺可以得到高气孔率($40\%\sim90\%$)、高强度的多孔陶瓷材料,孔径尺寸在 $10~\mu m\sim2~mm$。与泡沫浸渍工艺相比,发泡反应法更容易控制制品的形状、成分和密度,并且可制备各种孔径大小和形状的多孔陶瓷,特别适于生产闭气孔的陶瓷制品(如轻质保温材料)。

7.3.5　模板法制备多孔陶瓷

　　模板法是一种可以精确控制孔结构、孔径大小及其分布的技术。目前主要技术有以下几种。

1.泡沫陶瓷

　　泡沫陶瓷的结构是在三维空间重复的十二面体复杂图形。泡沫陶瓷的制造方法略有别于一般陶瓷工艺,它利用具有开孔三维网状骨架、可燃尽的有机泡沫(如聚氨酯海棉)为多孔载体,加工成所需形状、尺寸。气孔尺寸范围可从 1.2 孔/cm 的最大孔到 39.37 孔/cm 的极细孔。将陶瓷料浆或前驱体均匀地涂覆于载体上,挤出过剩料浆。有机材料在陶瓷料浆注入后能恢复原状并足以弹回而没有过量的变形,留下涂覆在泡沫纤维上的陶瓷,经干燥,在高温下烧结并完全烧尽聚合物,得到内连开口气孔三维网状骨架和孔隙结构(即泡沫结构)的纯粹陶瓷复制品。

　　典型的工艺流程如图 7-23 所示。使用该工艺制备多孔陶瓷材料,应注意以下工艺参数:①有机泡沫应满足一定的孔径尺寸,具备强的亲水性,有足够的回复力,气化温度要低于陶瓷的烧结温度;②陶瓷浆料应尽可能具备高的固相含量和较好的触变性,可加入一定量的添加剂,如黏结剂、流变剂及分散剂等;③多余浆料的除去,以形成均匀分布的连通气孔,防止出现堵孔现象;④要严格控制坯体的升温速率和烧成温度,防止有机物因剧烈氧化放出气体造成坯体开裂和粉化现象。

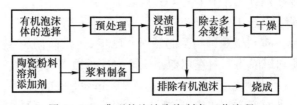

图 7-23　典型的泡沫陶瓷制备工艺流程

　　图 7-24 为该法使用的泡沫模版和得到的陶瓷,该法适用于制备高气孔率、开口气孔的多孔陶瓷。这种方法制备的泡沫陶瓷是目前最主要的多孔陶瓷之一。该工艺简单、成本低,所得制品的孔径大小一般在 $100~\mu m\sim5~mm$,开口气孔率较高,约为 $70\%\sim90\%$,且气孔相互贯通,强度高,可用于金属熔体过滤器、隔热保温材料等。其缺点是无法制造小孔径闭口气孔制品,而且形状受限制,密度也不易控制。陶瓷的孔尺寸主要取决于有机泡沫的孔尺寸、表面性质和浆料涂覆厚度。

　　　　　(a) 软质聚氨基甲酸泡沫　　　　　　　　　　(b) 泡沫陶瓷
　　　　图 7 - 24　典型的泡沫陶瓷制备工艺使用的泡沫和制成的陶瓷

　　利用有机泡沫制备多孔陶瓷的途径有几种：①有机泡沫浸渍陶瓷浆料法。利用聚氨酯泡沫浸渍陶瓷浆料法制备多孔陶瓷。②有机泡沫热解-化学气相渗透法。以 $SiCl_4$ - CH_4 - H_2 为气源，采用脉冲化学气相渗入法在有机泡沫热解得到的多孔碳的孔隙表面形成 SiC 涂层，制成了孔径为 10 μm、弯曲强度为 20～33 MPa 的多孔 C/SiC 复合材料。③有机泡沫浸渍陶瓷前驱体法。利用甲基羟基硅氧烷浸渍聚氨醋泡沫制成 SiOC 陶瓷泡沫，其孔径范围为 300～600 μm。在此基础上，通过加入致孔剂聚甲基丙烯酸甲酯微珠，制成了孔径为 8 μm 的 SiOC 泡沫。④聚合物泡沫直接烧成法。利用硼烷胺、聚硼烷和氨基硼烷及其衍生物制造聚合物泡沫，经烧结成为 BN 泡沫。

2. 多孔体-原位反应法

　　最典型的是多孔 SiC，首先制备多孔碳，然后硅化形成多孔 SiC。直接使硅气体与多孔碳反应，制备了保持多孔碳外形的多孔 SiC。

3. 聚合物共混技术

　　它是制备多孔碳的一项新技术，其原理是共混物的一种组分热解后生成碳，其他组分可完全分解消失而得到孔隙结构。比如利用聚乙烯/酚醛树脂共混物制成了孔径为几个微米的多孔碳。其中聚乙烯热解后可完全消失，酚醛树脂作为碳前驱体。

4. 低分子模板法

　　Kresge 等在 *Nature* 杂志报道了一种 MCM - 241 的有序介孔材料，就是利用低分子模板法制成的。它是一种新型纳米结构材料，具有孔道呈六方有序排列、孔径可在 2～20 nm 范围内连续调节、比表面积大和热稳定性高等特点。

5. 聚合物模板法

　　利用核壳结构（陶瓷为壳，聚合物为核）的模板作用是聚合物模板法制备多孔陶瓷的一项最新技术。它利用胶体-絮凝方法制成聚合物为核、陶瓷为壳的核壳结构，经锻烧去除聚合物球，生成多孔结构。例如以单分散粒径为几百纳米的聚甲基丙烯酸甲酯聚合物球为模板，经聚丙烯亚胺改性的陶瓷纳米颗粒（Al_2O_3、TiO_2 和 ZrO_2）为陶瓷材料，制成了聚合物/陶瓷核壳复合材料，经烧结制成孔径可控的纳米级多孔陶瓷。

6. 生物模板法

　　Ota 等用木材作为生物模板制备了多孔陶瓷。通过将醇盐溶液浸渗到碳预制体中进行溶胶-凝胶过程制备了不同的金属氧化物多孔陶瓷。

　　在模板法制备多孔陶瓷的方法中，以木材为模板，得到的多孔陶瓷主要是具有木材显微结构的木材陶瓷和碳化物陶瓷(图7-25)。前者主要是利用热固性树脂或液化木材浸渍木材或木质材料后,经高温炭化制成的新型多孔碳素材料。后者以木炭为模板,通过反应性熔融渗Si法、气相反应性渗入法和碳热还原法等制备,气孔率范围为20%~80%,它依赖于木材种类和制备方法。此时还可用木材模板复制法把陶瓷预聚体浸渗到碳模板中制备多孔陶瓷。

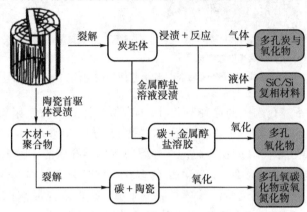

图7-25　多孔木材结构转变成多孔陶瓷的制备路线

7.4　仿生陶瓷制备技术

仿生(biomimetics)通常指模仿或利用生物体结构、生化功能和生化过程的技术。把这种技术用到材料设计、制造中以获得接近或超过生物材料优异性能的新材料,或用天然生物合成的方法获得所需材料,如制备具有蜘蛛牵引丝强度的纤维;制备具有海洋贝类韧性的陶瓷或贝类结构的复合材料等。

模仿生物矿化中无机物在有机物调制下形成过程的无机材料合成,称为仿生合成(biomimetic synthesis),也称有机模板法(organic template approach)或模板合成(template synthesis)。

自1960年T. Steele正式提出仿生学概念以来,仿生研究逐渐为人们所重视。近年来,随着相关学科的发展及现代技术,尤其是微观技术的进步,促进了仿生研究的发展。虽然不同学者对仿生材料科学的定义各有不同,但对其主要研究内容的观点是一致的,即仿生材料工程主要研究内容分为两方面,一方面是采用生物矿化的原理制作优异的材料,另一方面是采用其他方法制作类似生物矿物结构的材料。

20世纪90年代中期,当科学家们注意到生物矿化进程中分子识别、分子自组装和复制构成了五彩缤纷的自然界,开始有意识地利用这一自然原理来指导特殊材料的合成时,仿生合成的概念才被提出。仿生合成技术的出现与应用为制备具有各种特殊物理、化学性能的无机材料提供了广阔的前景。

仿生合成技术模仿了无机物在有机物调制下形成的机理,合成过程中先形成有机物的自组装体,使无机先驱物于自组装聚集体和溶液的相界面发生化学反应,在自组装体模板作用下,形成无机有机复合体,再将有机物模板去除后即可得到具有一定形状的有组织的无机材料。

　　模板在仿生合成技术中起到举足轻重的地位,模板的千变万化,是制备结构、性能迥异的无机材料的前提。可以用作模板的物质主要是表面活性剂,因为它们在溶液中可以形成胶束、微乳、液晶和囊泡等自组装体,生物大分子和生物中的有机质也是被选择的模板,此外利用先进光电技术制造的模板也被用来合成特殊的无机材料。

　　利用有机大分子作模板控制无机材料结构的仿生技术被视为近年来 sol-gel 化学发展的新动态,通过调变聚合物的大小和修饰胶体颗粒表面对无机材料形成初期实行"剪裁"的软化学途径能够获得介观尺度的无机-有机材料。近年来无机材料的仿生合成已成为材料化学的研究前沿和热点,尽管目前有关仿生合成的机理尚有待进一步证实和探索,但相信在不久的将来,通过仿生合成技术,更多的多功能无机材料将会诞生。

7.4.1　仿生合成过程中的分子作用机理

　　深入了解生物矿化和仿生合成过程中固体基底(承载膜)、无机离子与有机大分子之间的作用机理,可以为不断开辟合成优质无机复合材料的新途径提供理论依据,至今,对这些机理的理解还不甚清晰,有些方面还存在争议。近年不少科研工作者在做了深入研究后提出了有关的机理模型,为不同的仿生合成路径提供了一定的理论基础。所有的机理模型均认为有自组装能力的表面活性剂的加入能够调制无机结构的形成;但对无机前驱体、固体基底与表面活性剂之间如何作用却达不成共识,因为它们之间作用力类型的不同导致了合成路径、复合物形状以及无机材料尺寸级别的不同。

　　固体基底与表面活性剂分子间作用力的不同,会影响被吸附的表面活性剂层的结构。Aksayia 在不同固/液界面上发现了形如圆柱管和球体等不同三维表面活性剂结构,在非定向排列的不定形基底石英的表面发现了被吸附的表面活性剂的半胶束结构,但对活性剂分子有定向吸附作用的云母、石墨表面则出现了表面活性剂的同轴柱管结构。生物矿化过程中,有机基质对无机相沉积的晶体形状并无决定作用,它与无机离子和有机模板间的相互作用诱导了无机晶体的成核并进而确定了晶体的生长形态与方向,前期研究成果,以及 Belcheram 等人对贝壳生物矿化形成过程的研究结果均为此提供了不同的依据。

　　关于表面活性剂分子与无机离子间的作用机理。1992 年美孚(Mobil)研发公司的研究者们基于表面活性剂自组装液晶与介孔分子筛 M41S 之间的相似提出了液晶模板(Liquid Crystal Templating,LCT)机理模型,指出了无机离子与有机模板间两种可能的作用路径,如图 7-26 所示。路径 1 认为表面活性剂预先组装成所需结构,无机相随后沉积于其中间区域;路径 2 则认为无机相的加入在一定程度上调制了表面活性剂自组装体结构的形成。在 LCT 理论的基础上,科学家们分别对介孔分子筛 MCM-41 合成过程进行了试验研究并提出了各自的理论见解。

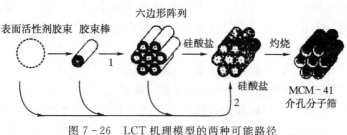

图 7-26　LCT 机理模型的两种可能路径

Davis 及其合作者提出了硅酸盐的棒状组装理论。在 Mobil 所说的 MCM－41 合成条件下，发现在合成过程中并不出现六边形液晶（Liquid Crystal，LC）相，认为 MCM－4l 的形成始于硅酸盐前驱体在独立的表面活性剂胶棒上的沉积，当沉积2～3层后，包有无机相的分散排列的棒状物开始形成六边形的中间结构，加热陈化完成了硅酸盐的缩聚，使 MCM－41 结构得以形成。

Steel 等人提出了与 Davis 观点相悖的层状硅酸盐的起皱变形理论。在没加入硅酸盐之前，表面活性剂分子直接组装成六边形 LC 相，硅酸盐排列成层状，成排的圆柱棒夹在层与层之间，陈化混合物致使层状结构开始起褶皱并团聚于棒周围，便转化成了 MCM－41 的结构。Monnier 等人却认为层状结构是由阴性的硅酸盐与阳性的表面活性剂头基间的静电引力形成的，随着无机前驱体的缩聚，头基电荷密度减少，为保持与活性剂头基间的电荷密度平衡，层状结构开始变形弯曲，最终形成六边形的中间结构，这种结构转变同样出现在用夹层法制取介孔分子筛 FSM 的过程中。

SLC(silicatropic liquid crystal)理论建立在诸如低温、高 pH 值这种能够避免硅酸盐水解的条件下。Firouzi 等人的分析结果表明，此类条件下无机相-有机相共同合作进行自组装，硅酸盐阴离子的加入把 CTAB 胶束转变为六边形相态，硅酸盐阴离子与表面活性剂卤化反离子进行离子交换，形成包裹硅酸盐的圆柱胶束的 SLC 相态。

硅酸盐棒状胶束团簇理论。据 Regev 的研究结果，在硅酸盐前驱体开始沉积之前，MCM－41 的中间结构是棒状胶束形成的胶棒簇，外表覆有硅酸盐薄层，随着反应的进行，硅酸盐分散并沉积到簇团中的每个胶束表面，直至形成由无机相包裹的胶束组成的簇团，为 MCM－41 的形成提供成核位置。

以上的研究成果分别就不同方面探讨了表面活性剂分子与无机离子间的作用机理，虽不够完整、全面，但为仿生合成的研究和应用提供了初步的理论基础。

7.4.2 典型的生物矿物材料

从概念上来讲，生物矿物材料应是生物材料的一部分，它是指由生物在一系列的生命过程中形成的含有无机矿物相的材料。目前，自然界的生物能够合成 60 余种矿物材料，生物矿物的 50％是含钙矿物（磷酸钙和碳酸钙），其中碳酸钙主要构成无脊椎动物的体内外骨骼，磷酸钙几乎完全由脊椎动物所采用；其次为非晶质氧化硅；含量较少的有铁锰氧化物、硫化物、硫酸盐、钙镁有机酸盐等。生物矿物及其组合体的结构极其复杂多样。

典型的生物矿物材料包括骨材料、贝壳珍珠层、纳米多晶磁铁矿晶体等。

1. 骨材料

骨材料是一族生物矿物材料的总称，主要发育于脊椎动物中。虽然不同类型骨的结构和组成稍微有些变化，但其共同的特点是主要成分都是由胶原纤维、碳羟磷灰石和水组成，三者在骨中所占的质量分数随动物种类及年龄的不同而不同，一般为 65％、24％及 10％左右。骨是最复杂的生物矿化系统之一，也是最典型的天然有机-无机复合材料。骨在动物中主要承担力学的功能及储存各种各样代谢活动所需的钙和磷酸盐。

生物混合材料（如骨），将坚硬的无机纳米大小的矿物和柔软的有机基质巧妙地结合成多级结构，以实现特定的性质和功能。这种从纳米级到宏观级的复杂结构，使得生物矿化材料的机械性能优于人造材料。胶原蛋白是我们体内细胞外组织的主要成分，从肌腱和骨骼到皮肤和动脉壁。在骨骼中,纳米尺寸的碳酸羟基磷灰石颗粒增强了胶原蛋白。纳米级的有效预应力策略可以增强许多材料,尤其是生物矿物。天然胶原基组织中的预应力对其整体机械性能有很大贡献。纤维内胶原的矿化可以在体外通过应用带负电荷的大分子来实现,这些大分子通过形成矿物-蛋白质复合物来帮助纤维的渗透。这些无序的矿物质前体,有时被称为聚合物诱导的液体前体,一直可以穿透胶原纤维,形成类似体内的矿物质颗粒。

在骨形成过程中,胶原纤维与碳酸化羟基磷灰石矿化,产生具有优异性能的混合材料。还已知其他矿物质在体外胶原蛋白中成核。2022 年,武汉理工大学材料复合新技术国家重点实验室傅正义院士课题组与德国马普所胶体与界面研究所 Peter Fratzl 院士合作报道观察到一系列锶基和钙基矿物质的沉淀导致胶原纤维收缩,达到几兆帕的应力。应力的大小取决于矿物的种类和数量。利用同步辐射 X 射线散射,作者分析了矿物沉积的动力学。当矿物仅沉积在纤丝外部时,不会发生收缩,而纤丝内矿化会产生纤丝收缩。这种化学机械效应发生在胶原蛋白完全浸入水中的情况下,并产生具有拉伸纤维的矿物-胶原蛋白复合物,类似钢筋混凝土的原理。相关研究工作以“*Mineralization generates megapascal contractile stresses in collagen fibrils*”为题发表在国际顶级期刊 *Science* 上。

2. 珍珠层材料

珍珠层是软体动物贝壳中普遍发育的一种结构单元,主要在双壳类、腹足类及头足类的贝壳中。相对而言,珍珠层的结构比骨材料要简单很多,因此珍珠层是生物矿化中研究最多的生物矿物材料。目前仿生材料工程中许多有关的理论都来自于对珍珠层材料的研究。珍珠层是一种优异的天然有机-无机复合材料。其明显特点是高的抗破裂能力,弯曲强度达到了理论强度(在人造材料中是不可能达到的),即其结构达到了完美的程度;珍珠层另一个突出的特点是阻止裂纹扩展的能力。由于其主要组成为无机相的文石(95％以上),其独特的力学性能与其独特的结构和微量的有机质有关。晶体粒径小、结构均匀(包括粒径均匀、晶形一致、微层厚度均匀等)及微量的有机质(相对硬度小)是阻止裂纹扩展的重要原因。现代分子生物学研究证实珍珠层中的不溶有机质具有分子延展器的功能,此外,原子力显微镜研究表明珍珠层在形变时,有机分子对无机晶体有强的黏结作用,且具有强的延展能力,这一切表明有机质是珍珠层高的韧性和强度的重要原因。

3. 纳米磁铁矿晶体

在软体动物、部分鱼类、蜜蜂、鸽子及人体中都发现了生物成因的磁铁矿,但较重要的是 1975 年 Blackemore 在趋磁细菌中发现的纳米级磁铁矿晶体,它为研究磁铁矿的生物功能及形成过程提供了典型例子。磁小体(magneto-some)常沿细菌长轴呈链状排列。在一特定的细胞种类中,磁小体的粒径、结晶形态及在细胞内的排列都是一致的,不同种类的细胞中则皆有自己独特的特征,但有一个共同的特点是磁小体大小均在 $40\sim120$ nm,即磁小体的大小正好在单个的磁性畴范围内,这样晶体链就提供了一个足够强的永磁矩使细菌在地磁场中取向。

7.4.3　无机晶体模板

调制利用各类模板与无机晶相之间存在的立体化学匹配、电荷互补和结构对应关系,以影响晶体颗粒的形状、大小、晶型和取向等,可制备出纳米微粒、无孔薄膜和涂层。崔福斋等人在钙磷酸盐溶液沉积系统中,利用水-气界面上的十八碳烷酸单层分子膜作为有机模板,得到了与自发沉积不同的试验结果,解释为 HAP(羟基磷灰石)基面上的 Ca^{2+} 离子与十八碳烷酸呈负电的羧化头基之间的晶格相匹配的原因,并设想出现两步沉积和异种晶形组成的多层微观结构的原因。Belcher 对珠母贝中碳酸钙晶形转变的研究结果表明,通过转变不同的模板(即不同的蛋白质群)可以形成多种晶形的微米亚结构层的复合物。

Mann 等人在气液界面上用压紧的表面活性剂单分子层做模板,诱导了特定形态的 $CaCO_3$ 晶体的取向生长,通过改变表面活性剂的种类或单分子层的紧压程度可以得到不同的晶体状态和生长方向。

Jennifernc 等人在类似生物系统中的条件下利用具有生物体中硅蛋白特征的半胱氨酸-赖氨酸合成物作模板,诱导调制了 TEOS(正硅酸乙酯)的水解缩聚,在还原与氧化的气氛中分别得到了硬球状的 SiO_2 和无定形 SiO_2 的柱状排列。Aklkazum 等人利用大分子预组装特性对复杂固体结构进行合理设计,在晶体中引用功能团,使得有机固体可被设计用于分子识别、分离和催化媒体,得到高化学选择性的物质。在固-液、气-液界面生长的无机晶体的相态、特征均可通过对界面的化学改性来控制。太平洋西北国家实验室(Pacific Northwest National Laboratories,PNNL)的研究者通过对不同的固体基底如金属、塑料或氧化物的表面进行化学修饰,可以在不同的固-液界面上对沉积无机相的晶体形态和排列方向进行选择,从而形成薄膜与涂层。

7.4.4　纳米材料仿生合成

通过生物有机模板的调节,使无机晶体的结晶成核、形貌和晶体结晶学定向受到严格的控制,从而形成性能优异的有机-无机复合材料(如骨和珍珠层)或纳米晶体材料(如趋磁细菌中的磁小体)等。通过对生物矿化的研究,认识到有机分子可以改变无机晶体的生长形貌和结构,可以用来设计和制造新的材料。目前已成功仿生合成了纳米晶体材料、仿生薄膜及薄膜涂层材料、中孔分子筛材料等。最近 20 余年的研究表明,基于生物矿化的原理合成无机材料,即仿生材料工程,是一种全新的材料设计和制造策略。

1. 纳米微粒的仿生合成

仿生方法即采用有机分子在水溶液中形成的逆向胶束、微乳液、磷脂囊泡及表面活性剂囊泡作为无机底物材料(guest material)的空间受体(host)和反应界面,将无机材料的合成限制在有限的纳米级空间,从而合成无机纳米材料。

纳米微粒的仿生合成思路主要有两类:①利用表面活性剂在溶液中形成反相胶束、微乳或囊泡,这相当于生物矿化中有机大分子的预组装。其内部的纳米级水相区域限制了无机物成核的位置和空间,相当于纳米尺寸的反应器,在此反应器中发生化学反应即可合成出纳米微粒。表面活性剂的头基对合成产物的晶型、形状、大小等有影响。②利用表面活性剂在溶液表面自组装形成 Langmuir 单层膜或在固体表面用 Langmuir-Blodget(LB)技术形成 LB 膜,利用单层膜或 LB 膜的有序模板效应在膜中生长纳米尺寸的无机晶体。Langmuir 膜与 LB 膜中的表面活性剂头基与晶相之间存在立体化学匹配、电荷互补和结构对应等关系,从而影响晶体颗粒的形状、大小、晶型和取向等。

目前已合成了半导体、催化剂和磁性材料的纳米粒子,如 CdS、ZnS、Pt、Co、Al_2O_3 和 Fe_3O_4 等。

人工有机模板的稳定性较差,直接采用生物体内的模板可克服上述缺点,例如铁蛋白是许多生物体内的一种可储存铁的蛋白质,它由一个球形的多肽肽壳和铁氧化物水铁矿(ferri-hydrite)的核心组成,壳内部的孔隙约 8~9 nm(铁蛋白笼),原位的化学反应替代其核心可形成一系列的纳米级非天然氧化物矿物,如非晶氧化锰、磁铁矿等,在铁蛋白质中形成的纳米材料粒径均匀,粒度 6~8 nm 左右。

2. 仿生陶瓷薄膜和陶瓷薄膜涂层

仿生合成制膜可以在合成过程中方便地控制孔径,对孔径分布、孔结构进行检测,对膜进行评价,克服了 Sol-Gel 法制膜的缺点。

Tangh 等人在云母基片底面上合成了有序多孔的 SiO_2 膜,经过 TEM 分析发现了平行于云母表面的扭曲的六边形柱状排列的孔道,并且在灼烧过程中孔径收缩了 3~6 μm,研究认为这是由于模板的脱除和随之而来的 SiOH 基团的缩合。Aksay 等人在 Yang 工作的基础上把固体基底从亲水性的云母表面拓展到了其他介质表面,结果在憎水性的石墨表面得到了连续的中孔 SiO_2 膜,在石英表面得到了具有等级结构的中孔 SiO_2 膜。理论研究指出仿生制膜过程是一种层层复制的过程:首先表面活性剂在云母表面上自组装形成扭曲柱管状,然后 SiOH 单体在胶束表面聚合,随着聚合的进行,更多的表面活性剂被吸附到新形成的无机表面上,如此层层复制直至溶液内部。对于非担载膜的仿生合成,Yang 又在不用固体基底的条件下,于空气溶液表面用 CTAC(十六烷基三甲基铵氯化铵)形成的胶束为模板合成了多孔膜,该膜可以转移到不同形状的基片上而不受破坏。用于非担载膜的制备也是层层复制的过程,只是为先驱体水解产物提供聚合位置的是水-空气界面上半胶束边缘结构中的表面活性剂头基。Alexanderk 等人考虑非共价链的嵌入会导致位置的不均匀,于是利用带有 3 个侧链的芳香环,通过化学键把侧链上的功能团嵌入 SiO_2 网络的孔壁中。

仿生陶瓷薄膜主要采用单层 Langmuir 膜诱导无机晶体生长。在此研究领域,Mann、Heywood 等作者做了大量开拓性的工作,对了解生物矿化的机理及制作仿生材料有重要的指导意义。但由于无机晶体的成核密度低,晶体在垂直模板方向的生长不易控制,无法形成连续致密的薄膜,因此离实际应用还有很长一段距离。Xu Guofeng(1998)利用生物矿化的有机质对无机晶体的双重控制原理(即抑制和诱导相结合来控制晶体形貌),采用两亲的卟啉类有机物自组织成半刚性的 Langmuir 膜作为模板,诱导无机晶体成核及生长,并在水溶液中添加聚丙烯酸作为抑制剂,抑制晶体在垂直模板方向生长。由于无机方解石晶体在横向上(平行模板方向)生长受到诱导,纵向上(薄膜垂直模板方向)受到抑制,最终形成致密连续的薄膜,厚度为 0.4~0.6 μm,晶体(001)面平行模板方向,薄膜可以卷曲,透明且具有彩虹色,极类似许多生物体中的方解石薄层。采用诱导-抑制相结合的技术将是仿生陶瓷薄膜合成的主要发展方向。

仿生陶瓷薄膜涂层。传统的陶瓷处理技术如高温烧结,在许多应用领域(例如塑料涂层)并不适用,较新的"溶胶-凝胶"技术(包括热处理前驱物)处理的温度需要超过 400 ℃(很多塑料不能承受 100 ℃以上的温度),且容易产生微裂纹等缺陷。同时,多晶陶瓷薄膜中的单个晶粒的粒径、形状及结晶学定向等对磁、光及电学性能有重要的影响,它们必须得到控制以使薄膜的各种性能达到最优化。采用生物矿化的原理制造陶瓷薄膜涂层可以有效地克服上述传统薄膜制造技术的弱点。生物陶瓷材料均在常温常压条件下形成,且对晶体结晶粒径、形态及结晶学定向进行严格的控制,目前仿生陶瓷薄膜涂层制造技术已成为仿生材料工程的重要研究方向之一。生物矿化中诱导无机相结晶的有机质一般富含阴离子基团,因此将功能化基团引入基体表面是仿生薄膜合成的首要步骤,然后将带上功能基团的基体浸入过饱和溶液中,通过控制陶瓷薄膜前驱物溶液的 pH 值、超饱和度及温度等条件，前驱物在功能化表面发生异相成核作用，由于晶核和功能化表面的界面识别，使晶体的定向及形貌得到控制。

3. 复杂结构无机材料的仿生合成

显微结构决定材料的许多特性，如传输行为、催化活性、黏附、储存和释放动力学。通过材料的表面形貌修饰和引入特殊的显微结构（如中孔、多孔）将大大改善材料的上述特性，使材料可用于催化剂、分离膜、多孔生物医用植入体和药物载体等领域。自然界生物合成的多孔材料结构优越，结构类型多样，为合成这类材料提供了丰富的素材。

SiO_2 多孔分子筛的合成是近几年研究最多的一种多孔材料。1992 年美国 Mobil 石油公司的研究人员 Kresage 等首先报道利用表面活性剂的液晶模板合成了具有介晶结构的中孔（meso-porous）二氧化硅和硅酸铝分子筛（孔径 1.5～10 nm），并命名为 M41S。这种分子筛突破了传统分子筛的孔径范围（<2.0 nm），从而受到人们的极大关注。主要合成步骤如下：将含十六烷基三甲胺离子（作为表面活性剂）的溶液和四甲基铵硅酸脂（作为 SiO_2 的前驱物）等物种混合，在水热容器中反应 48 h（温度 150 ℃），冷却至室温，用水冲洗，干燥，原合成的产物（约含 40%（质量分数）的表面活性剂）在温度 450 ℃，流动的氮气中锻烧 1 h。最后形成规则六方排列的多孔 SiO_2 分子筛材料 MCM-41，孔径约为 4 nm，通过改变表面活性剂烷基链的长度和辅助添加剂的组成，孔径可在 3～10 nm 范围内变化。

MCM-48 分子筛属于 M41S 系列介孔分子筛，具有约 2.6 nm 的均一孔径及两套相互独立的三维螺旋孔道网络结构。MCM-48 的骨架稳定并且长程有序性较好，使其成为很有前途的多孔材料。MCM-48 由于具有较大的比表面积、良好的生物相容性，已成功应用于酶的固定、污水处理、储氢及吸附。近年来也被应用于催化、药物传送和生物质热解等相关领域。

目前关于 MCM-48 的报道较少，原因是其合成条件较为苛刻，必须精确控制其制备条件。近年来许多学者就不同的 MCM-48 合成方法进行了探索。不同的合成方法会对最终产物的晶型、孔径和水热稳定性等产生影响。

生物矿物的独特结构使其具有独特的性能，因此合成出具有生物矿物结构的材料本身也是仿生材料工程的重要内容。英国贝兹大学 Mann 领导的小组从 $Ca(HCO_3)_2$-水溶液-十四烷-DDAB（双十二烷二甲基溴化铵）构成的双连续微乳胶出发，仿生合成了类海藻小球（coccosphere）的多孔文石球。Sellinger（1998）等采用浸入涂覆和有机-无机连续自组装技术合成了 PDM（聚十二烷基异丁烯酸盐）/氧化硅层间的类珍珠层结构材料。Oliver 等（1995）合成了与海藻和放射虫贝壳极为相似的磷酸铝盐等类生物矿物材料。Munch（2008）等将自然中分层设计的概念应用于陶瓷/聚合物（Al_2O_3/PMMA）杂化材料，通过控制陶瓷悬浮液的冻结形成具有冰晶模板结构的大多孔陶瓷支架。该支架渗入聚合物第二相制造具有非常高陶瓷含量的珍珠层状"砖和砂浆"结构，随后在垂直于层状结构的方向上挤压，然后进行第二步烧结，以促进致密化和"砖"之间的陶瓷桥的形成。最终材料具有高的屈服强度（约 200 MPa）和断裂韧性（约 30 MPa·$m^{1/2}$），与铝合金相当。

7.5　单晶材料制备技术

随着现代科学的发展，在材料科学研究领域中单晶材料占据着很重要的地位。单晶体经常表现出电、磁、光、热等方面的优异性能，用单晶做成的电子器件、半导体器件等应用于现代科学技术的许多领域。例如单晶体的频率稳定性比多晶体好得多,因此单晶的压电晶体(如石英)被用来作为频率控制元件。如果不是提供优质半导体单晶,半导体工业的存在和发展是很难想象的。20 世纪 60 年代以后激光技术的出现,对单晶体的品种和质量提出了新的要求。在电子工业、仪器仪表工业中有大量应用单晶做成的器件,例如晶体管主要是由硅、锗或砷化镓单晶所组成;激光器的关键部分就是红宝石单晶或者钇铝石榴石单晶;谐振器的主要部件则是石英单晶。

单晶生长指的是一种可控的单晶体的形成过程,通过在单一晶核周围的原子、离子或分子的聚集实现。其晶核或成核位置可以是自发形成的,也可以是引入的晶种。单晶生长过程包括一种可控状态或相变化达到固体(凝聚态),这种转变可以在气相、液相或某些特殊的固体中产生。晶体生长过程涉及化学、物理学规律,其中主要包括热力学、动力学和流体力学。

晶体生长技术一般以描述一个过程的短语来命名,或者以第一个提出该技术的人名来命名。图 7-27 为主要晶体生长技术分类。

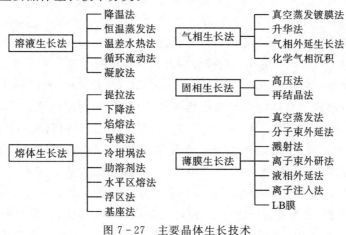

图 7-27 主要晶体生长技术

7.5.1 晶体生长技术基础

某一种特定的晶体生长技术和原材料的选择是以所生长晶体材料的物理化学性能为基础的,包括熔点、组分蒸气压和组成活度。最终的平衡状态是具有最低自由能的状态。

与反应热力学有关的相图是晶体生长首先必须考虑的。虽然晶体生长不是一种平衡状态,但相图仍然给出了涉及晶体生长过程所需的信息。

可以以一种简单的固相完全不互溶的二元相图说明组元 A、B 之间的温度-组成关系(图 7-28)。

从相图可以看出,两种化合物分别在温度 T_A 和 T_B 熔融而没有发生分解,因此可以通过直接晶体生长技术从熔体中生长 A、B 晶体;低于温度 T_A 和 T_B 存在一个具有最低熔点的组成混合物的低共熔点 E,当低于 T_A、T_B,高于 T_E 时,任何一种化合

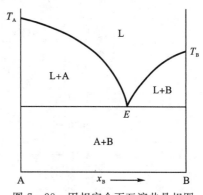

图 7-28 固相完全不互溶共晶相图

物单晶都可以从固液平衡相区间接生成,生成温度决定于起始成分的选择。但是在低于 T_E 温度时,A 和 B 两相共存形成固体混合物,为了从熔体中生成一种化合物(A 或 B)的单晶体,在温度降到 T_E 温度之前,这种晶体必须从残余的熔体中分离出来。

Gibbs 相律可写为 $P+F=C+2$,其中 P 是平衡时存在的相数,F 是系统的自由度数(温度、压力和组成),C 是系统的组分数。可以用相律来确定系统的剩余自由度,即晶体生长的控制参数。经常采用相律的简化形式(即去除压力)作为一个变量,则相律变为 $P+F=C+1$,如果用这种简化的形式来分析,二元(两组分)相图中的低共熔点 E 就被确定为一个不变点,也就是说:既然三相共存(两个固相和一个液相),则变化自由度 $F=0$。

但是沿着 $E—T_B$ 曲线却存在两相(固相 B 加上液相),还具有一个自由度,在 T_B 和 T_E 温度范围内的任何温度或在 E 和 B 范围内的任一点成分组成选择都落在这条曲线上。在"B+液相"的相区里,可以对温度和组成进行优化,进行固相 B 的间接生长。

然而相图并不能给出反应动力学方面的信息,例如反应速率或亚稳相(中间相)的形成。此外,典型的二元相图代表一种等压面,并未真实表示出具有明显蒸气压组分系统的实际情况。许多晶体生长位置,在指定的温度和组成情况下产生的压力可能超过晶体生长装置的耐压能力而导致爆炸。形成想要的化合物或化学配比的物相则可能需要对组成进行过压控制。

在同类型结构的化合物中,如 $BaTiO_3$-$SrTiO_3$、$KTaO_3$-$KNbO_3$ 和 $PBZrO_3$-$PbTiO_3$ 等,从一端到另一端可以形成一系列完全连续的四元化合物,称为固溶体系列。以 $KTa_xNb_{1-x}O_3$(式中 $0<x<1$)系列的固溶体为例(图 7-29)。随温度变化,液相和固相的组成可以连续变化,两条曲线之间的区域表示固相和液相平衡共存,液相线以上的区域完全是液相,而固相线以下的区域完全是固相。从相图可以看出,在 1200 ℃以上的 A 点的熔体组成完全是液相,随着温度降低至液相线,首先固化的相组成是固相线上的 a' 点,而 $a—a'$ 连线显示了在温度为 1200 ℃时的固液平衡;随温度进一步降低,液相的组成沿液相线变化,而固相组成沿固相线变化。对起始成分为 A,最后液滴的组成为 x,固相的成分为 x',慢速冷却过程得到的固体在组成上是连续变化的。这种变化关系给匀质晶体生长带来了严重困难,必须采用特殊的技术才

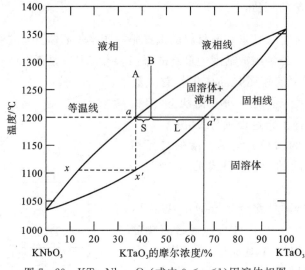

图 7-29　$KTa_xNb_{1-x}O_3$(式中 $0<x<1$)固溶体相图

能得到成分均匀的固溶体晶体。

7.5.2　熔体生长技术

　　熔体生长法生长晶体的研究历史悠久,从 19 世纪末到 20 世纪 20 年代,熔体生长的几种主要方法就已陆续创立,其中焰熔法生长宝石的研究最早获得了工艺应用。随着科学技术的发展,从熔体中生长晶体的工艺和科学逐渐完善,现已成为所有晶体生长方法中用得最多也是最重要的一种。现代电子和光电子技术所需的光学激光、半导体、非线性光学等关键单晶材料,如碱金属卤化物、Si、Ge、GaAs、Nd:YAG、Cr:Al$_2$O$_3$、LiNbO$_3$ 和 LiTaO$_3$ 等,大部分都是用该法制备的。

　　从液态熔体到固体的直接晶体生长与通过化合物熔点固化过程的控制有关。一般熔体生长法的原理是将原始材料加热熔化,然后通过一个合适的温度梯度使熔化坩埚位置降低或使炉温慢慢降低,用各种方式缓慢移动固液界面,使熔体逐渐凝固成晶体。熔体生长法只涉及固-液相变过程。

　　熔体生长与溶液生长和助熔剂方法生长的不同之处在于前者晶体生长过程中起主要作用的不是质量输运而是热量输运,结晶的动力学是过冷度而不是过饱和度。

　　晶体生长过程一般需要选择一种坩埚或容器,或者选择一种原始材料在晶体生长界面区域与容器不接触的方法,即无坩埚技术。容器的选择与温度和组成材料反应活性影响有关,对于熔点较低的单晶生长通常选用石英坩埚或石墨坩埚,对于高熔点原始材料则必须使用高温抗氧化、抗腐蚀的铂族金属坩埚。

　　在一般情况下,只要生长参数可以稳定控制,加热炉则既可以使用立式的,也可以使用卧式的。

1. 定向凝固法

　　定向凝固技术是在高温合金的研制中建立和完善起来的,是指采用强制手段,在凝固金属和未凝固金属液体之间建立特定方向的温度梯度和一定的热流方向使得熔体沿着相反的方向凝固,最终获得特定取向的柱状晶组织甚至单晶的技术。

　　与普通铸造方法相比,定向凝固技术获得的发动机叶片的高温强度、抗蠕变性能、热疲劳性能等都有大幅度提高。在磁性材料方面,利用定向凝固技术可使得柱状晶排列方向与磁化方向一致,进而大大改善材料的磁性能。定向凝固技术也是制备单晶的有效方法。另外,定向凝固技术还广泛用于自生复合材料的生产制造。利用定向凝固方法得到的自生复合材料消除了其他复合材料制备过程中增强相与基体间界面的影响,使复合材料的性能大大提高。

　　定向凝固是冷却坩埚中的熔体由一端向另一端沿固定方向顺序进行凝固的过程。产生定向凝固的条件是在凝固过程中有固定的散热方向。定向凝固的方向与散热的方向相反。

　　重要工艺参数为凝固过程中固-液界面前沿液相中的温度梯度 G_L,固-液界面向前推进速度,即晶体生长速率 R。控制晶体长大形态的重要判据是 G_L/R。在提高 G_L 的条件下,增加晶体生长速率 R,才能获得所要求的晶体形态,细化组织,改善质量,并且提高单相凝固铸件生产率。单相凝固技术和装置关键技术之一就是提高固-液界面前沿的温度梯度 G_L。

　　功率降低法是定向凝固常用的方法之一,将保温炉的加热器分成几组,保温炉是分段加热的。当熔融的金属液置于保温炉内后,在从底部对铸件冷却的同时,自下而上顺序关闭加热器,金属则自下而上逐渐凝固,从而在铸件中实现定向凝固。通过选择合适的加热器件,可以获得较大的冷却速度,但是在凝固过程中温度梯度是逐渐减小的,致使所能允许获得的柱状晶区较短,且组织也不够理想。加之设备相对复杂,且能耗大,限制了该方法的应用。除此之外还有发热剂法、高速凝固法、液态金属冷却法等。

2. Bridgman 法晶体生长

定向固化法是冷却坩埚中的液态熔体并通过其熔点的过程。为了实现单晶的成核,在不加入单晶晶种的情况下经常将坩埚底部设计成锥体形状。当使用晶种时,为了晶种生长,晶种必须密封在坩埚底部。通过冷却和直接热传递,或通过晶体生长散热,固化过程从坩埚底端向顶端连续进行。

Bridgman(布里奇曼)在1925年提出了通过产生热梯度区域而得到的直接固化技术,这种热梯度区域在炉体中心具有最高温度,然后让炉体自然朝底端变冷,产生热梯度来实现定向固化。D. C. Stockbarger(斯托克巴杰)曾对这种方法的发展作出了重要的推动,因此这种方法也可以叫做布里奇曼–斯托克巴杰方法,简称 B-S 方法。

该方法的特点是使熔体在坩埚中冷却而凝固。坩埚可以垂直放置,也可以水平放置(使用"舟"形坩埚),如图7-30所示。生长时,将原料放入具有特殊形状的坩埚里,加热使之熔化。通过下降装置使坩埚在具有一定温度梯度的结晶炉内缓缓下降,经过温度梯度最大的区域时,熔体便会在坩埚内自下至上地结晶为整块晶体。

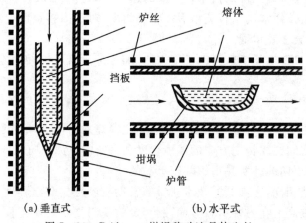

(a)垂直式　　　　　　　　(b)水平式

图 7 - 30　Bridgman 坩埚移动法晶体生长

在 Bridgman 技术中,炉体温度保持不变,坩埚以一种可控的速率通过一个事先设置的热分布曲线降低。Stockbarger 在制备大尺寸碱金属卤化物晶体时在炉体内添加了一些档板,以实现更陡的热梯度,这种改进的方法称为梯度炉法(或坩埚移动法)(图7-31)。目前在这种方法中还有许多实际的变化,采用了多种不同的方式以改变热梯度。

3. 火焰熔融法

采用梯度炉法从熔体中生长晶体是最容易实现的。然而耐热氧化物材料的性能(高熔点和高的活性)决定了耐热氧化物晶体生长不能使用传统的坩埚,可以通过无容器技术解决这类材料的单晶制备。例如,火焰熔融法已经广泛地用于蓝宝石、红宝石、金红石(TiO_2)和尖晶石($MgAl_2O_4$)的合成(图7-32)。Verneuil(熔焰)技术是早期从熔体中直接生长晶体技术的代表。

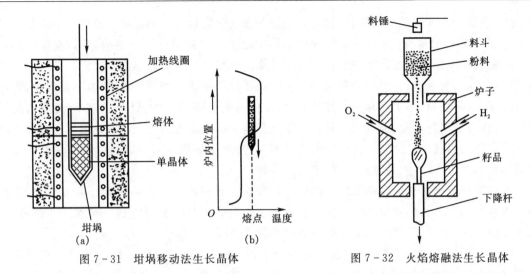

图 7 - 31　坩埚移动法生长晶体

图 7 - 32　火焰熔融法生长晶体

晶体生长发生在一个支座上,在支座之上,使用一个漏斗盛放掺 Cr 的氧化铝粉末,由 2050 ℃的氢氧焰将粉末快速熔融,熔融粉末分散在支座上并散热固化。单晶生长支座支撑着一个单晶棒,通过连续生长,得到各种尺寸的球状或棒状晶体,通过某些技术的改进也可以制得饼状台阶晶体。在此技术中,由于十分陡的热梯度冷却,在晶体内部存在很大的内应力,晶体经常劈为两半以释放应力。目前这种技术大部分已被提拉法所取代。

4. 晶体提拉技术

提拉法又称丘克拉斯基法,是丘克拉斯基(J. Czochralski)在 1917 年发明的从熔体中提拉生长高质量单晶的方法,现已成为熔体生长最常用的一种方法。许多重要的半导体和氧化物以及宝石晶体已经利用此方法成功得以制备。

晶体提拉技术中,使用一个坩埚盛放熔体,将构成晶体的原料放在坩埚中加热熔化,调整炉内温度场,使熔体上部处于过冷状态,在坩埚中浸入一个晶种(在无晶种时可使用贵金属棒,例如 Pt)以诱导成核,让籽晶接触熔体表面,待籽晶表面稍熔后,提拉并转动籽晶杆,使熔体处于过冷状态而结晶于籽晶上,在不断提拉和旋转过程中生长出圆柱状晶体(图 7 - 33)。当出现多个晶体成核时,需要采用一种"颈缩"技术来限制只允许一个晶体生成。坩埚的加热既可以由电阻加热,也可以通过射频感应加热,在射频感应加热方式中坩埚可以起到射频感应器的作用。在提拉技术中,通过正

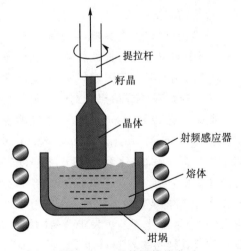

图 7 - 33　晶体提拉技术

在生长的晶体和支撑棒以加强热量传递,从而产生大的温度梯度,产生固化。而恒温控制对于使晶体连续生长或使生长的单晶棒保持同一直径是十分必要的。

该技术的技术要点:将欲生长的材料放在坩埚里熔化,熔体要经过适当热处理。籽晶先预

热,然后将旋转着的籽晶引入熔体,微熔,然后,缓慢向上提拉和转动晶杆。旋转一方面是为了获得好的晶体热对称性,另一方面也搅拌熔体。要求提拉和旋转速度平稳,熔体温度控制精确。结晶物质不能与周围环境发生反应。单晶体的直径取决于熔体温度和拉速。减少功率和降低拉速,晶体直径增加,反之直径减小。同时缓慢降低加热功率和坩埚温度,不断提拉,使籽晶直径变大(称放肩)。小心地调节加热功率,就能得到所需直径的晶体。当坩埚温度达到恒定时,晶体直径保持不变(称等径生长),要建立起满足提拉速度与生长体系的温度梯度及合理的组合条件。当晶体已经生长到所需要的长度后,升高坩埚温度,使晶体直径减小,直到晶体与熔体脱离为止,或者将晶体提出,脱离熔体界面。

晶体提拉技术是从金属铱坩埚中商业化制备红宝石和蓝宝石单晶体的标准方法,晶体提拉技术被发展为从氧化硅坩埚提拉生长商业化电子级硅单晶的主要方法。然而"零"缺陷、无氧杂质的高纯硅的需求使得大部分硅单晶片通过悬浮区技术生产。

对晶体提拉法的改进产生了 Kyropoulous 技术,该技术由俄罗斯人 Kyropoulos 发明的一种利用冷却的晶种从熔融液体中生长单晶体的晶体生长法,现在广泛应用于蓝宝石单晶的生长,也叫泡生法。在这种技术中并不进行任何提拉和旋转,而是通过坩埚内台阶式地降低炉温并不断散热,使晶体得到生长。泡生法区别于其他生长方法的最大特点是,放肩阶段和等径阶段晶体有很大一部分在融体内部,由于结晶过程的自身特点,使得生长到一定程度,如果温度设定合适不需要向上提拉籽晶就能实现晶体不断结晶,完成生长。

提拉法的主要优点:

(1)在生长过程中可方便地观察晶体的生长状况;

(2)晶体在熔体的自由表面处生长,不与坩埚接触,显著减少晶体的应力并防止坩埚壁上的寄生形核;

(3)能以较快的速度生长具有低位错密度和高完整性的单晶,而且晶体直径可控。

提拉法的主要缺点:

(1)一般要用坩锅作容器,导致熔体有不同程度的污染;

(2)当熔体中含有易挥发物时,存在控制组分的困难;

(3)适用范围有一定限制。例如,它不适于生长冷却过程中存在固态相变的材料,也不适用于生长反应性较强或熔点极高的材料,因为难以找到合适的坩埚来盛装它们。

从晶体提拉和 Kyropoulous 技术又演变出了特别适用于化合物半导体单晶制备的液相密封提拉技术(Liquid Encapsulated Czochralski,LEC)。GaAs、GaP、InP、PbTe、Bi_2Te_3 等在熔点以上极易挥发,而氧化硼在 450℃时像玻璃一样熔化,一直到高温仍保持黏稠状,并不与上述化合物反应,因此可以将氧化硼的熔融层代替坩埚包裹上述化合物熔体。在制备磷化钾(GaP)单晶时,将装置放置在密封系统中并保持过压的惰性气体 $P > 3 \times 10^6$ Pa,以及在熔体表面存在的 B_2O_3 阻止了易挥发组分磷的损失。在 LEC 技术中主要问题是注意某些氧化物可能与氧化硼或其他包裹材料可能发生的反应。

用导模技术(图 7-34)可以按照所需要的形状和尺寸来生长晶体,晶体的均匀性也得到改善。将原料置于铱坩埚中,借由高频波感应加热器加热原料使之熔化,于坩埚中间放置一铱制模具,利用毛细作用让熔汤摊平于铱制模具的上方表面,形成一薄膜,放下晶种使之碰触到薄膜,于是薄膜在晶种的端面上结晶成与晶种相同结构的单晶。晶种再缓慢往上拉升,逐渐生长单晶,同时由坩埚中供应熔汤补充薄膜。

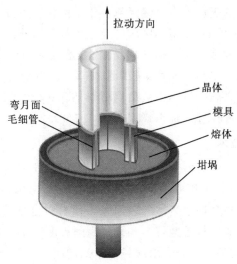

图 7 - 34　导模法单晶制备

5. 渣壳熔炼技术

比上述讨论方法更可控的无坩埚方法叫做渣壳熔炼技术,该方法可以用来生产非常大的晶体,如立方氧化锆。一般高温非金属材料,在室温下是介电材料,电阻率大,介电损耗较小,很难用高频电磁场直接加热来熔制。但实验表明,这些材料的熔体导电性能良好,这就为高频加热技术提供了条件。

高频冷坩埚技术不使用专门的坩埚,而是直接用拟生长的晶体材料本身作"坩埚",使其内部熔化,外壳不熔;其巧妙之处是在其外部加设冷却装置,把表层的热量吸走,使表层不熔,形成一层未熔壳,起到坩埚的作用,这就是"冷坩埚"。内部已熔化的晶体材料,依靠坩埚下降法晶体生长原理使其结晶并长大。

这种方法是用一个冷的坩埚或渣壳将熔体盛放其中,而坩埚或渣壳是用与熔体材料相同成分的粉末做成的。渣壳由可以分裂开的两半组成,底部封闭,顶部开口,渣壳内填满添加的稳定剂、金属锆粉和氧化锆粉。将渣壳放在铜制的感应圈内,由射频发生器产生能量,射频穿透渣壳,由于氧化锆粉在室温为绝缘体,因此开始加热时粉料中的金属相作为射频感应器,随氧化锆被加热,氧化锆开始导电,并在射频场内熔化,而这时金属锆粉也与周围空气中的氧形成附加的氧化锆。在熔化过程中,贴近外壁处的熔体由于与水冷管接触,始终有一薄层固体壳(<1 mm)存在,起到容器的作用,防止污染及熔体与渣壳之间的反应。将熔化后的熔体保温数小时以保证其均匀性,然后慢慢冷却,在渣壳底部观察到熔体自发成核并逐渐向顶部生长,直至将熔体消耗。

在高频冷坩埚设备方面,继俄罗斯之后,美国、中国等国家相继研制成功并扩大容量,投入商业生产,年生产 ZrO_2 晶体数以百吨计。冷坩埚直径已扩大到 400 mm 以上,装料量由原来的几千克扩大到 1200 kg,每次能生产 ZrO_2 晶体近 400 kg。设备稳定性大大提高,实现了自动控制。

6. 悬浮区熔技术

悬浮区熔技术与以上技术的不同之处在于原料在晶体成核之前并不完全以液态形式存

在,其基本原理是依靠熔体的表面张力使熔区悬浮于多晶棒与下方生长出的单晶之间,通过熔区向上移动进行提纯和生长单晶,而熔体区域的宽度依赖于熔体的黏度/表面张力。在射频加热悬浮区熔技术中,被加热的多晶体一端与单晶相连,熔融首先在界面处发生,然后通过移动多晶块或炉体使熔融区移动,单晶体连续生长(图7-35)。由于它不使用坩埚,因而是一种无坩埚生长技术;生长过程中高温熔体不会被坩埚材料沾污;又由于杂质分凝和蒸发效应,可生长出高电阻率Si单晶和探测器用高纯Si单晶。

7. 激光加热支座生长技术

激光加热支座生长(Laser Heat Podestal Growth,LHPG)技术是一种适合生长小直径或纤维状单晶的悬浮区熔技术。采用CO_2激光器很容易得到3000 ℃以上的高温,可以用于氧化物熔体的加热,在单晶生长过程中熔体的表面张力使材料自身保持在一起。LHPG技术是一种多用途技术,可以用于对材料熔融行为和某些高耐火度氧化物结晶行为的研究,也适用于那些没有合适坩埚或无法实现自身渣壳熔融材料单晶的制备。

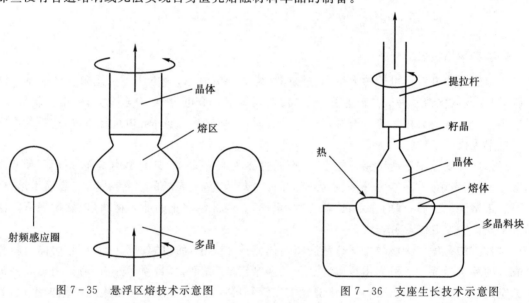

图7-35　悬浮区熔技术示意图　　　　图7-36　支座生长技术示意图

7.5.3　间接晶体生长技术——从溶液中生长晶体

间接晶体生长主要指从溶液中生长,首先将晶体的组成元素(溶质)溶解在另一液体(溶剂)中,通过缓慢冷却改变温度,或改变有关物质的饱和度,或控制晶体生长条件下挥发性溶剂的挥发等作用,获得过饱和溶液,使固态晶体(溶质)从溶液中析出形成晶体的方法。其中溶剂的组成可以在一定范围内变化,变化范围可以从希望得到晶体的化学配比组成之一的剩余物慢慢变化到在某种条件下(如加热)用来溶解所希望化合物的整个外加材料组成,但是在这个范围内必须保证冷却时溶质原封不动地固化。溶液法是最为古老的晶体生长方法,我们的祖先从海水中提取食盐的过程就是溶液法晶体生长的实例。在长期的实践当中,人们发展了多种溶液法晶体生长技术,如变温法、溶剂蒸发法、高温溶液法、助溶剂法、水热法等。

针对不同的晶体材料,选择溶剂的一般原则如下。

(1)化学性能稳定。应用于晶体生长的溶剂必须具有较高的化学稳定性,不会在晶体生长过程中分解挥发或者与溶质形成新的化合物,并且不会与容器以及其他环境介质发生化学作用,引起腐蚀或产生其他影响。

(2)对溶质的溶解度。溶剂对溶质必须有一定的溶解度,如果溶解度太低则会制约晶体生长过程,导致生长速率太低。同时,该溶解度必须是随着温度等可控条件变化的,否则晶体生长过程也难以实现。

(3)合适的熔点。应用于晶体生长的溶剂一般要求具有较低的熔点,以便于晶体生长温度的控制。当溶剂的熔点较高时,对应的生长温度必然升高,从而增大了温度控制的难度和能量消耗。低温生长还有利于晶体结晶质量的提高。

(4)蒸气压。在溶液法晶体生长过程中通常要控制溶剂的蒸发。如果溶剂蒸发太快则不利于晶体生长过程的控制。

(5)溶质扩散。要求溶质在溶剂中具有较高的扩散系数,以利于晶体生长过程中溶质的传输。

(6)黏度。液相对流通常是溶液法晶体生长的主要控制手段之一,较低的黏度利于晶体生长过程中强制对流的实现。

(7)环境影响。不产生有毒有害物质而对环境产生影响。

溶解度曲线是选择从溶液中生长晶体的方法和生长温度区间的重要依据。对于溶解度温度系数很大的物质,采用降温法比较理想,但对于溶解度温度系数较小的物质则宜采用蒸发法,对于具有不同晶相的物质则须选择对所需要的那种晶相是稳定的合适生长温度区间。

1. 缓冷法及其改进技术

缓冷法适用于溶解度温度系数较大的物质晶体生长。溶液的过饱和度靠体系的缓慢降温来维持,具体工艺技术如下。

首先配制溶液,装炉后升温至比预计饱和温度高十几摄氏度,保持一定时间以使体系均匀;降温至比预计成核温度略高,再根据具体情况以 $0.2 \sim 5$ ℃/h 的速度降温,先慢后快,以防过多成核;当温度降至其他相出现或溶解度温度系数近于零时,停止生长,并使温度以较快速度降至室温,此时晶体周围的溶液凝为固态;以适当溶剂溶解凝固后的溶液,得到晶体。

这种方法难以控制成核的数目与位置,而且晶体与溶液无相对运动,将影响晶体生长速度和质量,再者,生长结束后在溶液凝固时,晶体易受应力。针对这些问题,人们采取了如下改进技术:①坩埚局部过冷。即使坩埚很小的局部区域(一般在坩埚底部)过冷,在该处成核,有效地控制了成核的数目与位置。②添加复合助熔剂。该助熔剂具有溶解多种成分的能力,溶解体系内可能存在的作为核化中心的不溶性颗粒,以减少成核数目。③变速旋转坩埚。使溶液和晶体相对运动,提高溶质的扩散速度,从而提高晶体生长速度和晶体质量,也有效防止了继续成核。④刺破坩埚技术或球形坩埚技术。生长结束后刺破坩埚或转动球形坩埚实现晶体和溶液分离,避免晶体受到溶液凝固时产生的应力。

2. 助熔剂挥发法

助熔剂挥发法是在恒温下借助助熔剂的挥发使溶液达到过饱和状态,从而使晶体生长的方法,与水溶液蒸发法原理相同。生长设备如图 7-37 所示。

体系内有两个温度区域,一个是生长区域,一个是冷凝区域。来自溶液表面的助熔剂蒸气到冷凝区域后冷凝下来。这样在恒温时不断蒸发,晶体不断生长。此方法所用助熔剂必须有足够大的挥发性,如 BaF_2、PbF_2 等。

3. 籽晶降温法

本方法的原理和步骤与常温溶液降温法均类似,引入籽晶后靠不断降温来维持溶液过饱和度,从而使晶体不断生长。

此法克服了自发成核缓冷法的许多缺点,可以生长出优质的较大尺寸且外形完整的晶体,由于生长完成后将晶体提出液面而避免了溶液固化时受到应力、回溶等现象。但要生长大尺寸晶体,周期较长,单位以月计。因此,晶体的快速生长研究是目前人们关注的课题。

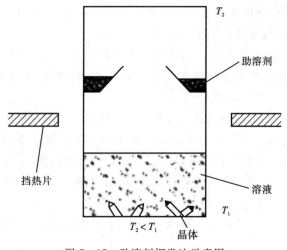

图 7-37　助溶剂挥发法示意图

常用的非线性光学晶体磷酸钛氧钾($KTiOPO_4$,简称 KTP)多用此法生长。

4. 顶端籽晶溶液生长技术

顶端籽晶溶液生长(Top Seeded Solution Growth,TSSG)技术又称顶部籽晶法,它是高温溶液法和熔体提拉法的结合,是从高温溶液中提拉出溶质的晶体。TSSG 技术所使用的装置基本与晶体提拉装置相似。

晶体生长过程大致如下:将籽晶固定在籽晶杆下端,缓慢下降至液面上方,预热后再将其下降至与液面接触,然后靠降温或温差使溶液过饱和,从而使晶体生长,同时,将晶体在转动的条件下缓慢向上提拉。以温差控制过饱和度的装置如图 7-38 所示。

将晶体的原成分在高温下溶解于低熔点助熔剂内,形成均匀的饱和溶液,然后通过缓慢降温或其他办法,形成过饱和溶液,使晶体析出。该方法适用性很强,几乎对所有的材

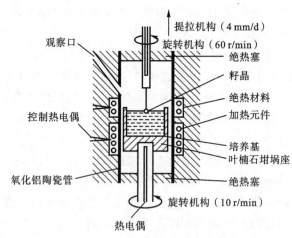

图 7-38　溶液提拉法示意图

料,都能够找到适当的助熔剂,从中将其单晶生长出来。生长温度低,许多难熔的化合物和在熔点极易挥发或由于变价而分解释放出气体的材料,以及非同成分熔融化合物,常常不可能直接从其熔液中生长完整的单晶,助熔剂法显示出独特的能力。只要采用适当的措施,用此法生长出的晶体可以比熔体生长的晶体热应力更小,更均匀、完整。

此方法被成功地用于 ABO_3 化合物晶体的生长,例如 $BaTiO_3$、$KNbO_3$、$SrTiO_3$ 及相应的固溶体系列。铂或铂/铑合金坩埚放置于绝缘支座上,籽晶用铂棒悬挂,铂棒不会与熔体反应

并起散热片作用,熔体由各组分氧化物组成,包括其中一种组分的剩余量。在 $BaTiO_3$ 相图中可以确定摩尔浓度为 35% 的 BaO 与 65% 的 TiO_2 的熔体在冷却到液相线温度(约 1400 ℃)以下,低共熔点温度(1332 ℃)以上时就会生成立方相的 $BaTiO_3$ 晶体。固溶体晶体的生长更为复杂,因为温度降低会引起晶体组成发生大的连续变化,为了保持均匀组成,可以采用挥发性的溶剂,通过溶剂挥发调整成分。

这种方法的缺点是许多助熔剂都有不同程度的毒性,其挥发物还常常腐蚀或污染炉体;晶体生长的速度较慢,生长周期长,晶体一般较小。

5. 水热生长技术

在高温高压条件下许多化合物在水或重水与盐类混合形成的溶剂中的溶解度增加,利用这一特性可以实现溶液中晶体的水热合成,称为水热生长技术。

水的作用:①传递压力的媒介;②在高温高压下反应物均能部分地溶解于水中,反应在液相或气相中进行,原来在无水情况下必须在高温进行的反应得以在上述条件下进行。特别适用于合成一些在高温下不稳定的物相。

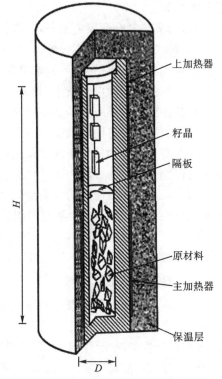

典型的水热法晶体生长设备的工作原理如图 7-39 所示。在生长区和溶解区之间放置一个带有中心孔的隔板,溶液通过该中心孔传输。水热法生长系统的主要控制参数包括反应釜的几何尺寸(直径、长度、隔板位置与孔径)、生长区与溶解区的温度分布、溶剂的成分等。由于存在来自溶解区的溶液携带的热量以及晶体生长释放的物理热,在生长区需要一定的途径散热以维持恒定的温度。

在高压釜内盛满碱性溶液,在釜的下部放置原料作为培养体,釜的上部吊着挂满片状籽晶的框架。将高压釜加热到 200~400 ℃,并形成上下温差(下高上低),随温度升高釜内压力可以达到 2000 个大气压。在高温、高压作用下,釜底培养料溶解并达到饱和状态,由于对流作用上升到上部低温区成为过饱和溶液,于是在籽晶上逐渐生长。使用此方法可以制备 5~8 kg 的石英晶体,可用于电子通信工业。利用水热法也已经生长了绿柱石和红宝石单晶。

图 7-39　水热法晶体生长原理图

在水热法的基础上,近年来人们发展了氨热法晶体生长技术,即采用超临界的氨(NH_3)为溶剂,在高温高压下进行晶体生长。该技术已成功地应用于 GaN 体单晶的生长,其典型的生长条件是 100~120 MPa、1030~1050 ℃ 的高温高压环境。

6. 溶胶-凝胶及其衍生技术

溶胶-凝胶技术常用来生长 PZT(锆钛酸铅)、BST(钛酸锶钡)和 KTN(铌酸钾-钽酸钾)多晶厚膜材料,用于永久性铁电记忆器件、热电探测器和电容器等方面。溶胶-凝胶技术的主要目的不是生长单晶薄膜,但采用半导体工业所使用的旋压成形技术,通过溶液黏度控制基板上的膜厚分布,将溶液放置在基片中心,而基片以一个合适的速度旋转使液体均匀分布在表面,则通过使用单晶基板可以得到很强的择优取向。

7.5.4　气相晶体生长技术

块体材料的晶体生长以熔体法和溶液法晶体生长为主,然而,对于某些晶体材料,由于其高熔点、低溶解度等特殊的性质,使得以液相为介质的生长方法难以实现。因此,以气相为母相或传输介质的气相生长方法受到人们的关注,并在近年来得到更大的发展。

除此之外,气相生长方法因其生长温度低、生长速率小、易于控制等特点成为薄膜等低维材料制备的主要生长方法。

气相生长方法在低维材料制备技术中的应用主要包括以下几个方面。

(1)在其他结构材料表面制备保护性薄膜。

(2)形成异质材料的接触界面,从而制备出接触电极以及异质结(如 PN 结)等,应用于微电子技术领城。

(3)进行多层复合薄膜的制备,获得梯度材料或超结构量子阱器件。

(4)在衬底表面形成非连续的岛,从而形成量子点。

随着现代科学技术的进步,低维材料制备与应用成为材料学科的前沿领域,得到日新月异的发展。这些发展和微电子技术、光电子技术等紧密结合,并涉及复杂的物理原理。

实现晶体生长的第一步是获得晶体生长所需要的气体。该气体可以通过固态物质的加热升华或液态物质的加热蒸发获得,也可以通过化学反应获得或直接将气态物质通入反应系统中。采用单质或化合物的升华或蒸发获得生长气源的方法属于物理气相生长方法,而利用化学反应获得生长气源的方法为化学气相生长方法。

气相生长晶体的最简单情况是组分气相的固化或凝聚,在一定的温度和压力条件下,Ⅱ—Ⅵ族的化合物,如 CdS、ZnS 会从它们组成物 Cd 或 Zn、S_2 的气相中生成单晶,在形成过程中不包括任何其他化合物的形成与反应,这种技术称为物理气相沉积(PVD),PVD 技术要求所采用的固体原料加热时有较高的蒸气压。

1. 碳化硅单晶的生长

作为极具发展前景的宽禁带半导体材料,碳化硅(SiC)具有高热导率、高击穿场强、高饱和电子漂移速率、高键合能、高化学稳定性、抗辐射以及与 GaN 相近的晶格常数等突出的特性与优势,这些优异性能决定了 SiC 不仅是制作高亮度发光二极管(HB-LED)的理想基板材料,而且是制作高温、高频、高功率以及抗辐射电子器件的理想材料之一,是当前全球半导体产业的前沿和制高点。其中,掌握高质量 SiC 单晶生长是获得性能优良的碳化硅器件的基础。

物理气相传输(Physical Vapor Transport,PVT)法,又称为籽晶升华法、改进 Lely 法。SiC 在常压高温下不熔化,但在 1800℃ 以上的高温时,会发生分解,升华成多种气相组分,这些气相组分在运输至较低温度时又会发生反应,重新结晶生成固相 SiC,PVT 法正是利用了该特性。

PVT 法的本质是 SiC 原料的分解,其分解的气相成分主要有 Si、Si_2C 和 SiC_2,籽晶黏接于上部的坩埚盖上,该处温度较低,SiC 分解的气相就在坩埚盖上凝结成晶体(图 7 - 40)。原料分解发生的反应主要如下:

$$SiC(s) \longrightarrow Si(g) + C(s) \tag{7-5}$$

$$2SiC(s) \longrightarrow Si(g) + SiC_2(g) \tag{7-6}$$

$$2SiC(s) \longrightarrow C(s) + Si_2C(g) \tag{7-7}$$

原料分解获得的气相是一个富硅的气相，Si/C 原子比大于 1。在气相传输过程中 Si_2C 和 Si 会继续和原料中的 C 或者石墨坩埚中的 C 元素进行反应。Si_2C 和原料中的 C 反应会生成 SiC 继续留在原料中，和石墨坩埚中的 C 反应则会生成气相，气相传输至衬底处，该处温度较低，气相就会在基板上沉积生成 SiC 晶体。

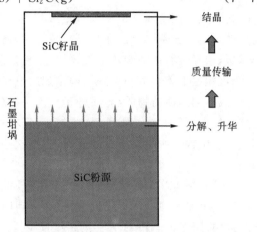

图 7 - 40　PVT 法生长 SiC 晶体原理示意图

2. 分子束外延技术

当组分挥发性不足以产生升华时（绝大多数氧化物都是如此），则必须采用特别的技术。高真空技术常常能够将组分加热到蒸发以产生新相，含基本原料的原子团因加热形成带有方向性的原子束组成，称为分子束外延技术（Molecular Beam Epitaxy，MBE）。例如 GaAs/GaAlAs 单晶薄膜的生长。

图 7 - 41 所示为多分子束源的 MBE 设备工作原理图。当将两个或两个以上的分子束源同时打开时可以外延生长多组元的薄膜。如果按照设定的程序对不同束源进行开关控制，则可以获得任意的多层薄膜结构。

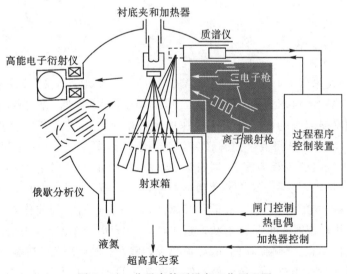

图 7 - 41　分子束外延设备工作原理图

MBE 最重要的特点是，通过对分子束源的精确开关控制，在原子层尺度上进行生长过程控制，实现单原子层的生长。利用这一特点，采用多个不同元素的分子束源的交替开关控制，可进行不同成分（或结构）的多层薄膜生长。由两种或多种不同结构与成分的薄膜交替生长，每层薄膜控制在若干原子层的厚度，则可获得超结构复合膜。由Ⅲ—Ⅴ族或Ⅱ—Ⅵ族化合物半导体形成的这种超结构通常具有特殊的电学、光学和光电子特性,是发展量子阱器件的基础。正是这一重要的应用背景,使得分子束外延技术获得强大的生命力,成为材料科学领域的一项前沿技术。

也可以采用金属有机化学气相沉积技术(MOCVD)制备单晶薄膜,组成元素的气相化合物按照一定的比例引入。在"冷壁"技术中,通常采用射频(也可采用内部或外部辐射灯光)加热基板,选择只有接触到热基板才发生分解/反应的气体源,热基板是用来成核外延生长的单晶,当沉积层沿着基板的点阵结构排列时就产生了外延生长。基板可以采用相同的材料(同质外延)或不同晶体的物质(异质外延),为了得到最佳外延层,要求基板晶格参数和热膨胀系数与外延层尽可能匹配。也可以在"热壁"反应器中加热基板,这时反应器整体被加热,以保持在蒸气状态中含有所需要组成的元素,直至这些元素反应并沉积在基板上,这时对基板没有什么限制。

可以使用 MBE 或 MOCVD 技术进行原子层外延生长(Atom Layer Epitaxy,ALE),既可以采用单个元素源进行单层沉积,也可以利用某一层与后来层之间的反应生成所需的化合物。例如,用 $ZnCl_2$ 和 H_2S 一层一层地反应制备 ZnS 单晶薄膜技术。

7.5.5　固态生长技术

固态-固态晶体生长主要是再结晶过程,比较典型的方法是通过烧结引起晶粒生长而发生再结晶,并最终长成单晶材料。直接再结晶开始和结尾都是同一种化合物,但晶粒发生了长大,在再结晶过程中,多晶体内部的固有应变对再结晶有激活过程。固态-固态晶体生长的最成功例子是六方铁氧体,有报道采用此种方法制备出了直径 10mm、长几十毫米的六方钡铁氧体单晶。

7.6　陶瓷的快速成形制造技术

快速成形制造技术(Rapid Prototyping Manufacturing,RPM),又称"快速原型制造(Rapid Prototyping,PR)""增材制造(Additive Manufacturing,AM)""三维打印(3D 打印)",是 20世纪 80 年代中期发展起来的高新技术。快速成形技术是汇集了计算机辅助设计(CAD)、计算机辅助制造(CAM)、计算机数字控制(CNC)及精密伺服驱动技术、激光和材料科学等于一体的新技术。它是以机械工程为核心,同时涵盖材料、机电控制、光电信息、数字建模等在内的典型的多学科交叉技术,是一种基于离散和堆积原理的崭新制造技术,它将零件的 CAD 模型按一定方式离散成可加工的离散面、离散线和离散点,而后采用物理或化学手段,将这些离散的面、线段和点堆积形成零件的整体形状。近年来,3D 打印技术由于其工艺路线简单、加工成形步骤少、自动化程度高、材料损耗低、能源消耗少、环境污染少等优点在陶瓷制品制造领域受到了广泛的关注。此外,相较于传统的陶瓷制造工艺,3D 打印的主要技术特征是成形的快捷性,3D 打印技术被认为是近 20 年制造技术领域的一次重大突破,其对制造业的影响可与数控技术相比,是目前制造业信息化最直接的体现,是实现信息化制造的典型代表。3D 打印技术的主要优点在于它能够在不借助特定工具或模具的情况下,创建在尺寸和结构特征方面具有高精度和复杂性特点的设计。

快速成形技术摆脱了传统零件的"减材"加工法(部分去除大于工件的毛坯上的材料而得

到工件),而采用全新的"增材"加工法(用一层层的小毛坯逐步叠加成大工件),将复杂的三维加工分解成简单二维加工的组合。该技术不像传统的金属加工需要加工机床,也不像传统的粉末冶金和陶瓷成形需要成形模具,是材料成形领域的一次革命。通过快速成形技术,可以快速和精确地直接将设计思想转变为产品,大大缩短了产品的研制周期。将快速成形技术用于企业的新产品研发过程,可以缩短新产品的研制周期,降低开模风险和新产品研发成本,及时发现产品设计的错误,提高新产品投产的一次成功率。因此,快速成形技术的应用已成为材料成形领域的重大进步。

目前,用于制备陶瓷的3D打印技术主要包括:激光辅助烧结(例如选择性激光烧结和激光近净成形技术)、挤压成形(例如熔融沉积成形技术和陶瓷熔融沉积)、自动注浆成形技术、基于直写的工艺流程(例如喷墨3D打印成形)、分层实体制造技术等。然而,每种技术都有其优势和局限性。本节对这些技术的方法进行了较为详细的介绍,并以借助各种技术制造的不同类型的陶瓷结构工艺流程为例进行介绍,方便读者更加深入了解各个工艺。

7.6.1 液态光敏树脂选择性固化

光敏树脂选择性固化(Stereo lithography apparatus,SLA)是最早出现的一种快速成形技术。此方法最早由 Charles Hull 申请专利,之后由 3D Systems 公司成功实现商业化。

光固化反应是通过一定波长的紫外光照射,使液态的树脂高速聚合成为固态的一种光加工工艺,其本质是光引发的交联、聚合反应。快速成形机上有一个盛满液态光敏树脂与陶瓷混合浆料的液槽,这种液态树脂在紫外线的照射下会快速固化。可固化浆料中主要含有可光聚合的单体以及少量的光引发剂。一般情况下,在料浆中添加表面活性剂,陶瓷颗粒可充分分散在树脂中形成陶瓷悬浮液,如图 7-42 所示。

具体过程:在成形开始时,可升降工作台首先处于液面下一个截面厚度的高度;聚焦后的紫外激光束在计算机的控制下按截面轮廓进行扫描,使扫描区域的液态树脂固化,形成该层面的固化层;然后,工作台下降一层高度,其上覆盖另一层液态树脂,开始进行第二层扫描固化。

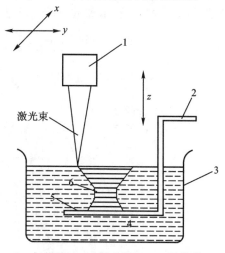

1—扫描镜;2—z轴升降台;3—树脂槽;
4—光敏树脂;5—托盘;6—零件。

图 7-42 光敏树脂液相固化成形原理图

新固化的一层牢固地黏结在前一层上,如此重复直到整个产品成形完毕。

陶瓷光固化技术是将陶瓷粉末加入可光固化的溶液中,通过高速搅拌使陶瓷粉末在溶液中分散均匀,制备高固相含量、低黏度的陶瓷浆料,然后使陶瓷浆料在光固化成形机上直接逐层固化,累加得到陶瓷零件素坯,再通过后续的加热脱脂工艺,将坯体零件中作为黏接剂的有机成分通过高温排出,得到零件素坯后,进行高温烧结,得到致密化的陶瓷零件。

陶瓷的光固化增材技术主要涉及陶瓷浆料中光敏树脂单体自由基的交联聚合反应,即光化学反应。光引发自由基聚合反应包括引发、链增长、链转移和链终止过程。

光引发是利用引发剂的光解反应得到活性自由基,并在光照下接受光能从基态 PI 变为激发态 PI*,进而分解成活性自由基 R1·和 R2·,活性自由基 R1·、R2·与单体 M 的碳碳双键结合,并在此基础上进行链式增长,使碳碳双键发生聚合,同时伴随着增长链上自由基的转移和终止。

对于光敏树脂陶瓷浆料的光固化增材制造,还涉及浆料中陶瓷粉体对入射光源的吸收、散射和反射作用。最终通过陶瓷浆料中光敏树脂单体的交联聚合反应生成三维网络状聚合物,使陶瓷颗粒原位固化得到陶瓷坯体。

光固化 3D 打印技术可实现高精度、定制化、个性化的设计,为陶瓷材料的精加工提供了较好的技术手段,将该技术引入高科技陶瓷制造将解决模具依赖、复杂形状及多种功能变化的零件制造困难等问题。该技术的步骤主要有制备浆料、光固化成形和脱脂烧结 3 个,每一步都会影响最终陶瓷产品的质量。

7.6.2　陶瓷的选择性激光烧结技术

选择性激光烧结(Selective Laser Sintering,SLS)技术最早起源于德州大学,Carl Robert Deckard 于 1986 年提出了"SLS"思想,并于 1989 年研制成功。选择性激光烧结技术采用二氧化碳激光器对粉末材料(塑料粉、陶瓷与黏结剂的混合粉、金属与黏结剂的混合粉等)进行选择性烧结、熔化,这是一种由离散点一层层堆积成三维实体的工艺方法,其原理如图 7-43 所示。

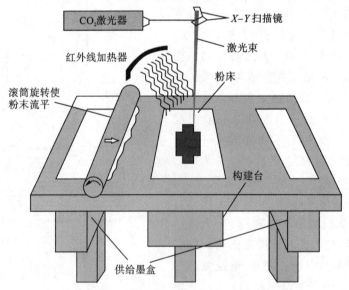

图 7-43　选择性激光烧结工艺流程示意图

在开始加工之前,先将充有氮气的工作室升温,并保持在粉末的熔点以下。成形时,送料筒上升,铺粉辊筒移动,先在工作平台上铺一层粉末材料,该层粉末可以是塑料粉、陶瓷和黏结剂的混合粉或金属与黏结剂的混合粉等,然后利用 CO_2 激光器,激光束在计算机控制下按照截面轮廓对实心部分所在的粉末进行烧结、熔化,使粉末熔化继而形成一层固体轮廓。第一层烧结完成后,工作台下降一截面层的高度,再铺上一层粉末,进行下一层烧结,如此循环,形成三维的原型零件。

近年来,陶瓷的选择性激光烧结技术在生物医学应用领域越来越受到欢迎,特别是在为组

织工程定制复杂且高度细胞生物相容性的支架方面。这些制造通常涉及黏合剂相的高体积分
数高达 60%，因此，尽管大孔结构通常以可控的方式定制，几何精度和表面粗糙度对这些应用
程序没有严格要求。例如，陶瓷-聚合物共混物制成的骨植入物，如羟基磷灰石-磷酸三钙
（HA-TCP）、羟基磷灰石-聚碳酸酯（HA-PC）、羟基磷灰石-聚醚醚酮（PA-PEEK）和硅-聚酰胺
（SiO₂-PA）。陶瓷-玻璃复合材料也可用于制备生物相容性支架，如羟基磷灰石-磷酸盐玻璃、
磷灰石-莫来石和磷灰石-硅灰石。在这些应用中，低熔点聚合物和玻璃在 SLS 期间充当液相
黏合剂，以促进致密化。磷酸钙-聚羟基丁酸酯-羟基戊酸酯（CP-PHBV）支架的微观结构如图
7-44 所示。

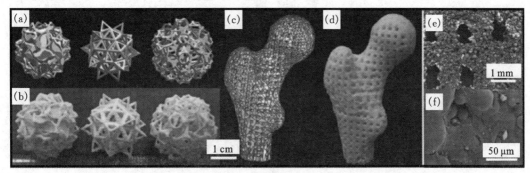

图 7-44 选择性激光烧结制备的 CP-PHBV 多孔结构

选择性激光烧结技术是一种先进的 3D 打印工艺，由于在此过程中没有支撑结构，因此其
特别适用于复杂的几何形状。人们已经利用这种方法制得锆钛酸铅陶瓷。通过控制零件的属
性，可以使其满足部分医疗超声设备，如液压静力电荷和电压的要求。

SLS 方法适合成形中、小型零件，能直接制造蜡模、塑料、陶瓷和金属产品。这种工艺要对
实心部分进行填充式扫描烧结，因此成形时间较长，可烧结覆膜陶瓷粉和覆膜金属粉。得到成
形件后，将制件置于烧结炉中，烧掉其中的黏结剂，并在孔隙中渗入填充物（如铜等）。它的最
大优点在于适用材料很广，几乎所有的粉末都可以使用，所以其应用范围也最广。但 SLS 成
形工艺所用设备复杂，成本也较高。

选择性激光烧结工艺主要面临以下三大挑战：①零件密度通常比较低，导致机械强度低；
②由于加工温度较高，循环冷却成为一大难题，若冷却不当，则可能导致整个零件制造失败；
③难以制造大尺寸陶瓷零件。

7.6.3 陶瓷的激光近净成形技术

激光近净成形技术（Laser Engineered Net Shaping，LENS）是一项已在市面上出售的 3D
打印工艺，用于制造金属零件。在该方法中，高达 2 kW 的聚焦掺钕钇铝石榴石（Nd：YAG）激
光用于熔化基底。如图 7-45 所示，聚焦束在基底和金属粉末上形成一个小的熔融区域，金属
粉末通过气体流注到熔融部位。激光束移动，熔融区域迅速冷却并固化，形成一种与基底牢固
结合的固体材料。在该方法中，冷却速度取决于加工参数，如横向速度和激光输出能量。在第
一层沉积之后，激光头向上移动，第二层进行沉积。逐层制作，直到全部叠层制作完毕。

激光近净成形工艺可以在近净成形的环境中制造复杂的原型，这大大节省了加工时间和
成本。激光近净成形技术一直用于制造生物医学用的金属结构陶瓷涂层。激光近净成形的优

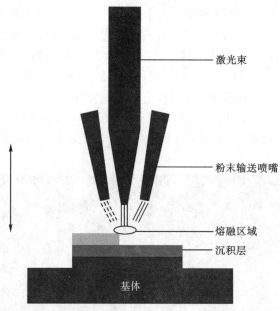

图 7-45　激光近净成形加工示意图

点包括涂层的高结晶度、可控厚度及涂层和基底之间良好的黏附。与之比较,其他方法(如溶胶凝胶、浸渍涂层、仿生涂层和等离子喷洒)均无法实现上述的一个或多个优点。该技术可以通过激光束功率、激光扫描速度和送粉量控制涂层厚度。

　　Balia 等人提出了使用激光近净成形技术加工功能梯度钛系氧化钛(Ti-TiO$_2$)结构。梯度组成 TiO$_2$ 是在多孔钛的顶层表面上形成 50%的 TiO$_2$ 涂层,增加了钛植入物的硬度和润湿性,从而增强了它们的耐磨性和细胞物质间的相互作用。他们还指出了激光近净成形技术可以在不锈钢上加工功能梯度氧化钇稳定氧化锆涂层。组合物在不锈钢基体上的黏结涂层成分从顶部的 100%黏合层变为第三层的 100%YSZ 表面涂层。涂层制备在激光功率为 250 W、扫描速度为 40 mm/s 的环境中完成。组合物中的灰度可以通过将 YSZ 粉末进料速率从 0 增加至 144 g/min 来实现,而黏结涂层粉末进料速率在第一层至第三层从 13 g/min 降低为 0。

7.6.4　陶瓷的熔融沉积成形技术

　　陶瓷熔融沉积成形(Fused Deposition Modeling,FDM)技术是一种改进了的熔融沉积成形工艺,又称丝状材料选择性熔覆。熔融沉积成形工艺最早在 1991 年由 Stratasys 提出。1996 年,陶瓷熔融沉积技术作为改进的一种熔融沉积成形工艺,由罗格斯大学的研究人员提出,后来于 1998 年获得专利,用于加工 3D 陶瓷结构,包括新型陶瓷材料、陶瓷/聚合物复合材料、面向/径向压电和光子带隙结构。快速成形机的加热喷头在计算机的控制下,根据截面轮廓的信息作 X-Y 平面运动和 Z 方向的运动。丝材(如塑料丝)由供丝机送至喷头,并在喷头中加热、熔化,然后被选择性地涂覆在工作台上,快速冷却后形成截面轮廓。一层成形完成后,工作台下降一截面层的高度,再进行下一层的涂覆,如此循环,最终形成三维产品。

　　图 7-46 所示为陶瓷熔融沉积工艺流程的示意图。在此过程中,半固态的热塑性聚合物的单纤维由两个滚筒注入液化器,然后流经液化器,继而经过喷嘴挤出,并最终沉积在平台上。位于液化器上的加热器以接近熔点的温度加热聚合物,从而使挤出的单纤维可以轻易通过喷

嘴。基于 CAD 文件,喷嘴在 X 轴、Y 轴方向上运动,"道路"或"栅格"即沉积成形。凝固从道路的外表面开始,然后沿半径方向,继而到达核心。第一层沉积之后,平台向下移动,而第二层沉积在第一层上。如此循环,直至整个零件构建完成。

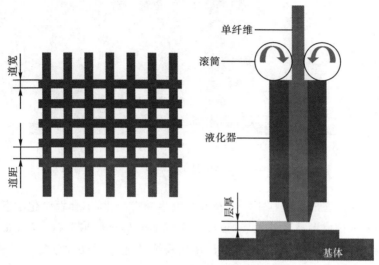

图 7-46　陶瓷熔融沉积工艺流程示意图

陶瓷熔融沉积工艺流程中,半固态的热塑性聚合混合物包括黏结剂、增塑剂及分散剂,被用作陶瓷粉末载体。陶瓷被分散,并与体积分数为 50%～65% 的聚合物进行混合。在该步骤中,有机分散剂/表面活性剂和粉末的预加工是获取挤压物质的关键一步。此外,沉积过程中的流动速率可以通过进料口至加热液化器之间的速率进行控制。熔融材料的温度和沉积速度应与冷却和固化速率匹配,防止结构中产生任何不连续或破坏。

Rutgers 大学和 Argonne 国家实验室将 FDM 技术应用于陶瓷生产,生产出的零件称之为熔融沉积的陶瓷(Fused Deposition of Ceramics,FDC),其生产效率较高,但表面精度较低。在 FDC 中通常将陶瓷粉与特制的黏结剂混合,挤制成细丝。该工艺对细丝的要求较为严格,需要合适的黏度、柔韧性、弯曲模量、强度和结合性能等。该技术已在 Si_3N_4、Al_2O_3 等结构陶瓷的成形中得到较多的研究与开发,并制备出一些陶瓷部件样品,但陶瓷材料的密度和均匀性有待进一步提高。

陶瓷熔融沉积技术已成为一种制造压电材料的独特加工方法。与传统方法相比,陶瓷熔融沉积技术能够制造内部结构复杂及对称的复合材料。很明显,脆性陶瓷不能制备成柔性丝材。因此,对于用于熔融沉积技术的陶瓷材料通常将陶瓷颗粒(体积分数高达 60%)加载到热塑性黏结剂中,制备出复合细丝。图 7-47 展示了以 ABS 为基体材料,填充含量高达 35% 的 3 μm 钛酸钡粉末的陶瓷-聚合物复合纤维。

相对于其他 3D 打印技术,熔融沉积 3D 打印技术具有以下特点:

(1)熔融沉积成形所用设备与系统原理简单,由于没有激光器等精密设备,成形所需温度不高,所需要的运行维护成本较低;

(2)熔融沉积成形所用设备发展比较全面,小型桌面级设备适宜在办公环境下安装使用,大中型工业级设备可以成形精度要求很高的原型和零件;

(3)熔融沉积成形理论上可以成形任意复杂程度(如筛网状)的零件;

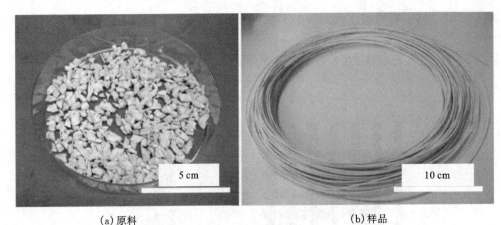

(a)原料　　　　　　　　　　　　　　　　　(b)样品

图7－47　揉制 ABS-钛酸钡的原料及复合丝状样品照片

　　(4)熔融沉积成形在成形过程中所用材料只发生物理变化,不会发生化学变化;

　　(5)随着熔融沉积成形技术的发展,可以用来成形的材料也越来越广泛,如通过将陶瓷粉或金属粉与聚合物混合,制成丝状材料,成形出所需要的坯体,最后通过脱脂烧结获得所需要的零件或原型。

　　虽然,熔融沉积成形有很多如上所述的优点,但是该 3D 打印技术有其难以弥补的劣势:成形所需要的丝料制备成本高,尤其是对于混有陶瓷粉末或者金属粉末的丝材。

7.6.5　陶瓷的自动注浆成形技术

　　自动注浆成形技术(Robocasting,RC)是一种 3D 打印工艺,靠机器人利用注射器获得陶瓷浆料的计算机设计的沉积,所需原料包括水、微量化学改性剂和陶瓷粉末。图 7－48 所示为自动注浆成形工艺流程示意图。基本上,含水量约 15% 的陶瓷混合物像奶昔般流动,然后沉

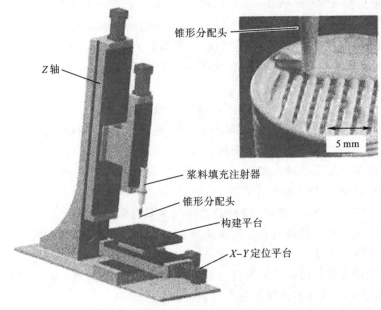

图7－48　自动注浆成形工艺流程示意图

积到加热的构造平台上,用于逐层构建 3D 陶瓷零件层。这项新 3D 打印技术是在美国桑迪亚国家实验室开发出来的。与其他 3D 打印技术相比,自动注浆成形技术最明显的优势是,整个过程(包括制造、干燥和烧结)可以在 24 h 内完成。通过这种方式,工程师能够尽快修改零件设计,确保它再运行。

随着这项新技术的发展,自动注浆成形也被应用于构建医疗设备和组织工程骨架中。由于磷酸钙的生物相容性非常好,Miranda 等人通过自动注浆成形技术制备骨科用生物降解磷酸钙陶瓷(TCP)。他们对 TCP 的粒度和形态进行了优化,用于制备适用于自动注浆成形的悬浮液。事实证明,较小的颗粒尺寸和较低表面积的 TCP 粉末更适用于浆料制备。同时,通过对微观结构及热处理进行分析,利用自动注浆成形技术制造的骨架具有独特的性能,可应用于骨组织工程中。Simon 等人报道了使用自动注浆成形技术制作的带有 3D 周期性孔隙结构的羟基磷灰石 HA 支架进行骨生长的良好结果(图 7 - 49)。模拟人骨天然微结构构建多尺度孔隙度的能力,为骨修复和置换提供了巨大的前景。

(a)　　　　　　　　　　　　　　(b)

图 7 - 49　自动注浆成形技术制备的羟基磷灰石 HA 支架的光学照片

自动注浆成形技术面临的挑战是如何开发出适用于沉积工艺的陶瓷浆料。优异的陶瓷浆料应包含高的固含量,同时应具有流体状的黏稠度,以便最大限度地减小干燥和收缩的量。此外,如何长时间地存储这些浆料也是一个挑战。

7.6.6　陶瓷的 3D 打印成形技术

1. 喷墨打印成形

喷墨打印成形(Ink-Jet Printing,IJP),是在喷墨打印机原理的基础上,结合 3D 打印的理念发展而来的。该技术是将待成形的陶瓷粉料与各种添加剂和有机物进行混合制成陶瓷浆料,也称陶瓷墨水,通过喷墨打印机将陶瓷墨水按照计算机指令逐步打印到载体上,从而形成具有原先设计外形与尺寸的陶瓷生坯。喷墨打印目前可分为连续式和间歇式两种,如图 7 - 50 所示。连续式打印效率较高,而间歇式对于墨水的利用率较高。连续式打印的喷头受打印信号的控制,挤压喷头中的墨水;墨水在外加高频振荡的作用下被分解成一束墨水流,随后墨滴在充电装置中进行充电,在偏转电场作用下发生偏转,落在纸上不同位置形成打印点。间歇式打印的加压方式有两种:①通过薄膜加热液滴产生蒸气泡,在气泡破裂时产生压力使液滴落下;②通过喷嘴处的压电致动器产生压力,控制液滴的下落。相比于连续式打印,间歇式打印更经济,也更精确。

该项技术的关键有两点:一是陶瓷墨水质量,不仅要求粉末含量高,同时对分散度、抗沉淀

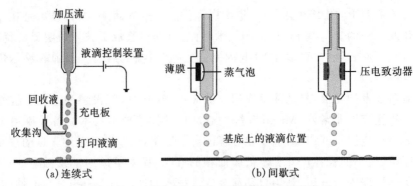

图 7-50　连续式和间歇式喷墨打印成形示意图

性、黏度、干燥速率要求都很严格;二是打印机的控制,元件的三维模型被转为打印控制码,然后用程序驱动打印机动作。

近年来,IJP在打印固体氧化物燃料电池等能源器件的复合陶瓷材料电极薄层方面受到了广泛的关注。大部分研究都集中在墨水的制备和打印层的表征上,有些已经获得了与传统制备工艺相当的电化学结果。

2. 三维打印成形

三维打印成形(Three Dimensional Printing,TDP),是由美国 Solugen 公司与麻省理工学院共同开发的。其利用快速成形机的喷头,在计算机的控制下,按照截面轮廓的信息在铺好的一层层粉末材料上,有选择性地喷射黏结剂,使部分粉末黏结,形成截面轮廓。一层完成后,工作台下降一截面层的高度,再进行下一层的黏结,如此循环,最终形成三维产品。黏结得到的制件要置于加热炉中,作进一步的固化或烧结。20世纪80年代末,Sachs等人发明了喷墨3D打印技术,该项技术后来获得了专利,可以用于打印塑料、陶瓷和金属零件。喷墨3D打印是一种基于粉末的自由成形制造法,类似于在2D打印机中使用的喷墨技术。图7-51所示为Bose等人提出的喷墨3D打印工艺流程的示意图。在打印前,粉末进料床应充分填满粉末。使用滚筒在粉末辐床上喷洒一层预定厚度的粉末。通常情况下,我们会喷洒一些初级层,建立一个基础层作为最终零件的支撑。这些层可能会比零件主层的干燥时间更长,以确保有一个稳定的基础。根据CAD文件,常规的喷墨打印头会有选择地将黏结剂喷洒至构建粉末层。接着,该打印层在加热器下移动,黏结剂变干,防止黏结剂在各层之间流散。重复这一工艺流

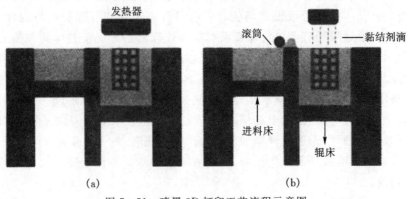

图 7-51　喷墨3D打印工艺流程示意图

程,直到最终零件打印完成。

　　喷墨 3D 打印技术的主要优点之一是该技术比较简单。它是一种低成本的 3D 打印方法。此外,它不需要任何外部平台或支撑,在打印过程中由粉末床支撑结构。此外,这种方法不要求液体具备改性黏度或含有光聚合材料。

　　然而,由于颗粒之间的摩擦频率较高,且缺乏外部压缩力来提供更好的填料和随机集聚,喷墨 3D 打印加工零件的气孔率会很高。此外,在具体应用中,如药物输送和组织工程,使用的聚合物黏结剂是有害的。这是因为并非所有的陶瓷粉末都可以通过生物相容性聚合物/打印溶液进行打印。因此,这种方法对于打印生物相容性陶瓷有局限性。后期加工,包括去粉(散粉移除)和烧结,也是这种方法面临的另一个挑战。由于打印陶瓷的生坯密度过低,去粉会导致零件破裂,从而需要对 3D 打印陶瓷进行烧结,增强其致密度和力学性能。

　　三维打印成形技术应用范围较广,在模具制造、工业设计等领域被用于制造模型,也可用于打印飞机零部件、髋关节或牙齿等。该技术制备多孔陶瓷零件时有较大优势,但是其成形精度较差,表面较粗糙,且所制备的零件致密度一般较低,通常需要后续工艺来提高其致密度。比如在烧结前进行冷等静压就高压浸渗处理,以提高烧结后制品的致密性。目前,已经利用喷墨 3D 打印技术打印了多几种陶瓷材料,可应用于高温环境、电子装置、组织工程和药物输送中。特别是在生物医学领域已经进行了有前景的探索,包括组织工程组件的制造,这通常需要较高的表面粗糙度,以及适用于培养目的的多孔特性。图 7 - 52 为使用 HA 和 CP 打印的典型支架示例图。

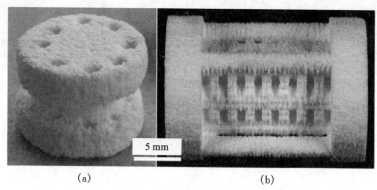

(a)　　　　　　　　　　　　(b)

图 7 - 52　喷墨 3D 打印技术制备的支架照片

7.6.7　陶瓷的分层实体制造技术

　　分层实体制造(Laminated Object Manufacturing,LOM)技术由美国 Helisys 公司于 1991 年首次提出。分层实体制造技术使用陶瓷带状生坯片材制造 3D 零件。在该方法中,通过堆叠多个片层制造 3D 实体。如图 7 - 53 所示,该体系包括:可升降的工作台;送进机构,可以以卷的形式持续供应材料;X 轴-Y 轴绘图仪。供给装置通过构建平台向工作台发送片层。片层背面涂有热熔胶黏结剂。利用热压滚筒熔化黏结剂,使片层与基底粘贴在一起。X 轴-Y 轴绘图仪根据当前层面的轮廓控制激光束进行层面切割。此外,多余的部分被切成方形,以便于在制成后去除。在构建过程中,多余的零件一直留在构建堆积体中,用以支撑结构。每一层切割完毕后,构建平台将向下移动一个片层的深度,重新铺上一层片状材料,在热压辊的作用下使其与上一层材料相结合。逐层制作,直至整个构件制成。当全部片层制作完毕后,可运用切成方形这一方法将多余的废料去除。

　　与其他快速成形方法相比,分层实体制造是一种比较高速的方法,其不需要用激光扫描整个薄片,只需要根据分层信息切割出一定的轮廓外形。同时不需要单独的支撑设计,无需太多的前期预备处理,在制造多层复合材料以及曲面较多或者外形复杂的构件上具有显著的优势。运行成本较低是其另一个优点。虽然分层实体制造是一个快速的方法,但切成方形这一工艺流程比较费时,而且,根据不同零件的几何形状和复杂性,还需要投入劳动力。

图 7-53　分层实体制造工艺流程示意图

　　近年来采用分层实体制造技术制备的复杂形状陶瓷构件(如 Al_2O_3 涡轮转子,SiC、Si_3N_4 齿轮等)引起了人们的关注(图 7-54)。Rodrigues 等人报道了使用分层实体制造技术来制造 Si_3N_4 零件(图 7-54(c)),其平均体积收缩率为 40%,烧结体相对密度达到 97%。通过对最终零件的显微组织和力学性能(如杨氏模量、弯曲强度和断裂韧性)的测试,结果表明,这些材料的显微组织和力学性能可与用反应烧结和无压烧结等传统方法制备的氮化硅陶瓷相媲美。

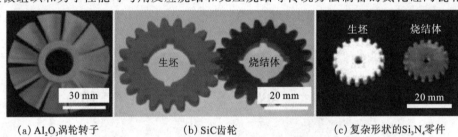

(a) Al_2O_3涡轮转子　　　　(b) SiC齿轮　　　　(c) 复杂形状的Si_3N_4零件

图 7-54　分层实体制造技术制造的陶瓷部件的宏观照片

　　由于固化过程中易产生翘曲现象,目前,在基于分层实体制造的陶瓷结构工艺方面,市场上尚未有供应商。然而,可以使用同一概念用黏纸和刀以低成本的方式,根据 CAD 文件生产 3D 陶瓷零件。

7.6.8　陶瓷 3D 打印技术未来的发展趋势

　　在不同材料中,陶瓷的制造可能是最具挑战性的,因为陶瓷的熔点高,抗热震性低,且具有固有的脆性。由于 3D 打印陶瓷工艺可以将多个步骤合并为一个操作步骤,因此,其应用前景十分广泛,然而,大多数 3D 打印工艺生产的生坯陶瓷结构还需要进一步的后期加工,如移除黏结剂和高温烧结。大尺寸陶瓷零件在其热处理后期加工中产生的开裂和变形问题受到了极大地关注,因此,3D 打印技术特别适用于制造尺寸小或多孔的零件。骨移植物便是这种应用之一。使用 3D 打印技术制造多孔骨移植物正成为一个非常热门的研究领域。骨组织工程需要具有生物活性和生物可吸收性的陶瓷,其复杂的多孔网络可以模仿骨结构。3D 打印技术的应用可以帮助加工这些具有受控的孔隙尺寸、孔隙与孔隙之间互连性及适合的体积分数气孔率的结构。3D 打印技术可以根据计算机断层摄影或磁共振成像扫描捕捉到的个人骨缺损情况制造满足患者特异性的结构。当植入体内时,这些结构可用于引导组织整合。典型孔径>

$300\ \mu m$,孔体积为 $10\%\sim80\%$ 且具有广泛互连性的结构是其理想结构。这种结构有助于诱导新组织向内生长和血管形成以提高骨整合及减少愈合时间。除了骨组织工程骨架的尺寸和形状外,也可以对组合物进行量身定制,使其用于这些结构,例如通过梯度组成变化构建多种材料。总体而言,应用于骨组织工程的各种生物陶瓷和生物陶瓷高分子复合材料的 3D 打印技术在未来几年将得到快速发展。

除了生物陶瓷,多孔陶瓷结构也可以用于其他领域,例如过滤、传感器和骨架的复合材料,它们都有望伴随着陶瓷 3D 打印的发展发挥其作用,可以对微观和宏观结构进行控制。另一方面,3D 打印技术有望在结构/功能一体化陶瓷涂层方面广泛应用,虽然这些涂层厚度较薄,但可以满足量身定制的成分的特定需求。我们可改变表面涂层的性能,以增强构件的耐高温、耐磨损和耐腐蚀性,或增加电荷存储能力。事实上,这些涂层部分也可用于修复现有设备。

最后,陶瓷 3D 打印技术仍处于起步阶段,而新技术正广泛应用于如柔性电子和半导体器件的微观结构中。如何将陶瓷 3D 加工技术应用于大规模批量制造,这仍然是一个难题。我们需要对陶瓷 3D 打印技术进行进一步的研究和开发,使其成为直接小批量制造结构/功能一体化陶瓷或生物陶瓷零件的一种流行方式。

7.6.9　小结

本节对陶瓷 7 种不同的 3D 打印技术进行了较为详细的研究,其工艺步骤及优缺点如表 7-8 所示。尽管采用 3D 打印技术的陶瓷加工始于 20 世纪 90 年代初,但其应用仍然不够广泛。主要是由于颗粒大小、形状和表面能的变化,大部分流程优化需要在粉末间进行。此外,由于开裂或分层,大型陶瓷零件几乎不可能致密。然而,基于对陶瓷的 3D 打印技术需求的不断增长,我们希望未来对 3D 打印陶瓷技术有更多的研究和开发。除了生坯成形技术,基于激光的陶瓷结构的直接致密化技术也令人兴奋和充满希望。在不久的将来,可能会看到陶瓷复合材料的制造方法和各种 3D 打印技术更多地应用于现实生活中。

表 7-8　陶瓷材料的 3D 打印技术

工艺技术	工艺过程	优缺点
选择性激光烧结技术	①预热陶瓷粉; ②工艺室填充氮气以避免氧化; ③冷却以移除零件	优点: ①成形复杂几何形状; ②不需要支撑材料
		缺点: ①构件密度低; ②无法成形大尺寸零件
激光近净成形技术	①使用 Nd:YAG 激光器熔化基底; ②向熔化区域注入陶瓷粉; ③通过移动激光来进行冷却	优点: ①控制显微结构的全致密结构加工; ②能够控制构成; ③梯度材料的沉积
		缺点: ①需要后期加工; ②分辨率和表面粗糙度差

续表

工艺技术	工艺过程	优缺点
熔融沉积成形技术	①将陶瓷粉和聚合物载体进行混合； ②使用液化器和喷嘴沉积衬底； ③聚合物移除和烧结	优点： ①陶瓷含量高，没有空隙； ②各层之间黏结完整
		缺点： ①单纤维制造； ②陶瓷/黏合系统优化； ③后续工艺步骤具有挑战性
自动注浆成形技术	①准备陶瓷浆料； ②堆积加热的建筑平台； ③干燥和烧结	优点： 高效，完成整个流程不超过24 h
		缺点： 圆木式构造让该方法准确度降低
喷墨3D打印技术	①用滚筒在辊床上喷洒粉末； ②在建造层上选择性喷涂黏结剂； ③干燥、制粉和烧结零件	优点： ①不需要支撑； ②材料应用范围广
		缺点： ①机械强度低； ②制粉工艺较难； ③陶瓷/黏结系统有局限性
分层实体制造技术	①准备陶瓷纸； ②用激光切纸； ③将最终零件切成方形并烧结	优点： ①控制显微结构来加工全致密结构； ②进程较快，成本较低
		缺点： 　需要进行后期加工，包括切成方形、表面处理和烧结

扩展阅读

在单晶制备过程中，往往需要通过一个晶核来诱导单晶的生长，晶核起着关键的作用。在材料研究范围之外，核心的意思是中心，其含义是主要部分（就事物之间的关系而言），如领导核心、核心小组、核心作用，可见核心的作用和力量是巨大的。

我们人体中也需要核心力量，强有力的核心肌群是整体发力的主要环节，对上下肢体的协同用力还起着承上启下的枢纽作用。核心是完成绝大多数动作时力量产生和传递的核心区域，是人体运动链的中间环节，只有核心的稳定性提高了，肢体活动才有支撑，才会更加协调。通过加强它们，可以更好地处理来自锻炼和日常生活的压力。

一个国家的发展离不开核心力量。人才是一个国家、一个地方发展的核心竞争力，对于推动我国经济社会持续发展具有重要的作用。人才是先进生产力和先进文化的主要创造者和传播者，人才是社会发展的宝贵资源，离开人才培养，国家、社会都不会进步。

思考题

1. 制造普通玻璃的主要原料有哪些,对它们有哪些基本要求?

2. 简要分析玻璃熔化过程的几个阶段。

3. 简述玻璃液的澄清过程。

4. 简述浮法玻璃生产的成形过程。

5. 钢化方法有哪几种,各自有什么工艺控制要点?

6. 与普通玻璃相比,淬火玻璃有哪些特别的性能? 为什么?

7. 什么是玻璃的化学钢化? 两步离子交换法有何特点?

8. 微晶玻璃与普通玻璃有何异同? 其主要用途有哪些?

9. 请简述何谓多孔陶瓷及其种类?

10. 简述多孔陶瓷的形成机制和方法。

11. 分析多孔陶瓷的力学性能与气孔率的关系。

12. 举例说明何为仿生合成。

13. 简述坩埚下降法的技术要点。

14. 简述提拉法制备单晶体的技术要点。

15. 简述气相法生长晶体的基本原理及其方法。

16. 何为晶体水热生长法?

17. 举一个具体工艺例子简述制备无机单晶体的技术要点。

18. 分析陶瓷增材制造的优点。

19. 简述陶瓷增材制造的国内外发展现状。

20. 描述陶瓷增材制造技术的发展趋势。

21. 给出光固化快速成形的基本原理、优点和缺点。

22. 给出陶瓷的选择性激光烧结技术的基本原理和技术特点,并分析其适用范围。

参考文献

[1]RICHERSON D W,LEE W E. Modern Ceramic Engineering:Properties,Processing,and Use in Design,Fourth Edition[M]. Boca Raton:CRC Press,2018.

[2]KING A G. Ceramic Technology and Processing[M]. Norwich:Noyes Publications,2002.

[3]The Ceramic Society of Japan. Advanced Ceramic Technologies & Products[M]. Tokyo:Springer,2012.

[4]SEGAL D. Chemical Synthesis of Advanced Ceramic Materials(Chemistry of Solid State Materials)[M]. Cambridge,Eng:Cambridge University Press,1989.

[5]UTHAMAN A,THOMAS S,LI T,et al. Advanced Functional Porous Materials[M]. Berlin:Springer,2022.

[6]YANG J L,HUANG Y. Novel Colloidal Forming of Ceramics[M]. Beijing:Tsinghua University Press,2020.

[7]戴金辉. 无机非金属材料概论[M]. 哈尔滨:哈尔滨工业大学出版社,2018.

[8]戴金辉,柳伟. 无机非金属材料工学[M]. 哈尔滨:哈尔滨工业大学出版社,2012.

[9]刘银,郑林义,邱轶兵. 无机非金属材料工艺学[M]. 合肥:中国科学技术大学出版社,2015.

[10]吴音,刘蓉翾. 新型无机非金属材料制备与性能测试表征[M]. 北京:清华大学出版社,2016.

[11]刘维良. 先进陶瓷工艺学[M]. 武汉:武汉理工大学出版社,2004.

[12]林宗寿. 无机非金属材料工学[M]. 武汉:武汉理工大学出版社,2021.

[13]杜景红,曹建春. 无机非金属材料学[M]. 北京:冶金工业出版社,2016.

[14]陈照峰,张中伟. 无机非金属材料学[M]. 西安:西北工业大学出版社,2010.

[15]金志浩,高积强,乔冠军. 工程陶瓷材料[M]. 西安:西安交通大学出版社,2000.

[16]姜建华. 无机非金属材料工艺原理[M]. 北京:化学工业出版社,2005.

[17]王昕,田进涛. 先进陶瓷制备工艺[M]. 北京:化学工业出版社,2009.

[18]朱海,杨慧敏,朱柏林. 先进陶瓷成形及加工技术[M]. 北京:化学工业出版社,2016.

[19]田欣利,徐西鹏. 工程陶瓷先进加工与质量控制技术[M]. 北京:国防工业出版社,2014.

[20]马里内斯库. 先进陶瓷加工导论[M]. 田欣利,张保国,吴志远,译. 北京:国防工业出版社,2010.

[21]缪松兰,马铁成,林绍贤,等. 陶瓷工艺学[M]. 北京:中国轻工业出版社,2006.

[22]WEGST U,BAI H,SAIZ E,et al. Bioinspired structural materials[J]. Nature Materials,2015(14):23-36.

[23]介万奇. 晶体生长原理与技术[M]. 2版. 北京:科学出版社,2019.

[24]REED J S. Principles of Ceramic Processing[M]. 2nd ed. New York:John Wiley & Sons,Inc. ,1995.

[25]EVANS J W,JONGHE L C. The Production and Processing of Inorganic Materials[M].

Berlin:Springer Cham,2016.

[26]RING T A. Fundamentals of Ceramic Powder Processing and Synthesis[M]. San Diego: Academic Press,1996.

[27]JONES J T,BERARD M F. Ceramics:Industrial Processing and Testing[M]. 2nd ed. Ames:The Iowa State University Press,1993.

[28]GANGULI D,CHATTERJEE M. Ceramic Powder Preparation:A Handbook[M]. Boston:Kluwer Academic Publishers,1997.

[29]CARTER C B,NORTON M G. Ceramic Materials Science and Engineering[M]. Berlin: Springer,2007.

[30]CHIANG Y M,et al. Physical ceramics:principles for ceramic science and engineering [M]. New York:Wiley,1997.

[31]KANG S L. Sintering:densification,grain growth,and microstructure[M]. Amsterdan: Elsevier Butterworth-Heinemann,2005.

[32]REED J S. Introduction to the Principles of Ceramic Processing[M]. New York:Wiley Interscience,1988.

[33]LEE W E. Rainforth W. M. ,Ceramic Microstructures:Property Control by Processing [M]. London:Chapman and Hall,1994.

[34]RAHAMAN M N. Ceramic Processing[M]. London:Taylor and Francis,2006.

[35]RAHAMAN M N. Ceramic Processing and Sintering[M]. 2nd ed. New York:Marcel Dekker,2003.

[36]KINGERY W D,BROWEN H K,UHLMANN D R. Introduction to ceramics[M]. 2nd ed. NewYork:John Wiley & Sons,Int. ,1976.

[37]布鲁克.陶瓷工艺(第Ⅰ部分)[M].清华大学新型陶瓷与精细工艺国家重点实验室,译.北京:科学出版社,1999.

[38]布鲁克.陶瓷工艺(第Ⅱ部分)[M].清华大学新型陶瓷与精细工艺国家重点实验室,译.北京:科学出版社,1999.

[39]卢寿慈.粉体加工技术[M].北京:中国轻工业出版社,1999.

[40]韩跃新.粉体工程[M].长沙:中南大学出版社,2011.

[41]陶珍东,徐红燕,王介强.粉体技术与应用[M].北京:化学工业出版社,2019.

[42]俞建峰,夏晓露.超细粉体制备技术[M].北京:中国轻工业出版社,2020.

[43]林营.无机材料科学基础[M].西安:西北工业大学出版社,2020.

[44]杨秋红,张浩佳,徐军.无机材料物理化学[M].上海:同济大学出版社,2013.

[45]周亚栋.无机材料物理化学[M].武汉:武汉理工大学出版社,2006.

[46]帕姆普奇.陶瓷材料性能导论[M].杨宁乾,庄柄群,陈秀琴,译.北京:中园建筑工业出版社,1984.

[47]高瑞平,李晓光,施剑林,等.先进陶瓷物理与化学原理及技术[M].北京:科学出版社,2001.

[48]黄振坤,吴澜尔.高温非氧化物陶瓷相图[M].北京:科学出版社,2017.

[49]櫻井良文,小泉光惠.新型陶瓷材料及其应用[M].陈俊彦,王余君,译.北京:中国建筑工

业出版社,1983.

[50]刘学文.氧化铝基陶瓷膜的制备及应用研究[M].东营:石油大学出版社,2016.

[51]李世普.特种陶瓷工艺学[M].武汉:武汉工业大学出版社,1990.

[52]周张健.特种陶瓷工艺学[M].北京:科学出版社,2018.

[53]日本化学会.无机固态反应[M].董万堂,董绍俊,译.北京:科学出版社,1985.

[54]李家驹.陶瓷工艺学[M].北京:中国轻工业出版社,2001.

[55]马福康.等静压技术[M].北京:冶金工业出版社,1992.

[56]范景莲.粉末增塑近净成形技术及致密化基础理论[M].北京:冶金工业出版社,2011.

[57]国运之.热等静压技术应用研究进展[J].中国粉体工业,2022(3):3-6.

[58]司文捷.直接凝固注模成形 Si_3N_4 及 SiC 陶瓷—基本原理及工艺过程[J].硅酸盐学报.1996,24(1):32-37.

[59]王小锋,孙月花,彭超群,等.直接凝固注模成形的研究进展[J].中国有色金属学报,2015,25(2):267-279.

[60]刘昊,沈春英,丘泰.注凝成形工艺的研究进展[J].中国陶瓷,2011,47(3):1-3,24.

[61]陈方杰,王成,康辰龙,等.陶瓷3D打印/凝胶注模复合成形技术研究综述[J].中国陶瓷,2020,56(9):1-5.

[62]MONTANARO L,COPPOLA B,PALMERO P. A review on aqueous gelcasting:A versatile and low-toxic technique to shape ceramics[J]. Ceramics International,2019,45(7):9653-9673.

[63]米斯乐,梯纳摩.流延成形的理论与实践[M].罗凌虹,译.北京:清华大学出版社,2015.

[64]杨金龙,黄勇作,黎强责.陶瓷新型胶态成形工艺[M].北京:清华大学出版社,2021.

[65]陈大明.先进陶瓷材料的注凝技术与应用[M].北京:国防工业出版社,2011.

[66]MORENO R. The role of slip additive in tape-casting technology:part 1 - solvents and dispersants[J]. American Ceramic Society Bulletin,1992,71(10):1521-1531.

[67]MORENO R. The role of slip additive in tape-casting technology:part 2 - binders and plasticizers[J]. American Ceramic Society Bulletin,1992,71(11):1647-1657.

[68]洪长青,董顺,张幸红.高性能陶瓷材料成形与制备[M].哈尔滨:哈尔滨工业大学出版社,2021.

[69]李远勋,季甲.功能材料的制备与性能表征[M].成都:西南交通大学出版社,2018.

[70]包亦望.先进陶瓷力学性能评价方法与技术[M].北京:中国建材工业出版社,2017.

[71]刘峰,钮智刚,赵文文.无机材料的性能及其发展研究[M].北京:原子能出版社,2019.

[72]王凯悦,田玉明,韩涛.陶瓷材料学[M].北京:北京理工大学出版社,2022.

[73]谢志鹏,许靖堃,安迪.先进陶瓷材料烧结新技术研究进展[J].中国材料进展,2019,38(9):821-830.

[74]刘康时.陶瓷工艺原理[M].广州:华南理工大学出版社,1990.

[75]段继光.工程陶瓷技术[M].长沙:湖南科学技术出版社,1994.

[76]零森.特种陶瓷[M].长沙:中南工业大学出版社,1994.

[77]钦征骑.新型陶瓷材料手册[M].南京:江苏科学技术出版社,1996.

[78]陆佩文.无机材料科学基础[M].武汉:武汉工业大学出版社,1996.

[79]郭瑞松.工程结构陶瓷[M].天津:天津大学出版社,2002.

[80]周祖康,顾惕人,马季铭.胶体化学基础[M].北京:北京大学出版社,1987.

[81]叶非,陈培荣.物理化学及胶体化学[M].4版.北京:中国农业出版社,2020.

[82]车如心.界面与胶体化学[M].北京:中国铁道出版社,2012.

[83]谭毅,李敬锋.新材料概论[M].北京:冶金工业出版社,2004.

[84]师昌绪,李恒德,周廉.材料科学与工程手册(下卷)[M].北京:化学工业出版社,2004.

[85]江东亮.精细陶瓷材料[M].北京:中国物资出版社,2000.

[86]庞滔等.超精密加工技术[M].北京:国防工业出版社,2000.

[87]管文等.精密和超精密加工技术[M].北京:机械工业出版社,2019.

[88]李亚江,王娟,刘鹏.异种难焊材料的焊接及应用[M].北京:化学工业出版社,2004.

[89]于启湛.陶瓷材料的焊接[M].北京:机械工业出版社,2018.

[90]陈国清,祖宇飞.陶瓷材料微观组织形成理论[M].北京:科学出版社,2022.

[91]张长瑞,郝元恺.陶瓷基复合材料原理、工艺、性能与设计[M].长沙:国防科技大学出版
    社,2001.

[92]邵长伟.陶瓷先驱体聚合物[M].北京:科学出版社,2020.

[93]毕见强.特种陶瓷工艺与性能[M].哈尔滨:哈尔滨工业大学出版社,2018.

[94]焦宝祥.陶瓷工艺学[M].北京:化学工业出版社,2019.

[95]王兵.吴楠,王应德.先驱体转化陶瓷纤维与复合材料丛书:碳化硅微纳纤维[M].北京:科
    学出版社,2020.

[96]刘荣军.碳化硅复合材料反射镜及支撑结构材料[M].北京:科学出版社,2019.

[97]陈朝辉.先驱体转化陶瓷基复合材料[M].北京:科学出版社,2012.

[98]钟博,黄小萧.特种陶瓷工艺原理[M].哈尔滨:哈尔滨工业大学出版社,2019.

[99]于启湛.非金属材料的焊接[M].北京:化学工业出版社,2018.

[100]李亚江.先进难焊材料的连接[M].北京:机械工业出版社,2011.

[101]侯朝霞,苏春辉.透明玻璃陶瓷材料组成、结构及光学性能[M].沈阳:东北大学出版社,
    2008.

[102]DAVID J G.陶瓷材料力学性能导论[M].龚江宏,译.北京:清华大学出版社,2003.

[103]李长青,刘宝良,张云龙.高温陶瓷及其粉体制备研究[M].哈尔滨:哈尔滨工业大学出版
    社,2017.

[104]胡海龙.先进结构功能一体化复合材料[M].武汉:湖北科学技术出版社,2020.

[105]李斌,李端,张长瑞,等.航天透波复合材料:先驱体转化氮化物透波材料技术[M].北京:
    科学出版社,2019.

[106]KINGERY W D,BOWEN H K,UHLMANN D R.陶瓷导论[M].2版.清华大学新型
    陶瓷与精细工艺国家重点实验室,译.北京:高等教育出版社,2010.

[107]科隆博,里德尔,萨鲁拉.先驱体陶瓷:从纳米结构到应用[M].楚增勇,胡天娇,蒋振华,
    译.北京:国防工业出版社,2016.

[108]卜景龙,刘开琪,王志发.凝胶注模成形制备高温结构陶瓷[M].北京:化学工业出版社,
    2008.

[109]张玉龙,邢德林.环境友好无机材料制备与应用技术[M].北京:中国石化出版社,2008.

[110]HEARLE J W. 高性能纤维[M]. 马渝荘, 译. 北京: 中国纺织出版社, 2004.

[111]沈晓冬. 3D 打印材料丛书: 3D 打印无机非金属材料[M]. 北京: 化学工业出版社, 2020.

[112]李宏. 新型特种玻璃[M]. 武汉: 武汉理工大学出版社, 2019.

[113]闫春泽, 史玉升, 文世峰, 等. 激光选区烧结 3D 打印技术[M]. 武汉: 华中科技大学出版社, 2019.

[114]袁建军, 谷连旺. 3D 打印原理与 3D 打印材料[M]. 北京: 化学工业出版社, 2022.

[115]李国昌. 结晶学教程[M]. 北京: 国防工业出版社, 2019.

[116]契尔诺夫. 现代晶体学: 第 3 卷晶体生长[M]. 吴自勤, 洪永炎, 高琛, 译. 合肥: 中国科学技术大学出版社, 2019.

[117]施尔畏. 碳化硅晶体生长与缺陷[M]. 北京: 科学出版社, 2012.

[118]王浩伟, 顾剑锋, 董湘怀. 材料加工原理[M]. 上海: 上海交通大学出版社, 2019.

[119]马里内斯库. 先进陶瓷加工导论[M]. 田欣利, 译. 北京: 国防工业出版社, 2010.

[120]马廉洁, 巩亚东, 于爱兵, 等. 可加工陶瓷加工技术及应用[M]. 北京: 科学出版社, 2017.

[121]袁巨龙. 功能陶瓷的超精密加工技术[M]. 哈尔滨: 哈尔滨工业大学出版社, 2000.

[122]杨邦朝, 王文生. 薄膜物理与技术[M]. 成都: 电子科技大学出版社, 1994.

[123]叶志镇, 吕建国, 吕斌, 等. 半导体薄膜技术与物理[M]. 杭州: 浙江大学出版社, 2020.

[124]张永宏. 现代薄膜材料与技术[M]. 西安: 西北工业大学出版社, 2016.

[125]HANSL L. 固态表面、界面与薄膜[M]. 王聪, 孙莹, 王蕾, 译. 北京: 高等教育出版社, 2019.

[126]肖定全, 朱建国, 朱基亮, 等. 薄膜物理与器件[M]. 北京: 国防工业出版社, 2011.

[127]石玉龙, 闫凤英. 薄膜技术与薄膜材料[M]. 北京: 化学工业出版社, 2015.

[128]吴自勤, 王兵, 孙霞. 现代物理基础丛书: 薄膜生长[M]. 北京: 科学出版社, 2017.

[129]张世宏, 王启民, 郑军. 气相沉积技术原理及应用[M]. 北京: 冶金工业出版社, 2020.

[130]黄剑锋, 冯亮亮, 曹丽云. 溶胶-凝胶工艺及应用[M]. 北京: 高等教育出版社, 2019.

[131]赵洪波, 赵海峰. 胶体与表面化学理论及应用研究[M]. 哈尔滨: 黑龙江大学出版社, 2016.

[132]曹茂盛, 等. 材料合成与制备方法[M]. 哈尔滨: 哈尔滨工业大学出版社, 2018.

[133]张志庆, 周亭, 王秀凤, 等. 胶体与界面科学[M]. 东营: 中国石油大学出版社, 2019.

[134]冯丽萍, 刘正堂. 薄膜技术与应用[M]. 西安: 西北工业大学出版社, 2016.

[135]刘建华. 镁铝尖晶石的合成、烧结和应用[M]. 北京: 冶金工业出版社, 2019.

[136]兰德尔. 烧结实践与科学原理[M]. 贾成厂, 褚克, 刘博文, 译. 北京: 化学工业出版社, 2021.

[137]左宏森. 超硬材料烧结制品[M]. 郑州: 郑州大学出版社, 2017.

[138]张东明, 傅正义. 陶瓷材料脉冲电流烧结技术[M]. 武汉: 武汉理工大学出版社, 2012.

[139]崔国文. 缺陷、扩散与烧结[M]. 北京: 清华大学出版社, 1990.

[140]郭庚辰. 液相烧结粉末冶金材料[M]. 北京: 化学工业出版社, 2003.

[141]张宁, 茹红强, 才庆魁. SiC 粉体制备及陶瓷材料液相烧结[M]. 沈阳: 东北大学出版社, 2008.

[142]范瑞明, 郭春芳, 冯勋. 无机材料科学理论及其性能研究[M]. 北京: 中国原子能出版社,

2019.

[143]MARKOV I V.晶体生长初步:成核、晶体生长和外延基础[M].2版.牛刚,王志明,译.北京:高等教育出版社,2018.

[144]刘东亮,邓建国.材料科学基础[M].上海:华东理工大学出版社,2016.

[145]陆大成,段树坤.金属有机化合物气相外延基础及应用[M].北京:科学出版社,2009.

[146]杨树人,丁墨元.外延生长技术[M].北京:国防工业出版社,1992.

[147]谢孟贤,刘诺.化合物半导体材料与器件[M].成都:电子科技大学出版社,2000.

[148]西北轻工业学院.玻璃工艺学[M].北京:中国轻工业出版社,2007.

[149]何秀兰.无机非金属材料工艺学[M].北京:化学工业出版社,2016.

[150]巴学巍,由园.材料加工原理及工艺学:无机非金属材料和金属材料分册[M].哈尔滨:哈尔滨工业大学出版社,2017.

[151]霍兰,乔治.微晶玻璃技术[M].北京:化学工业出版社,2019.

[152]王承遇,陶瑛.玻璃表面和表面处理[M].北京:中国建材工业出版社,1993.

[153]王琦,万法琦,赵会峰,等.玻璃表面处理综述[J].材料科学与工程学报,2021,39(6):1047-1055.

[154]PING H,WAGERMAIER W,HORBELT N,et al. Werner,Z. Fu,P. Fratzl,Mineralization generates megapascal contractile stresses in collagen fibrils[J],Science,2022,376:188-192.

[155]袁海森,李宏,王钰洋.陶瓷与金属冶金连接技术研究进展[J].精密成形工程,2020,12(6):84-92.

[156]YANG H,ZHOU X B,SHI W,et al. Thickness-dependent phase evolution and bonding strength of SiC ceramics joints with active Ti interlayer[J]. Journal of the European Ceramic Society,2017,37(4):1233-1341.

[157]FUSEINI M,ZAGHLOUL M Y. Statistical and qualitative analyses of the kinetic models using electrophoretic deposition of polyaniline[J]. Journal of Industrial and Engineering Chemistry,2022,113:475-487.

[158]桑丽娜,李敏娟,张义邴,等.电沉积 $YBa_2Cu_3O_{(7-\delta)}$ 涂层导体 Y_2O_3 种子层的外延生长研究(英文)[J].低温物理学报,2021,43(4):213-219.

[159]BHATTACHARYA R N,NOUFI R,ROYBAL L L,et al. YBaCuO superconductor thin films via an electrodeposition process[J]. Journal of the Electrochemical Society,1991,138(6):1643-1645.

[160]WANG X,WAN W,SHEN S,et al. Application of ion beam technology in(photo) electrocatalytic materials for renewable energy[J]. Applied Physics Reviews,2020,7(4):041303.

[161]LI G,ZHANG T,MU Z,et al. Application of multi-ion beam enhanced deposition. Surface and Coatings Technology,2003,171(1-3):264-266.

[162]强颖怀,赵宇龙,陈辉.材料表面工程技术[M].北京:中国矿业大学出版社,2016.

[163]OGUGUA S N,NTWAEABORWA O M,SWART H C. Latest Development on Pulsed Laser Deposited Thin Films for Advanced Luminescence Applications[J]. Coatings,

2020,10(11):1078.

[164]EASON R. Pulsed laser deposition of thin films:applications-led growth of functional materials[M]. New York:John Wiley & Sons,2007.

[165]邓钟炀,贾强,冯斌,等.脉冲激光沉积高性能薄膜制备及其应用研究进展[J].中国激光, 2021,48(8):0802010.

[166]顾培夫.薄膜技术[M].杭州:浙江大学出版社,1990.

[167]VILASAM A G S,PRASANNA P K,YUAN X M,et al. Epitaxial Growth of GaAs Nanowires on Synthetic Mica by Metal-Organic Chemical Vapor Deposition[J]. ACS Applied Materials & Interfaces,2022,14(2):3395 - 3403.

[168]向玉双.外延工艺在集成电路制造产业中的应用[J].集成电路应用,2006(7):49 - 50.

[169]ORTON J W,FOXON T. Molecular beam epitaxy:a short history[M]. Oxford:Oxford University Press,2015.

[170]赵续然,裴广庆,杨秋红,等.液相外延技术发展现状[J].人工晶体学报,2006,35(6): 1307 - 1312.